SKYLINE
天际线

望远　知新

SEEING
IN THE DARK

# 望向星空深处

[美国] 蒂莫西 · 费里斯　著

迟讷　译

译林出版社

**图书在版编目（CIP）数据**

望向星空深处 / （美） 蒂莫西 · 费里斯
(Timothy Ferris) 著 ; 迟讷译. -- 南京 : 译林出版社,
2025. 8. --（译林自然科普经典）. -- ISBN 978-7
-5753-0811-3

Ⅰ. P1-49

中国国家版本馆CIP数据核字第2025AY1025号



**望向星空深处　［美国］蒂莫西·费里斯 / 著　迟讷 / 译**

审　　订　张　超
责任编辑　杨雅婷
装帧设计　孙逸桐
校　　对　蒋　燕
责任印制　董　虎

原文出版　Simon & Schuster, 2003
出版发行　译林出版社
地　　址　南京市湖南路 1 号 A 楼
邮　　箱　yilin@yilin.com
网　　址　www.yilin.com
市场热线　025-86633278
排　　版　南京展望文化发展有限公司
印　　刷　江苏凤凰新华印务集团有限公司
开　　本　652 毫米 × 960 毫米　1/16
印　　张　30.5
版　　次　2025 年 8 月第 1 版
印　　次　2025 年 8 月第 1 次印刷
书　　号　ISBN 978-7-5753-0811-3
定　　价　98.00 元

# 序 一

从上世纪80年代开始，我就常被问及：“您认为20世纪最杰出的美国科普作家是哪几位？”

没有绝对的标准答案。我总是会提及（以出生年份为序）乔治·伽莫夫（1904—1968）、马丁·加德纳（1914—2010）、艾萨克·阿西莫夫（1920—1992）、卡尔·萨根（1934—1996）……

这几位大家出生的时间，依次相隔十来年（阿西莫夫略偏早些）。而今，他们都已去世多年。“那么，”有人问，“再往后，20世纪40年代出生的呢？”

“蒂莫西·费里斯，他生于1944年。”我说。

这本《望向星空深处》，就是费里斯的一部杰作，英文版于2002年问世。中文版虽说姗姗来迟，但空白既已填补，国人便有了重领经典风采的机会。

我本人第一次阅读费里斯的作品，至今已逾40年。那是英文版《地球的悄悄话》（*Murmurs of Earth*）中长长的一章“旅行者的音乐”（“Voyager's Music”），由费里斯撰写。《地球的悄悄话》出版于1978年，第一作者是卡尔·萨根，费里斯是另外五位合作者之一。这本书很精彩，我至今仍会不时翻阅。

在《望向星空深处》中，费里斯写道："20世纪70年代，我制作了一张唱片，它随两个'旅行者号'星际空间探测器升空。这是地球文化的一个样本……唱片中保存了27段音乐——从巴赫、贝多芬到爪哇佳美兰音乐，一首中国古琴曲片段，还有'盲人'威利·约翰逊的《暗如夜》……"

《地球的悄悄话》中"旅行者的音乐"这一章，讲述了选择这些音乐的原则和过程，并对这27段音乐、演奏所用的乐器乃至演奏者予以言简意赅的介绍。其中有一节"Chinese Ch'in"（中国古琴），所配乐曲是"Flowing Streams"（即《流水》）片段，富有诗意的简介如此启幕："《流水》令人想起中国宋代伟大的风景画……"那时我还年轻，读后即对作者心生敬意——后来才知道，原来这位作者还比我小一岁呢。

《望向星空深处》的全书主旨，及其三条主线的交织，在作者本人的前言中交代得很清楚，此处毋庸赘述。它是一部"献给世界各地的观星者"的书，作者"希望它能鼓励读者将夜空的绚丽变成人生的一部分"。我觉得，这正好契合德国哲学家康德（1724—1804）在两个多世纪前写下的那段名言：世界上有两样事物能够深深地震撼人们的心灵，"一样是我们心中崇高的道德准则，另一样是我们头顶灿烂的星空"。

《望向星空深处》陆陆续续写了10年，全书充满引人入胜的故事：历史上的和今天的，作者本人的和其他观星者的，家乡的和世界各地的，总之全是观星的或同观星有关的真实故事。这些故事激情洋溢，人文与天文并驾齐驱。它们娓娓道来，使人"阅读这种作品甚至不觉得是在阅读，理念和事件似乎只是从作者的心头流淌到读者的心田，中间全无遮拦"（《人生舞台——阿西莫夫自传》论写作风格），令人不由自主地与它们结伴同行。

费里斯所说的“观星者”(Stargazers),指的是忘情于用望远镜观星的爱好者——人们常称其为业余天文学家,也就是乔治·埃勒里·海尔(1868—1938)所说的那种“情不自禁的工作者”。多少年来,这些观星者以惊人的毅力为天文学做出了重要贡献,只可惜充分展现这一方面的读物却不多。由此特别值得一提的是,在《望向星空深处》中,费里斯记述了他亲自拜访那些最受世人尊敬的观星者的情景,那是一些真正的传奇人物。

例如,费里斯尊为“天文科普元老”的帕特里克·摩尔(1923—2012)。我本人于1988年参加在美国巴尔的摩市举行的国际天文学联合会第20届大会期间,目睹了这位65岁的老者行走如风——步速就像他在BBC(英国广播公司)电视节目《仰望夜空》中的语速一样快;我也早就听闻当摩尔走进英国皇家天文学会会场时全体天文学家起立鼓掌致敬的情景。可是,直到读了费里斯的访问记我才知道,摩尔确实从未上过学校,他心脏不太好,从6岁到16岁都没法上学。但他11岁时就加入了英国天文协会,13岁时在该协会期刊上发表了第一篇论文。第二次世界大战中,他虚报年龄,篡改体检表,加入了空军,在轰炸任务中做导航员,必要时还能自己飞行。第二年,他18岁时真相大白,但面对他的那位军官还是夸他:“你17岁的时候就已经是皇家空军的服役军官。”

在2000年的那次访问中,摩尔对费里斯说:“天文学是业余爱好者也有用武之地的少数学科之一,业余爱好者为天文学带来的最大帮助是观测的持续性。如果火星上发生一场尘暴,或者是土星上出现一个新的白点,那肯定是业余爱好者发现的。我自己就发现过这么一个白点——非常小的一个——那是在1961年。”

戴维·列维(1948— )也很有意思。他是一位著名的彗星猎人，迄今已经发现了23颗彗星。其中使他变得家喻户晓的，乃是1994年7 月与木星相撞的舒梅克–列维9号彗星。列维幼年时患有严重的哮喘病，14岁时被送进一家专治哮喘的医院。医生注意到他夜间经常溜出去，就问他："你为什么夜里不睡觉？"列维回答："我不是不睡觉，而是出去用我的望远镜观测海王星。"医生思索后，又说："作为医生，我要求你继续观测海王星。别让哮喘挡住你想做的事。"

列维没有上过天文学课程，却写了许多天文科普书。我是他的《推销银河系的人——博克传》一书中文版的责任编辑。他在中文版序里提到，"卞毓麟是博克在北京讲学时的翻译，并在博克参观这座古老而伟大的城市时充当导游""当我从卞毓麟那儿知道……优美的中文版《推销银河系的人》被奉献给中国的广大读者时，我感到非常高兴"。

费里斯这部《望向星空深处》的中译者迟讷，是个笔名。她是一位优秀的年轻天文爱好者，我为写好中文版序，请她提供了个人简介。她的真名是瞿秋石，我读过她署真名的《静听宇宙的声音——走进中国天文台》一书。她不辞辛劳访遍中国的天文台站，令我深深感动。她是复旦大学语言学专业的硕士，我相信这对流畅地翻译《望向星空深处》大有裨益。她自称："受经史训练，注定被'格物致知'的精神感召，曳裾奔向自然科学的领域，虽身在职场而不敢忘，为了解头顶星空而读书、观测、旅行。"真是勤勉又潇洒，希望有朝一日，她能面晤本书的作者蒂莫西·费里斯。

30多年前，我曾在纽约阿西莫夫家中做客，也曾与卡尔·萨根通信谈科普，后来又多次为他们的作品写中文版序、导读或书评。我没有见过费里斯本人，但有机会为《望向星空深处》撰写中文版序，使我深感荣幸。预祝读者能充分享受本书带来的阅读和观星的双重喜悦，体验作者在前言中之所言:“凝视星空让人们彼此更亲近,因为它提醒我们,我们本质上是一颗小小星球上的旅伴。”

卞毓麟

2020年6月15日

# 序 二

当你看到这段文字时，我猜，你就是一位对神秘的太空充满好奇心的人。很幸运，在卷帙浩繁的天文图书中，你可以阅读到这本书。它是一本写给全世界热爱天文并时常仰望星空的天文拥趸的启示录，一本独一无二的天文爱好者人生指南，一本讲述世界最知名的一众天文爱好者传奇经历的故事集。

我与本书的作者蒂莫西·费里斯教授于2001年通过美国著名天文杂志《天空与望远镜》结识，他发电子邮件给我，说看了我在杂志上的文字和邮件地址，对我的经历很有兴趣，他正在写一本有趣的书，想问我几个问题，渴望我用东方人的角度加以回答。记得，其中一个问题是我为什么会喜欢星空，我那晚几乎不假思索地写了一段文字给他，后来听说美国的史密森学会还引用了我的那段话。更有趣的是，有几个美国反种族歧视组织也一度在他们的网站上引述了这段文字。别急，你会在后面蒂莫西的前言中看到它。这也应该是我们大多数心系宇宙的天文发烧友的共同心声。

蒂莫西这部十年磨一剑的著作可谓目前全球范围内独具匠心的一部天文奇书，它并不是一册传统的天文科普书，也不是一本天文爱好者的实用手册，更不是一部科幻小说，而是一部讲述作者本人与多位知名的专业和业余天文学家的天文工作及人生经历的故事集，每一章节都以各国诗人吟诵的有关宇宙星辰的诗句作为引言。娓娓道来的故事将我们逐渐带入不同受访者的天文工作与活动现场，其间还穿插着美国的天文发展史，这些人和事属于不同的年代，故事中的天文人物有着不尽相同的人生经历和背景，但他们有一个共同的属性，那就是他们都是仰望星空的人，对世界充满好奇心。蒂莫西本人自童年时期就对自然界充满好奇，热爱音乐的他从听收音机开始，逐渐了解了地球大气电离层，后来又去倾听来自宇宙深处的天体发出的无线电波，他的思绪从生活的点滴中一跃而起，进入觊觎已久的太空深处。是的，仔细想想，我们生活的方方面面都与太空息息相关！知道吗？你打开收音机，在找寻节目期间听到的沙沙的杂音，就是宇宙发出的背景噪声呢！书中，无论是蒂莫西的个人感触与畅想，还是他与受访者的对话，都沉浸在散文一般的语境中，文笔优美，情感真挚，时不时迸发出智慧的火花，给我们以醍醐灌顶般的人生启迪。天文学是最接近哲学的自然科学，而这本书中众多不平凡的人物都是拥有积极向上的人生观、价值观的典范，他们独特的人生境遇极有可能是你从来没有听过的，这些经历与我的极为相似，而这么多有意思的故事正躺在书中等着你去发现！

蒂莫西是我很敬佩的美国知名科学作家，我后来的人生经历受到他的不少影响。蒂莫西的书都是十年磨一剑，有时他还同时写两本书，而且每本都是畅销书。他是美国继卡尔·萨根后最著名的天文科普作家。我的天文爱好始于1986年，那年我只有9岁，哈雷彗星正好回归。1993年，我第一次在天文杂志上发表文章，那时我还在中学，后来我经常给《大连日报》的科普专版写天文科普文章，渐渐地走上了科普写作的道路。2001年后，我开始用英文在美国的天文刊物上介绍中国专业与业余天文的进展，正式成为一名科学作家。后来我的职业也和杂志有关，从科普杂志编辑记者，一直到汽车和旅游杂志副主编。

1995年，我有了第一台电脑。1996年，通过拨号上网，我成为中国最早的那批网民之一，我浏览的第一个天文网站就是《天空与望远镜》杂志网站。那时我已经认识了国内很多知名的天文爱好者，我们都是通过写信交流的，大连与祖国许多地方的信件往来需要十几天，如同行星际电磁波的传播——你发出信件，等待天文好友回复的时间总是显得那么漫长。于是，1999年，我创办了中国最早的天文论坛——牧夫天文论坛，之后成千上万的各地天文爱好者纷至沓来，随即，天涯如比邻。2014年，我又创办了国内知名的天文学术公众号——牧夫天文，这个平台聚集了国内一批有情怀的天文专家和天文爱好者，他们与我一道在新媒体上继续向读者推广天文科普知识。

20多年来，依靠牧夫天文论坛和牧夫天文，我结识了国内外众多天文爱好者，并与一些人结为好友，其中就有一位来自上海的天文爱好者，也就是本书的译者瞿秋石女士。她是一位才华横溢的译者和旅行家。她花了两年时间走遍了中国国内的天文台，写成了一部天文游记书《静听宇宙的声音——走进中国天文台》，该书图文并茂，内容生动有趣，值得一读。几年前春季的某一天，她在微信上突然和我说她读了一本书，书里提到了我的名字。她被这本书深深地打动了，想找出版社引进版权，把它翻译成中文，介绍给中国读者。她想知道怎么联系这本书的版权方，我说真的很巧，于是我联系了老朋友蒂莫西……

王尔德说，“我们都生活在阴沟里，却总有人仰望星空”。是的，我们身边总有一批志向高远的觉悟者，他们不甘沉浸于灯红酒绿、歌舞升平，他们向往大自然。亲爱的读者，也许你就是他们中的一员。可惜，如今人们生活在大城市，有多少人亲眼看过银河？城市里的灯光遮蔽了我们仰望星空的眼睛，我们再也无法感受到星空的壮丽。于是，我们不得不远行，避开喧嚣的都市，来到完全没有光污染的地方。我每年都会到世界各地拍摄星空、追逐日全食、欣赏极光，这已经成为我的生活方式。三年前夏天的一个夜晚，我从凤凰城出发，自驾来到美国的天文之都——亚利桑那州的图森市，晚上入住了一家不大的汽车旅馆。在旅馆休息厅的书架上，我一眼就看到了蒂莫西的这本书，一旁的一位老者看我对这本书感兴趣，自豪地告诉我，他家里也有一本，他的孙子就是在看了这本书后申请了大学的天文系，决定投身天文事业的。我从他兴奋的眼神中看到的是一本好书的力量！这本书也许就是开启你星辰大海征程的风帆。让我们一起抬起头来，凝视夜空，因为我们真的都来自宇宙星尘。

解仁江

2020年2月21日于大连

献给世界各地的观星者

……和太阳、月亮、地球，和所有的星座
　紧密相连，
你从遥远的星星带给我们什么信息？

——沃尔特·惠特曼

任何地方都是世界的中心。

——黑麋鹿*

* 黑麋鹿（1863—1950），北美印第安奥格拉拉苏族人，身兼猎人、战士、行医圣者等多种角色。——编注

# 目 录

# 前 言

亮光被除去后——
我们渐渐适应了黑暗——
恰如邻居举着灯
见证她说再见——
……
不是黑暗改变——
就是视线中的某物
自行调整顺应午夜——
生命便几乎迈步直前。

——艾米莉·狄金森

凝视就是思考。

——萨尔瓦多·达利

本书关乎仰望星空——人类最古老也最高尚、最新也最具挑战性的行为之一。本书由三条主线编织——或者说是纠缠而成，我的功力还没到流畅的程度。

第一条主线是我自己半生的观星之旅，主要就是讲当古老的星光照入我眼、启迪我心的时候所发生的故事。这些境遇蕴藉深远，对我来说意义非凡，仅透过他人之眼来描述它们，显得有点不够。

第二条主线是讲述目前席卷业余天文领域的变革——宇宙那些

一度仅能为专业天文学家所知，甚至无人能及的深处，如今成为受好奇心驱使的观测者所能抵达的地方。这些爱好者中有许多人满足于欣赏宇宙奇景之美。还有些人则是近乎不计报酬地从事着科学研究
xv 工作，这不禁让人思考“爱好者”这个身份的本质。最好的定义也许来自业余爱好者出身的专业天文学家乔治·埃勒里·海尔，他将业余爱好者定义为“情不自禁的工作者”。[1]

第三条主线则有关于地球之外——用我们人类在目前对宇宙的初期研究中能够做出的最好解释，来解释土星、指环星云、银币星系、北冕星系团到底是什么。学海无涯，但研究星辰和参加一场音乐会、观看一次棒球比赛或与老友交谈一样，能让你对关心和喜爱的事物多一份了解。

这本书无意成为一本天文爱好者指南，但我依旧希望它能鼓励读者将夜空的绚丽变成人生的一部分。宇宙对所有人敞开，天文爱好可以让人意识到存在的美、理性和伟大，其丰富程度有如那些从音乐、美术和诗歌中能找到的事物。阅读这本书无须对天文学有很多了解，读者遇到陌生的词汇时，可以查询书后的术语表。如果你想尝试观星，可以参考附录A“观测技巧”，在那里我提供了一些入门建议。

偶尔观测一些恒星或行星，所费的精力就如偶尔观鸟一样少，但认真的天文爱好者则为此投入可观的时间和精力——熬夜简直不值一提。问他们为什么要做这些，似乎是情理之中的事。我也经常问他们这个问题，而多数人的答案和我自己的一样，仅仅是因为某一刻我们仰望星空，一见钟情，从此一发而不可收，原因说不清道不明，就像很难解释自己为什么会与现在的配偶而不是与别人结婚。有些人会提及行星、恒星、星云、星系等诸多天体之美。有些人会援引宇宙的广阔和自己在其中的归属感。还有人认为凝视星空让人们彼此更亲近，

因为它提醒我们，我们本质上是一颗小小星球上的旅伴。如中国一位天文爱好者——大连的解仁江在最近的来信中所说，“天文是使我们彼此联结的最意义深远的（方法）。尽管我们肤色有异，国籍不同，但这颗行星是我们共同的家园。在我眼中没有比这更崇高的事业了”。[2]

这本书主要是讲故事，并不是学术评论，很多值得尊敬的天文学家和望远镜制作者没被提到——并非他们本身有瑕疵，而是因为他们恰好不在我要讲的故事中。我为自己的疏忽道歉，并希望得到谅解。讲故事本身就如日照当空，照耀多少也就遮蔽多少。

此外还有许多观测者，和他们的合作对我的研究至关重要，他们 xvi
的善意和热情是一种恩惠。我还要感谢我的太太和我的家人，以及威廉·亚历山大、安德鲁·弗劳克诺伊、埃德温·C. 克虏伯、欧文·拉斯特、萨拉·利平科特、艾丽斯·梅休、利夫·鲁滨逊、唐娜·阿普里尔·赤·西和特拉·韦克尔。

《望向星空深处》自1991年开始动笔，陆陆续续写到2001年，写作的地点分别在加利福尼亚州旧金山、意大利的佛罗伦萨和佩斯卡亚堡，以及加州索诺马山的石山天文台。部分原文发表于《纽约客》，体例有一定更改。

蒂莫西·费里斯 xvii

第一部分

# 海滩上

# 天文台日志：
## 昏昧中的灵长类动物

晚秋日落时分，碧空如洗，我从家门口上山，两百步走到天文台。这两天暴风雨将天空中的尘霾荡涤干净，果园里只剩光秃秃的果树，它们的落叶好似小贩的商品，在脚下枯黄的泥坑里摊开。葡萄园贴近小道的部分已被浸透，落叶铺成熔金。土路尽头立着三座农舍，它们都以锈红色楔形板做墙，瓦楞钢板覆顶。一座是谷仓，一座是拖拉机棚，还有一座远在山坡高处，那是一个天文台，屋顶是合上的。

天文台内，我绕水泥圆立柱拾级而上。立柱2英尺*厚，支撑着上层的望远镜。它扎根于深深的地基，矗立在天文台中央，却并未与天文台其余部分接触，以隔绝震动。我走上楼，心满意足地看见望远镜正蹲踞在睡莲状承托上，在低矮的屋顶下安然无恙，经历了暴风雨却仍旧干燥。我打开一个巨大的红色安全门，然后把全身重量压在最近的铝合金螺栓上。屋顶发出一声呜咽，开始在十二个钢轮上滚动，直到完全收起。突然间我就又站在室外，站在这万里无云的黛蓝色天空之下了。

我把望远镜指向天空，然后把手伸进望远镜钢架内，揭开凹面主镜的盖子，从镜面一晃而过的是我变形的脸——下颌巨大蠢笨，额头

---

* 1英尺等于30.48厘米。——编注

缩小——好像在强调我作为灵长类动物的自负是荒谬的——一个人猿居然想了解宇宙。主镜宽如托盘，厚如电话簿，被磨制成表面精度达到八分之一钠光波长*的抛物面，但现在它的温度和周围空气的温度不一致，所以多少有点变形。等待主镜冷却的时间里，我坐在桌前，
3 打开一个小红光夜视灯（红光波长较长，能量较低，能最大限度地减少对暗适应的人眼的刺激），在一本横格本的天文台日志中记下：**天气晴。西南风微风。湿度67%，还在下降。**

我查阅自己最喜欢的一本老星图。泛黄的纸页上画着纤细的网格，星点和星云悬挂其上，像葡萄架上的葡萄串，旁边描着经年的观测记录：彗星过境的轨迹；铅笔点出的类星体位置，它的光芒穿越亿万年而来；还有数字标记的恒星和星云与地球之间的距离，这些我们为了解近邻而做的毕生努力，在三维尺度上不过是数千光年。不过这里最多的记录还是关于星系的，星图上每个星系都由一个空心的椭圆表
4 示，里面居住着亿万颗星星。夜越来越深，属于它们的时间即将到来。

---

* 钠光波长约为589纳米。——编注

第一章

# 开始

碾米的农家子，
停下手中活，
仰头看月亮。

—— 松尾芭蕉

见一滴水，即见十方世界一切性水。

—— 黄檗

1954年，荒凉的佛罗里达海滩的黎明，第一束日光在凌乱的沙子上投出我父亲长长的影子和我短短的影子，像风筝曳尾。我们这么早出来是为了寻找夜间被冲上岸的东西。以往我们找到过闪光的海螺壳，它低响着海浪的声音，像被悄声吐露的秘密；找到过一只古老的深色酒瓶，它结实沉重，犹如石匠的木槌；还找到过一只装着纸条的瓶子，它看起来是一个英国女学生在100英里*之外巴哈马海域的一条游船的船尾扔下去的。去年冬天一艘货船在墨西哥湾流中起火并沉没，数周之后它的货箱被冲上岸，给我们带来一整套崭新的白色木制草坪家具。

初升的太阳将海滩染成金色，照亮了与海草纠缠的琥珀色梨形

* 1英里约等于1.6千米。——编注

浮球、被冲上岸的僧帽水母那靛蓝色的鳔，还有沿海滩向南延伸的木麻黄。我父亲穿着褪色的泳裤，身上也变成了金色。他曾是个拳击手，还是个专业的网球手，一度变得臃肿，第二次世界大战前在圣胡安和迈阿密海滩的咖啡馆无人不知，不过后来他破产了，以开卡车为生。此刻他又开始像一个有着古铜色肌肉的运动员了。他常在沙滩上画线，然后我们一起练习立定跳远和百米冲刺。在工作日里，他把40磅[*]的水泥袋背上平板货车，然后把它们载到工地去。到了周末，他把成箱的饮料运到佛罗里达大沼泽地的加油站和鱼饵店。深夜和清晨的时候，他则坐在我们小小的客厅里，用藤桌支起一台打字机，给杂志社写一些小故事来赚“外快”。当我们逃离了城市后，他不再酗酒，同时也摆脱了因为自己名字出现在那些八卦专栏中而产生的厌倦感，现在他的头脑中充满了智慧和好奇。

“看。”他一边说，一边轻轻拉着我的左胳膊，带着我小心翼翼地绕过一块由紫罗兰色僧帽水母触手堆积成的“三角洲”，然后停下。前方海滩高处有奇怪的东西——沙子中间有规律的间歇性骚动。我们缓缓向前，谨慎地靠近，试图搞清那是什么。一捧一捧的沙子上下翻动，投下了长长的影子。

“是一只海龟，”他悄声说，“我觉得应该是蠵龟。它刚产完卵。”

现在我看到它了——硕大的甲壳覆满沙子，都快看不见了，强有力的巨大脚蹼正把沙子往下面的小洞里扒拉。父亲解释说，它掘洞五六英尺深，在当中产百余枚卵，现在正将它们覆盖，使它们免遭掠食者侵袭。我们退后几步，看着海龟完成工作，然后它支撑着自己庞大的身躯下到海岸线，沉没在浪花中，它的四肢在沙滩上留下深深的、奇

---

* 1磅约等于0.45千克。——编注

怪的印迹。

父亲找到两根掉落的棕榈树枝，递给我一根。我们清除掉沙子上的印迹，注意不踩在巢穴上把它压塌，否则会阻碍小海龟孵化并爬出来。“挖海龟蛋是违法的，但人们根本不管。”他说，这时我们正用树枝刷着海龟留下的爪印。“只要巢穴不被打扰，过一两个月小海龟就会挖条道钻出来，爬向大海。我也不知道它们是怎么找到水源或者怎么靠自己到达海边的，但至少它们当中有一些成功了，否则现在这世上就没有海龟了。昨晚是满月吗？”

“我不太清楚。”

“可能是的。现在是6月，据说蠵龟会在6月的第一个满月产卵。那时候海潮比较高，潮水可以更多地覆盖海龟妈妈的足迹。也许你要说，它们可能更想在没有月光的暗夜下产卵，但其实它们在黎明前就产完卵了。这一只是已经有点晚了的。”

“它们是怎么知道什么时候是满月，而且应该是哪个满月的？”

“我不知道。雌性蠵龟可以从这里游到亚速尔群岛，然后在要产卵的时候找到路游回当初它自己被孵化的沙滩。也许它们靠感应地球磁场线来导航吧。” 6

我们因困窘而流落到这片荒凉的海滩，专门折磨穷人的琐碎尴尬不断提醒着我们的身份。每天早晨我都得用虹吸管把汽油从我们那辆二手车的油箱中吸出来，才能点开化油器，使车发动起来。然后我带着满嘴的汽油味，登上一辆小黄校车，去往一座非常清苦的学校。在学校里我被当作有钱人，因为我穿着鞋子和衬衫。(至今我仍为当初自己不假思索地问我的同桌“盖布，你上学为啥不穿鞋？”而感到羞愧，当时他用阿巴拉契亚人慢吞吞的语调硬邦邦地回答道：“如果我有……鞋子，我会……穿的。”）在市场的收银台，当我们的钱不够支付所有的食品杂货时，母亲会把一些东西放回去；透过我卧室不结实的门，我能听见她和房东争论什么时候付房租时声音里的紧张。

但我们生活在世界上一个很美丽的地方。从我们的小屋向外看，可以一览被风吹拂的大片马尾藻和后面碧蓝的大海。到了夜晚，繁星如爆裂般耀眼，我们就傻站着看，从月亮逐渐变成血橙色，一直到它又变回银白色。我弟弟布鲁斯和我每天伴着海浪克制的呼啸入眠，然后在同样独特的声音中醒来——相似但并不完全相同。彼时我们对自己的穷困一无所知，却想象自己是被庇佑的。

这些年来，我们的消遣不过是每月有两个周五的晚上可以去汽车影院，但我父母亲总是让我和布鲁斯有书可看。我们有借书卡，图书管理员告诉我们可以把满怀的书一次性借走的时候，我们都高兴坏了。我的9岁生日礼物是一本厚实的绿色封皮的书，书名是《美国学生世界历史》。作者是新英格兰的一个校长，叫维吉尔·M. 希利尔，在第一页中，他宣称此书的目的是“告诉孩子一些他来到这个世界之前就发生的故事”，以及“把他从他封闭的、以自我为中心的小世界中带离，这世界因为距离他眼睛太近而显得庞大；拓展他的视野，开阔他的眼界，带他展望过去岁月的景象”。[1]

他做到了。希利尔从描述太阳和行星的形成开始，那是在“很久很久以前”，“世界还根本不存在”的时候！[2] 我深受震动，至今依然如此。这就是说，我们所在的这个世界并不是整个世界，而是一个世界、
7 一颗行星，这颗行星上的一切——翻卷的海浪、海鸥、我和布鲁斯在近岸内航道岸边捉旱蟹时脚趾缝中漏出来的泥沙——都是物质，这些物质并非一直在这里，它们曾在*那里*，在宇宙中。希利尔的书告诉我，地球和泥沙之所以在这里，是因为经历了天文上的运动。这些过程在海

龟们熟稔于心的潮汐涌动和月相盈亏中都起着作用。就像希利尔所建议的那样，如果我想要了解这个世界，我得拓宽自己在时间和空间上的视野。我得学习天文学。

幸运的是，我发现天文学是一门很精彩的学科。很快我就把当地图书馆里的天文书读了个遍，还读了几十本科幻小说，它们在我脑子里装满了关于殖民火星及货船来往于木卫三和土卫六的想法。

我母亲就算两年不曾买新衣服，每个月也都会开车走很远的路，带我们去一次最近的书店，布鲁斯和我每人可以买一本自己喜欢的书。很快我单独的书架上就有了珍藏版的天文科普书，有帕特里克·摩尔的，丁斯莫尔·奥尔特的，还有伯特兰·皮克的。我父亲一直对旱蟹感兴趣——我们小时候他构想出一个叫作萨姆的螃蟹侠，这个精灵每逢发薪日就会在冰箱中变出冰淇淋来——他把它变成一个中篇故事，卖给了《蓝书杂志》。在这个名为《第五次攻击》的故事里，被放射性沉降物辐射而产生变异的大螃蟹，袭击了荒岛上一个孤立的居民区。(具有开创性的怪兽电影《X放射线》上映时，我父亲非常失望，因为里面袭击人的怪兽是巨蚁而不是巨蟹。) 我们的经济有所改善。父亲得到一份白领工作，我们搬到了基比斯坎的一栋小房子里，那是迈阿密附近的一个岛，曾经是椰子农场。我们买了辆好点的车，然后又买了一台彩色电视机。

那些日子里，基比斯坎的夜晚黑如墨，坚如石。星辰触手可及，像贝都因人帐篷里亮晶晶的珠宝。我从一本题为《观星新解》的书中了解了星座，作者是H. A. 雷，他是“好奇的乔治”丛书的合作者和插图作者。我会把餐椅搬到前院，用涂了我妈妈红色指甲油的小电筒照着雷的书，追寻着猎户座清晰的轮廓、在银河南边振翅飞翔的天鹅座，还有看起来很吓人的天蝎座，它在南天咸湿的空气中膨胀得很浮夸，闪亮的尾刺蛰伏在棕榈叶上端。

火星在东方隐现，像阿拉伯集市上的石榴石，一晚比一晚亮。我
在书中了解到这是因为火星即将冲日，冲日时，地球正位于火星和太
8 阳两点形成的直线上，地球和火星距离最近；而1956年的这次冲日，
将是特别精彩的一次。火星会运行到距地球只有3 600万英里的地
方，呈现它两极冰盖和陆地状纹路的绝美景观，激起关于著名的大运
河真实性的创见性讨论。天文学家珀西瓦尔·洛厄尔相信，那是远古
文明干旱时建造的用来从两极调水的河道。但这些秘境需要用望远
镜才能看到。我在《大众机械》杂志背面的一则小广告里找到一款经
济适用的望远镜。那年秋天我父母把它作为圣诞礼物提前送给了我。

观星的人和音乐家一样，都是从很低端的设备开始学习，我的第一架望远镜也的确低端。它就是一根纤弱的胶木管——一种又脆又黏的东西，有点像酸奶，不太好描述，但看到就知道是什么——拖泥带水地装在一个用新木材做成的脚架上；承载这么点可怜的重量时，脚架腿都会往里弯。管子尾端用胶粘着一个直径为1.6英寸*的物镜，是战时军用的，比老花镜的聚光能力还低。另一端则是一个硬纸板制成的目镜，要想改变放大倍率，就得把它拆开，重新将它泛黄的镜片装成各种奇形怪状的组合。

除我之外，没人能从这架望远镜里看到多少东西，我刚开始缺乏经验，也不知道怎么弄——第一次尝试用这个东西的时候，我从4倍寻星镜中向外看，却遭遇一只正好停在管子上挡住我视线的蟑螂，它被放大成奇怪的形象。当时我有点气馁，但我可以看到火星了——至少能看到它的两极冰盖，还有一些最容易分辨的表面特征，特别是北半球大流沙地带巨大的匕首形状的暗区——而且形态是在变化着的。火星毕

* 1英寸等于2.54厘米。——编注

竟是一个世界，而且那时候比现在更神秘。寒冷澄澈的夜晚，我站在前院看火星，就这样开始学习观测行星。我逐渐意识到，空气就像人眼中的晶状体，那是一层弯曲的膜，中间部分（也就是天顶）最薄，到边缘逐渐变厚。这就是为什么晴朗的日子里天顶看起来是深蓝色，而靠近地平线的地方则发白；这也意味着行星在天空较高的地方看得更清楚。[3]我还了解到，最高的放大倍率并不一定产生最好的图像：相反，任何一架望远镜在某个时间、某个地点指向某个目标，都有一个最理想的放大倍率，一个最佳点。一旦你找到它，接下来的诀窍就是一直看，等到空气扰动停止，眼睛瞬间接收到令人心满意足的空明澄澈——那一瞬间一闪而过，却也意味深长，像灵感的闪现带来一个绝妙的点子。 9

新买的电视机里经常传出一段广告歌曲：“梦幻之车，1957年，水星汽车。”广告中的汽车被冠以行星之名，弄成太空船的样子。未来看起来充满探索的希望。我们面对的是整个宇宙。但我需要好点的望远镜才能看到更多。

我得到一份工作，和我的两个好友一起，在周日的时候清扫人行道和当地商场门口的停车场。这是个很辛苦的体力工作，但薪水不错，很快我就有钱付首付款，买一架不错的望远镜了。它有一个结实的装置、一个喷漆的镜筒和一个2.4英寸的物镜，镜片镶嵌在铝管里，中间真空，不像之前那个1.6英寸的，是用胶水粘在一起的（那个老的镜头上的胶水已经没黏性了，而且变得浑浊）。经历了无尽的等待，新望远镜终于寄到了我家，我始终记得自己打开盒子时的兴奋心情，还有木箱表面清漆的刺鼻味道、闪光的镀铬和涂黑漆的目镜、厚重油腻的弹簧和加压微调蜗轮。我视它为解放自我的工具，开启巨大、古老、壮阔的王国的钥匙。我用它看见了土星沙色的环、猎户座的亮蓝色恒星、半人马座 ω 星团，以及其他上千种巨大、古老、或热或冷的东西，因此我对合理事物的认知得到了极大的扩展。

与此同时，我父亲开始担心。为什么我要扫大街？我在学校够刻苦了：这才是我的正业。人有一辈子的时间去工作，而童年正是做梦的时候。后来，在一个酷热的周日早上，我正擦着流到眼睛里的汗水，他开着一辆借来的敞篷车路过，车顶开着，后座塞满了沙滩玩具——一只橄榄球、两只沙滩球、两个内胎，还有一只橡皮球，我们可以拿它朝插在沙滩上的棍子扔，像玩保龄球一样，这是他几年前发明的一个游戏（我父亲用什么都能做成游戏）。他提出我们放下工作，每周日都尽情玩乐，他来支付我们这个月后面未结的工钱。他还可以帮我们用望远镜挣钱。我们几个小孩子面面相觑，然后归还扫帚，跳上那辆大敞篷车，到沙滩上去了。

我有些朋友自己有望远镜。当中用得最好的是查尔斯·雷·古德温三世，他是一个少年老成的男孩，正自学俄语，以便阅读索尔仁尼琴的原著。查克和我从书上学会了用炭笔和彩色铅笔画月球与行
10 星的素描。再后来，我们得到两台旧相机，拍摄了长曝光的照片，记录了月食火焰般灼烧的橘红色彩，还有吞噬着猎户座的纠缠的气体云。我们几个组成了一个小俱乐部——基比斯坎天文协会，或者叫KBAA——查克任主席。我们开始记录观测日志，和我们在书中看到的英国天文协会里的那些令人敬畏的成年人一样，煞有介事地在日志里填满素描和数据。

摘自KBAA日志：

1958年6月14日。从21点观测至23点，未画图。视宁度优秀。所有观测对象均为深空天体，在天鹅座、天蝎座、大熊座和天琴座。非常好的夜晚。

1958年7月6日。视宁度较好。画了三幅木星图，一幅为彩色。

1958年7月11日。视宁度良好。观测了天蝎座的深空天体，还有天鹅座δ和半人马座ω。我们来了个客人——来自伊利诺伊州埃文斯顿的约翰·马歇尔，他成为我们当中的一员，并担任KBAA伊利诺伊分会的会长。

1958年8月1日。费里斯制作了他的两幅木星标准像，观测了一些常见的深空天体。满月升起后观测中止。

1958年8月24日，黎明前。从3点30分到5点30分，古德温和费里斯观测了M34、英仙座的双星团、金牛座的毕星团，还有火星。

如果你夜晚经常在室外流连，你总能遇到意想不到的奇景。有一天晚上我们看到一个明亮的火球——一颗流星，一大块石头，也许不比高尔夫球大，但看它撞入地球的大气层，与空气摩擦起火，还是无比壮观。当时我正在草地上弯腰捡星图，突然星图的颜色跃入视野——白色纸页上蓝色的银河和红色的椭圆星系，映在猛地显现出明亮绿色的草坪上。我抬头看去，发现周围都像沐浴在日光之下，绿色椰树朝着蓝天挥舞。所有东西都投出两个影子，黑的和红的，而且在移动，由北至南顺时针快速移动。我看见了天空中的火球，它是银色和黄色的，带红色光晕，比月亮还要亮，朝西北疾驰而去，带有金色斑点的白色余迹逐渐消散。

看着它散去时，我想起几年前有一天，我妈妈去一个乡下的杂货
店，我闲逛到一个铁路交叉口。万籁俱寂。暮色淡紫，暗淡到可以看 11
见金星悬挂在新升起的一钩弯月之上。然后铁路交叉口的警钟响起，

巨大的红灯闪耀，涂有黑白色条纹的栅门落下，挡住了土路。火车尚未进入视线，但铁轨已经开始嗡嗡作响。我在口袋里摸到一分钱，把它放在轨道上，然后跑回到安全的距离，因为我听说，你如果离一列疾驰的火车太近，会被吸到轮子底下。一个黄色车前灯出现在远方，以不可思议的速度靠近。火车一闪而过——一列快车！——随一阵巨响而去，速度奇快，我的眼睛只捕捉到模糊的图像。带着血红色条纹的油罐车从柴油发动机的子弹头后延伸出来，在暖黄色车灯中，我好像瞥到了覆着白色亚麻布的餐桌。然后火车就消失在真空之中，留下报纸在暖湿的空气中打着旋儿。

我瞠目结舌地站在那里，视线追随着它。我发现自己戴着的黑色硬纸板牛仔帽已经被我摘下来覆在心口。数年之后我听到密西西比蓝调歌手布卡·怀特的一首老歌的录音，它恰能捕捉我当时的感觉：

> 登上那极速的特殊流线，
> 离开了田纳西孟菲斯，
> 驶入新奥尔良。
> 速度那么快，流浪汉不再嘲笑这辆列车，
> 他们只是沿轨道站立
> 帽子在手中……
> 这首歌真是寂寞，我有时候觉得自己就是一个流浪汉。[4]

此情此景令我产生的感觉无可名状，直到数年后我读到爱因斯坦描述他第一次邂逅几何时所学到的东西，他回忆说几何指引方向，“把我从‘完全自我’的循环中解放出来，从为欲望、希冀和最原始的感觉所驱使的存在中解放出来。外面的巨大世界独立于人类存在，在我们

面前就像一个伟大的亘古之谜，至少部分仍能够为我们的观察和思想所触及。这个世界的凝视像自由在召唤”。[5]

数十年之后我回到基比斯坎做讲座，我发现曾经的暗夜星空被城
市灯光染成了鱼皮灰。为了降低光污染，当地正在采取一些措施，诸 12
如限制广告牌的大小，鼓励使用有顶盖的路灯，这样既能照亮路面，又
不会有光投射到天上浪费能量。致力于解决光污染问题的观星者还
和关注海龟筑巢的海洋生物学家结成了同盟。那些海龟，看起来更喜
爱暗夜里的海滩。 13

第二章

# 宇宙飞行

要遨游太空，除了船与帆，还得有不惧征程的人。

—— 开普勒给伽利略的信

我们唯一要隐藏的是我们一无所有的事实。

—— 1961 年苏联太空项目期间，尼基塔·赫鲁晓夫对他的儿子如是说

1957年10月5日，周六早晨，基比斯坎，我父亲叫醒我，把《迈阿密先驱报》的头版塞到我惺忪的睡眼前。上面写着俄国人的“斯普特尼克号”实现了绕地飞行，成为第一颗人造地球卫星。我和我父亲都惊呆了。所有人都觉得美国人才会是第一个进入太空的。现在情况反过来了，太空竞赛是来真的了，我们开始你追我赶。周一早晨，校长在学校的有线广播中告诫我们，若要打败俄国人，就要好好学习数学和科学。

“斯普特尼克号”带来的震动于我和天文俱乐部里的朋友倒是个好消息。我们对火箭和太空的喜爱由来已久，但没有多少人在意。现在，有那么一阵子，可爱的小姑娘们会来问我们关于卫星的问题，我们解释火箭引擎怎么工作的时候，她们会直直地看向我们的眼睛。我们努力做出不食人间烟火的火箭飞行员模样，回答我们最珍视的、令我们喘不上气来的问题：“你会去太空吗？”

20世纪50年代的佛罗里达是这个前瞻性社会中特别具有未来色彩的一部分。相貌奇特的有X标志的军事实验机飞越霍姆斯特德和卡纳维拉尔角，在和柯达彩色胶片一样蓝的天空中蚀刻出长长的、高高的凝结尾迹，我们这些小孩互换印有飞机照片的卡片。报纸上全都是关于不明飞行物的故事。汽车影院里放映着关于外星人入侵 15
和人类飞往月球的电影。周日晨间的电视节目是一部精心制作的系列宣传片《大局面——我们的军队在行动》，由军士长斯图尔特·A.奎恩用振奋人心的口气讲述。开头就是一个令人担忧的镜头——毫无疑问这是有意为之的，放心——一颗榴弹炮向一颗核弹开火，长长的寂静之后，炸弹才远远地爆炸，并升起标志性的蘑菇云。在一些插图很有感染力的书，比如《穿越太空边境》中，火箭科学家韦恩赫尔·冯·布劳恩和维利·雷提出建造一个大的轮子形状的绕地空间站，建立一个月球基地，然后派宇航员开拓火星。我用胶水粘了一个可以把他们送过去的塑料巨型火箭模型，然后在我们前院的鲜绿色草坪的铺路石上，运用精准复杂的倒计时程序发射了它。

我们搬到基比斯坎之后，太空竞赛趋于白热化。从卡纳维拉尔角发射的火箭常常沿着海岸线，几乎从头顶直飞而过。(有一天晚上，在一个广播采访节目中，一名空军将领被问到为什么从卡纳维拉尔角发射的火箭并不飞越迈阿密上空。“哦，这种轨道的导弹总有极小概率坠毁在迈阿密市中心，摧毁建筑，引发大火，”他答道，“这会削弱我军的士气。”)火箭总时不时爆炸，这令人沮丧(例如著名的民用火箭“先锋”，它原来打算为平稳进入太空开路，以作为国际地球物理年活动的一部分；“朱庇特”“雷神”“宇宙神”也都先后牺牲)，即便发射成功，也总是延迟数小时甚至数天。计划的发射时间一般是不公开的，以免这本来就万众瞩目的事变得更难堪，但偶尔也有发射会在电视上直播，给我们这些观星者一个在天空中看到它的好机会。

摘自KBAA日志：

1958年12月5日至6日，周五晚至周六早晨。12点45分观看NBC（全国广播公司）电视台的对月发射，然后到屋顶上看第一级火箭燃尽。无蒸汽尾迹。任务是发射“先驱者3号”月球探测器，但新闻报道说点火出现错误，今晚火箭达到约6万英里高度时会落回地球。上午9点45分，用太阳滤光片和25毫米目镜拍摄了太阳照片。

其他发射则变成了惊喜。

1959年1月30日至31日。查克和我观测了火星，但没有
16 画图。观测的时候，我抬头看见“雷神”火箭在天空中划过一
条弧线，蒸汽尾迹在身后喷流，被安装在火箭上的100万烛光度的灯点亮。我们爬上屋顶准备看计划晚上11点发射的“宇宙神”火箭。但“宇宙神”没有发射，午夜我们从屋顶上下来。观测了猎户星云。月亮升起来，我们拍了照。当地时间早晨5点回去睡觉。总之，这是个比较成功的夜晚和早晨。

看过几次火箭怒吼升空，我们就被牢牢吸引。我父亲会打电话给一个记者朋友，他叫本·芬克，负责美联社卡纳维拉尔角地区的新闻报道。本会把预定发射时间透露给我们；然后查克和我就爬上屋顶，把借来的相机设置好，接下来等待。我们知道火箭待发时会被笼罩在强光探照灯下，我们紧盯北方地平线，确信如果地平线变“暖”，我们

就知道要发射了。因为发射经常延迟或取消，我们每次都在屋顶上等数小时才能真正看到火箭，所以最好是用观星来打发时间。屋顶倾斜不平，条件并不理想，但我们还是设法把望远镜拖了上去，用我母亲的熨衣桌放星图。有一天晚上，一个巡警发现大半夜我家屋顶上有我们和设备的影子，于是摁响了门铃，叫醒了我母亲。

“夫人，”他有礼貌地说，“您知不知道您家屋顶上站着两个人，他们好像还拿着步枪？”

“哦，我知道的，警官，”她一边打着哈欠系上睡袍，一边答道，“一切正常。”

1960年8月12日，我16岁生日的前两周，NASA（美国航空航天局）将一个银光闪闪的聚酯薄膜太空气球送入轨道，气球直径100英尺，名叫“回声1号”。它可以把无线电报从东海岸传到西海岸。艾森豪威尔总统表示这显示了无源通信卫星的可行性，而我关注的则是“回声1号”用肉眼就可以看见。它宛如太空中一盏明亮的信号灯，像天尽头一艘高桅帆船一样轻易可见。我的天文台日志里，1960年8月14日至17日的泛黄纸页上记载着，我看它在夜空中滑过，然后黎明前醒来再看它一次，四天里观测到它七次。我觉得自己像远古时候在海中凝视陆地的肺鱼。我们是可以上天的。

我16岁的那天拿到了驾照，我借了我母亲的车，开到卡纳维拉尔角去，本·芬克帮我和我朋友订了汽车旅馆的房间。沿着美联社办事处的门厅往下走，就能在露台看见恢宏的发射台。我震惊了，我这些
年一直在读罗伯特·海因莱因和其他科幻小说作者对宇航中心的想 17
象描写，现在看到了它真正的模样。它壮美的外观表达了它雄心勃勃的意图——闪闪发光的火箭立于湛蓝色的天空和翻腾的白云之下，恰如飞机卡片上的一样。掩体在发射台数英里之外，安检大门又在掩体

数英里之外的更远处。梦想变成了现实，绵延在佛罗里达平原上。

学校老师和顾问（名副其实的顾问）都建议我说，当作家谋生太难，而我要想成为一个科学家的话，老早前就得学习拉丁文了，于是我转而在西北大学学习英文和传播学，立志做一名律师。我从四年级中期开始就和学校疏远了，我把对学习漫不经心的态度也带到了大学里，我很少打开课本，倒喜欢在夜晚读诗和哲学，在一把破旧的钢弦吉他上创作歌曲。我唯一上过的科学课程是一个胡子拉碴的天文学家教的，在我们新生眼里，他是个老头子。他在课堂上说，“我们当中的一个人将来有一天可能会飞上太空”。礼堂里响起一阵怀疑的低语；我想我们大部分人可能都觉得我们生得过早，不适合怀抱这种梦想。但结果是，当时那个房间里确实有一人进入了太空，那就是他自己，我们尊敬的教授。他的名字是卡尔·海因兹，我毕业那一年，他离开讲堂，加入了宇航员队伍，参加了1985年“挑战者号”航天飞机的任务。数年后我在一次宴会上碰到他，开一辆保时捷载他夜行。我们达到高速时，卡尔大声笑起来，喊道：“这是我们宇航员应该开的车。”卡尔于1994年去世，年近70岁，他死于攀登珠峰时的缺氧。他的遗体就葬在那里，在2.2万英尺的海拔高度。

我不好意思说自己几乎没怎么上过卡尔的课。我耽于女生和车，逃掉了大部分实验课，几乎挂科。最后一次实验课会议，是在星空下的密歇根湖湖滨举行的，当时我看见一颗卫星正朝东飞去。

“抱歉，”我对一个正滔滔不绝地发言的研究生说，“对不起，打扰了，但我想大家可能都有兴趣看到这里有颗卫星过境。我本应过会儿再说，但如果我计算准确，那么它马上就要进入地球的影子了。”

我们都朝上看去，看卫星沿着永恒的牛顿落体曲线滑行。几分钟过
18 后，它消失了。那个研究生在黑暗中笑起来，于是我通过了这门课程。

第三章

# 氧层

雀在檐下，
鼠在屋顶，
俱是天籁。

—— 松尾芭蕉

不是所有伟大的事情都得有一个强有力的理由。

—— 塞缪尔·约翰逊

1959年基比斯坎的傍晚，星星开始闪现，我透过望远镜欣赏着金星漂亮的月牙形状，查克在调试他的手持收音机，他在短波波段之中和商业调幅广播波段之外搜索着，像挥舞魔杖一样移动着天线棒，寻找遥远的声音。这台收音机其貌不扬，但它确能"筑巢引凤"，就像我们那时候说的，能收到业余无线电操作者的声音，在我想象中他们是坐在北极圈的小冰屋内，或者是身处曼德勒的小草屋中。用这台收音机也能收听来自莫斯科、中国的"声音"，还有BBC大本钟报时的鸣响。遇到一些时变现象，比如木卫凌木时，我们就把收音机调到WWV广播*，聆听国家标准局的原子钟，磁带式录音机记录下我们嘎吱嘎吱

* 美国国家标准与技术研究所(简称"国家标准局")属下的时间和频率资讯无线电台。——编注

的声音，这些声音标志着流逝的每一秒带动恒星过天，以及我们暗中期待的实用至上的成年时光走近。

夜晚是收听广播的好时光，因为那时候头顶的电离层会加强，可
19 以跨洲回传信号。无线电的先驱们曾把这个反射层称作“氧层”，其命名来源是氧（氧气和臭氧），它闻起来有雷雨过后和发电机周围的味道。（电离层确实含有一部分臭氧，但它区别于“臭氧层”，臭氧层在大气层中的高度不到它的三分之一，只有20英里高。）夜间，太阳的扰动停止，电离层趋于稳定——像马尾藻一样成块聚集——广播信号于是就像长了腿一样流畅。远方的信号从背景噪声中显现出来，以一种诱人的、不可预测的方式时隐时现。

观星的漫漫长夜里，我们最喜爱的电台是田纳西纳什维尔的WLAC。我们第一次听蓝调就是在这个台。

在20世纪50年代的佛罗里达，法律和风俗都实行着种族隔离，广播电台也是如此。所有大的电台都只播放白种人歌曲——南部市场都有这样的大环境，埃尔维斯·普雷斯利后来的经纪人汤姆·帕克上校断言，如果自己能发现一个可以像黑人男孩一样唱歌的白人男孩，他就可以发大财，当时他就是考虑到了这一点。有一小部分迎合佛罗里达黑人居民的电台，用的主要是低功率发射机，毫不夸张地说，它们都在调频旋钮最末端，而且也很少放蓝调歌曲。所以我们几乎听不到蓝调；一些黑人艺术家，比如查克·贝里、小理查德和“胖子”多米诺，他们的新歌都是把蓝调唱成摇滚——直到入夜，我们在室外星空下听着查克的收音机，发现了WLAC。[1]

WLAC是一个“清晰频道”，它是纳什维尔的5万瓦特调幅广播，由人寿与意外保险公司运营——实际上我在广播里听了太多次“生命与意外”这个短语，它成了我年轻时候的口头禅，成了人类命运迷茫不

可知的一句箴言——它还把黑人音乐当作生活中的乐事，如月夜月光般自然而然。电台的格言是“健康、节俭、娱乐和教育”，而且它的广告几乎就和音乐一样令人愉快：“活体小鸡送货到家！ 110只最鲜活的小鸡！现在只要2.95美元！”“皇冠美发、皇冠护发，使您的秀发柔顺亮泽、时尚带感。”“厄尔尼的唱片集市！天哪，真的弄到了，店中大量有售！”

在这种风尚下，我们这两三个白人男孩围着收音机，浸淫在初生的美国黑人音乐之中，仅仅是一瞥，却引人入胜，因为它可遇不可求：声音在“氧层”的变化中膨胀和衰退，当B. B. 金的吉他独奏或者是桑尼·博依·威廉姆斯的吟唱消失时，剩下的就只有呜咽。我听着查克的收音机里WLAC电台断断续续的声音彻夜观星，开始思索天文与音 20
乐的交织，不过我那时候还不知道开普勒曾给伽利略——一个音乐家的儿子——写信谈过关于宇宙音乐的理论。

我得到一辆汽车——一辆未改装的、可以上街的赛车，我是在被倾盆大雨冲掉了路面的棕榈滩赛道上买到它的——我成了痴迷于公路和广播的百万大军中的一员。午夜，我在双车道柏油马路上长途奔驰，穿越南部，横跨密西西比，进入西部，在朴素的驾驶座上闻着皮革、汽油和焦煳的底漆的混合气味，在双排气管的雷鸣中打开WLAC，然后是新奥尔良的WWL电台，接着是来自密西西比克拉克斯代尔的黑人音乐节目主持人厄尔利·赖特的蓝调广播的一些片段。（“这张唱片是我给你找到的，愉悦你的耳朵。”厄尔利·赖特会这么说，他并不经常啰啰唆唆地介绍这张唱片，而是假定他的听众都是懂他们的三角洲蓝调的。）车子一路朝西，接下来是芝加哥的大蓝调音乐清晰频道，在横跨巨大的河流，朝加利福尼亚进发时，它衰退成静电噪声，那是地球和太阳的低语，沿着弧形的磁场线延伸至极点，穿越墨西哥边境时被私人电台奋兴布道者阴柔的恳求打断："女士们，如果你们怀孕了，记得来索取我们的《准妈妈祈祷小册》。只要5分钱。有个女士没有这么做，她的宝宝生下来时额头上长了个巨大的眼睛！"

一个漫天繁星的夜晚，我开车到阿比林以西。一列长长的货运火车行驶在和道路并行的铁道上，烟从双蒸汽火车头上团团升起。我超过了它，几分钟后听到了来自氧层某处的蓝调老歌，歌曲极为动人，我的眼泪夺眶而出，迫使我把车停在了路边：

让那午夜专列
把灯光照在我身上。
让那午夜专列，
把那心爱的灯光照在我身上。

午夜专列是越狱的逃犯渴望登上的通往自由的列车。歌手是赫迪·莱德贝特，他更为人熟知的名字是"铅肚皮"，他恳请宽恕的歌两度帮助他获得出狱的机会。听到像《午夜专列》或者类似"盲人"威利·约翰逊那无与伦比的《暗如夜》这样的歌，总令我陷入蓝调中不可自拔，也使我成为众多学习吉他谱的白人男孩之一，那些曲调的背
21 景距离我们如此遥远，仿若来自另一个星球。我开始把美国南方的蓝调歌手想成孤独星球的族人，无边黑暗中的一点亮光。

如果你还年轻，不知道要去哪里，那么公路是个理想的选择。沿路的警官有时候会问我："什么事这么着急？"但其实没什么着急的事。专注于高速驾驶的司机并不急于去哪里，他已经在那里了，在他所希望的地方——在高速下，汽车似乎坍缩到只有摩托车大小，摩托车坍缩到手掌和手腕那么大；车子尖啸而过时，路也会坍缩到搏动的

血管的厚度，但总有足够的空间供他驰骋，他的耳朵和心都只能听到引擎的呼啸和好听有力的音乐，后者来自“氧层”。我在路上无尽地飞驰——不知道为什么，午夜过后，双车道柏油路好像总在指引你向前——凝视着车前灯的黄色椭圆形灯光，像未来世界的宇航员，漂泊在真空中，和泰坦星[*]擦肩而过。但我未曾感到孤独。我知道自己在正确的地方。

那时候的公路还很黑，星星一直陪伴着你。它们在纽约、芝加哥，甚至圣路易斯这样的大城市都已经被放逐，但在城外这些开阔的公路上，星星几乎总是和你在一起的，无数亮点汇聚成春天的花海，向你喷洒，装点在你视野周围。如果你停车抻腿，或者是呷一口波旁酒，灭掉前灯的一刹那，星光会填满你的挡风玻璃。靠在破旧的皮座椅上，透过钢化玻璃看着它们，听着太空摇滚或者是蓝调音乐在仪表盘中间的扬声器中爆裂，而气冷式发动机的顶盖和排气管回以爆裂声，你感到一阵松快。于是你理解了庄子被他弟子问到他希望自己的葬礼如何安排时的回答，他说：“吾以天地为棺椁，以日月为连璧，星辰为珠玑，万物为赍送，吾葬具岂不备邪？”[2]

电离层上面布满了洞眼，不是所有大的广播台的音乐都能传回地球。有些音乐直接穿过电离层，逃逸到太空，飞向星辰。我们在20世纪50年代听到的蓝调旋律的碎片依旧在那里，在太空中以光速穿行。“胖子”多米诺的《蓝莓山》和桑尼·博依·威廉姆斯的《零下9度》到现在已经造访了数百颗恒星了吧，有些恒星还拥有行星。从理论上说，它们可能还遇到了天外的听众，如果那里也有谁守着一个敏锐得
足以接收到它们的收音机的话。原则上说我们也能听到他们的广播， 22

---

* 即土卫六。——译注

同样地，从数千光年外的恒星系统有目的性地发送的强信号，现有的射电望远镜就能侦测到。

这不是新的理论——马可尼和特斯拉是无线电工程先驱，他们早就知道无线电信号可以穿越空间，也收听过来自火星的信号——但现有的技术先进到可以把这些梦想变为真实的可能性。20世纪50年代的时候，天文学家把二战期间由微波接收器发展而成的雷达装置拿过来，编织成了天线盘，形成了射电望远镜。这些“无线电天文学家”研究星系和星云发出的自然射电能量，然后将雷达信号反射到金星和月亮。我们天文爱好者喜欢看的刊物不再仅仅发布星系的照片，还发布他们的射电图。黑暗中这些恒星外层不可见的部分比它们可见的部分延伸得更为可观，像煎锅中鸡蛋周围融化的黄油。1960年，一个名叫弗兰克·德雷克的年轻天文学家将一架射电望远镜对准了两个邻近的类日恒星，倾听非自然的信号，开创了后来被称作SETI——搜寻地外文明 (the Search for Extraterrestrial Intelligence) 的项目。

20世纪末进行着好几个私人赞助的SETI项目，超过100万人在200多个国家奉献了自己的闲暇时间，在他们的家用电脑上梳理SETI数据，搜寻信号。数据大部分由波多黎各阿雷西沃的大型射电望远镜搜集，然后通过电子邮件的形式分发到德国、瑞典、荷兰、蒙古、刚果，处理后的结果以同样路径自动发回。高科技公司组成团队，每家都希望自己最先发现信号，他们展开竞争，看谁能以最快的速度分析出最多的SETI数据，工作站机器彻夜轰鸣。这个在业余志愿者中发起的新奇试验被称作“SETI@home”，在大约一个月的时间里就组成了世界上最大的超级计算机，执行着地球上有史以来最大的计算项目。[3]

1990年的一个夜晚，我打电话给SETI机构的塞思·肖斯塔克，他正在阿雷西沃观测，我问他进展如何。他说SETI@home检查了几周前搜集的数据，对他的团队通过望远镜所做的粗略实时分析来说是个很好的补充。他对这个项目基本原理的解释，听起来很像查克和我当年在星空下用那台小收音机做的事。

“我们基本上都是实时处理数据，”肖斯塔克告诉我，“现在我们 23
监控着2 000万个频道。我们一直挑拣着那些看起来像外星人的信号——每分钟就有几条——几乎每分钟我们都会在其中发现一条不错的候选信号，然后我们会立刻将其发送到第二台望远镜进行检查。这很重要，因为千秒差距（3 260光年）之外或更远的地方一旦有信号，都意味着一次星际闪烁——闪烁程度随信号强弱变化——它由恒星之间炽热的气体云产生。从某些方面来说，它类似于你在调幅收音机中听到的声音。在加利福尼亚，你可能有那么一两分钟会收到芝加哥的WLS台，一分钟后又收不到了，因为电离层在变化。类似的情况可以发生在星系中更远的地方。你可能听到什么，回去找它，发现它又不在那里了，因为你回去找时，由于星际闪烁，它的振幅又衰减了。”[4]

对天外无线电信号的探测也许可以对整个科学史都做出贡献，但没人真正知道它的好处在哪里。尽管已有一些关于具有高等智慧的外星人教我们治愈癌症或终止战争的想象——我怀疑这反映了他们的想法非常狭隘——但我们并不知道外星消息能否被解码，或者如果能解码，信息中表达的世界观是否足以和我们自己的世界观产生交集，以至于两者能够彼此理解，更不用说互相沟通。我自己的预期是就算信息不是极难翻译，也会冗长繁杂，要理解和吸收它，可能要建立完整的机构，类似于当年建立欧洲的大学是为了翻译亚里士多德的著作。

但那是因为SETI是真正意义上的开拓。哥伦布也不知道自己会发现什么。据说迈克尔·法拉第在19世纪30年代试验发电机的时候，英国财政部大臣威廉·格拉德斯通问他这个东西到底有什么用。

“我不知道，”他答道，“但我打赌将来有一天你的政府会向它课税。”[5] 如果一项事业的结果是我们能够预见的，那它就不是开拓。

我们不禁要问，假定一个绕着遥远恒星旋转的行星上的先进文明，拥有渊博的学识和我们这样的婴儿文明（开始广播信息不过一个世纪）根本无法超越的技术，那它为什么要烦神发送我们能侦测到的信息，或者聆听我们古老的广播？如果我们把外星文明想象成一个整体，那么这样的尝试似乎没有什么实用价值，除非他们可能是想充实自己对各种生物系统和社交系统的研究——不带感情地注视我们，就像透过一台解剖显微镜似的。但我们自己的行星已经证明，智慧的社
24 会群体并不需要是完全统一的。相反，他们也许是靠多样性来繁荣，允许个体只做他们自己喜欢的事。在这层意义上，我们接收到的第一条信息也许并非是负责星际联邦的大长官发送的，倒有可能是相当于高中业余无线电俱乐部的外星团体发送的。第一个收到《杰克·本尼秀》节目和电视剧《我爱露西》的外星人，并不一定得是仙女座γ星上用触手操作大型射电望远镜表盘的科学家。他们可能就是像查克和我这样的孩子，正在搜寻着“氧层”，试图发现新东西。

一定有很多人觉得懊恼，我们留给外星人的第一印象居然可能是WLAC的《阿莫斯和安迪》或是比尔·“霍斯”·艾伦的午夜秀。但我要说，幽默和音乐是对政治家严肃的官腔官调的反抗，在某种意义上，古老的广播节目是带有偶然性的，更接近真正开拓者的野性灵魂。

20世纪70年代，我制作了一张唱片，它随两个“旅行者号”星际空间探测器升空。这是地球文化的一个样本，是给航天器在百亿年漫游旅程中遇到的人的馈赠。“旅行者号”唱片中保存了27段音乐——从巴赫、贝多芬到爪哇佳美兰音乐，一首中国古琴曲片段，还有“盲人”威利·约翰逊的《暗如夜》——我们还放进去一首摇滚歌曲，那就是

查克·贝里的《约翰尼·B. 古德》。它描述的是一个乡下年轻人希望自己的演奏可以在大城市里帮他获得名声：

> 他经常用一个粗布袋子装着自己的吉他，
> 坐在铁路边上的树下。
> 工程师们看着他坐在树荫里，
> 和着司机们的节拍演奏。
> 过往的人们纷纷驻足，
> 称赞道：哦，天哪，这个乡下男孩弹得多好。[6]

这首歌还触发了喜剧电视节目《周六夜现场》的灵感，在节目中它变成了一个滑稽片段，讲地球科学家收到来自外星文明的无线电讯号，外星文明拦截到了“旅行者号”航天器并播放了这张唱片。他们给地球科学家发的消息是：“多发点查克·贝里的歌！”

在不安分的青年时代，我数次横跨美国，彻夜奔驰，收听氧层的无线电，但最终一切都改变了。那时候的公路是自由的一种象征，我们
现在仍能听到这种“公路歌”。但现在这样的大路愈发少了。双车道 25
柏油路被便道截断，在深夜，遥远的州际公路都能堵成一段一段。大部分时间里，你开着车，就像在一列没有尽头的火车的一节车厢里，尾灯在挡风玻璃上，前灯在后视镜中。现在真正的大路只有向上求
索——穿过电离层和氧层，抵达行星与恒星。 26

# 守卫：
## 拜访“白先生”

1990年初的一个周六夜晚，我刚在加利福尼亚州奥克兰的夏博天文台公众科学中心做了一场讲座，顺便参观了放置着20英寸的约翰·布拉希尔折射望远镜的圆顶屋——望远镜建于1914年，至今依旧是研究行星的利器。一个讲解员从我身边走过。巨大的奶油色圆顶之下，百来个小学生正在排队，等着爬上台阶透过目镜观看。一个年长的天文学家站在旁边，帮助每个学生对准焦距，在他们每个人耳边小声介绍土星的大小、距离和组成部分，以及土星一侧的那个亮点其实不是一颗恒星，而是它的卫星土卫六。

“那个人是谁？”我问。

“怀特曼先生。”讲解员答道。他把这个姓氏念成“白人”*，事实上金斯利·怀特曼也的确是我见过的最白的人之一。他满头白发，皮肤接近上好铜版纸的白，着装也是全白。他看起来像个与望远镜一起诞生的幽灵（其实他比望远镜要年轻43岁），是尚存的与19世纪天文学的连接。讲解员告诉我，因为夏博天文台的资金问题——天文台当时由缺乏资金的奥克兰公立学校系统运作——怀特曼先生已经好几年没得

* “怀特曼”（Wightman）与“白人”（White Man）发音相近。——编注

到工资了。但在天文台对公众开放的时候，他还是会出现，坚持给孩子们展示行星与恒星。我等到休息的间隙向他做了个自我介绍。

“有什么能帮到您吗？”

“我知道夏博最近遇到一些资金上的麻烦，”我说，“现在情况如何？”

他笑了。“那个啊，先生，这都成了夏博天文台的招牌了。每个学期我们都面对这样的问题：‘我们怎样才能让夏博再撑一个学期？我们只要能让它再开一个学期，应该就能解决这个预算危机。’每年我都
四处游说，宣传夏博的价值，还有我们要让它开放的原因。他们说： 27
‘可是，金斯利，我们都没钱教读写和算数，为什么还要教天文呢？’但是接下来他们朝望远镜里一看……”他摇摇头，声音也低了下去。

此后我常常想到怀特曼先生，当我在附近参加公共开放夜的时候，我总会顺路过去看他。我了解到，这个天文台是在奥克兰的校监詹姆斯·C. 吉尔森的鼓动下建立起来的，以水利工程师兼慈善家安东尼·夏博的名字命名，这座城市的第一批水管有许多都是他铺设的。怀特曼告诉我，他毕业于伯克利，拿的是教育文凭，为了在奥克兰的公立学校谋得一个教职，他又回去学了天文。“能在夏博天文台教书，让我很激动，”他回忆道，“第一次用望远镜观星的时候我就被深深吸引，显然它对其他人也有一样的影响。”

土星真的令他感动到落泪。“依我看，土星真是一个美丽的天体，”他说，“你看它的比例，它的对称性，它的颜色。想象一下我初见这颗行星时的狂热！现在它依旧如初见般美丽。”

数年之后，怀特曼和他的同事还在为保证夏博开放而斗争。与此同时，民间领袖组织了一个基金会，为夏博科学中心募资，科学中心可以放置望远镜，为社区提供一个新的天文馆和教学设施。一天，有消息说他们成功获得了1 700万美元的赞助，设施的最终价值将达到

7 450万美元，并于2000年开放。

赞助公布后的一个周六夜晚，我在这个老天文台门口驻足，欣慰地看到怀特曼先生在那里，在朴实的圆顶下向一排小学生展示木星。他结束后，我祝贺他获得新的赞助。

“我们做到了！”他开心地笑道，“这么多年来，一直都是‘我们怎样才能让夏博再撑一个学期’，现在耳朵眼里都能倒出钱来！问题变成了‘您还需要更多的钱吗，金斯利？100万够不够？200万呢？’。

“我告诉你，”他靠过来，放低声音，向我吐露，“一旦你有了1 700万美元，他们就不再提要把你关掉了！”又有一队小学生来到圆顶下，“白先生”儒雅地向我说再见。我看着他走向轮式台阶，他的左臂因中
28 风而缓缓抖动。他用手拉过第一个学生，把她带领到望远镜前。

第四章

# 业余爱好者

爱好者(amateur),源自法语“amateur”,拉丁语“amator”……意为“去爱”。

——《牛津英语词典》

知之者不如好之者,好之者不如乐之者。

—— 孔子

落日西沉,佩科斯以西靠近戴维斯堡的得克萨斯高地上正在举办星空聚会,干燥的土地上已经挤满了望远镜。西边渐暗的夜空下升起一排翻滚的丘陵,它们被戏称为得克萨斯的阿尔卑斯山。我们的东边就是恐龙城,它因盛产石油而著称。

星星都出来了,清晰极了——猎户为“狗星”(亮白色的天狼星)所追逐,向西边的地平线逃逸,乌鸦座的四边形在东南方向,狮子座的镰刀形状靠近天顶。行星木星也在天顶附近;许多望远镜都指着它,宛如向日葵追随太阳。聚拢的黑暗吞没了山谷,观测者眼中的景色被陆地上的星座(望远镜电子器件上的红色LED指示器、工作着的红色电筒)所取代,还有声音相伴——叹息、吃力的呼吸声、低沉的诅咒,以及流星划过天空时零星的喜悦的叫喊。很快天就暗到可以看见黄道光了——这是延伸到小行星带之外的行星际尘埃反射的太阳光——

它像遥远的探照灯一样刺入西方天空，宛如奥玛·海亚姆和他的译者爱德华·菲茨杰拉德所说的"黎明的左手"。银河升到东边山顶上方，非常明亮，我一开始将它错认为一堆云。在这么透明的夜空下，地
29 球成了一根栖木，一个用来观看宇宙其他地方的观景台，更像一个人站在摇摇晃晃的梯子上，凝视那些巨大的牛顿反射望远镜目镜时脚下的立足点。

我是和芭芭拉·威尔逊一起过来观测的，她凭借在黑暗中搜寻遥远目标的锐利视觉而成为一个传奇。我看到她站在一架小梯子上，透过她20英寸的牛顿反射望远镜窥视着——设备校准到不能更精确，她在每次观测前都会用棉签擦拭目镜，上面蘸着象牙皂、异丙醇和蒸馏水的混合物。芭芭拉在一张观测台上摆好了《哈勃星系图册》、《测天图2000》、一个在背后由红光灯箱照明的夜视星表、一台被用来展示另一张星图的笔记本电脑，还有一张列着她想看到的天体的清单。清单上的很多东西我听都没听过，更别提看过。其中包括科瓦尔天体（芭芭拉告诉我，那是人马座内的一个矮星系）、莫隆格勒-3星系（当它发出我们现在看到的光芒时，宇宙的年龄只有现在的一半），还有一些不知名的星云，比如闵可夫斯基的脚印、红矩和戈麦斯的汉堡包。

"我正在寻找M87的喷流。"芭芭拉在梯子上低头对我说。M87是靠近室女星系团中心的一个星系，距地6 000万光年。一束白色喷流自它的核心喷出。它由等离子体——被电离的原子核和电子，它们是足以撕裂原子的高能事件下的幸存者——构成，从这巨大椭圆星系中央的大质量黑洞两极以接近光速的速度喷射出来。（没有什么东西能从黑洞内部逃逸，但它的引力场可以将物质高速弹射出去。）天文学家研究这种喷流的结构，描绘M87内部的暗云——通过喷流在与暗云

冲撞处堆积的方式，可以推断出暗云的地点和密度——然后通过线条上的扭结和堆积，来重构近期黑洞周围喷射出的物质的不同数量。他们用上了可利用的最强大的设备，包括哈勃空间望远镜、夏威夷凯克天文台的两台口径为10米的反射镜，还有甚大阵——一个位于新墨西哥，由27个射电天线盘组成的横贯沙漠的Y字形阵列。至今我还没听说哪个爱好者看到过这种喷流。

在长久的沉默之后，芭芭拉大声说："它就在那儿！我是说，就在那儿啊！"

她从梯子上爬下来，笑容浮在黑暗中。"我之前就看到过一次，在 30
天鸽座，"她说，"但没人能为我确认——找不到一个能有这份耐心看这个的人。但这玩意儿实在太明显了，你看到后就会'哇'的一声，要不要来试试？"

我爬上梯子，调好目镜焦距，检视着散发微光的球状M87，在770倍率下，它像一条膨胀的河豚。我没看到喷流，便开始进行标准的暗视步骤。放松，像做运动的时候一样。深呼吸，确保大脑摄入足够氧气。双眼保持睁开，让需要用到的那只眼睛不至于肌肉紧绷。手掌覆住左眼，或干脆在大脑里清空它——其实很容易做到，比听起来容易——然后集中精力透过望远镜观看。检查星图，确认目标在视场中的位置，然后目光稍稍从那个地方偏移：对于暗光，余光比聚焦处更敏感。然后，就像芭芭拉所说的，要有耐心。有一次在印度，我用一架观鸟望远镜盯着一丛草看了一分多钟，才发现我盯着的是一只睡着了的孟加拉虎的巨大的橘黑相间的头颅。观星也差不多这样。你不能急。

然后，突然间，它在那儿了——一根薄薄的、弯弯的、苍白的手指，颜色比星系本身的青白色星光更冷、更荒凉，从而凸显出来。多年以来我只能在照片中看到它的雄姿，能亲眼见到它，实在太精彩了。我从梯子上下来，开心地笑着。芭芭拉叫了茶歇，她的同事们离开了，去了农场的咖啡馆，她自己则留在望远镜旁，以防万一有人想过来看看M87的喷流。

20世纪50年代我刚开始观星那会儿，业余天文学经历了一场变革。彼时大家都用很弱的望远镜，比如我那种2.4英寸折射镜。一架12英寸的反射镜就已经是个大家伙，你要是有幸用那个看过东西，都可以当作故事讲一讲了。受限于那些设备可怜的聚光能力，大多数爱好者只观测比较明亮的天体，比如月球的环形山、木星的卫星、土星环，还有少量著名的星云和星团。如果他们还想探索到银河系外，看看邻近的一些星系，可能就只能看到暗弱的灰色斑点。

与此同时，专业的天文学家则可以在西海岸接触到非常大的望远镜，比如加利福尼亚南部帕洛马山上的传奇——200英寸的海尔望远镜。[1]科学家们配备了当时最先进的技术，接受了最严格的训练，最终有了收获。在帕萨迪纳附近的威尔逊山天文台，天文学家哈洛·沙普利于1918年到1919年确认太阳位于银河系的一侧，埃德温·哈勃于
31 1929年确认星系因宇宙空间膨胀而相互分离。在帕洛马，艾伦·桑德奇测定恒星的年龄，霍尔顿·阿尔普探索“异常”星系的结构，1964年马尔滕·施密特和杰西·格林斯坦发现类星体都很远——那些年轻星系的炽热内核发出的光要用几十亿年才能抵达我们这里。像这样的科学家后来都誉满天下，被媒体称作探索深空奥秘的锐眼瞭望者。

这诚然不是虚言：他们所在的是一个黄金时代，我们这个长期沉睡的种群第一次睁开眼睛看银河系家园以外的遥远宇宙。但专业意义上的观测往往并不是一件充满乐趣的事。在寒冷黑暗的高处，乘坐观测笼，在一个巨大的玻璃照相底片上进行长时间曝光，冰冷的星星在圆顶的开口上方闪耀，星光融入底下如鳟鱼池一样大的镜子中，这

一切毫无疑问非常浪漫，却也有点折磨人的神经。用大型望远镜观测就像和一个迷人的电影明星做爱：你受宠若惊，同时也知道一大堆情敌在排着队等你出丑。更别提学科领地意识、嫉妒的论文审稿人，以及永远都需要抢的望远镜使用时间，这些都不可能让专业天文学轻松无压力。就像一位年轻聪慧的宇宙学家有一次和我说的，“毁掉天文这样一个可爱的兴趣的好办法，就是让它成为职业”。

情况就这样持续了几十年。天文学家们观测遥远的巨大天体，论文发表在声名赫赫的《天体物理学报》上——学报以天体的距离排列论文，就好像是故意为之，星系在每期刊物的开头，恒星在中间，行星则偶尔才能出现在刊物上，而且是刊登在后面。业余爱好者则在州里的集会上用三脚架架起76倍的小望远镜，给学校学生展示土星环，然后把他们自己的照片（站在后院里自制的反射望远镜旁边，面带微笑）发给《天空与望远镜》杂志——这是一份非常精美的刊物，然而没有《天体物理学报》那么有名。不可避免地会有一小部分天文学家看不起业余爱好者。克莱德·汤博发现了冥王星，向来大度的天文学家乔尔·斯特宾斯把他作为“一个业余临时助理”解雇了，还补充说，冥王星是“由业余爱好者珀西瓦尔·洛厄尔预言的”，它的确认也是“大部分由另一个业余爱好者——乔尔·H. 梅特卡夫牧师制作的”望远镜完成的，所以冥王星如果是个行星，那它的发现真可谓“专业天文领域有史以来最大的笑话”。[2]当然，与业余爱好者以及技术精湛却并不在意自己身份的业余人士保持良好关系的专业天文学家不在少数。但总体上来说，业余爱好者宛如居住在山顶阴影下的山谷里。 32

但有趣的是，从某种程度上讲，在历史长河中的大部分时间里，天文学原本只是业余爱好者的追求。

现代天文学的基础主要是由业余天文爱好者建立的。尼古拉·哥白尼在1543年将地心说改正为日心说（这就将一个死循环的错误变成了一个开放式的错误，可以引发出新的问题），他是个博学多才的人，长于多项技能，天文只是其中之一。约翰内斯·开普勒发现行星绕日公转轨道不是圆形而是椭圆形，但他其实主要是靠占星与教书谋生，还为出版自己的书向皇家委员会请求支持。埃德蒙·哈雷（哈雷彗星以他的名字命名）一开始只是个业余爱好者——他曾花一年时间在圣赫勒拿做观测，那是南大西洋上的小岛，140年后拿破仑·波拿巴被流放到这里，并终结于此——最终获得了皇家天文学家的称号。而业余天文爱好者约翰·贝维斯至今仍是唯一一个观测到金星掩水星的人。（这个罕见的天象是指金星从水星前穿过，它发生于1737年5月28日，下一次出现则要到2133年12月3日。）出生于1710年的詹姆斯·弗格森，从一个不识字的、试图了解星星的苏格兰牧童，成长为知名作者和皇家天文学会会员，享受乔治三世国王颁发的皇家津贴。乔治三世自己也是一个天文爱好者，为了观测1769年6月3日发生的金星凌日，他建造了一座天文台。[3]弗格森的畅销书《基于艾萨克·牛顿爵士原理的天文学》，吸引了当时还是作曲家和风琴演奏者的威廉·赫歇尔的注意。赫歇尔曾自制望远镜，并以精湛的技巧将其功能发挥到极致，是当时洞察力空前的观测者，但他的研究并没有任何报酬，直到1781年他发现了天王星。（乔治三世也以皇家津贴奖励了他；他用这笔钱制作了一台超级大的望远镜，可惜它并不好用，他还是得依靠他默默无闻时使用的小望远镜。）第一个"重新发现"哈雷彗星的——就是发现它从比天王星轨道还远的地方向太阳系内进发，一路变亮——是约翰·乔治·帕利奇，时间为1758年。这项发现漂亮地证明了牛顿运动定律的正确，帕利奇却被皇家科学院讽刺为"一个根本没意识到自己的发现有多重要的头脑简单的农民"。[4]但其实他是一个熟练的业余科学家，他定期与赫歇尔沟通，并准确推断出大陵五其实是食双星——一对周期性从对方面前穿过[*]的双星。 33

19世纪的天文学是被业余爱好者统治的，他们大部分是富有的绅士，拥有私人天文台，抑或是普通的市民，其技艺为他们赢得皇家津贴或商业赞助。弗里德里希·威廉·贝塞尔中学辍学，在不来梅做小店员，却在彗星轨道研究上有所发现，并于1813年成为普鲁士的新柯尼斯堡天文台的台长。第一个发现他的能力的是海因里希·奥伯斯——一个医生，同时也是当时数一数二的彗星观测者。威廉·坦普尔发现了8颗彗星，以及与昴星团纠缠的反射星云，他之前只是个平版印刷工人，几乎没有受过教育，后来在马赛、米兰和佛罗伦萨被委以专业科学家之职。在德国德绍，药剂师海因里希·施瓦贝在17年间几乎无一日中断地观测太阳黑子，并发现了太阳黑子数量在11年周期中的增长与衰退。英国业余爱好者理查德·卡林顿发现了黑子在周期性增长时会向赤道区域靠近，他把黑子的纬度分布按时间描绘出来，创制出了黑子的“蝴蝶图”。卡林顿从他位于萨里郡雷德希尔的庄园观测太阳，他也是第一个看到太阳耀斑的人。约翰·罗伯逊是喀里多尼亚列车上负责报站的服务员，他也被这些关于太阳的新发现所感染，在当地劳工的阅览室里研读天文书籍，把存款用来买望远镜。最终他得以发表他关于彗星、流星的发现，还有太阳黑子、极光和罗盘针磁场偏差之间的联系。他也曾获得过天文台的任命，但他总是回绝掉，理由是“（铁路）公司对我很好，我希望可以忠诚地为他们服务”。[5]

在19世纪中期的爱尔兰，罗斯伯爵制作了一台72英寸的反射望远镜，用以观测星系的螺旋结构。这台望远镜被称为“帕森斯顿的利

---

* 从地球观察者的视角而言。——译注

维坦”，曾是世界上最大的望远镜，直到1917年，在乔治·埃勒里·海尔——一个由业余爱好者转变成的天文学家的鼓吹下，一台100英寸的反射望远镜在威尔逊山建成。亨利·德雷伯刚完成他的医学学业，在等待行医（他那时还没成年）的时候周游英国，他看见了罗斯的望远镜，被天文深深迷住。回到纽约家中后，德雷伯接连自制了好多望远镜，还组装了一个分光镜——可以将光分解为光谱线，揭示光源的原子构成——加上相机，就制造出第一个可靠的摄谱仪。凭借这个摄谱仪，他帮助建立了现代天体物理学和恒星分类学。约瑟夫·诺曼·洛
34 克耶是陆军部的一个文员，他自学天文，在太阳光谱中发现了氦元素。（因其在地球上尚不为人知，洛克耶以希腊语“太阳的”为其命名。）在印度还有个业余爱好者皮埃尔–朱尔–塞萨尔·让森设法观测日珥——太阳表面升起的发光等离子流。他是在1868年8月18日日全食的前一天观测到的，这是第一次不借助日全食的时候月亮遮住大部分日光而观测到日珥。（数日之后洛克耶也观测到同一个日珥，他和让森后来都成了专业的天文学家。）洛克耶后来于1869年在英国创办了科学期刊《自然》，并确认了巨石阵和埃及大金字塔都是朝向太阳和恒星的，这个发现开辟了考古天文学的道路。同时期的沃伦·德·拉鲁是一个印刷工人，在1860年的日全食中，他用在相距400千米的不同地点拍摄的照片，证明了日珥属于太阳，而非有些人所想的从月亮中喷射而出。

哈佛天文台也是由一个天文爱好者建立的，他叫威廉·克兰奇·邦德。他和他的儿子乔治·菲利普·邦德一起发现了土卫八。威廉·拉特·道斯因其对双星的精准辨别，享有“鹰眼道斯”之誉，他是个医生，也是个离经叛道的牧师；“道斯极限”至今仍被用来作为估算望远镜理论分辨率的参考。丝绸商人威廉·哈金斯对行星状星

云——不稳定恒星抛射出的气体壳——做光谱观测，并测量恒星的速度。利物浦酿酒大亨威廉·拉塞尔与他妻子玛丽亚·金相识于天文爱好者举办的星空聚会。他制作了一台24英寸的反射望远镜，并用它发现了海王星的卫星海卫一、天王星的卫星天卫一和天卫二。

即便到了20世纪，业余爱好者被迅速成长的专业天文学群体掩盖光辉，却也依旧在为天文研究做出有价值的贡献。英国作家、天文爱好者帕特里克·摩尔回忆道，第一次世界大战前，“如果你想知道木星大红斑的经度、金星灰光的状态，抑或火星上的尘暴的发展情况，你可以去找任何一个主流的业余天文协会”。[6]阿瑟·斯坦利·威廉姆斯——一个律师，绘制了木星表面云层的差异旋转，并建立了木星术语系统，该系统沿用至今。米尔顿·赫马森曾是一名瓜农，靠在威尔逊山赶骡为生，他与天文学家埃德温·哈勃合作绘制了宇宙的尺寸和膨胀率表。格罗特·雷伯在他位于伊利诺伊州惠顿的家中后院建造了第一台真正意义上的射电望远镜，并用它来绘制星空；他一度 35
是地球上唯一的一个射电天文学家。太阳研究是由工业工程师罗伯特·麦克马思在底特律家中后花园建造的天文台里主导的，他成就惊人，国家科学院有他的一席之地。他担任专业组织——美国天文学会的主席，还帮助规划建造了亚利桑那州基特峰国家天文台，在那里，全球最大的太阳望远镜以他的名字命名，以示尊敬。

19世纪末至20世纪初，发展时断时续的专业天文学催生了形形色色的混合职业，比如舍伯恩·韦斯利·伯纳姆，他将业余天文和专业天文结合，像在河流中从一条船犹疑地踏入另一条船。伯纳姆是一个自学成才的法庭速记员，他观测光学双星并进行编目，在他人的劝说下，他花了两个月时间，用他的私人望远镜——一架6英寸的折射望远镜——在北加利福尼亚的哈密顿山为未来的利克天文台选址工作进行测试。天文台建成后，伯纳姆降薪留任，成为天文台的高级科研人员。他为人诙谐，四处漂泊，人脉广泛，与一个叫贝内特的隐士相处得非常自在，后者路过天文台时常帮他捎几封邮件。他与美国最高法院的大法官也处得很好。最终他离开了，回到了芝加哥，依旧受雇于美国巡回法庭，做书记官，薪水是他做天文学家时的两倍。但他没有放弃观测，周末时他会坐火车去位于威斯康星州威廉斯贝的叶凯士天文台，继续研究光学双星。

为何业余爱好者能够在天文学领域扮演如此重要的角色，最终甚至掩盖专业工作者的光辉？因为天文学和其他学科一样，还很年轻——还不到400年的时间，还在继续向前——必须有人来推动它。它的鼓吹者那时还都没有相关的高级文凭，那时候根本就没有这玩意儿。所以，他们要么是其他相关领域，比如数学领域的专业人士，要么是纯粹出于热爱而从事天文研究的业余爱好者。最重要的是能力，而不是文凭：就如你想给荒地上的小木屋加高顶梁，邻居来帮忙的时候，你不会要求他们出示承包商许可证。随后而来的是这个新领域开始细分。

业余爱好者与专业科学家的区分的新鲜之处，体现在这两个名词本身的历史当中。“业余爱好者”这个词大约在1784年出现在英语中，而“科学家”这个词则是到了1840年才被创造出来，英国哲学家和数学家威廉·休厄尔说：“我们非常需要一个通常意义上的用以描绘科学耕耘者的名称。我倾向于叫他‘科学家’。”[7]然而，一旦差别出现，
36 就如牛津的历史学家艾伦·查普曼所写的，一种“不幸的分歧”也凸显出来，“制度所资助的专家似乎应当为‘业余爱好者’建立标准”。[8]

一个有能力的业余爱好者——约翰·爱德华·梅利什体验到了这种分歧的不公。1915年夏天，他在叶凯士天文台做义务观测员。梅利什发现自己在日出前拍到了一颗彗星。哈佛天文台电报——这是

播报天文新发现的标准方式——迅速发出，宣布他的发现。梅利什的这颗"彗星"后来很快被确认其实是弥漫星云NGC 2261，这让叶凯士的台长埃德温·布兰特·弗罗斯特很难堪。梅利什的贡献其实是发现了一个星云，它在亮度上有所变化。[9]但弗罗斯特不再信任业余爱好者，把梅利什从项目中移除，把他的任务指派给了一个年轻的叶凯士工作人员——一个叫埃德温·哈勃的天文学家。以他的名字命名并沿用至今的哈勃变光星云，成为哈勃发表的第一篇论文的主题，并成为他光辉事业的一个跳板。[10]

即便有着诸多打击，业余爱好者还是在20世纪80年代重新回到了舞台。一个世纪的专业研究促进了观测天文学的发展，在领域内创造出更广阔的空间，供专业工作者发挥。同时，天文爱好者的队伍也在扩大，最优秀的业余爱好者也有能力承担起专业工作，从事创新研究。"专业工作者与业余爱好者之间永远都会有位置留给劳动者。"科学史学者约翰·兰克福德于1988年写道，但"在将来会更难将二者完全分开"。[11]同年，《天空与望远镜》杂志的编辑利夫·J. 鲁滨逊表示："业余爱好者与专业工作者开始了几十年未曾见的热切对话。这真的是一股清风。"[12]

而促进了专业天文学发展的业余天文革新，是由三项创新技术带动的——多布森望远镜、CCD感光设备和互联网。[13]

多布森望远镜是一种用廉价材料组装的反射望远镜。发明者是约翰·多布森，他拥护平民主义，主张衡量望远镜价值的标准是通过它去观测的人数。1987年7月25日，在佛蒙特州靠近斯普林菲尔德的一个叫作斯特拉芬（意为"星星圣地"）的山顶观测地，多布森在一个由业余望远镜制作者组成的团体中鼓吹他的信条，获得了雷动的欢声。"对我来说，望远镜有多大，光学系统设置得多精确，或是照片拍得

37 多美妙，都不算什么；要看在这个巨大的世界，有多少看到望远镜的机会比你少的人，能够有机会通过你的望远镜去了解这个宇宙。这才是驱使我的动力所在！”

多布森在旧金山以其宽厚、热情的性格为人所知，他会在路边架好一架靠电池驱动的望远镜，召唤路人“来看看土星！”或是“来看看月亮！”，然后在他们盯着目镜看的时候，在他们耳边悄声说一些天文学的知识。他的职位有非正式的津贴，他自己则是一个扎马尾、总是滔滔不绝的老年嬉皮士形象，随身带着一架俗丽的望远镜，镜身磕磕碰碰，像被一辆卡车拖行过。然而了解天文的人开始意识到，他的望远镜就是科技革新的卡宾枪。多布森望远镜采用的是和艾萨克·牛顿1680年为了研究大彗星所设计的望远镜一样的简单构造——一个镜筒，底部装有用来聚光的凹面镜，小而平的副镜在靠近顶部的地方，用以将光线反射到一侧的目镜中去——但它们是用价格低廉的材料做成的，用一架小型牛顿反射镜的价格，你可以自己做一架或者买一架大的多布森望远镜了。然而你没法从约翰·多布森那里买到多布森望远镜，他拒绝用他的创新发明牟利。安贫是他的习惯，也是他创造力的来源。

多布森出生于中国，他的外祖父是北京大学的创办人之一，他的父亲教授动物学。多布森自己在伯克利学习化学，并于1944年成为信奉罗摩克里希纳的吠檀多社的一名僧人，居住在旧金山和萨克拉门托。

多布森幼年时期就痴迷天文，他开始自己制作望远镜，但他安贫的誓言决定了他必须想办法用比前人更廉价的方式进行制作。业余望远镜制作者需要面对的最昂贵的花费之一是买一块“白胚”，那是一块精密的光学玻璃，他们需要将其打磨成合适的形状。多布森买不起合适的白胚，于是他去捡拾废弃的船舶舷窗和水罐底，然后打磨它们，将其作为替代品。为了做镜筒，他搜集了建筑工地上用来往里浇灌水泥的层压纸套管。

好的望远镜装置也价格不菲，所以多布森用胶合板碎片裁出一只盒子，用一切圆滑的东西——聚氯乙烯管、特氟龙碎片，或是废弃的黑胶唱片——把它填充起来，然后把镜筒塞在盒子里，这样就造出了一架只需要轻轻一推就可以指向天空任何方位的望远镜。

有了装备之后，多布森开始在晚上“越狱”——这是僧人们的说法——调试他的望远镜，给人们看星星。他遇到看起来对天文格外有热情的年轻人，就直接把望远镜送给那孩子，然后自己再重新做一架。太多次“越狱”对于需要在夜晚入定的僧侣来说是不妥当的，所以多 38
布森最终被逐出了寺院。(他的第一架望远镜据说在寺院官员的命令下被抛进了旧金山湾，不然可能就被史密森学会收藏了。) 此后的大部分时间里，多布森都在西部到处旅游，开着房车或是锈迹斑斑的大篷车，里面塞满了望远镜，他把它们放在街角和国家公园，吸引了成排的新手来看。公园巡查人员不许他这么做，说：“天空不是公园的一部分。”多布森回答道：“对，但公园是天空的一部分。”[14]在约翰·多布森之前，可能没有人像他这样凭一己之力吸引这么多的人来观星。

多布森望远镜的光学系统可能很粗糙，大多不能展现业余爱好者所喜爱的火星和木星的锐利图像——但它们为普通观星者拥有自己的大望远镜提供了可能。拥有多布森望远镜的观测者不必满足于看行星和邻近的星云：他们可以探索数以千计的星系，深入曾经只留给专业工作者的深空范围。很快，业余爱好者云集的星空聚会上就布满了多布森望远镜，它们有20英尺，甚至更高，指向夜空。英国天文爱好者帕特里克·摩尔描述“帕森斯顿的利维坦”时说：“据说使用大反射镜的人不仅是个爱好者，还是个有经验的攀登者。”[15]现在，感谢多布森，罗斯伯爵的时代又回来了，业余观测者最大的身体上的危险，就是在摇晃的高梯上用大多布森望远镜观测的时候可能会摔下来。我遇到过一个观星者，他的多布森望远镜非常高，他站在15英尺高的梯子上才能够到目镜，要用一架双筒望远镜才能看到底下笔记本电脑上显示的实时图像。他说白天爬梯子爬得心惊胆战，但是到晚上观测的时候就忘记有多危险了。“我看过的星系里有三分之一都还没编目呢。”他若有所思地说。

同时，CCD也出现了。CCD即“电荷耦合器件”，是一个感光芯片，可以比照相感光乳剂更快地记录微弱的星光，因而很快地替代了后者。[16]刚开始CCD很贵，但价格降得也快：老式的CCD一度比貂皮大衣还贵，而如今我们在天文台用CCD，就像用咖啡杯托盘一样平常。爱好者发现，把CCD用于大多布森望远镜上，得到的聚光能力堪比前CCD时代帕洛马的200英寸海尔望远镜。

39 并非CCD的感光度本身拉近了业余爱好者和专业工作者之间的距离——专业工作者也会用CCD——而是业余爱好者手中日益增多的CCD令地球上有能力探测到深空的望远镜数量剧增。这个星球上好像突然多了数千只新的眼睛，这就能比仅依靠专业工作者监测到更多天文现象。此外，CCD芯片上每个感光点（或称“像素”）都可以在展现捕捉到的图像的电脑上表达出单独的值，观星者可拥有一份数字化的记录，用以测光，做变星亮度变化的测定。

这就又要说到互联网。爱好者发现一颗彗星或爆发的新星，一度需要给哈佛天文台发电报，由那里的专业工作者检查确认，然后给全世界天文台的付费订阅者发送明信片。互联网开启了另一条道路。现在一个爱好者如果有了新发现——或是觉得他有了新发现——只需在几分钟内把CCD图像传给世界上任何地方的其他观测者。任何感兴趣的人，无论是后院天文爱好者，还是山上圆顶屋内的专业工作者，都可以看到。全球研究网络也开始萌芽，将对耀星、彗星或是小行星有共同兴趣的业余爱好者和专业工作者连接起来。专业工作者通过业余爱好者获得信息，有时能够比等待官方渠道更快地了解天上的新发展，因而能够更快地研究它们。如果说增长的望远镜数量给了地球新的眼睛，那么互联网的使用就是一套视觉神经系统，信息在网络中奔涌（夹杂着大量的金融数据、亿万字节的绯闻八卦，以及丰富的色情文学），还有土星上风暴肆虐和恒星在遥远星系中爆发的照片。

几十年来，专业天文学家都愈发依赖电脑处理的数据，譬如说，它可以立即生成一份在给定夜晚经过给定天文台天顶10度范围内的、面朝我们的旋涡星系清单，还能按亮度排序。必需的软件、电脑的处理能力，还有硬盘的存储能力，都所费不赀，而一旦专业工作者将它们上传到网络，业余爱好者也就能够无偿使用它们了。而且，自从大部分专业望远镜都可以用电脑控制之后，网络连接让业余爱好者和专业工作者都能够远程操纵望远镜进行自动观测。

业余爱好者中的新星也在闪现，他们技术精湛，设备精良，致力
于做观测宇宙学家艾伦·桑德奇口中的“绝对严肃的天文工作”。[17] 40
有些人记录木星和火星上的天气，制作出在质量上可与专业工作者比肩的行星图像，在记录长时间尺度的行星现象上，甚至能够超越他们。还有些人监测变星，用以确定星团和星系的距离。业余爱好者还能发现彗星和小行星，源源不断地为鉴别天体做出贡献，这些天体有可能在将来某一天与地球相撞，只要发现得足够早，我们就有可能使它们偏转，防止灾难发生。业余射电天文爱好者记录下星系冲撞时的呼声，记载日间流星落下时的电离余迹，寻找外星文明的信号。

业余爱好者所能接触到的也有局限。业余爱好者在科学文献方面所受的指导不足，有时候他们拿到精确的数据，却不知其所以然。有些人通过与专业工作者合作来弥补他们专业上的不足，有时候会抱怨他们投入精力做了大部分工作，大部分功劳却归于他们更加有名望的合作伙伴。还有些人则将热情燃烧殆尽，他们深陷于自己的爱好，消耗了时间、金钱和热情，最终退出。

但还是有许多业余爱好者享受合作的收获，而这让他们更靠近星辰大海。如果情况超乎控制，他们就用“爱情超越婚姻”的比喻来安慰自己。公元前2世纪，泰伦斯说，凡事都有度，但正如威廉·布莱克
41 所标注的那样，“欲知何者为足够，必须先知何者为过度”。[18]

# 你能看到多少？
## 拜访斯蒂芬·詹姆斯·奥马拉

在佛罗里达西夏地礁岛沙滩举办的冬季星空聚会上，我认识了斯蒂芬·詹姆斯·奥马拉。我入夜才到，在大门口问候这次星空聚会的组织者蒂皮·道里亚。蒂皮性格无拘无束，13岁辍学离家，做包租船的船长，承办月夜钓海鲢的探险，在海军的一艘攻击潜艇上服役，还玩赛车，最后在迈阿密安定下来，做了一个电力工程师。他和他的太太帕特里夏受邀观星，和很多人一样，他们第一次看到的是土星环。他们在那晚买了一架小望远镜，后来又买了一架大的，一直用到现在。蒂皮引导我穿过成堆的指向天空的望远镜——用硬纸板、胶合板、铝、钢做的稀奇古怪的自制仪器，甚至有上了好看的清漆的樱桃木；一对牛顿反射镜共用一个装置，于是它们的目镜组成了一对巨大的双筒；光滑的折射镜上面装配着相机和CCD相机——老旧的贝都因风格帐篷式便携天文台在白色沙滩上隐约可见，周围围了一圈铝制躺椅，蒂皮和几个前辈就聚在那里。他让给我一把椅子，这之后的其他夜晚，无论我离开多久，周围站了多少人，那把椅子永远空着留给我。

“斯蒂芬在那里，在用我的望远镜画木星呢。”蒂皮说着，朝一个正站在梯子上，对着指向西南天区的大牛顿反射望远镜看的年轻人的轮廓点点头。我舒服地躺在躺椅上，听着前辈们聊天——混合着对天文的专业意见和谦逊的智慧，毫不浮夸——同时也看奥马拉作画。他透过目镜仔细观看，然后朝下看看自己的速写本，再画一两笔，然后又回去看目镜。这是好几代之前的天文工作者才会去做的一种工作，那时候观测就是花一整夜去画一颗行星的图。

42 奥马拉喜欢将自己描述成“生在20世纪的一个19世纪的观测者”，在与他的会面中，我试图更多地去了解这类人是如何用这种过时的方法，在看望远镜时依赖自己的眼睛，而不是相机或CCD，却能够在他的时代获得最震撼人心的观测成绩。奥马拉十几岁的时候发现了土星环的放射状“辐条”，并把它们画了下来，专业天文学家却把它当成错觉——直到“旅行者号”到达土星，确认了那些辐条是真的。他确认了天王星的自转速率，获得了一个与拥有大型望远镜和精密探测器的专业天文学家迥异的数值，最终也证明他是对的。他是1985年哈雷彗星回归时第一个看到它的人，在海拔14 000英尺高的地方，他吸着瓶装氧气，用一架24英寸的望远镜看到了它。

时间慢慢流逝，奥马拉依旧在画。有人大声说，现在可以看到哈勃空间望远镜在轨道上运行到头顶，数百个身影开始追寻那个横跨银河，最终消失在地球阴影中的影子的路径——一台巨大遥远的望远镜航行在只手掌握的小望远镜之上。黑暗中我能听见“疯狂鲍勃”萨默菲尔德正大声鼓励着一群用他的巨大的36英寸多布森望远镜看猎户星云的人。“这是世界上最大的便携式天文台，专用于公共科普，”他大声说道，“我们带着这台望远镜走过几十万英里，将近25万人用它看过星空。一旦你踏上这架梯子，这就是你的望远镜。你想看多久都可以。那些排队等候并抱怨你的人只是嫉妒你。轮到他们的时候，他们也会花这么长时间的。”他听起来像在嘉年华里招徕顾客的人，只不过在星空聚会上看望远镜是不要钱的。

过了近一个小时，奥马拉从梯子上下来，把他的画作为礼物送给了蒂皮，蒂皮向他介绍了我们。奥马拉双眼清澈，身材匀称，面容英俊，有着黑色头发、修剪得干干净净的胡须，以及爽朗的笑容。他穿着白色衬衫和黑色萝卜裤，这装扮在英国军舰的甲板上也绝不过分。我们走到亮着红灯的餐厅去，边喝咖啡边聊天。

斯蒂芬告诉我，他在剑桥和马萨诸塞长大，家里是捕龙虾的，他有关童年的第一个记忆就是坐在母亲膝上，看1960年的那次血红色月全食。“从一开始我就与星空有种联系。”他6岁的时候自制了一张球体投影图——橄榄形的平面天球——是用玉米片盒子背面做的，他用它学习认识星座。“左邻右舍最厉害的小孩也会问我关于星空的问题，”他回忆道，“我见到他们躲在街角偷偷抽烟，然后他们叫我过去， 43
不是要打我，而是问我：‘嘿，那是哪颗星？’星空在他们中间投下惊叹。我相信城里的孩子如果有机会见到真正的夜空，他们会相信有些东西比他们自身更宏大——不可触摸，不可控制，不可毁灭。”

奥马拉在14岁的时候被带去参加了一场哈佛天文台的公众之夜活动，他在一架古老的9英寸克拉克折射镜前面排队等待。“好久都没有动静，”他回忆道，“队伍停滞了，最终人们沮丧地散开了。我记得接下来我就已经站在圆顶下了。我能听见嗡嗡的声音，看见望远镜正指向头顶的星星，一个可怜的家伙正在目镜前面找啊找，满头大汗。我注意到他可能是在找仙女星系。我问他：‘你在找什么？’

“‘一个很远的星系。’

“我等了几分钟，然后问：‘是仙女座吗？’他沉默片刻，最终答道：‘是的，但是很难找到，非常复杂。’

“‘我可以试试吗？’

“‘哦，不行，这个设备很精密的。’

“我说:‘你看,我后面没人了。我两分钟内就可以帮你找到。’我把仙女星系弄进了望远镜视场,他说:‘好,去把其他人叫回来吧,你也别走。’其他人也都通过望远镜看到了仙女星系,他们走了之后,他说:‘把你知道的都告诉我吧。’他只是个研究生,和很多天文专业研究生一样,他并不是很了解星空。我给他看星空各处,带他熟悉梅西叶星系之类的东西。我们待到黎明才下来。第二天一早他带我去了事务办公室,他们给了我一把钥匙,并且说,如果开放日我能过来帮忙,作为回报,我可以在任何时候使用望远镜。所以现在我是一个拥有哈佛天文台钥匙的14岁孩子!”

此后数年,天文台成了奥马拉的第二个家。毕业后,他下午在剑桥的药房上班,然后夜晚就在望远镜那里度过,耐心地为彗星和行星作画。“为什么要在望远镜前画画?因为胶片和CCD并不能捕捉到你用眼睛看到的要素。”他说:“每个人看世界的视角都是不同的,我试图捕捉到我所看见的,然后鼓励别人去看,去学习,去发展并理解,去建
44 立与星空的联系。任何一个想成为真正伟大的观测者的人都应该从行星开始,因为这可以让你学会耐心。只要时间足够,你就常有惊人的发现。这是观测中最重要、最关键的要素——时间、时间、时间——当然收获未必完全等于付出。”

20世纪70年代中期,奥马拉在哈佛行星科学家弗雷德·富兰克林的邀请下研究了土星环。他开始观察土星其中一个环上的辐条状放射纹。他把辐条纹画在了土星图里,每天早晨塞进富兰克林办公室的门缝。富兰克林给奥马拉推荐了天文台图书馆里阿瑟·亚历山大的《土星》。在那里,奥马拉发现19世纪的观测家欧仁·安东尼亚迪也曾在另一条环上看见类似的辐条纹。但天文圈内的人却都觉得那是幻象,因为土星环不同的自转速率——这些土星环由几十亿的冰

与碎石颗粒组成，每一粒都是一颗小卫星，内侧的环比外侧的环转得快——会把一切类似的特征甩掉。奥马拉向月球与行星观测者协会（ALPO，一个业余爱好者组织）递交了一篇关于辐条纹的论文，但他们不愿意发表。奥马拉毫不气馁，继续研究这些辐条纹，又研究了4年，确认它们的旋转周期是10小时——这也是这颗行星的自转周期，而不是土星环的。ALPO还是不愿意发表这些成果。“老实说，在这场冒险中愿意支持我的人，我一个也没找到。”奥马拉回忆道。

然后，到了1979年，“旅行者1号”宇宙飞船靠近土星，拍下了有辐条纹的照片。“最终我被证明是正确的，这种情感不可抑制，”奥马拉说，“我觉得自己就像威廉·赫歇尔：他看到的和毕生都在好奇的东西最终被证实。”这些辐条纹现在被认为是由尘埃颗粒组成，静电悬浮在土星磁场中，这就解释了为什么它们的旋转与土星而不是土星环的颗粒同步，而这正是奥马拉观测到，天文学家却不接受，认为在物理上不可能的。

我问斯蒂芬是如何确认天王星的自转周期的。这在很长一段时间内都是未知的事物，因为天王星太远了——它与地球的距离从来没有小于16亿英里——还覆盖着几乎无任何特征的云。他告诉我说，布拉德福德·史密斯——那个领导“旅行者号”影像团队的天文学家“有一天打电话给我说：‘好吧，千里眼，“旅行者号”再过几年就要到天王星了，我打算先得到天王星的自转周期。你觉得你能靠目视做到吗？’我说：‘这个，我试试。’”奥马拉先是研读了天王星观测的历史，然后从1980年6月开始反反复复地观察这颗行星。他一开始一无所获，直到1981年的一个夜晚，“两片亮得惊人的云出现了。它们随 45
时间变化翩翩起舞，我追寻着它们，通过这些观测和一些别的帮助，我确认了极点的位置，为这颗行星建立了模型，获得了每片云的自转周期——平均约为16.4小时”。这个数字刺目得令人不安。布拉德福德·史密斯用智利托洛洛山天文台的一台大型望远镜观测，得出的自转周期是24小时；一支由得克萨斯大学的专业天文学家组成的队伍，用CCD影像得到的结果也是24小时。

为了测试奥马拉的视力，哈佛的天文学家把图画放在校园对面的一座建筑上，让他用自己十几岁时用的9英寸望远镜观察它们。一般人几乎看不见那些图画，而奥马拉精确地重绘了它们。天文学家在惊叹之余，担保了他对天王星所做的工作，他的成果被国际天文学联合会——一个专业组织发表。“旅行者号”抵达天王星后，确认了在奥马拉看到的云的纬度上，行星自转周期与他的值只有十分之一小时的差别。[1]

哈雷彗星的最近一次回归，让奥马拉的目视观测成了一场怀疑论的挑战。有一天中午在剑桥，他正和两个天文学家讨论这颗即将到来的暗弱彗星——它已经在帕洛马被长曝光CCD记录下来，但还是太暗太弱，用世界上最大的望远镜也没法目视到——是如何在业余爱好者中吸引这么大范围的注意。他们想知道，当哈雷亮到接近目视观测极限的时候，他们如何评估那些宣称自己第一个看到它的报告？那时候，人们通过望远镜目视到的最暗弱的彗星，亮度大概是11等。(天体越暗，表示天文亮度的数值越高。一颗11等的天体比裸眼可见的最暗弱的星星还要暗100倍。)奥马拉依据经验知道，凭借自己的“鹰眼”，通过一台大望远镜，在天气足够好、夜晚足够暗的情况下，他是能够看到17等的星星的。哈雷越来越接近太阳，变得“炙手可热”，有望在1月达到这个亮度。奥马拉推断，如果自己在距离他夏威夷的家不远的冒纳凯阿火山上，用24英寸行星巡天望远镜，就有可能看到这颗彗星。如果不能，当其他观测者宣称自己可以这么快用更小的望远镜，在更低的海拔看到哈雷时，天文学家就可以对其可信度打个折扣了。

夏威夷大学的天文学家一开始拒绝了奥马拉的请求，理由是他不可能做到。不过后来他们的态度软化了，奥马拉得以用望远镜做一次尝试，三个专业天文学家——戴尔·克鲁克香克、杰伊·帕萨科夫和克拉克·查普曼——会同时用一台88英寸望远镜在同样的高度拍下 46
哈雷的电子影像。这样的话，一旦奥马拉宣称他目视到了哈雷彗星，就可以用大望远镜上的CCD相机拍到的彗星的位置做比对验证。

很少有天文工作者，无论是业余的还是专业的，尝试过在海拔高度为14 000英尺的冒纳凯阿火山上认真地进行目视观测，在那里，缺氧会使意识模糊，减弱眼睛观察暗弱物体的能力。1月寒冷澄澈的夜晚，在望远镜旁边，奥马拉在看目镜之前吸着瓶装氧气，但只要一摘下面罩他就陷入昏沉，以至于忘了把时间调整为当地时间。“我把世界时调到了波士顿时间，而不是夏威夷时间——这是6个小时的误差，”他回忆道，“在这6小时之内，彗星有明显的移动。那是个非常灿烂的星夜，我看着星图，用星桥法很快就找到了那片区域。我花了2个小时竭尽全力去找那颗彗星，但一无所获。我不断在我能看到但是星图上没有的星星的位置上标记X，然后等着看它们当中哪个移动了，但一个也没有。最终我走到88英寸望远镜的圆顶下，给戴尔·克鲁克香克看我的星表。他说：‘你看到的是帕洛马望远镜的极限了，但是你看错地方了。我们觉得你应该回去再尝试一下。’”

奥马拉用修正过时间的星表找到了哈雷。“它甚至不是我见过的最暗弱的，”他回忆道，“当CCD还什么都拍不出的时候，我甚至能分辨出围绕在它周围的彗发。但我告诉他们的时候，没人相信我。这真是毁灭性的打击。我在精神上和身体上都受到重创。”

后来因为风力渐强，山顶上的圆顶都得关闭，但天文学家给了奥马拉特权，允许他重开圆顶，继续观测。“他可以回去，”其中一个人说，“这可是历史啊。”奥马拉重新找到彗星的位置，试图给查普曼和帕萨科夫看，但两人都看不见。所以，为了验证他的说法，当晚及第二晚，他们给奥马拉一个随机的视场，让他画出星星，然后和他没看过的帕洛马拍的图像做比对。这些测试他都通过了，说明他确实能比有历史记录的任何一个目视观测者看到更暗弱的天体。“而且，”奥马拉告诉我，“那些CCD图像经过降噪和处理之后，你猜怎么着？这颗彗星的确是有彗发的。”

我们喝完咖啡，准备回到黑暗中去了。“我一直是个严格意义上的目视观测者，用一只眼睛搜寻天空，寻找那里的新东西，”斯蒂芬说，“我想在方法上，我和19世纪用望远镜看的人没什么区别——带着好
47 奇心。如果一个东西看上去很有趣，需要仔细看，我就去看。当我观测的时候，我一直在挑战传统。很多被认为是事实的东西其实并不是事实，而科学的意义所在，就是去伪存真。

“我们都是看星星的人，从某种意义上而言，我们本来就是由恒星物质创造的，它存在于我们的基因中，所以也可以说我们天生对星星好奇。它们代表了一种终极的力量，一种我们在物理上无法掌握的东西。当人们问‘上帝啊，为什么？’的时候，他们并不会向下看土地，而
48 是向上看天空。”

第五章

# 专业工作者

新手心中有多种可能性，行家心中却几乎没有。

—— 铃木俊隆

我们方法有限，所知甚少，而宇宙又充满玄妙。

—— 天文学家杰西·格林斯坦

黎明正慢慢接近1980年智利的拉斯坎帕纳斯天文台。我一整夜都在一台2.5米的杜邦望远镜的控制室里，和一个满脸不快、胡子拉碴的天文学家在一起，他对我们环境的理解可以向外太空延伸1亿光年。他知道我们和我们的邻近星系在庞大的邻近星系群、星系团和超星系团中所处的位置，以及在宇宙膨胀过程中，空间的膨胀对抗数以万亿计的恒星之间的互相吸引力时，它们是如何运动的。他如此熟悉这一切，就如你我在夜晚摸到浴室灯开关一般。屋外，群山——有如金属一般，仿佛扔一颗石头就能发出"叮"的声响，仿佛地震来时都能听见——沐浴在温柔的星辉下，但我们什么都看不见。我们待在温暖明亮的控制室里，我们的工作就是按按钮，保证导引星始终在电脑显示器上十字准线的中心，用一个连着一台望远镜的巨大方形玻璃摄影底板拍摄星系的图像，那台望远镜我们整晚也没见到。

现在我一直等待的时刻到来了。我们就快接近天文晨光了——

再来一次曝光肯定来不及，我们怕变亮的天空会在我们结束曝光之前让整个底板模糊掉，但黑暗的环境还够目视观测。我从抽屉里取出一枚沉重的铜质目镜——一件积满灰尘的旧物，年代很早，和啤酒罐一样大——它带领我进入圆顶外漆黑的世界。在那里，在圆顶的开
49 口处，可以看到云雾般的星星映出巨大望远镜的剪影。我在黑暗中摸索，它摆荡到大麦哲伦星云，那是一个邻近的星系。圆顶随之转动，银河横贯圆顶的开口，像从一架倾斜的直升机舱门内看外面的一条河流。然后，随着齿轮的声音缓缓降低，一切都停止了。我插入目镜，准备做一件很少在现代专业天文学领域听说的事：我准备真正通过一台大型望远镜去目视。

我聚焦在一个有很多星星的视场，能看见视场左边闯入一小片灰色的薄雾——那是蜘蛛星云的外围，是星云中一个巨大的恒星诞生区。我按下铁质控制盒上的一个按钮，望远镜滑向这个星云的中央。我看到这幅景象时吸了一口气：砖红色的暗礁和珍珠灰色的气体云飘荡着，像梦境宫殿中的帷幔。我越往中间看，星云物质越亮，在那里，大片气体纠缠着剑鱼座30[*]星团里的恒星。这光在星系间旅行了18万年，在这期间一直发散，但还是亮得足以让我瞥见。我往后退了退，发现自己凝视着的是一束从目镜中流泻出的光，像一道手电光。我抬头看见它在圆顶内部投射出星云的模糊的圆形图像。

观测助手清脆的声音从对讲机里传来。“蒂姆，你在下面还好吗？”我想说什么，却说不出来。

由于空前大的望远镜的出现，专业天文学在这一个多世纪里得

---

* 蜘蛛星云的别名。——译注

到推进，但大型望远镜有它们的局限性。最典型的就是它们一次只能看到天区很小的一部分图像：相同条件下，大孔径意味着长焦距，也意味着有限的视场。它们也非常耗时，因为通常它们被用来尽可能往更“深”处探索，需花费很长的时间曝光，记录下能捕捉到的最暗的天体及其特征；大型望远镜有时候一个晚上甚至没法拍摄几张照片。尽管世界上目前已有比以前任何时候都多的大孔径山顶望远镜，但与业余爱好者手中数以千计的小型设备相比，数量还比较少。所以专业工作者——尽管不是他们自己的错——往往忽略了很多天空中发生的事。他们不能很好地在一年内用5米的望远镜瞄准月球暗面，以记录下流星体的撞击，或在数月内指向几颗变星，直到最后记录下“光变曲线”，展现它们的亮度随时间发生的变化。而业余爱好者可以自由 50
观测他们喜欢的东西。对很多人来说，这无非就是呆呆地看着宝盒星团，或试图拍几张三叶星云的可爱照片。但对有些人来说，这意味着对科学的真正贡献，意味着得到专业工作者的关注。反过来，天文爱好者通常会对专业工作者的技术专长表达感激，否则很多人一开始就很难开展有意义的观测，或者至少会降低他们数据的竞争力而导致其难以发表。结果便是业余与专业合作的繁荣。

我在纽约罗切斯特参加美国天文学会的活动，空旷的会议大厅被一排排汇报成果的海报占据。一些业余爱好者站在自己的海报旁边，等待被提问，像舞会上的壁花一样郁郁寡欢。(作为一个年轻的博士后站在海报旁边，和作为一个年长的业余爱好者痛苦地意识到自己的无知暴露于“真正”科学家面前的危险，感觉完全不同。）我和道格·韦斯特交谈起来，他是一名航空工程师，他的海报是关于他与威奇托州立大学的职业天文学家戴维·亚历山大合作的一个项目，题目是“晚型星研究”。(“晚型星”是指比太阳温度低的恒星。）韦斯特与专业工作者和研究生一起工作，努力研究这些恒星，试图深入理解它们的化学构成，以及当亮度改变时，它们的气体如何变化。他用的是一架现成的8英寸望远镜，每天晚上把它安装在他的后院。

“你也许会想，他们有数千流量标定的晚型星光谱放在那里，但事实并非如此。”韦斯特说。(我恰到好处地点点头，没有主动说自己从来没考虑过或者有能力去拍摄一个流量标定光谱——它是一颗恒星的化学签名，并修正了其经过地球大气时受到的吸收效应——那就像为一架巨大的钢琴调音。)“我已经修正了好几颗恒星的光谱了，都是文献里根本没有的。我不可能整夜不睡觉——我白天还有工作和别的事——所以我练得炉火纯青。把我的望远镜拖到院子里，对好极轴，采集数据，只需要20分钟。

“天文学是时间的黑洞，”他补充道，“你可能会把一生都投进去。所以为什么要这么做？我不知道。在二年级的时候，我就告诉我爸，以后我想做个天文学家。这也不是件坏事。它让我没法去酒吧。”

另一幅海报汇报的是后院天体物理中心的发现。后院天体物理中心是由哥伦比亚大学的天文学家约瑟夫·帕特森领导的，他主要研究激变变星。关于激变变星，帕特森在发表于《天空与望远镜》的一

51 篇文章里的解释是：

> 彼此接近的双星系统，其中一个相对正常，质量较小，缓缓地将气体流注入一颗白矮星。气体流在惯性作用力下围绕白矮星运行，形成一个吸积盘，缓缓旋转进入白矮星表面，释放出引力能。你也许会感到惊讶，我们其实并不能直接见到白矮星或其伴星。这个系统发出的光通常都被炽热明亮的吸积盘掩盖了……气体传输速率、吸积盘结构或吸

> 积模式的微小变化，都会在它们身上显示为系统亮度的微小且快速的波动。[1]

最具戏剧性的波动莫过于气体倾入白矮星表面，密度达到一定程度时，引发一次热核爆，导致系统突然爆燃。专业工作者没有多少使用望远镜的时间来等待这种不可预测的激变，所以帕特森组织业余爱好者来监测它们。

他发现召集业余爱好者来进行这种重复性的观测并非易事。“针对一颗恒星进行5 000次连续测量，对此表示兴奋的只有一个非同寻常的人，”他承认，“这需要对观星和对科学的持久的爱。”[2]但他最终还是聚集起一个由大约三四十座业余天文台组成的全球网络，位置从莫斯科、曼哈顿到澳大利亚的阿德莱德，还有南非的布隆方丹、丹麦的颂德夫和意大利的切卡诺。

这样的网络能够实现对夜空的持续观测：借用形容不列颠帝国的老话，这是日不“升”的全球观测组。在通过这种监测获得的一次重要发现中，帕特森和他的业余合作者确定了激变变星半人马座V803的基本光变周期为23小时。天文学家曾研究半人马座V803几十年，都没能发现它的基本亮度周期，因为在南极之外，没有一个观测者能够在星星升起或太阳落下之前连续监测它23小时。然而这个网络可以牢牢盯着半人马座V803并发现该周期。这个团队还发现了帕特森所说的“诡异又美丽的氦星——猎犬AM”的公转周期，这个结果确认了1993年的时候关于这个奇特双星系统结构的理论。

大会充斥着最近由业余爱好者达成的其他成就的新闻。一队初
高中生被邀请参加图森的一个暑期实践活动，他们用基特峰的一台望 52
远镜确认了靠近M31星系的73颗新星。(新星是指突然爆发的恒星，

其亮度增长百倍甚至百万倍。）沃伦·奥法特是新墨西哥州克劳德克罗夫特的一名业余爱好者，他对矮新星蛇夫座V2051做了2 500次观测。南非开普敦大学的索尼娅·弗里尔曼通过研究奥法特的数据，得以确认蛇夫座V2051的距离，以及其吸积盘的倾角和旋转特性，吸积盘就是恒星附近围绕着的一团旋转着卷入恒星的物质。

在纽约州的布法罗，四个布法罗天文协会的成员获得了一个γ射线暴源的光学闪图像，仅比卫星侦测到γ射线暴源晚了34小时。γ射线暴源是很神秘的现象，它的发生完全不可预料，覆满天空又很快消退。这些迅速变暗的爆发事件只有不到百分之一能被光学图像观测捕捉到。布法罗的业余爱好者用一架12英寸的望远镜捕捉到了这次的图像。只有很少的专业工作者，在依赖哈勃空间望远镜和夏威夷的大型凯克望远镜的前提下，才能设法做到这一点。他们确认，这个天体位于可观测宇宙半径五分之四的位置上，是迄今被爱好者捕捉到的最远的暴源。

在楼下昏暗的、没有窗户的会议大厅里，来自亚利桑那州凤凰城的天文爱好者吉恩·汉森正在汇报他对变星双子座U的监测。双子座U的昵称是Gem U，这是一个由一颗红矮星和一颗白矮星组成的相接食双星系统，它们靠得非常近，沿着一个平面围绕彼此共同的中心旋转，该平面恰好与地球相切。白矮星从红矮星表面吸取气体，形成一个蓝白色吸积盘，而且它会周期性地被红矮星掩食。产生的光变曲线非常复杂，由有节奏的食和白矮星偷去的气体达到一定质量并爆发而产生的不可预测的喷发组成。汉森每晚仔细检查100颗以上的恒星，用他极具经验的双眼找出当中行为异常的某一个。

1997年11月的一个夜晚，汉森发现双子座U突然变亮了，它平时的亮度为14等，食期间亮度为15等。他给全世界业余观测者发了一封邮件，向他们发出预警——双子座U要爆发了。他还联系了专业天文学家珍妮特·马泰，后者通知NASA官方，建议他们中止昂贵的卫星的计划观测，比如EUVE（极紫外探测器）和RXTE（罗西X射线时变探测器）的观测，把它们的注意力都放在一个引人注目的相接双星 53
上。与此同时，太阳在凤凰城升起，数小时过去了，汉森和马泰都没有从地球暗面的观测者那里得到任何消息。时间的流逝让马泰越来越紧张。如果她联系NASA的依据仅仅是一个天文爱好者的判断——他自己都只是目视，连CCD图像都没有，就宣称“那颗星星要爆发了”——那么她就要冒“狼来了”的风险。如果她保持沉默，而汉森被证明是正确的，科学家就浪费了一次捕捉到双子座U发生变化的好时机。她最终决定相信汉森的眼睛。她联系了NASA，昂贵的卫星转向了双子座U。

凤凰城里，焦虑的汉森在薄暮中满头大汗，然后用望远镜瞄准树丛缝隙中的双子座U。他欣慰地看见它确实在爆发，亮度一路飙到9.7等。多亏他的努力，NASA卫星才能捕捉到有价值的数据，否则就要错过了。汉森后来了解到，他的地面观测伙伴之所以没有声音，是因为他们那里整晚有云。“结果我是当晚整个世界上唯一头顶有云洞的人。”他沉思道。

作为美国变星观测者协会（又叫AAVSO）的主任，珍妮特·马泰整理了超过3万颗变星的观测记录，它们大多数是由天文爱好者完成的；她还协调了几百个观测计划，其中包括专业工作者和业余爱好者合作的项目。这些数据为几千个研究项目提供了养分，并被用于23个卫星项目的开展。一个有名的例子是欧洲太空总署的依巴谷卫星，它在一年内不同的时间精准测量恒星的位置，然后用视差法获得它们的距离，也就是记录下由于地球公转时自身位置移动导致的邻近恒星相对于远距离恒星的位置移动。通过导入依巴谷数据和业余观测者对数千变星的监测数据，科学家得以让电脑区分已知的变星和卫星探测器发现的新星。

马泰告诉大会，天文学家用AAVSO的记录和哈勃空间望远镜研究刍藁增二—— 一颗脉动红巨星，一颗白矮星围绕它运行，亮度周期最小的时候接近332天。他们发现一个尾巴形状的结构从红巨星延伸出来，到达白矮星，这也许是有史以来第一幅关于相接双星系统物质交换的直接图像。她补充道，业余观测者对矮新星天鹅座SS型星的爆发的观测，提醒了NASA调配两个卫星瞄准这颗奇怪的恒星，得
54 到的结果有助于天文学家了解它复杂的结构。为表感激，NASA把EUVE卫星3天的观测时间分配给了天文爱好者，让他们自由使用它。

这对业余爱好者来说，当然是荣幸，但被允许使用重要望远镜和卫星的观测时间的爱好者可能要掌心出汗了，他们所面临的挑战就如同一个业余赛车手突然发现自己的手放在F1赛车上。有一个短期项目是为提出具有潜在专业用途的研究计划的业余爱好者设计的，在这个项目中，石油化学家和兼职天文教师威廉·亚历山大得到了使用哈勃空间望远镜的授权。[3]“我是那种很懒的业余爱好者，”亚历山大说，“我不太喜欢经常把我的望远镜拖到后院去。所以1993年哈勃空间望远镜业余观测计划一宣布，我就试图想出一些有用的东西来做这个。我选定星际介质中氘-氢的比例来进行研究。利用哈勃望远镜，我就可以利用起紫外线波段，它们只在太空里才有。”

亚历山大的项目通过审核后，他被邀请到马里兰州巴尔的摩的空间望远镜研究所——他很快发现，这个地方能满足的是专业天文工作者的需求，而非业余爱好者的学习曲线。“我想尽办法做这些观测，”亚历山大回忆道，“尽管我被叫作PI（首席研究员，一个科学研究

团队的负责人)，但我对此并不很了解。”他兴奋地记录着相邻两颗恒星的光谱，结果表明两者之间至少产生了一定的氘。如果无误，这就会修改之前认为宇宙中绝大部分氘产生于大爆炸的标准宇宙学假设。亚历山大最终在《天体物理学报》上发布了他的数据，与两位专业工作者——杰夫·林斯基和科罗拉多大学的布赖恩·伍德共同署名，而且值得骄傲的是，后来这篇论文在科学文献中被引用十几次。不过，他的观测尚未达到专业工作者应该做到的完成度——天体物理学家告诉他，依据这个事实，他还应该测量他获得的恒星光谱中的镁II线——所以这篇论文的影响力打了一点折扣。

比尔·阿基诺是一个研究γ射线暴源的业余爱好者，他向大会建议，哈勃的业余观测者项目“尚未达到终极目标”，最终被取消是因为“业余爱好者和专业工作者是不一样的。我们业余爱好者有自己的本职工作。我们渴望学习，但我们也需要帮助。专业工作者得有意愿和我们一起工作并指导我们，业余爱好者得有能力迎接专业工作者设下的挑战——得有意愿去学习如何达到专业工作者的水平”。

但这所需要的时间和精力都超过了业余爱好者可以投入的。保 55
罗·博尔特伍德是加拿大的电脑系统分析师，也是一个经常与专业工作者合作的天文爱好者，他曾写道：“我没有多少时间做研究(我还得赚钱谋生)，从维护天文台到打扫地板，楼里的一切都要我自己来做。我没有助手，也没有时间‘跟上行业的步伐’，除了观测，做不了其他任何事。每个人都应该做适合他做的——我生产高质量的数据。但有时候我让一些专业工作者失望了，因为我没能生产出博士水平的天体物理论文，或者没能完全读懂我作为合作者的论文。”博尔特伍德抱怨自己被那些专业工作者“惹恼”了不止一次，他说，就是那些用了他的数据却不给他一定的名誉的人。这有时是因为他们想独占成果，但更多的时候是因为，他们的同行如果知道他们非常依赖的这些信息来自“一架7英寸的业余望远镜”，就不会信任它们了。[4]然而这些不顺并不能让博尔特伍德远离夜空。他做耀变体的光度测定，测量活动星系核（耀变体被认为是黑洞附近喷出的喷流）的亮度变化，录下土星环掩人马座28的过程。他还拍摄亮度低至24等的星系，凭借业余爱好者所能拍到的“最深空”CCD图像赢得一场比赛。他用“堆栈”，也就是叠加的方式赢得了这项成就——601次曝光，总计超过20小时，是他在位于渥太华郊区的家中用16英寸望远镜拍的。图像中记录下的星光比地球还要老1倍。

开始真正做科学研究的时候，业余爱好者投入的不仅有他们的数量——有经验的业余爱好者的数量也许是专业天文工作者的10倍——还有他们的时间。[5]阿基诺记录道：“业余爱好者的装备是最适合用来做那些需要花费数天、数周甚至几十年的长期项目的。”比如说，要发现一颗新星，平均需要做500到600小时的观测。因此，几乎所有的亮新星都是由业余爱好者发现的。

业余爱好者哪怕没法获得一台望远镜，只需要一台电脑和一台调制解调器，通过研究由自动搜索项目的数据构建的“虚拟宇宙”，也能做一定的研究。在罗切斯特大会上，普林斯顿大学的博赫丹·帕琴斯基在一次典雅的报告中描述过这样的一个项目。帕琴斯基还就另一位业余爱好者——格热戈日·波伊曼斯基领导的自动化全天巡视（ASAS）做了报告。ASAS运营了两年，只用一个135毫米的相机镜头搭配一个市面上现成的CCD芯片，它们就装在智利拉斯坎帕纳斯天
56 文台的一座小活动屋顶棚的一角，带有驱动装置。“这个项目的最终目的是监控天上我们能看到的星等极限内所有恒星的变化。”帕琴斯基说。数据是自动收集的，记录在磁带内，无须观测者在场。拉斯坎帕

纳斯的技术员隔一个月左右会把数据磁带拿出来，寄到北方，然后插入一盘新的磁带。用这种简单的系统，波伊曼斯基和他的同事在两年内鉴别出近3 900颗变星，这其中只有155颗是标准文献之前编目为变星的，只有46颗是由太空卫星中最强大的变星侦测器依巴谷发现的。[6]

帕琴斯基估计，“约有100万颗变星正等待被普通的望远镜发现”。“我不认为成长过程中会有什么必然的限制，就算是用这样一个小型设备。”他说，并补充道，ASAS只会记录全天不到百分之一天区的变星。“这就像买乐透彩票。你可能会发现一颗新星，发现一个光学闪——谁知道呢。我们就是不知道那里到底有什么。”

无人能精准预测，用这样的测量方式，我们在上千变星中获得的原始数据里能发现什么，帕琴斯基谈起将来几年内未来的研究者用互联网探索虚拟宇宙。“我建议用吸尘器法，”他说，“你把得到的数据放进数据库，然后仔细观察思考。我自己曾是个业余变星观测者，至今我心中对它们仍怀有爱意。我希望我退休后能舒服地坐着喝咖啡，在互联网上看变星。有些人可能不太想放弃在黑暗中挨冻的那种浪漫。但我还是更愿意坐在温暖的屋子里，喝着咖啡放松一下，就让望远镜坐在寒冷和黑暗中吧。” 57

# 绘出宇宙：
## 拜访杰克·牛顿

杰克·牛顿小的时候在加拿大，他痴迷天文，但自己观星的时候又往往感到沮丧。“我在杂志上、书上看到的照片，都是帕洛马的200英寸望远镜拍的，”他回忆道，“我很自卑。如果这些照片都是像帕洛马这样的大型望远镜拍出来的，那么用我的小望远镜，我能指望看见什么呢？”

后来有一天晚上，他用望远镜扫视天空的时候无意中扫到了木星，他就开始琢磨，还有哪些惊人的景象是自己触手可及的。他学校里的朋友嘲笑他，因为他宣称自己在自家后院就能看到月球上的陨石坑，为了证明这一点，他用他做送报员赚的钱买了一台相机，把它接在望远镜上。他用它开启了他在天文摄影方面一生的爱好，他以他的技艺、坚持和精良的设备，还有黑暗的天空，为这个领域树立了标准。

杰克从百货公司的工作职位上退下来之后，和他太太艾丽斯在山顶上建了一座圆顶屋，里面有一台25英寸的望远镜。杰克在那里用最新的CCD技术拍摄出的星系，可以媲美专业工作者用世界最大望远镜拍摄的图像。“我有个简单的原则，”今天他说，“去无人曾抵达之境，为后人留一条可以追随的路径。”

为将这个信条远播，杰克和艾丽斯最终卖掉了他们的梦之小屋，

把25英寸望远镜捐赠给了太平洋莱斯特·B.皮尔逊学院，然后开了
两家天文主题的简易旅馆——一家在英属哥伦比亚的奥索尤斯，另一
家则在一个专用暗夜社区内，社区由一群业余爱好者建立，距离佛罗
里达州奇夫兰最偏远的城镇尚有7英里的距离。这个社区是圣彼得
堡的业余天文摄影师比利·多德创建的，他曾于1985年周游佛罗里
达，驱车上千英里调查夜空条件，他拉出一定长度的未曝光的胶卷，把
它们举向星空，然后卷起来塞回胶卷盒，再用这些胶卷拍摄天文照片。
奇夫兰户外的天空非常暗，那些胶卷几乎没有产生灰雾，所以多德将 58
80英亩[*]的土地划给了天文爱好者。有些人在那里盖了房子。还有人
开房车出现在那里，一连观测几个晚上，在捐赠箱里留下钱，作为他们
用电和洗室外热水澡的费用。在不断发展壮大的天文旅行活动中，曾
有上百名访客来到杰克·牛顿B&B天文台[**]学习CCD摄影。

1月明媚的下午，松林上方碧空如洗，我在奇夫兰拜访杰克和艾丽斯。杰克从他的小屋里出来，他是一个瘦削、秃顶的男人，双眼明亮专注，举止滑稽。他引导我进入他的天文台，然后拉动一根绳子，卷起屋顶。“当时我不得不独自建造它，”他在轰轰作响的钢轮声中喊道，“这个国家飓风频繁，我都找不到一个愿意接这个活的承包商。他们说：‘我们把所有时间都花在让屋顶保持在建筑上，而不是把它们卷起来。’”

屋顶移开后，我们就能清楚地看到杰克的望远镜阵列，这其中包含一架7英寸的马克苏托夫望远镜、一架16英寸的多布森望远镜，还有一架放在水泥立柱上的16英寸施密特–卡塞格林望远镜。“业余爱好者能做到的其实很惊人，”牛顿一边说，一边开启了施密特–卡塞格

* 1英亩约等于0.4公顷。——编注

** B&B即bed & breakfast，指提供床和早餐。——译注

林望远镜和连在望远镜及5英寸寻星镜上面的CCD相机电源开关。“我曾拍过哈勃深场，然后发现自己在数分钟内就能获得哈勃能观测到的75%的东西。我曾拍摄过30亿光年距离的星系团，捕捉到的星系差不多是大望远镜记录下来的数量的80%。我也曾看到之前无人见过的星系。我能在白天观测到600颗星，包括大北斗和小北斗的所有星星。双星，比如天琴座的双双星*，在白天是特别容易区分的，因为对比度和眩光都会减少。你能很轻松地看到它们在那里，中间有空隙。这是一个崭新的时代。”

望远镜冷却下来后，星星出现，我们沿奇夫兰暗夜观测社区的泥土路散步。这些房子的窗户都有遮光窗帘，走廊灯也是夜视红色。“它们看起来像妓院，不是吗，”杰克说，“但原因当然是这里几乎每个人都有一架望远镜。这所房子里的人们把圣诞灯都换成了更暗的，这样不会打扰到别人。”

我们在汤姆·克拉克的屋前停下，参观了一圈他的工作室，他在那里制作可拆卸的、能够装在旅行车后面运输的大多布森望远镜，到最近才消停些。这些望远镜卖得很好，但汤姆最近退休了，他的生意
59 也慢下来。“我做了200架望远镜。”他一边估算道，一边揭开一块帆布，露出他巨大的36英寸“后院望远镜”。它的长度大约是欧式货车的一半，由两个做工考究的硬木箱组成，一个用来放目镜，另一个是放主镜的，二者以一组黑色支杆相连。汤姆和杰克就支撑主镜的最好方法开着玩笑——这是望远镜制作者争论不休的话题——汤姆主张用传统的金属“浮置”悬挂系统，而杰克反驳说，普通的泡沫塑料更便宜，也一样好用。

---

* 天琴座 ε，四重星。——译注

尽管退休了，但汤姆没有停止观测——他会把自己的“后院望远镜”拖出工作室的车库门，放到外面一块水泥板上——他依旧担任《业余天文》杂志的编辑，那是一本深入浅出的期刊，对语言文字没有文学性的要求。在最近的一期中，他回复了一些针对某些文章的抱怨。“我们一期有68页，收到的每篇文章都会被刊登。《业余天文》是由读者自己写的，我们不能决定他们写什么。”[1]

杰克回到自己的天文台，在温暖的房间里启动电脑，开始通过屋外的16英寸施密特–卡塞格林望远镜拍摄照片。他做了个曝光测试，大步走向望远镜矫正对焦——“我会移动千分之三或千分之四英寸”——然后对旋涡星系M77拍摄了四次一分钟的快门，每次用不同的彩色滤镜。他的自动滤镜轮这时候正好坏了，所以每次换滤镜的时候他就需要离开温暖的房间，摆弄一番望远镜，然后再回到电脑屏幕前。他像在新的画布上作画的画家一样，耐心地、按部就班地完成了这个过程。每个图像显现的时候，他都要进行检查，在电脑上做些处理，用鸟一样的专注盯着成果，左右摆头，换换角度，然后再做调整。

“现在我要把它们叠加起来。”他说。他把四张照片叠加起来，然后一幅壮观的星系彩色照片出现了。我对这个星系比较了解，但照片上显示出外圈的一层光晕，我对它并不熟悉。在杰克调整颜色的时候，我查了一下《卡内基星系表》，发现M77在威尔逊山200英寸胡克望远镜拍的照片上并没有外层光晕的迹象。卡内基照片差不多有半个世纪的历史，所以这种比较未必公允，但很明显，杰克数分钟内的工作就胜过了当时世界上最大的望远镜。

又拍了几张深空天体之后，杰克在望远镜内插入一枚巴罗镜——它能延长有效焦距，于是CCD芯片上能够映射出更大的图像——然后移动到木星，又以不同颜色的滤镜对这颗大行星进行了四次短曝 60

光，再一次左右摆头之后，迅速舍弃了一张不合标准的。“我在等视宁度好的那一刻，”他说，“这张好多了。”

得到四张干净的照片之后，他把它们叠加起来，又得到一张木星锐利的彩色肖像，就是几分钟前看到的那样。“很好，”他开心地说，“其实挺漂亮的！就是没有星系那么好玩，是不是？”

雾气正从墨西哥湾蔓延过来，就在西边不到10英里的地方。杰克的除雾系统——那是他从电热垫上拆下来的电线，上面覆盖着泡沫绝缘材料，包裹在他折射镜的物镜周围，以及施密特-卡塞格林望远镜末端朝向天空的改正板上——正在保持光路清晰，但时至午夜，天空自周围到天顶都变成奶白色，于是我们关闭望远镜，合上屋顶。

我在B&B四间客房中的一间度过了这个夜晚。墙壁装饰着杰克的大幅彩色天文摄影照片，床头桌上堆着《业余天文》。翌日清晨，我们在餐桌前慢吞吞地吃着早饭，爬升的朝阳烧尽了残雾，艾丽斯一边续满我的咖啡杯，一边赞扬着业余天文的功绩（“有多少科学领域是你不依赖巨大投资就能做出重要发现的呢？”）。

天空清澈后，杰克回到天文台，开始用一架前面装有H-α滤镜的5英寸折射镜拍摄太阳。这样的滤镜可以阻挡所有太阳光谱，只让一种由氢原子产生的宝石红色线通过。我透过目镜看了一眼，得到的是一幅壮观的景象：巨大的日珥飘浮在太空中，血红色太阳表面蚀刻着由太阳黑子组成的、旋转着的深色磁场线。杰克轻轻翻转一个小反射镜，让它直接对准光源，避开目镜，接上CCD相机。然后，在暗控制室，他开始曝光并梳理照片，就像他夜里做的那样。他选出空气最稳定的时候拍下的照片，那时候展现的细节最棒。几分钟之内他就制作出一张效果惊人的叠加照片——红色的日珥悬挂在狂暴的金色太阳边缘。我们用南加利福尼亚大熊湖太阳天文台的一张太阳照片做对

比，大熊湖天文台是领先的专业机构——它是建在大熊湖畔的高高的
白色圆顶屋，湖水可以冷却环境温度，将大气湍流减至最小——那里
的天文学家用三台研究级望远镜监控着太阳的一举一动，最大的是一 61
台26英寸反射镜。杰克最新的一张太阳照片并不如大熊湖天文台的
锐利，但也已经很接近了。

两个月后，杰克的一张太阳照片以整版跨页的形式发表在《新闻
周刊》上。“如果你幸运，”他说，“如果你的焦距正确，视宁度正确，太
阳滤镜的倾角正确——你就掌握了魔法！” 62

第六章

# 石山

五十四年，照第一天。好个崩跳，触破大千。

—— 道元

谁能相信，这么小的空间竟能装下整个宇宙的图景。

—— 列奥纳多·达·芬奇对人眼的描述

夜幕降临石山天文台，我检查了一下西面地平线上是否有起雾的迹象。我们身处加利福尼亚州酒乡，距海岸40英里，但雾气会在你未察觉的时候就覆盖这个距离。雾气有时候突如其来，灰色的雾障忽然就遮蔽满天星星，像闭眼一样快，又或是悄然潜伏在山谷，犹如苍白的手指，缓缓攀爬上山。天顶是最后被遮住的，因为我习惯于在天顶附近观测，所以有时候直到目镜视野变成灰色，抬头看见星表和工作台上都结了水汽，我才发现是怎么回事，液体比重计读数是99%，整个天文台几乎泡在水里。但今晚没有起雾的迹象，所以我只需欣赏景色——怀抱着一条欢唱的小溪和一座葡萄园的小山谷，面对着有紫色北坡的索诺马山。

这里是地震区——圣安德烈亚斯断层就靠在岸边——这些山都是在移动的，像积云一样不安分。它们大多是玄武岩，将近1 000万年前被活火山吐出。岸边躺着放射虫燧石层的厚片，它们始于1亿年前

太平洋中部的海床，砂岩则曾经属于美洲中部的海滩。地质学的时间 63
尺度对普通人来说长得可怕，但从天文学角度来说却很普通。在石山，仅用双眼和一台18英寸的望远镜，你就能看到星系的壮丽景色，那是千万年前发出的光；你还能看到很多距离超过千万光年的东西。

几颗亮星闪烁在天空。我用望远镜瞄准它们以校准方位，如往常一样惊异于它们的色彩——橘色的毕宿五，黄色的五车二，蓝色的织女一。天色全部暗下来之后我看了看三角星系，它距地不到300万光年，以星系际的标准来说是个本星系群天体。它那伸展的旋臂上缠绕着发光的气体云，漫溢到视野之外。我一如既往地深陷于一个事实：这些东西，它们可能或大或小，或冷或热，难以想象，但它们真的就在那里。它们就像巨乌贼或是烤法式面包——而不是，比方说，后现代主义或民意测验这类东西——以物质的无上真实性面对着我们。

我打开一本满是星系照片的活页册子，核对我刚才看到的东西。如果一颗恒星在那里爆发，它就是一颗新星 (nova)，你在望远镜中能看到，但在前段时间拍摄的照片里没有。这样的星有两种：一种是新星，偶然爆发，可能会重复爆发；还有一种是超新星，它们的一生在一次致命的巨大爆发中结束。一颗超新星可以在数日之内亮度暴增，直到光芒胜过它所在星系内千亿颗其他恒星的总和，然后在数月或数年内缓缓消退。今晚我就是在找超新星。技巧就是在它亮度还在增长的时候捕捉到它，因为这时候是天文工作者研究它的最佳时期。对我来说，一个星系在一晚发生超新星爆发的概率不大于万分之一，所以试图捕捉到一颗超新星就像在一条溪流中钓鳟鱼，垂钓者可能一条鱼也钓不着。然而就算是一颗也找不到，搜寻超新星本身也能给你盯着星系看的绝好机会。

融合着星和气体云的一团薄雾出现在我的视野中，它庄严又冷静，呈现出银白至炭黑，又至墨黑的彩色。我想，星系如此宽广，比任何人、任何地方都要包罗万象，不可理解。尽管今夜这个特别的星系中没有任何超新星的迹象，移开目光之前我还是在它身上停留了片刻，就仅仅是看着它。我感到一阵可笑的快乐，就像早年的那个坐热气球的法国人，他一上天就拒绝再下来了。

望远镜这个词来源于希腊语的“望远”。远的天体比近的暗，所
64 以要看得更远需要聚集很多光，然后将它们投向焦点。就折射望远镜来说，小型望远镜就是个例子，光线由大的“物”镜聚集。而反射望远镜则是由一块大“主”镜来聚光。大型望远镜一般比小望远镜好，但更贵，更难运输，对空气湍流，即所谓“不佳的视宁度”，也更敏感。任何一架望远镜都有最重要的两个参数，一个是孔径（聚光的镜头或镜面的大小），另一个是焦比，就是焦距——聚集起来的光束到达焦点的距离——除以孔径。望远镜焦比越大，图像越清晰，但视场也就相应地越窄：一个焦比为12的折射镜也许在观察行星时效果卓越，但并不很适合看伸展开来的天体，比如星云或距离比较近的星系。目镜放大图像，放大倍率为望远镜的焦距除以搭配的目镜焦距。不同的镜头适用于不同的天体，很多观测者都喜欢收藏目镜，就像摄影师在一个机身上用好几个镜头一样。低倍率的广域目镜用来观看星系、星云，还有其他一些比较宽广的天体，能提供最佳视野；中高倍率则适合行星和比较遥远的星系。

望远镜多少都会有畸变——就像信号里的噪声——物镜或主镜的曲面（一般是抛物面）需得完美，方能将远处散射的光聚焦成一点，畸变从这里就开始了。望远镜的容错率其实很低。物理学家、天文爱好者哈罗德·理查德·苏伊特注意到，一个优质的8英寸望远镜主镜，

就是很多技术型业余爱好者手制的那种，如果把直径扩大到1英里，其曲面的精度应达到0.25毫米，“误差相当于1英里宽、300码*高的圆盘上的一张纸牌的厚度”。[1]相同尺度下，一个极度精密的金属设备部件，比如喷气式发动机上的一个轴承，它的波荡会比一枚垒球还要大。就如苏伊特所描述的，一个好的望远镜镜面“是人类能做出的肉眼可见最精确的固体表面”。[2]

反射镜让光原路返回，所以必须想办法将光束引向一侧，避免观测者的头挡住光路。(从帕洛马的海尔望远镜开始，有些山顶望远镜大到需要观测者乘坐一个“笼子”才能到达主焦点。现在这些望远镜几乎都是电子摄像了，主焦点上只需要安装CCD相机及其冷却设备。)牛顿反射望远镜是最主流的一种反射镜，它在镜筒靠近开口的部位悬挂一个平的副镜。用来悬挂副镜的支架一般是用金属制成，而且打造 65
得很细，以便将对进入的星光的干涉减到最小，这些支架组装起来叫作蜘蛛架。副镜将光反弹到镜筒一侧，在那里被聚焦的图像会被相机捕捉，或被目镜放大。牛顿望远镜指向天顶的时候，要到目镜那里就得爬梯子，那是通向天堂的阶梯。

星系际的太空净澈精妙，数百万光年之遥的古老星光抵达太阳系，除了略受星际和星系际云的扰动，大部分依旧如新。最会干扰和屏蔽星光的，是它在旅程的最后万分之一秒内穿过地球大气层时的路径。大气湍流让星星闪烁，这种闪烁又被望远镜放大。为了将这种不稳定减到最小，天文台一般建在高海拔地区，以便超过尽可能多的大气层，或者建在大气稳定的地方。

石山天文台在一座小丘陵上，它不是一座山，海拔只有400英尺，

---

* 1码等于91.44厘米。——编注

但依旧是个理想的地方。为了找到一个好的站点，我用一架便携式望远镜测试了不同的地点，然后来到一个地势平坦的好地方，当地视宁度不错，名不虚传，因为有干净的太平洋气流平滑稳定地自西吹过来。唯一的问题是东面部分天空被两棵高高的老橡树遮挡。我在考虑这个问题的时候，一个叫约翰·米勒的建筑师打电话来，邀请我为美国建筑师学会致辞。“我们不能提供酬金，”他说，“但我们可以赠送您一箱好酒。”

“我不需要酒。”我答道，视线越过那片葡萄园。

但我们聊了聊我建一座天文台的愿望，米勒将这场谈话视作一次建筑咨询。我们在肯伍德见面吃了午饭，然后去了那个站点。米勒很快陷入一种看起来无目标、无意义的工作状态，我很幸运地——因为在几个大艺术家身上目睹过这种状态，当中有物理学家理查德·费曼和画家唐纳德·考夫曼——逐渐认识到这其实是一种创造力的象征。他信步走着，漫不经心地在这里捡起一片树叶，在那里捡起一块树皮，咀嚼一根小茎。然后他向我宣布，我应该把那些树砍掉。

“真是个好建议，”我说，“那些树有100多岁了。我才不想把它们砍掉。”

米勒微笑着继续闲逛，然后捡起一张斑驳的卡牌，掏出一支笔，在上面画着。他说，要做的就是别把天文台建在平坦的地面，而是建在
66 附近的山上，就像这样。

这个草图吓到我了。曾经设想的简单的一层结构，现在在西侧多了一幢三层建筑。但我有一架果园里用的梯子，我把它拿出来，放在本该放望远镜立柱的地方，然后爬上去看了看。一切都一目了然。太完美了。

“这要比我计划的贵了。”我嘟囔着爬下梯子。米勒又笑了。“当

然啦，”他说，“你以为建筑师是干吗的？”

站点选好之后，我开始就设计细节咨询有经验的天文台建造者。他们的建议大多很环保：如果你找到一个不错的站点，那么建台的时候尽可能不要对它产生任何影响。

用滚动式移动屋顶而不用圆顶；圆顶贵，而且容易滞留热气。避免使用沥青纸盖顶和水磨石地板，因为它们会在白天吸收太阳的热量，然后在晚上把它缓缓释放出来，扰乱视宁。如果你必须用混凝土的话，就把它盖住；否则混凝土中石灰里含的水汽可能会侵蚀望远镜上的玻璃。

我得到的最有说服力的建议来自克莱德·汤博，他是冥王星的发现者。我在1991年去新墨西哥州的梅西亚见他。他带我出门，走到房子后面靠近拖车公园的一个地方，给我看了他的两架望远镜，它们都是手制的。

它们都没有受到什么保护，就这样站在室外的沙漠空气中，白天黑夜，数年都如此。没有圆顶效应。“这一架的极轴是从我爸那辆1910年的别克车上拆下来的，”汤博说着，拍了拍他的9英寸望远镜，“我是1928年春天完成这个镜子的。史密森学会当时想要这架望远镜，但我跟他们说：‘我没法给你们，我还在用呢。’”

他爬上他的16英寸望远镜的脚手架，那架望远镜是钢铁与玻璃的组合，在黑暗中若隐若现，仿佛墨水写的一组方程式。汤博年逾八十，是一个佝偻的老人，但他能像蜘蛛一样灵活地攀上设备的梯子、平台和台阶，给重力驱动的发条装置上发条，把镜筒搬到适当位置。我只能努力跟在他身后，拼命记笔记。

“你至少得离地8英尺，”他向我喊道，“在上面观测天顶的时候，你的双脚离地16英尺。围绕望远镜最好的材料是木头。混凝土就是在谋杀望远镜。只有支架的镜筒是最好的，它能避免空气滞留在里面。如果你必须用封闭式镜筒，那就用软木加衬。这些都用螺栓手动拧紧，没有一处是焊接的。6吨重的基底，1吨重的钢铁。螺栓都是我敲上去的；我把螺孔钻得略小，这样可以更紧。所有花费加起来大约500美元。

67 “这是个超级望远镜，”他喊道，“非常了不起。用它我能看到木卫三上的痕迹。”那是木星的一颗卫星，和地球的月亮差不多大，但距离远2 000倍。“要看到这个，你得有极好的视宁度和极好的光学设备。”

他发现我终于跟上他，就放低了声音。“很少有人能和我一样，”他安静地说，“用这架望远镜看到木星的这么多细节。”

我采纳了克莱德的建议，天文台主要用木材建成，靠近望远镜的地方尽量不用混凝土，效果不错。只要天气不是太热，内里都能保持凉爽——可以打开一个排气扇，将冷气从地下室抽上来——屋顶一旦移开，温度很快和外界一致。露天观测台有两层楼高，没有地面效应引发的大气湍流，矮墙提供了清晰的视野，让我就像在巴比伦金字形神塔观星的古人。

天文台建成后不久的一天，我在望远镜平台下的地板上安装书架，旁边有一些我妈妈从基比斯坎的房子给我寄的旧天文书。当中有一本褪了色的蓝色活页册，里面是我幼年时的观测笔记和月亮、火星及木星的素描。封面被1965年“贝特西”飓风带来的洪水弄得污迹斑斑，但内页被很好地保存下来。我怀恋地翻阅着，这时候其中一页从背后滑出来，掉在地上。上面是我13岁左右用铅笔画的天文台设计平面图。这个设计构想的是一层结构，并不是像约翰·米勒设计的那样斜盖在山坡上，但其余的部分与我现在所在的建筑几乎完全一样。常
68 言道，一切梦想都来自童年。

# 远视：
## 拜访芭芭拉·威尔逊

对于芭芭拉来说，天文台的鳄鱼并不是一个很大的问题，但有时候它们确实会让游客望而却步。芭芭拉得等一车小学生出现在乔治天文台——一个位于布拉索斯湾州立公园沼泽地的公共机构，休斯敦往南一小时车程，她是这里的科研人员和助理经理——他们往往都会迟到。考虑到他们可能会在桥上被鳄鱼拦住去路，她拿上她的耙子往那里去，不出所料，一条鳄鱼就卧在桥上，晒着太阳不愿动，小孩子们离得远远的，他们的脸紧紧贴着黄色校车的车窗。芭芭拉赶走鳄鱼，孩子们才得以进来看到望远镜。

"我学会了用这种普通的家用耙子，"她对我说，"我用它在鳄鱼面前刮出声音。它们不喜欢这种声音，一般就走了。小孩子特别喜欢看这个——他们会觉得你很酷——但是他们的家长和老师对此并不热衷。

"最糟糕的是人。人和鳄鱼是怎样的关系呢？一条6英尺长的鳄鱼出现在停车场，而人们袖手旁观。他们只会给我打电话，等我带着我的耙子过去。有一次，大约五六个成年人就站在那里，看着鳄鱼，让我来搞定。我就把它赶进了树林。无论如何，大鳄鱼一般不成什么问题，它们大多经验丰富，有点害怕人类。但小的就会在你打算把它们赶走的时候咬你，而且它们喜欢掉头冲回来。赶它们不容易。不过鳄鱼还是一种很有意思的生物。它们已经有数亿年历史，而且妈妈对幼崽都很温柔。”

芭芭拉谦逊随和，身材矮胖，穿旧外套和运动鞋，很容易被误认为是一个休斯敦主妇——在乔治天文台工作之前，她曾经也确实是
69 主妇，同时还是企业主管和房地产经纪人。乔治天文台是她参与建立的。她刚在这里工作的时候，业余爱好者用台里的三台望远镜发现了大量小行星，还捕获了一个神秘的γ射线暴源的罕见图像。同时芭芭拉也继续着她自己的天文项目，其中一个是关于观测威廉·赫歇尔编目的所有2 500个深空天体，以及找出银河系147个已知的球状星团。（其中第147个，也就是编目为IC 1257的星团，一直以来被认为是一个疏散星团，直到芭芭拉发现它其实更可能是个球状星团。这种区分意义重大：疏散星团比球状星团质量更小，密度更低，也更年轻。她和其他三个天文爱好者及几个职业工作者共同发表了一篇关于IC 1257的论文。）

芭芭拉的努力为她在业余天文圈赢得了技术最强的观测者之一的声誉——一个如饥似渴的深空探索者，有能力去看，去告诉别人如何看，看那些一直被认为在人们的目力所不能及的地方的天体。连斯蒂芬·詹姆斯·奥马拉——在“活着的视力最敏锐的观测者”这一头衔上她的主要竞争对手——都形容她“成就惊人”。一个晴朗炎热的下午，我们在得克萨斯星空聚会上的一张野餐桌前坐下聊天，背景是鸟鸣和为夜观做准备的观星者哗哗拆掉望远镜外面聚酯薄膜保护罩的声音。

芭芭拉告诉我，她“算是一个军人子弟”，她生于意大利戈里齐亚，长于德国、瑞士和美国。“爸爸驻扎在哪里我们就去哪里。1956年

威斯康星州格林贝的一个黄昏，我们在外面收衣服，天空变成黛色，我记得我看到东边有一个亮红色天体。我父亲说那是火星。数年后我才意识到那是1956年的火星大冲，当时火星距离地球只有3 600万英里。后来我们住在加利福尼亚的蒙特雷，爸爸给我买了一架望远镜。军官宿舍里有座水塔，视野空旷。我会带着我的望远镜、星表和一盏小灯爬到那里，找找亮星或土星之类的。我一直都是一个人，没有和任何业余天文爱好者有过接触，但七年级的时候我读了一本非常精彩的小书，它是讲1986年哈雷彗星将会怎样回归的，我记得我当时想：‘哇，要等好久呢！’那是20世纪60年代初的时候。

“我想成为一个专业天文学家，但上高中后，我就成了数学和科学课堂上唯一的女生，因为受到各种戏弄，还有别的，我变得自卑和沮丧。 70
所以尽管万分不舍，我的兴趣还是从科学和数学中转移了出去。高中毕业后我终于搬到得克萨斯来。我跟和我一样的军人子弟结了婚，有了孩子，我延期读大学，一直延到孩子上学。然后婚姻触礁了。触礁是命中注定：我们结婚太早。我第一任丈夫比较老派，他觉得女人就应该待在家，这个不能做，那个不能做。我的第二任丈夫则是完全不同的类型，他很会鼓舞人。他带回来一架旧的望远镜，那是一架6英寸的反射镜，我于是重拾天文。在此之前，我忙于养家糊口——找工作等等——对科学的爱已失去很久很久。事实上我感觉自己落在后面了。”

芭芭拉受到威廉·赫歇尔的启发，她在莱斯大学图书馆珍本书库里读到了他的观测日志，开始追逐暗弱和遥远的天体，这些天体鲜有观测者见过。她在银河中寻找尘埃的暗流，紧盯那些之前只在长曝光摄影和CCD图像中能看到的暗弱星系、星云和星团。她常感到挫败——“大约有一半时间我都是失败的”——但也足够成功地成为一段传奇了。我问过她我听过的那些传闻，比如说，她用吃胡萝卜补充维生素A的办法获得异于常人的夜间视力，这是不是真的？

“绝对不是，”她笑道，点燃一根烟，“我的视力啊，大概是20/15[*]，所以我其实是有点远视，但我不觉得自己视力有多好。耐心和渴求是最重要的——以及知道要往哪里看。意识到那亘古的光穿越宇宙进入你的眼睛——你可以看到这些东西——这对我来说很了不起。”

她有些天文爱好者朋友戏称她为“不没女王”，这是虚构的“看不见星云和没人愿意看协会”的首字母组合。芭芭拉拟了一条名为“不没100”的愿望清单作为回应，其中都是几乎看不到的目视观测目标，包括月球上的脚印，一次小行星凌月，一颗系外行星，一些星系团中发现的引力透镜光弧（“要能看到那些蓝色的弧，我愿意拿一条胳膊来换”），毒蜘蛛脉冲星——在距离地球数千光年远的地方，比内布拉斯加的奥马哈城还小——还有“NGC 1097星系奇怪的狗腿喷流”。

“这100个天体里，你有没有观测到几个？”我问她。

71 “没有，”她欢快地说，“我试图看却看不到的东西很多。我经常被鞭策。宇宙会鞭策你。你刚以为你知道一些东西了，天空就会把你打回原形。但一切都这么美。你看着一个飓风的螺旋结构、浴缸里旋转流入下水道的螺旋水涡，还有星系的螺旋形状——所有这些自然图形的连续和重复——让你感觉活着真好。万物精妙，越仔细看越精妙。我们生活在一个精彩的世界——一个精彩的宇宙。对我来说，这
72 是个视觉的世界，而我，只想去看。”

---

* 指能在20英尺的距离看到一般人在15英尺处看见的物体。——编注

第二部分

# 蓝色汪洋

第七章

# 太阳的疆域

我感受到海洋与森林——不知何故，
我感受到地球
　在太空中迅捷地游荡。

——沃尔特·惠特曼

听罢了阿波罗的歌声，墨丘利的语言是粗糙的。

——莎士比亚

“太阳是一颗恒星，是唯一一颗我们可以详细研究的恒星。”[1]这句话出自乔治·埃勒里·海尔，几乎是他的口头禅，真的——他十几岁时就爱上太阳。在父亲的支持下，海尔在位于伊利诺伊州芝加哥郊外海德公园的家中建起了一座太阳天文台，内有一架12英寸反射望远镜。他在麻省理工学院学习物理，1892年在芝加哥大学任天文学教授，尽管他从来没有考虑过拿一个博士学位。他接下来的职业生涯非常惊人：海尔在威尔逊山创建了叶凯士天文台并任台长，还创建了帕洛马天文台，招募来的天文学家将已知宇宙的维度拓展到超过所有前辈的总和，证明了太阳不过是所在星系千亿恒星当中的一颗，而这个星系也不过是数十亿星系中的一个，它们所在的宇宙已经膨胀了数十亿年。但在探究深空的同时，海尔从未丧失过对离我们最近的恒星的热情。进行自己的科学研究、管理天文台行政事务、为新台筹款，这些工作量加在一起，令他精神崩溃，最终他的医生强迫他退休。在他位于加利福尼亚州帕萨迪纳的房子后面，他建了一座太阳天文台聊以自慰。他给天文台配备了一个太阳单色光照相仪——这是他发明的一
75 个设备，之前太阳日珥只能在日全食中看到，用这个设备则随时都能看到——并开始收集数据。很快他又开始像往常一样奋斗，到最后都是个太阳崇拜者。

鲜有观星者能够像海尔那样全身心投入太阳，但哪怕只是偶尔观测，也会有很大收获。你的可观测时间比观测别的天体翻了一番，而且小的望远镜也能得出有用的结果。不过，当我们对观测太阳的预期提升时，在对其进行详述之前，天文写作者都得加一段警告：*不要用无屏蔽的望远镜看太阳！否则会造成严重的眼伤，甚至致盲！*望远镜的设计是把很多光线聚集到一个小焦点：把你的眼睛或者其他任何身体部位放在望远镜焦点处对准太阳，就像自愿去做一只被放大镜烤焦的蚂蚁。操作太阳下的望远镜应当像操作上膛的手枪一样小心。

曾有一个天文爱好者——就叫他杰克吧——和我说过一件事。有一次他在一个重要的天文台，旁观一位不受欢迎的台长为一本图片杂志拍宣传照片。台长需要在台里最大的一台望远镜的观测笼中摆姿势，观测笼在主焦点上，那里是像哈勃或桑德奇这样有名望的天文学家的宝座，而他大部分时间都只是在做行政工作，很少使用望远镜。为了避免浪费宝贵的观测时间，照片的拍摄是在白天完成。杰克抬头一看，摄影师把圆顶打开了一条缝，开始拍摄，然后指挥望远镜和圆顶开口往不同方向移动，以获得最生动的光线。天文台台长帮忙心切，遵从摄影师的指挥，无视电脑发出的一串警告，继续转动望远镜，旋转圆顶。看着这一切，杰克意识到摄影师可能下意识地想拍一个让望远

镜直接对准太阳的镜头。杰克衡量了一下他如果继续保持沉默的后果。一方面，太阳光一经这台大型望远镜聚焦，就极有可能杀死这个不招人喜欢的台长。另一方面，他们也终于可以摆脱他了。杰克的良知最终占了上风，他在为时太晚之前发出了警告。

任何大望远镜通常都不能对准太阳。哈勃空间望远镜甚至都不可以观测水星（水星和太阳的分离角度从来没有超过28度），就怕它不小心直接接触到太阳光。然而小型望远镜如果有适当的预防装置，还是可以用于太阳观测的。一种方法是将太阳图像投射到一个屏幕上。如果你使用投影法，那么要保证寻星镜是盖住的，以免有人不小 76
心透过寻星镜看到太阳。你还要提防另一种危险：如果望远镜孔径超过2英寸，太阳的热量就有可能损坏目镜。比较推荐的方法是在物镜或别的光学系统前放一片太阳滤镜，过滤绝大部分太阳光。[2]

人们看太阳，第一个注意到的就是黑子。它们其实挺热也挺亮，看起来黑只是因为它们相对于周围太阳表面的温度要低一些。每个黑子都有个黑色中央区域，即本影，它被灰色半影包围。根据海尔的理论，黑子由磁暴涡旋产生。这些黑子往往成对地出现在造就它们的磁环两端。每一对都有一个正磁极和一个负磁极，而且它们当中的主要者在太阳半球上是呈镜像的：南半球的黑子对中的前导黑子（按照太阳自转方向）都是正极，北半球的主要黑子则都是负极。太阳绕自己的轴自转一圈约27天，所以黑子大约两周内可以在太阳表面从一侧移动到另一侧，在此期间观测者可以跟踪它们的外表变化。黑子的数量大多是由业余爱好者统计的，现在已证明黑子数量增减周期是11年：在太阳活动极小年，有时候一颗黑子都没有。在一个周期结束的时候，太阳整体磁极掉转，南北磁极颠倒，新周期诞生。新周期开始时，我们发现黑子在高纬度地区最多，越往后它们越接近赤道：这就是

“蝴蝶图”，最早是19世纪英国业余爱好者理查德·卡林顿发现的。

耀斑和日珥从太阳表面喷向太空，发出高速粒子流。（这两种类型的爆发都是太阳磁场产生的，但耀斑相对较热，速度也更快。）这些粒子抵达地球之后，能引发电磁暴，破坏广播通信，有时候还能干扰到电子电气设备。1989年3月13日，一场超强太阳风暴袭击地球，在输电线上、铁轨上，甚至加拿大东部大片的含铁岩石上都激起了电弧，那里警觉的工程师试图维持住魁北克水电公司电网的正常运行，但失败了。太阳风暴汹涌的能量最终令系统于凌晨2点44分过载，蒙特利尔城区和魁北克几乎所有的地区全部断电。与此同时，在太空，地球卫星也因与太阳粒子流邂逅造成的摩擦而降低了运行速度。讽刺的是，受撞击最严重的是“太阳极大使者”卫星，它本身就是为研究太阳在
77 11年周期中的峰值而设计的。卫星在它所研究的恒星的攻击下被削减了运行速度，然后很快地进入大气层，坠毁在斯里兰卡东南部的印度洋。

太阳风暴还会激发极光：进入地球的带电粒子点亮了大气层上部的氧分子和氮分子，原理和氖管内的气体被电流点亮一样。当“太空气象”站播报了一次大的耀斑——从太阳发出的粒子要花3天时间才能抵达地球，所以会有很多预报——观星者就会为拍摄或录下红色、蓝色和绿色极光帷幔的舞蹈做准备。极光集中在磁极点地区，只有在地球遭遇比较特殊的强太阳风暴的时候，才有可能在中纬度地区被见到。1989年的那场击垮了魁北克电网的太阳风暴激起的极光，点亮了从极点到玻利维亚和佛罗里达群岛的天空。

有关太阳最震撼的镜像还是通过H-α滤镜拍的，就像杰克·牛顿用在他的CCD太阳图像上的那样。滤镜准许通过的光谱线越窄，图像效果越好：最好的滤镜有着“次埃”级别的分辨率，这意味着它

们可以传送不到1埃，或者说不到一千亿分之一毫米的太阳光。一次星空聚会上，一个业余爱好者邀我用他配备了0.1埃滤镜的闪着银光的长焦折射镜。那景象非常吸引人：磁场引发的黑色涡旋围绕黑子旋转，与太阳米粒组织的毛茸茸的背景形成对比，米粒组织由小的对流单体组成（直径一般为500英里），弧形的耀斑和日珥在日面边缘攀爬。你还能见到日面上的耀斑和日珥，就好像在飞机上看高大树木的顶部。耀斑的演化一般在数小时之间，但大的日珥变化更慢，所以一天看下来，它们似乎一动不动。无论如何，看能量剧变的恒星的特写是很震撼的。H−α 滤镜价格昂贵（你可以花钱买，或者有时间的话也可以自制），但业余爱好者用它看到并拍到了太阳系中能看到的最壮观的景象。当“祖父”——被观测到的最大日珥，占据约四分之一个日面——于1946年6月喷发到太空时，只有非常少的观测者有装备看到它，但后面的日珥就有上百位观测者能看到了。

太阳对人类至关重要，它是生命之源，它产生太阳风暴，它也是天体物理学研究的天然实验室，所以专业天文学家使用各种太空探测器、卫星，还有太阳望远镜来研究它，也不是什么奇怪的事情。但 78
如果以此推测业余爱好者对太阳的观测是没有意义的，那就错了。天文台会有云遮挡，卫星会出错或失败，但你总有可能成为世界上第一个——甚至唯一一个——看到一个巨型日珥出现，或是“太阳小黑子”中长出一个新黑子的人。“永远不要假定‘别人可能也在看一样的东西’而放弃一天的观测，”美国天文爱好者P. 克莱·谢罗德建议道，“永远都要假定你的观测可能是唯一的。”[3]英国业余爱好者杰拉尔德·诺思形容：“专业人士的监测程序是有盲区的，当没有哪一台专业望远镜对准我们这颗白天之星的那一刻，可能目睹太阳表面一场骤变的就是你。”[4]

除了它的这些剧变之外，作为一颗恒星，太阳其实是性情平和的。它已经闪耀了将近50亿年，而且人们认为它的内核拥有足够的热核燃料，在接下来的50亿年里能够继续维持它的平静。然后它就会缓缓膨胀，成为一颗红巨星，外层大气会将地球纳入怀中。(太阳热能惊人，就算中央的能量最终告罄，太阳表面产生任何变化还要好几百万年。)[5]

太阳表面罩着太阳大气层，由色球和日冕构成。色球（“有颜色的球”）闪耀着由活跃的氢原子产生的粉色亮光。再往上就延展出更大的珍珠灰色日冕，它那精妙的藤蔓沿着磁场线远远伸到太空中去。二者在日全食的时候都可以看到，那时候月亮从太阳面前经过，能在几分钟内阻挡大部分太阳光。太阳的直径是月亮的400倍，而它与地球的距离也是月亮与地球距离的400倍，这是一个很幸运的巧合，所以天空中日月的视直径是差不多的。因此月亮几乎把日面都挡住了——除非日食发生在月球运行到远地点的时候，这时候会产生“环”食，也就是会有些直射日光直接从边缘溢出。月影由两部分组成——黑的中央本影，以及包围本影的灰色半影。只有在本影内才能看到日全食，半影内看到的是日偏食，半影外的人什么也看不到，和平时一样。日全食爱好者常常不远万里将自己置于本影路径。如果天气晴好，他们就能被赏赐大自然最令人难忘的奇景之一。

有经验的日食观测者会观测日食期间的好几种现象——如果他们全都想看的话：有些人太过专注于摄影或搜集数据，以至于可能会
79 疏于从自己的设备中观看这一景象。贝利珠，即太阳光在食甚的片刻穿过月球山谷产生的明亮的光珠，最早于1715年被埃德蒙·哈雷记录，但它们却得名于弗朗西斯·贝利——一个商人出身的天文学家，他于1836年具体地描述了它们。“一排清晰的点，像一串明亮的珠子……它们突然就在月球朝向日面的那部分的周围形成了，”他写道，

"它们的形成实在太快，它们呈现出的样子就像点燃了一串火药。"[6]最后的光束闪耀在一个月球山谷中间，产生所谓的钻石环效应。食甚前最后几分钟里，如果你周围是低矮的乡村，你就有可能见到月球的本影以每小时1 000英里的速度朝你冲过来。食甚一般只会持续3分钟，在此期间，粉色的色球和红色的日珥从太阳边缘喷出，珍珠灰色的日冕向外燃烧，行星和亮恒星在变暗的天空中闪现。

我是1970年3月2日在北卡罗来纳州第一次看到日全食的。我和朋友从纽约搭便车过去，我们到全食带之后发现农田里有星星点点的白色望远镜镜筒和相机阵列，仿似日全食在陆地上用粉笔画出了自己经过的全食带。我们在一座小农场前停下，向农场主做自我介绍。农场主是一对中年夫妇，往上数有五代人在这里务农。他们很热情地邀请我们进来架设我的8英寸望远镜，但他们不愿用望远镜看日全食，因为电视新闻警告过他们直接看是有危险的。(危险是有的，但有点被过分强调了。1979年2月26日那次日全食，我在蒙大拿的一条公路边上遇到一辆载满当地学生的校车，他们哀叹自己学校就在日全食带上，可他们却只能在室内通过电视观看日全食，而不是走出去自己看。)

北卡罗来纳州那次日全食刚开始的时候，我们在目镜上加了太阳滤镜的望远镜中看到，月球把太阳切削成新月形状，而太阳光却并没有很明显的减弱迹象。天空依旧是亮蓝色，周围农庄和我们刚到的时候一样，呈鲜明的绿色和棕色。最后到食甚时，整个世界以惊人的加速度凉下来、暗下来。牛在黑暗中不安地叫着，鸡成群回到鸡圈，我们也感觉到异样。我们发现自己在说一些类似"呃，你知道吗？太阳不离开，你不会打心眼里感激它"这样的话。

天空突然坍缩到黑暗中去，几十颗亮星出现。天空当中悬着一颗 80

令人敬畏的黑球，它镶着宝石红色的边，被灰色日冕的末日光辉包围。没有照片能够表现出这么震撼的景象：从暗到亮的动态范围实在太棒了，那颜色真的是地球上没有的。(太阳色球的电离气体比地球上任何物体温度都要高——除了一颗突然爆发的氢弹——也比实验室里的真空还要真空。）我向后踉跄了两步，像个醉汉——抑或是米底人和吕底亚人，公元前585年，他们因日全食而停止交战，握手言和。比我更理智的观测者都在那一刻失去了理智。普林斯顿大学的查尔斯·A.扬就一直自责，在1869年那次日全食中，他因心醉神迷而没能完成科学任务。“我没法形容我当时为我自己的愚蠢和浪费掉的机会而感到的惊讶和羞愧，日光重新照射出来的时候，这一切压垮了我。”他回忆道。[7]我缓过神来，摘掉了望远镜上的太阳滤镜，更好地欣赏日全食。鲜红色的日珥从月亮后面划出一道弧线，与朦胧的、银色的太阳外层大气背景形成鲜明对比。

一两分钟过后，月球开始从太阳前面移开，一点直接的、像焊工手里的电弧那样纯白的太阳光，从月球边缘两山之间的山谷中穿过来。“钻石环”又出现了。很快又有其他光点加入，形成了贝利珠。我的朋友发出警告，我知道我得把目光从目镜上移开了，但是月亮之上的日升实在美得令人无法抗拒，我就是忍不住要看，直到锋芒毕露的日光涌入我的视野。不痛——视网膜没有神经——但我还是怀疑我的右眼受伤了。

日光重回北卡罗来纳州的大地，我们的主人邀请我们吃午饭。我们道了谢，然后吃了烤芝士三明治。后来在餐桌边上聊天时，我突然注意到尽管窗外日光流泻如常，但其实日食并未结束。我的想法遭到了怀疑，我向他们论证我的想法，弯曲食指，形成一个小孔，在我面前的餐垫上投射出新月般的太阳影像。但我很快就后悔了。农场主和他的太太吓得脸都白了。他们圆滑得体地送我们出门，但他们显然被这种在他们看来类似于巫术的行为吓到了。

我回到纽约后，眼科医师确认，由于我继续用没有滤镜的望远镜
看月球两山之间出现的第一缕直射太阳光，我的视网膜被烧出一个小
洞，还出现了一些“飞蚊”，那是脱落的视网膜的小黑块，从此以后我 81
看东西的时候，它们就像一部海底世界电影背景里没有对焦的鱼一样动来动去。所幸视网膜依然完整，不需要手术。这让我松了一口气，特别是因为我的眼睛从一开始就非常不好（我是近视眼），之前我的双眼就被认为至少一只有50%的概率会视网膜脱落或失明（结果证明这是错的）。也许失明的可能性存在于我的潜意识中，我才会执意越过安全界限，用望远镜去看太阳：如果你觉得你无论如何都要瞎，也许你就会想在还能看的时候看点难忘的东西。不管怎样我都不会后悔。一场爱情可以让你不计后果、伤痕累累，但没有了爱情，生活还有什么意义？

我还在1991年7月11日看过一场日全食，那是在夏威夷岛的一座高尔夫球场上。几千人前来观看，宾馆酒吧供应的调制酒都叫“耀斑”（朗姆酒、黑莓白兰地、酸甜汁、杜松子酒、石榴汁）或“日全食”（伏特加加上一片奥利奥饼干）之类的。浅灰色的云堆积在早晨的天空中，在对天气的焦虑中，我觉得自己等待日全食就像在等待被行刑，除了感情上是反过来的：你希望快点发生，生怕看不成。最后云中终于及时张开一个洞，深黑色的月亮挡在太阳前面。高尔夫球道上聚集的人群中升腾起一阵满足的呻吟，透过我的小型便携式望远镜，我能看见日珥就在黑色圆盘的边缘。一阵凉风从冒纳凯阿火山的山坡上吹下来，然后遥远的、银币般的光又从宽广朦胧的世界中出现了。接着日光重现，我们心里充盈着来自远古的感激之情。

是夜，我于日落后在海滩边架起望远镜，想看看金星的白色月牙。金星很亮，能投下影子，它悬挂在西天，靠近亮星轩辕十四。下面靠近西边地平线的地方躺着水星。和金星及月亮一样，水星也有相。此刻它是凸月，也就是有一大半是亮的，但在它的表面我看不出什么东西。这是正常的："水手10号"太空探测器于1974年拍摄了半个水星的照片，照片显示它表面覆着和月球一样的陨石坑，但从地球上很难看出这样的特点，因为水星直径太小，又从来不与太阳分开太远。在夜晚要观测水星，就意味着你得在黄昏或黎明时分透过靠近地平线的大气湍流来观测它。有时候白天效果会好一些。加拿大的业余爱好者特伦斯·迪金森形容白天的水星有着和白天的月亮相似的奶油色，并呈
82 现出"模糊的纹理，像精细的砂纸"。[8]曾有两个19世纪的观测者——英国的业余爱好者威廉·弗雷德里克·丹宁，以及伟大的意大利天文学家乔瓦尼·维尔吉尼奥·斯基亚帕雷利，他后来是米兰布雷拉天文台的台长——对水星做了大量的白天观测，但就是没法确认它的自转周期（后来被证明是58.6天，是其88天公转周期的三分之二，它是由太阳的潮汐摩擦导致的自旋轨道共振）。有趣的是，斯基亚帕雷利的水星地图上最明显的一个特征——一个数字"5"形状的标记——在"水手10号"的照片中毫无体现，它可能是在这颗行星的另一边，航天器并不能观测到。"一个天文爱好者凭借一架普通的望远镜看到我们知识的极限，这会是愈来愈罕见的案例。"ALPO的威廉·希恩和托马斯·多宾斯说。[9]能够一瞥这诡异的小小世界，顷刻它就在海面上逡巡的云堤后面消失，这真是再好不过。

几分钟后我开始看室女座内的星系，这时候一个朋友出现，就她的迟到向我道歉，问我还能不能看到水星了。我和她解释水星刚消失在低云后面，但我还是扫视了一下地平线，发现它正从一堆汹涌的雷

雨云砧后面探出头来窥视。她看了一下，当我重新回到目镜前时，我发现了引人注目的东西：太平洋中部的空气如此澄澈，就在我望着水星的时候，它一点点沉入大海，像个缩微的月亮。此前我并未想到自己会看到这样的景象：地平线附近的大气一般都太过浑浊，没法在那里看清一颗正在落下的极小的行星。（传说哥白尼一生中从未看见过水星，因为他家附近的河面总是雾气弥漫。）但这次难忘的观测再次说明，多看一眼没什么坏处。正如渔夫所言，临渊羡鱼，不如退而结网。

水星与太阳之舞当中，最令人难忘的要属水星凌日，也就是从日面前面经过。1960 年 11 月 7 日水星凌日的时候我没有去上学，待在基比斯坎的家中进行观测。清晨天空湛蓝无云，我设置好了我那装着太阳滤镜的小望远镜，还有一台磁带录音机和一台短波收音机，收音机调到 WWV——能够精准报时的国家标准局电台。我在《天空与望远镜》杂志中读到天文爱好者可以仔细地测量凌日时间，并给专业工作者发送数据，帮助他们测定水星直径，那时候水星直径的精确度可能只有一成。这本杂志计划发布读者发给他们的凌日时间，我则为自己
第一次有机会发布科学数据而激动不已。 83

磁带转动着，我渴切地盯着望远镜，当我看见水星那小小的圆面出现，一个小小的黑色缺口啃噬着进入黄色太阳的边缘时，大喊道："记录！凌始外切！"下一个重要时刻是凌始内切，就是水星外缘离开太阳内缘，水星进入太阳圆面内部。因为"黑滴"现象，测量它的时间困难重重：水星圆面离开日面边缘的时候并不是瞬间离开的，而是在身后拖一条尾巴。（导致这个现象的其中一种可能的原因，是两条从略微不同的方向传过来的光产生了干涉。要想看到这个现象，你可以在白天把大拇指和食指举高对着天空，两根手指微微分开一条小缝。尽管两根手指并没有接触，但好像还是有一个小小的暗区把它们连接起

来。）好，黑滴出现了，然后第一缕银色的日光分开了它，我又叫道："记录！凌始内切！"

水星在接下来的4小时里滑过太阳。到下午3点9分，也就是我的伙伴放学的时间，水星开始触碰太阳圆面的另一侧边缘，我又喊道："记录！凌终内切！"然后伴随着最后一声"记录！"，水星消失了。我寄出了我测定的时间数据，然后等待着自己被载入科学研究的史册。杂志如约刊登了它们，和其他上百名观测者的数据一起——他们来自澳大利亚、新西兰、南美洲、欧洲，还有美国各地——而且数据的确帮助提高了水星直径数值的精确程度。但当我把自己得出的结果与其他那些更有经验的观测者一对比，心就沉下去了。他们测得的时间很一致，只有几秒钟的出入，而我的误差大了一倍。我不是我们这群天文爱好者当中最笨拙的，但我做的也的确是非常平庸。下次运气好点吧，我对自己说，但离下一次水星凌日还有40年，那是在1999年11月15日。我决心看到它，如果我能活到那天。

而实际上，赴太阳与水星之约其实很容易。1999年11月15日那天是周一，时光流转，我住到了旧金山，我需要做的就是在我的房顶上架设起一架便携式望远镜，在目镜上严密地装好太阳滤镜。我好像又回到1960年，用它瞄准水星即将出现在太阳圆面的位置，然后等待。在这两次凌日中间的几十年里，科学家对太阳和水星的研究已经足够多，从业余爱好者搜集到的凌日时间里已经得不到太多信息，但这有什么关系呢？我沉浸在我伤感的青春里。

天色壮美，刮着风。旗帜在微风中猎猎作响，海湾里的绿水点缀
84 着白浪，太阳在层云间穿梭，时隐时现。凌始外切的时候，一朵云挡住了我的视线，但在下午1点22分，它移开了，我能看见水星了——一个明显的黑点，像BB弹一样清楚，边缘锐利，说明这颗行星几乎没有大

气层——黑滴连接着它和日面的边缘。水星没有爽约，这么多年之后还如期出现，我感觉到一阵古怪的满足。生命无常，而宇宙的发条无情地转动。 85

# 星球摇滚：
## 与布赖恩·梅的谈话

布赖恩·梅是英国摇滚乐队皇后乐队的创建者之一。到他50岁生日的时候，他已经写了22首热门歌曲，甚至还有一首给汽车广告写的题为《受你驱动》的曲子，最终登上英国十大流行乐排行榜。他还为皇后乐队写了流行金曲《我们将震撼你》，这首歌成了英语世界体育盛会上的圣歌，开头著名的几个小节—— 一段犹如龙卷风降临大地一般在空中聚集的连续音符——是他用“特殊红”演奏的。“特殊红”是他的吉他的名字，它是他小时候和父亲一起手制的。

皇后乐队一直被视为靡艳的舞台摇滚乐队，而不是一个知识分子团体，所以当我知道梅的大学专业是天文和数学，以及其他成员都有医学、人文、物理等专业学位的时候，我非常惊讶。我给梅打电话时，他正在他位于英格兰南部的住宅中，他告诉我——声音出人意料地温柔，甚至有些踌躇——他7岁的时候就“对天文和音乐充满热情，它们从未离开过我。我的第一架望远镜是我和我爸爸一起做的；大约在同一时期，我们又做了一把吉他，我到现在还在用。那架望远镜就是小小的4英寸反射镜，配有地平装置，但你能用它看到惊人的东西。我爸爸的巧手可以做出任何东西，他在电子器件方面也是天才，是个了不起的手艺人。我真希望他还在。

“如果不是音乐在我心中吸引力更大，我肯定就去做一个天文学家了。我在帝国理工学院读近红外天文学研究生——我的研究方向是行星际尘埃——读博士的几年里，我承担的是一个专业天文工作者的角色。我在特内里费岛建立起第一座属于英国人的小屋，它是现在那里的天文台的前身——好吧，我不是自己一个人建起来的，但我是组织者。”

梅的天文同事对夜空之美缺乏敬畏，这让梅很失望。“天文学家设好望远镜，就不再费心抬头看或者‘哦哦哦’地惊呼了，”他说，“但我对天文的感觉和我对音乐是一样的，是出于本能而不能解构。首先要有‘哦哦哦！’的惊叹——音乐和天文里都有纯粹感情上的愉悦因素，让你 86
受到美的洗礼。此后你才能解构它，但如果一开始你不能完全沉浸其中，我觉得你就会错过最好的那个部分。科学家沉湎于所谓的解释，但那其实只是事实之间的联系。这世界有许多事物是在此以外的，与自然之美有关，与我们在宇宙中的这一隅有关。我把很多时间用来欣赏草木、花朵和澄澈的夜空。我不希望这听起来有自夸或挑剔的意味。

“人们有时候会问，我会不会把自己对于天文的兴趣带到我的歌里。我确实写过一首歌，叫《39》，这首歌讲的是一个人以相对论性速度漫游太空。由于狭义相对论的时间延迟效应，百年后他回到家，年纪还和离开时一样。这首歌在皇后乐队的一张题为《歌剧院之夜》的专辑里。

“我有一架小望远镜，我也观星——这是专业天文工作者一般不大会去做的，他们并不经常抬头看星空——我还有一副大块头的双筒望远镜，用来看彗星。如果能看到彗星，我就很兴奋。我们其实已经失去了夜空之美，你知道吗？你看那些飞越伦敦上空的大彗星的老照片，那是人们站在街上就能看到的东西，真是太奇妙了，那时候没有那么多电灯。如果现在有大彗星，恐怕只有很少的人会看到它。不过还是希望我们能有这么一颗！我们生得太晚了，你不觉得吗？” 87

第八章

# 晨星与昏星

更多的星辰使天空增色，
在智者的心目中，
它们比灯泡或弧光更加神圣。
因为它们的目的是闪烁发光，
而非夺走宝贵的黑暗。

——罗伯特·弗罗斯特,《有文化的农夫和金星》

…… 我转向了你，
高傲的金星啊，
你远远地发着清辉，
那光束会愈发珍贵；
因为喜悦在我心中
就是你在夜空
所具有的那份骄傲 ……

——埃德加·爱伦·坡,《金星》

金星是裸眼能够看到的天空中最好的景物之一。它的光芒仅次于太阳和月亮，光色纯白，一直以来人们都被这种美丽所震撼。无怪乎苏美尔人、波尼人，还有古希腊人和罗马人，都以魅惑的女性形象为金星命名。

金星独特的相位变化和天空中复杂的运动轨迹又赋予它知性诉求。金星比我们更靠近太阳，所以在晨昏时分它从未高出过从地平线到天顶的一半。这是它俗称的由来：早晨金星在日出前升起，我们叫它晨星；晚上它在日落后升起，我们叫它昏星。它从初现期开始，在6个月左右的时间里所绘出的视轨迹呈现出非常美丽的图案，这是由其公转运动和地球的公转运动造成的。这些图案有的像尖锥一样窄， 89
有的则像船帆或吉他拨片一样宽。还有些时候，金星沿自己的轨迹退行，好似在走“8”字圈。

地球与金星的轨道都严格地遵循5∶8的共振。金星作为晨星在早晨出现的时间为584天，584乘以5等于2920，再除以8等于365，这是一个地球年的天数。结果就是每52年，两个循环就会同步一次；因此金星出现在天空中某一位置，在52年后的同一天，它会回到这个位置。这是因为金星绕日公转周期为224天，追上地球的时间约为584天，但早期的观测者在不了解其公转的情况下并未能发现其中的关系。古玛雅人在奇琴伊察建立了椭圆天文台，那是一座模样酷似现代天文台圆顶屋的天文台，用以研究金星的运行。他们把这52年的周期叫作历法循环，并加之以重大的意义。羽蛇神是玛雅神话中一个浅色皮肤的神，据考证是金星的化身。据说他消失于东方，去建立新的世界，并预言他有朝一日会归来。他的回归与历法循环周期的顶点一致。他们笃信这个神话，并因此造成了1519年玛雅的灾难——就在这一年，除了皮肤是浅色，其他方面与神毫无相似之处的征服者埃尔南多·科尔特斯登陆这片新世界。蒙提祖马相信科尔特斯就是羽蛇神，没有抵抗。接下来的毁灭有如江河，玛雅文化中关于天文的书只有一本留存下来。

金星崇拜仍旧流传——玛雅历在中美洲偏远地区还在使用，而内布拉斯加的波尼族斯基底人还于1838年4月22日黎明前，向金星献祭了一位少女——所幸倾慕这颗耀眼行星的越来越多的人是天文爱好者而非巫师。金星在亮度最大的时候，白天很长时间内都裸眼可见（如果你知道往哪看），而它最适合在白天用望远镜看：你可以在它很高的时候研究它，那里大气湍流少，而且明亮的天空背景使观测更加容易，因为夜晚黑色的天空与行星明亮的表面对比度过强。新南威尔士州天文学会的尤金·奥康纳发现，只要他选择一个金星距离太阳不是非常近或没有躲在太阳身后的时间段，用双筒望远镜就可以终年观测到金星。（他很小心地不让双筒对准太阳。）“只需要一点细心、一些
90 练习和不算太差的视力，任何人都能在一整年内看到金星——只要选对年份，”他记录道，“找的时候让你的眼睛对焦到无限远，然后就等着让金星形状的东西闯入你的视野——比如飘浮的种荚，更不必提一直打乱你思路的飞机、迁徙的鹈鹕，还有——你可能都不信——飘动的蜘蛛网。”[1]

金星相位与月亮相似，曾让伽利略很震撼，他记录说，这就支持了哥白尼关于行星绕日公转的理论。伽利略于1610年观测金星，然后用拉丁语易位构词法向约翰内斯·开普勒传达了一条可能会被视作异端的消息：“Haec immatura, a me, iam frustra, leguntur — o.y.”，即“我读这些未成熟的东西”。如果把顺序重新排列，其实是“Cynthiae figuras aemulatur Mater Amorum”，即“爱情之母（就是金星）有着辛西娅（就是月亮）的盈亏”。因为金星向地球靠拢的过程当中，它的视直径会增大。它一开始是一个只有10角秒的凸圆盘，到下合的位置（就是最接近地球的点）时，会变成一个可达48角秒宽的细长月牙，在我们的天空中比巨大的木星还要大。

早年使用望远镜的观测者就在金星表面看到了稠密大气层存在的证据。有时候月牙的尖端会延伸到球体的暗面——形成“尖端延

伸”——有些不同的观测者报告说，暗面有时候也会发出微弱的“灰光”，像月亮上的“地照”。列奥纳多·达·芬奇认识到月球上的地照是由地球反射太阳光形成的：当月球对我们呈现出月牙形状时，从月球上看地球正好是接近圆形的。但金星上的灰光如果是真的，那也一定是别的原因产生的，到底因为什么，至今仍旧众说纷纭。有些人提出“气辉”产生说，那是日光电离金星大气上层时释放出的能量。还有些人则不以为然，觉得那是一种视错觉。

在很长一段时间周期内，会有两次金星凌日。两次凌日成对出现，一对凌日之间相隔8年，两对之间相隔120年。在17世纪、18世纪和19世纪，每个世纪都出现过一对凌日；20世纪没有；21世纪会有两次，分别在2004年6月8日和2012年6月5日至6日。“最近一次凌日发生之际，正是文明世界从昏昧时代中醒来的时候，”美国海军天文台的天文学家威廉·哈克尼斯在1882年的时候写道，“那令人惊奇的引导我们通向现代先进知识的科学活动正刚开始。天知道下一次凌日时间到来时，科学会发展到什么阶段。”[2]

1761年，米哈伊尔·罗蒙诺索夫在俄罗斯圣彼得堡大学天文台
观测金星凌日时，发现了非常明显的“黑滴”现象，他将其归因于金星 91
拥有“一层不会比我们地球少的大气”。[3]前赴后继的观测者在金星的云上寻踪觅迹，希冀了解这颗行星的自转周期，或者在云层中透过一个洞一窥金星表面，但大多数这样的计划都不得善终。所有公开的关于金星自转周期的估算都是错的，而当云容易看到的时候——你看金星时其实只能看到它表面覆盖着的云——那些假定的云层图案其实都只是错觉。实际上，有能力的观测者的特点是拥有细致观测金星的自觉，不会以为自己看到实际上不存在的东西，也不会执着于寻找云的图案。富有的德国天文爱好者约翰·施勒特尔说，他曾看到日光

照亮了穿透金星云层的山巅。而威廉·赫歇尔经过长期冷静的观察后宣称，金星表面是无任何特征的。行星观测者伯特兰·皮克就曾对望远镜造成的错觉提出过警告，他曾称赞艾伦·希思——一位年轻的英国天文学会会员——对金星的观测。

"可是我几乎什么都没看到啊。"希思回道。

"正是因为这个。"皮克说。[4]

只有一个很著名的例外，就是法国天文爱好者查尔斯·博耶。博耶受训成为一名律师，从1955年开始在刚果的布拉柴维尔任政府职务。他发现那里的空气异常稳定，就建造了一架10英寸反射镜，然后写信给他在日中峰天文台的天文学家朋友亨利·卡米歇尔，请后者提一些值得观测的项目。卡米歇尔建议博耶试着拍摄金星的紫外波段。天文学家早就发现金星云层在可见光波段下是不透明的，但在紫外波段下显示出一些黑暗的特征，尽管这些特征太过模糊、难以辨认，无法得出一个清楚的自转周期。博耶的望远镜没有受时钟驱动的赤道装置，一般拍摄长时间曝光的天文照片都需要它，所以他制作了一个竖立装置，它可以让相机在焦面上移动。他用了慢速胶片和一个紫色滤镜——不是紫外滤镜，而他的金星图像就只是乳化剂上的小点。一般人根本分不清上面的东西，而博耶却宣称看到了4天自转周期的证据。卡米歇尔也看到了，这对专业天文工作者和业余爱好者就这个4天的周期合作了一篇文章，这篇文章于1960年出现在一本非常流行的杂志《天文》上，他们还有两篇文章发表于技术期刊。

同时期另外一位业余爱好者罗杰·戈登在用紫外滤镜目视金星。尽管他对博耶和卡米歇尔的发现一无所知，但他自己也得出4天周期的结论，并于1962年在他的天文俱乐部通讯里发表了一篇关于这个主
92 题的文章。"我对我的发现并没有多少自信，"他谦虚地写道，"如果

我错得离谱我也不会很惊讶。”[5]

就金星的自转周期来说，博耶、卡米歇尔和戈登确实错得离谱了。1962年美国和俄罗斯科学家发射的雷达回波从金星返回，揭示出金星绕自己的轴旋转一周需要243天——方向和其他大部分行星都相反。（如此奇怪的情况的形成原因尚不清楚；也许是早期的一个大型天体曾击中金星，使其反转。）“我真想钻进一个洞里。”戈登哀叹道。博耶和卡米歇尔还是勇敢地在一本叫作《伊卡洛斯》的美国行星研究期刊上发表了他们关于金星云自转周期为4天的论文，但卡尔·萨根（后来成了哈佛的年轻天文学家）评审了这篇文章之后嘲笑说：“4天自转周期从理论上来讲不可能，它只能说明无经验的天文爱好者做出的工作多愚蠢。”[6]这篇文章被拒了。博耶、卡米歇尔和另一位法国天文学家伯纳德·吉诺继续观测金星，继续提出4天周期的观点，在这个周期内同一片云的图案会穿过行星圆面。

僵局持续到1974年2月，“水手10号”飞行器飞掠金星，拍下了紫外波段的照片。由“水手10号”拍摄的静态图片组成的动态视频显示，金星大气和下方坚硬的行星地面不一样，它确实是以4天为一个周期自转的。问题就在于云层的自转和云层下方行星的自转并不一致。但业余爱好者还是对的。

从“大体解剖学”上讲，金星和地球是一对孪生子。金星的直径是地球的95%，质量是地球的85%，表面重力是地球的90%；它的轨道半径是我们地球的70%；如果仅看它的苍白的云层颜色，那些云和地球的看起来也很像。了解了这些（除此之外也没别的了，因为云层的关系），有些科学家和学者对这种相似性的推断越走越远了。这种夸张的推理链条被卡米耶·弗拉马里翁于1884年拉伸到极限。弗拉马里翁原来是神学学生，他的工作就是业余天文和专业天文的混合。他对夜空有种浪漫的热忱，这也是他的书得以流行的原因，但他也有不理智的时候。在《天上的地球》一书中，他推断金星因与地球有着“几乎一样的体积，一样的质量，一样的密度，（还有）一样的表面重力”，所以它一定还有“和地球相同的昼夜长短，相同的大气，相同的云层，相同的降水”。[7]前面四种相似性是不假。第五个也有一定的科学依据——当然是建立在那个时候对自转周期极度不精确的估算的基础上——但弗拉马里翁对大气、云层和降水的猜测都没有证据支持，错
93 得离谱。

还有一些推断也错得离谱，其提出者认为，这颗被云层覆盖的行星距离太阳更近，一定会有类似地球上的热带雨林。雅克-亨利·贝尔纳丹·德·圣皮埃尔（1737—1814）是哲学家让-雅克·卢梭的一个弟子，他在他的一本书中发布了一张版画，想象金星的居民像“塔希提的快乐岛民”一样。诺贝尔奖得主、化学家斯凡特·阿伦尼斯于1918年形容金星是一个滋养着巨大且寿命短暂的植物的“湿漉漉”的温床。加勒特·瑟维斯在他1888年的一本畅销书《观剧望远镜里的天文学》中提出，金星大气可能“供应着数以百万计的智慧生物的呼吸，大气中颤动着舌语的旋律，和地球上的一样富于表达力”。[8]非常有影响力的科幻插画家弗兰克·R. 保罗（1884—1963）在《神奇冒险》杂志中，称金星“几乎是一颗丰饶的热带星球……一个年轻的世界，危险重重，还可能有怪物”。[9] 1960年，美国火箭学会的创办人、科学记者G. 爱德华·彭德雷提出，“金星可能会成为一个非常宜居的地方……到处都像佛罗里达一样”。[10] 洁白的云像一块白板，人类可以在上面肆意挥洒自己的想象。

在1960年开始的一系列无人探测器任务中，美国和苏联的太空探测器开始靠近金星，现实粗暴地闯入了。巧合的是，这两个在“冷

战”中相互竞争的超级大国，它们的任务策略完美地互相补足。苏联发送了一系列“金星号”登陆器；而美国用“水手号”和“先驱者号”飞掠探测器从太空为这颗行星拍摄照片，最终在1990年用“麦哲伦号”探测器绘制了金星的地图。

尽管美国的新闻对“金星号”任务反应淡漠，但它确实算得上是自动航天器历史上的创举。从1961年开始，20多年里，俄罗斯会在几乎每个发射窗口发射一个新的改进过的“金星号”。(这种窗口得要19个月，飞行器得在金星下合之前、金星昏见的时候发射，然后在合之后、金星晨见的时候抵达。）早期的尝试都以失败告终。“金星1号”和“金星2号”在路上就夭折了。“金星3号”撞向了金星，在此之前信号传输就中断了。“金星4号”用降落伞着陆，传回了高得惊人的大气压强和温度的信息，在距地面还有16英里高的时候陷入沉寂。再往后的三次任务都由于各种原因失败，但“金星8号”于1972年7月22日设法安全着陆了，并且“存活”了将近1小时。照片和数据传了回来，结合美国的飞掠探测器对金星的探测及后继的金星任务，终于弄清楚金星不是塔希提。它的表面不是湿润的，而是干燥的——比地球至少 94
干燥100倍。它的温度达到了严酷的864华氏度——比其他任何一颗行星的表面都要热，足以融化岩石；借用路易斯·阿姆斯特朗在歌曲《沙得拉》中的歌词，就是“比它应有的温度还要热7倍”。大气中97%的成分是二氧化碳，氧气含量少到测不出；它的气压是地球海平面气压的90倍，接近于地球上潜水员下潜到900米深时的体验，可以压扁潜水服。云也不是水蒸气构成的，而是蓄电池酸液。它的环境是暗红色的，充斥着硫黄的味道。就算是最坚定的无信仰者，如果发现自己在金星上，他在生命最后几分钟里，估计也会觉得自己是在地狱里。

后面的研究是在“麦哲伦号”雷达绘制的金星表面地图的基础

上，集中解决一个悬而未决的问题，即这个表面上看起来与地球如此相像的行星，为何又如此迥异。天文学家提出一种理论：金星上惊人的高温和干燥是由失控的温室效应导致的，云层下大气中大量的二氧化碳锁住了太阳的热量。据推测，金星和地球一开始是有着相同的化学构成的，因为两者都是在与太阳距离相近的地方由同一片太阳星云凝结而成，那么它们为什么没有演化成相似的模样？对此有很多种说法，最简单的答案就是尚无人知道。

还有两个考虑让这个问题更加棘手。一个是金星上氢与氘的比例表明金星可能曾拥有海洋，其规模可与地球上的相比。行星科学家计算出那些海洋可能在这颗行星的45亿年历史中存在了一半时间，一直到一些因素——可能是失控的温室效应——把它们煮干了，水被蒸发成水蒸气，升到大气层以上，太阳紫外线将氧绑入二氧化碳分子中去，而氢被吹入太空。另一个则是金星的表面从地理上来说是很年轻的，大约形成于6亿年前。这可以通过计算撞击坑来推测。尽管金星厚厚的大气可以保护金星表面免于被直径小于1千米的陨石击中，但在“麦哲伦号”雷达地图上，还是可以看到撞击物多次撞击后留下的至少963个陨石坑。也许金星经受过火山活动的悸动，然后，用天文学家戴维·格林斯波恩的话说，就是“把自己从里到外翻过来了”。

对于观星者来说，金星在天空中还是保留着美丽的外表，过去人类曾献身于这颗晨星和昏星，但现在它美丽的外表又添了一层恐怖。
95 如果金星在几十亿年里拥有过海洋和温和的气候，那么可能也会有生命在那里，紧接着火山的剧变抹平了一切痕迹。如果失控的温室效应得为这气候灾难负责，那么人类就应当为此紧张了。我们生活的地方是金星的兄弟，我们处于工业化时代，我们这颗星球的温度正在升高——人们认为，至少部分原因是大气中工业产生的二氧化碳水平升高。格林斯波恩和他的同事写道:“金星上的环境和它的发展道路为人类敲响了警钟……无论金星看起来多么遥远,对它的研究对于气候变化的普遍原则来说都至关重要——我们也能因此了解我们自己家园的脆弱和坚强。”[11] 令人担忧的问题是,从我们满目疮痍的星球上看金星时,它是不是代表着我们的未来? 96

# 发现之父：
## 拜访帕特里克·摩尔

帕特里克·摩尔是天文科普元老，我最早从中学习观测月球和行星的书就是他写的。他关于使用望远镜的建议友好明快，富于启发性，我非常乐于照他说的做，他画画的风格也是这样——用黑色墨水画月球陨石坑，用炭笔和色粉画行星——我在他的著作《天文爱好者》上描摹那形状矮胖扁圆的木星圆面，描了太多次，以至于木星那一块几乎要从纸上脱落，留下一个木星形状的洞。他那温和有礼又充满热情的写作风格帮助我将天文与更广阔的文化连接起来——尤其是英国更成熟的业余天文传统，那是改变世界的科技改革的驱动轮。16岁的时候，我带上摩尔的一本书，和我父母坐船去英国，有一天，我正读着那本书，正好从甲板上看见南安普敦的绿色海岸映入眼帘。40年后，在2000年的夏天，正是在那片南部海岸上一个叫塞尔西的小村里，我终于见到了摩尔。

"啊，你来了！"他声音洪亮，为我打开了门。他从1966年起就住在这栋建于17世纪的房子里。"吃午饭吗？"他一瘸一拐地钻进我的车，我们开了几百米，到了附近的餐馆。

"只是暂时瘸了，但我感觉自己变得很暴躁。"他气呼呼地说，我们把车停在海豹旅馆前。"我平时玩板球——我擅长投旋转球——但显然这些天我没法玩了。我像个70岁老头一样到处乱走。其实我就是77岁,不多不少。但一般我可以赶得上40岁的人。”

伟大的摩尔缓缓走下人行道的景象,几乎让这个村庄交通瘫痪了。这个高大的男人戴着单片眼镜,蓬头皓首,声音洪亮如丘吉尔——优美的广播员嗓音,充满感情又一丝不苟——这已然成为国家标志,摩尔一度是大不列颠最著名的人之一。他很快被授予爵位,
他的BBC电视节目《仰望夜空》每个月固定播放,43年不曾间断,作 97
为世界上单人主持的、上映时间最长的电视节目入选《吉尼斯世界纪录》。我们走进旅馆,在吧台边坐下。摩尔为我叫了一杯双份伏特加,自己叫了一杯双份琴酒,又热心地请酒保喝了一杯。我在书上看到过他从来没有去过学校,遂问起他的童年。

“我心脏不太好,”摩尔开心地说,“从6岁到16岁我都没法上学,只能待在家里。即便如此,我受的教育还是比大部分孩子多。因为我也没别的事情可做。我的天文学启蒙是从我母亲的一本书开始的,它是皇家天文学会会员乔治·F. 钱伯斯的《太阳系的故事》,1898年出版,价格是6便士。我买了一幅星图,弄到一副双筒望远镜,自己了解星空。我什么都得自学。我在我祖父的1892年的雷明顿打字机上学会了打字。那台打字机我现在还留着,但我现在用的是1908年的伍德斯托克。我用它1分钟可以精确地打90个单词,而在电脑上我1分钟只能打五六十个单词。

“我11岁的时候加入了英国天文协会,13岁的时候在英国天文协会期刊上发表了我的第一篇论文,是关于月球上的小环形山的。我是用我的13英寸折射镜进行工作的。打仗的时候我自己知道,如果我参加陆军或者海军,我连10分钟都撑不下去——但我还指望自己能飞呢,于是我就去了。我在英国皇家空军申请表上虚报了自己的年龄,

还改了自己的体检表，他们把我招募进去了。我在轰炸任务中任导航员，大部分时间在英国北部，必要的时候自己也会飞一点。有一次我得开着一架载着五个人的飞机着陆，因为飞行员受伤了。当时德国人正朝我们射击呢——真是非常不友好啊——然后飞行员就受伤了。我18岁的时候他们才查出真相。我对面的军官跟我说，他们了解到我虚报了年龄，篡改了体检表。‘但是，’他说，‘你17岁的时候就已经是皇家空军的服役军官，所以我想现在唯一要做的事情就是邀请你去食堂和我喝一杯。’

“给你满上？”摩尔不易察觉地对酒保做了个手势，又一轮酒端了上来。

战争中断了他的学习，摩尔未曾有机会进入大学。不过，美国的一家出版商在英国的协会找到他，请他写一本关于他最喜欢的话题——月亮的科普书。《月球》一书收获无数读者，开启了他的作家生涯。到现在为止他已经至少写了60本书。（我问摩尔是多少本，他说：“我也不知道——很多吧，我猜。”）当中有些书我读过不止一遍，他熟
98 练运用大量科学文献，技术扎实到几乎成为一种艺术，可用小望远镜做出可信的观测，这些都让我叹为观止。

摩尔看菜单的时候会在右眼戴上单片眼镜。单片眼镜很快就掉下来，摩尔又重新戴上，就像给烟斗重新点火一样慢条斯理。“我总是戴着我的单片眼镜，”他说，“它已经成为我身体的一部分。我16岁的时候就戴它了。他们想给我一副左半边是平光镜的眼镜。我说：‘平光镜有什么用呢？’”

我们又去一张桌子前坐下，迎来众人的侧目。一个年轻人走过来，递上一张纸，然后说：“打扰一下，摩尔先生，可以给我签个名吗？太感谢了。很抱歉打扰您。您真是个大明星，先生！”又一瓶冰镇的

白葡萄酒伴着两盘多佛比目鱼端了上来。

我和摩尔谈起他的月球研究。他的月球地图大部分都基于他自己的后院观测，但却坚实可靠。俄罗斯的“月球3号”自动探测器拍下的第一张月球背面的照片，就是用他的月球地图做的调整；美国为载人航天器“阿波罗号”着陆做准备的时候，导航员也查阅了这些地图。“我不是一个研究者，”他沉吟道，“我没那个脑子。我是个月球地图测绘师——我的主要工作就是画月球地图——而我的研究几年前就完成了。但如果我能为别人的工作帮忙，我也很乐意。”我被他的与众不同搞得有点糊涂，当然也有酒的原因；摩尔又叫了一瓶酒——我问了一个很蠢的问题：“你不算是一个非常追求发现的人吧？”

“我曾有过一次发现，”摩尔温和地说，“东海，在月球西面边缘处。”

我不禁扶额。东海是月球上最大的撞击坑，像一只充满恶意的公牛眼，比尼加拉瓜还要大。它就在月球可见部分边缘的中间，一般认为它是在月球背面由太空探测器发现的。但它的外层边缘偶尔也会进入地球上人类的视野，这是由月球天平动造成的：由于我们看月球的角度在变化，加上其固有的摆动（它每月都会摇晃一两下，南北向和东西向都有，就像人点头、摇头表示“是”和“否”），只要时间合适，我们在地球上能看见将近60%的月球表面。20世纪30年代，摩尔在萨塞克斯用他的12.5英寸反射镜绘出了靠近月球边缘的天平动部分的地图，绘出了东海外层边缘，确认它属于一种未被发现的地貌，还为它取了名，就是我们今天熟知的东海（意思是“东方的海”）。我竟然忘了这个。*

“还有那个叫爱因斯坦的环形山，”摩尔补充道，“也是我发现

* 帕特里克·摩尔后来在查阅文献时发现，德国天文学家尤利乌斯·弗朗茨更早描述了这个区域。于是他在2009年指出，东海的发现者应是弗朗茨。——编注

99 的——那次可是好险呢。给你满上？

“天文学是业余爱好者也有用武之地的少数学科之一，”摩尔补充道，“业余爱好者为天文学带来的最大帮助是观测的持续性。如果火星上发生一场尘暴，或者是土星上出现一个新的白点，那肯定是业余爱好者发现的。我自己就发现过这么一个白点——非常小的一个——那是在1961年。我还看见了威尔·海在1933年看到的那个。要咖啡吗？”

“好的，谢谢。”

“爱尔兰咖啡？”

我打算买单，却没有账单递上来。“没门，”摩尔友善地说，“这里是塞尔西。你在我的地盘上呢。”我们从餐馆门口出来，走入绚烂的阳光，沐浴在清凉的海风中。

“塞尔西是‘海豹的岛’的意思，”摩尔解释道，“但我从来没在岸边看到过海豹，这也不是个岛，反正就是这里。我不打算离开这里了。我有了自己想要的房子，在我想住的地方。”

“你航海吗？”

“不。我在海边住，但我并不真正了解大海。天空是我了解的。我生活在天空中，脚踩在大地上。”

回到摩尔的家，我们穿过门厅，那里杂乱地摆着小型望远镜和四个俄罗斯的月球仪。我参观了几个房间，四下里堆着高高的书、科学期刊、相机、双筒望远镜，还有俄罗斯、欧洲、美国的太空项目的纪念品。我们坐在书房里，这里充斥着时钟嘀嗒和报时的声音，木板墙上没有堆放摩尔的书的空白处，挤满了奖状、奖牌和荣誉学位证书等。摩尔点燃一支烟斗，递给我一支雪茄，然后在我面前放了他早年的一堆观测日志，装订好的分类册子上简单地题着“火星”、“木星”和“金星”。内页里有画得很仔细的插图，是在黑色背景上以彩色铅笔描绘的，伴以黑色墨水写的简洁注释。这些东西奇异地重现了我的记忆，因为我曾自学画天体，而风格正来自他——而他的风格则部分来自他童年阅读的乔治·钱伯斯的《太阳系的故事》，那本书以其明晰的绘图而著称。我面前是摩尔为1956年火星大冲所绘的图和所写的评论，那次大冲恰又是我成为一个天文观测者的契机。1956年8月8日：“我见过的……最佳目视条件。现在相位是95%。冰盖是有界线的……”10月18日：“也许是大冲期间最好的目视条件了。”

摩尔给了我一份他自己做的礼物，那是他的一张CD（他曾创作了两部歌剧和一系列军队进行曲），这时候两个年轻人踱进来，摩尔介绍说，这是两个天文爱好者，也是电子专家。一个是克里斯·里德， 100
他是欢快的金发青年，笑眯眯的，很少说话；另一个叫蒂姆·赖特，他是一个清瘦的小伙子，穿着牛仔裤、深蓝色T恤，戴着巨大的飞行员眼镜，说话时带着强有力的停顿，像一个亲力亲为的成功人士。他们解释说，他们是来这里测试一架偶极射电望远镜的，望远镜装在摩尔的家里，其中一部分很快要搬到南部丘陵天文馆，那是个拥有星空投影仪的公共机构。星空投影仪是摩尔从北爱尔兰的阿马天文馆抢过来的，那是他早年建立并负责管理的天文馆。

“我的注射器呢？”赖特嘟囔道，“别误会，我不是要吸毒，我就是得清洁一下我的注射器。”他在一个装满小零碎的盒子里找到了注射器，在水槽里把它洗了洗，然后装满墨水。书房角落里有一个射电望远镜的图表记录器，他把墨水注射到记录器墨盒里。他仔细查验着昨晚的图表记录，长长的单子上印着蓝色墨水线。“帕特里克，42.5度倾角上的那个很强的射电源是什么？”他问。摩尔看着邮件，头也不抬地说：“仙后座。”

“什么时候?”

“从午夜到凌晨4点都很清楚。”

“好的,那就是那时候了。”望远镜检测到了“Cas A”—— 一个距离地球11 000光年的超新星遗迹。赖特在图表上做了个记录,又往后看了看,然后宣布道:“昨晚22点30分和23点,出现了两种可能:要么我们发现了一颗超新星,要么就是你的邻居在用电焊机。”

我们出门来到宽阔的后院,去检查那架射电望远镜。它由两根线组成,每根有2.4米长,接在一台老旧的接收器上,在60兆赫波段工作。“两根天线相隔300米,这就变成了一个300米孔径的偶极射电望远镜,”赖特解释道,“后面会更大。其中一根天线会安装在南部丘陵天文馆,另一根留在帕特里克的后院里。一段射电信号以光速传播,被两根天线接收,我们用这两根天线接收到信号的时间差来测量它在天空中的方位。当然,我们也受到不少干扰,包括西班牙、俄罗斯和意大利的电视台信号。”

我们检查了摩尔的望远镜,每架望远镜都安装在自己的观测室里。其中有一个巨大的绿桶,上面盖着平顶,看上去像个储油罐,那里装着一架40岁的15英寸牛顿反射镜,镜身是木质的,装置庞大。“看上去很老式了,我承认,”摩尔说,“完全不用电运行。电脑操作的望远镜就不是我的菜。我是个天文学界的恐龙——目视月球和行星现象的观测者。海王星轨道外的世界离我太远。”

101 10米开外立着个高大的圆形棚子,其尺寸相当于一艘远洋邮轮的烟囱,那里有一架5英寸的折射镜。赖特漫不经心地将它往太阳的方向瞄准,在一张斑驳的维修记录纸上投射出太阳的影像。这是太阳活动大年,黑子点缀在日面上。旁边一个精致的、有窗户的八角硬木观测室里装的是一架8.5英寸反射镜。摩尔解释说,他原想把它建在他之前那栋房子的前院，所以设计得好看些。我们又打开另一个观测室——就是个简陋的小棚子——里面露出一架12.4英寸的反射镜，它架在一个简单的地平装置上。

“这个镜面很好，”摩尔说，“我在这架望远镜上花了多少时间？天哪，我自己都不记得了。我估计有几万个小时吧。我就是用这架望远镜发现东海的。”他满足地叹口气，靠在小棚子的门上，看着傍晚的天空，云正在聚集。他看起来彻底放松下来，但其实并不需要很敏锐的洞察力，也能看到他外表下藏着的孤独小男孩，这个孩子被迫离开学校，待在家中，为寻找同伴而探索其他世界；还能看到那个在战争中战斗的男人，他保守着身份的秘密，然后成为一个作家——这是世界上最孤独的职业——被名人的光环笼罩了半个世纪。

“我和尼尔·阿姆斯特朗很熟，”他说，“我也见过奥维尔·莱特。你知道吗，世界上第一个登上月球的人和世界上第一个飞行员本可以见面的——本可以，但没有。你有妻儿吗？”

“有的。”

“我真羡慕你。我一直想有一个妻子和一个孩子，但我没有。我成长在一个非常时期，这本不是我的错。”他的脸又亮起来。“我的教子亚当今年20岁了，他马上就能拿到大学学位，他打算和我一起住，”他说，“我真是高兴。”他又靠在门上，轻松地笑着，审视着逐渐变暗的天空。 102

第九章

# 月舞

夏夜的月——
拍着手，
我预示着黎明的来临。

——松尾芭蕉

就在夜幕拉开之际，
月亮开始讲述奇闻逸事，
每夜对着侧耳聆听的大地
重复有关自己诞生的故事。

——约瑟夫·艾迪生

1999年冬至这一天，在夏威夷拉奈岛的海滩上，一些游客坐在草坪的躺椅上，啜着热腾腾的咖啡，一边欣赏着大海，一边看一位天文馆讲解员设置着一架配有巨大德式赤道装置的11英寸施密特-卡塞格林望远镜，准备观测满月。媒体正为这次不寻常的满月写头条新闻。它发生于北半球一年中黑夜最长的这一天，同时月球靠近近地点，近地点就是月球轨道最靠近地球的那一点。今晚月亮将比平时近50 000千米，也因此要比在远地点的时候大14%。讲解员是个壮硕的中年男人，穿着一双很旧的跑鞋。这是个经验丰富的观测者，但今晚多云，他开始有些慌乱了，失口说今晚是130年来月亮距离地球最近的一次——其实月球每次在近地点时都可以这么近，1930年1月15日的那次近地点满月比这次还要近416英里——但我并不打算纠正他。他正试图安抚一群等得不耐烦的观众，而到现在还没什么能给他们看的。

我也曾有过类似的经历。我想起有一晚在黄石公园的山上，我向一群亿万富翁展示夜空，他们提了很多问题。我当时并不很紧张，但 103
我抬头将便携望远镜瞄准天空的时候，发现自己一个星座都认不出。它们全部消失了，就好像我们都搬到了一颗遥远陌生的星星上去一样。害怕不能解决问题，所以我就做了个深呼吸，等了片刻。星座又出现了，我重新投入工作，但这段插曲从此成为我的梦魇。

所以今晚，在夏威夷的云层之下，我尽力避免给那个在阴云下奋力演讲的讲解员制造更多压力。一小拨观众已经在朝身后度假酒店的温暖灯光聚集过去，就在这时候云中开了一个洞，月亮露了出来，尽管受云雾干扰，呈现出故事书插图中柔和的银色，但依旧明艳动人。这景象就好像银器匠将月球上男人的面孔蚀刻在一只椭圆托盘的中央，并用精妙绝伦的金银丝缠绕出热带云气的效果。望远镜中出现了一缕光线，讲解员放松下来，驾轻就熟地讲起了月球的陨石坑和月海。

月亮是夜空中我们最熟悉的、某种意义上也最不寻常的天体。它那么大——直径接近地球的四分之一，是太阳系中相对于自己公转的行星体积最大的卫星。(唯一的例外是绕冥王星运行的冥卫一，但冥王星也不能算是行星。) 所以夜空中明亮浑圆的满月——纷争与艳遇都归咎于它——真是不同凡响。在其他几个类地行星中，水星和金星没有任何已知的卫星，火星有两个非常小的卫星，即火卫一和火卫二，它们更像是被引力捕捉到的小行星。月球不大，密度也比地球小，这就引发了一个问题：月亮是从哪里来的。有些观星者觉得月球很乏味，或觉得它已经没什么可以研究的了。但地球和月亮错综复杂的漫长历史从未被真正了解过，这恰恰证明了那句老话：不识庐山真面目，只缘身在此山中。

裸眼看月亮，它就是个微光闪烁的圆盘，上面散落着些许暗区—— maria，或者叫“海”。技术精湛的观测者、天文科普工作者约瑟夫·阿什布鲁克记录道，“月球表面其实有相当多的特征”可以在晨昏时分用裸眼看到，因为那时候耀眼的光少一些。[1]一般人很难忽略月
104 球的光和那些暗区的图案，你会联想到古人对此有许许多多的解释。事实上也的确是有一些。在公元1世纪的时候，敏锐的天文观测者普鲁塔克写了一本书——《论月面》，列举了最流行的一些理论。[2]普鲁塔克列举的对于月面痕迹的比较流行、“人人都在说”的解释中，关于月球其实是个石球、月面上的痕迹类似于地球上的大陆的观点（还有人说月球是镜子，可以反射地球的图像），听起来是比较合理的。果真如此的话，为何它从不落在地球上？问题就在这里。常识认定——包括亚里士多德在内的很多伟大思想家也同意——地球是宇宙中唯一的一颗行星。石头会落地，所以如果天上有石头的话，它们最终都会落地。因此天上的一切物体都应该是由更轻的物质构成。这所谓的“第五元素”又叫以太，被认为是纯洁无瑕的物质，所以如果看到月球上有任何印迹，那绝对是错觉。

古代思想家了解月球特征的尝试终告失败，原因并非他们缺少思辨能力——亚里士多德和普鲁塔克都是非常理性的人——而是他们缺乏足够的技术：他们没有望远镜，不能在真正意义上研究月球表面的印迹。科学的发展常常意味着“理性”的苏醒，如果你回顾焚烧女巫、苦修者在瘟疫流行期间鞭打自己的时代，你会发现事实也的确如此。但若我们回顾古典时期，并向外扩展到亚洲和阿拉伯世界的文明，我们会

发现，理性在相当长一段时间内从未成为主流。让科学成为可能的，并非是理性的觉醒，而是技术。伽利略、赫歇尔和哈勃并不比古时候其他伟大的科学思想家更聪明，他们只是拥有更强大的设备。他们的赫赫功勋冲淡了技术对此的贡献，他们的传记作者羞于承认这些杰出的天文学家是凭借可靠的硬件而非“纯粹”的思考取得成就的。但他们其实大可不必为此感到羞赧。没有工具的天文学家什么都不是。

1609年英国的托马斯·哈里奥特将望远镜第一次瞄准月亮，接着观察更彻底的是意大利的伽利略，人们很快就很清楚，月球和地球一样，有山也有谷——而且也许还有海，尽管1647年天文爱好者约翰·赫维留创造的maria这个词诗意盎然，从而避免引发那里是否有水的现实冲突。“月球从未有过光滑的表面，而是粗糙不平，就和地球一 105
样，到处充斥着巨大的凸起、深深的谷地和涡流。”伽利略在他的畅销书《星际信使》(出版于1610年) 中记载道。[3]他依据类比法，颇具艺术性地发问：“在地球上，日出之前，难道不是最高山的山顶先受到太阳的光照，而平原依旧被阴影覆盖？再过片刻，光线渐强，难道不是半山腰更大的面积被照耀？太阳升起，难道不是最后泽被平原和丘陵？”[4]

是的：月球和地球一样，至少从这一点看是这样的，伽利略的研究确认了这个世界有着它自己的法则——简单来说，这片土地，很有可能和伽利略时代的欧洲势力横跨海洋探索的“新”世界一样，成为探索的目标。彼时，詹姆斯敦殖民地刚刚建立，荷兰人正开放与日本的贸易，伽利略可以在威尼斯的商店里买到中国茶。1610年，威廉·洛厄爵士 (他曾用哈里奥特赠予他的一架小型望远镜研究月球) 给他的月球观测伙伴写信说，他觉得伽利略“成就超过开辟南太平洋的麦哲伦或是被新地岛的熊吃掉的荷兰人”。[5]开普勒给伽利略写信说，太空旅行也许会比我们现在想的要简单——就和大西洋一样，有些航道比英吉利海峡还要“平静和安全”。开普勒调侃道，他想去月球，而伽利略可以去木星。

月球与地球的比较也会过于附会，有些不靠谱的人直接跳过论证得出结论，既然月球与地球相似，那也必然宜居。伽利略对此不置可否，而开普勒对于月球生命的推测仅限于他的科幻小说《梦或月球天文学》，但大多数人没有那么严谨。德国天文学家约翰·博德觉得智慧生命住在月球是理所应当的事，这一切得益于“智慧的造物主的特殊安排”。[6]牧羊人出身的观星者詹姆斯·弗格森的理由是地球、月球和行星之间的相似性“令我们无法否认太阳系内所有的行星和卫星都是由仁慈的造物主精心设计，为懂得感恩的生命提供舒适的宜居环境”。[7]连伟大的威廉·赫歇尔——他通常是个头脑冷静的经验主义者——在月球生命这个问题上也近乎疯狂。在写给英国天文学家内维尔·马斯基林（赫歇尔还恳请他“不要觉得我是个疯子”）的信中，他说：“我希望，而且我确信，将来必有一天月球上会发现生命的可靠
106 迹象。”1776年5月28日，赫歇尔用他的一架新望远镜观测月球后，在他自己的期刊中描述了自己记录下的所见：“那是一片*森林*，由于包括了如此巨大的生长物质，采用这个词才能表达适当的延伸意义。”他接着又开始辨认月球上的城市、河道和公路。[8]

戴维·里滕豪斯被称为可与本·富兰克林比肩的18世纪美国最伟大的科学家，他考虑到月球远离诸多帝国力量令人窒息的魔爪，表现出一种如爱国者般的欣慰。“月球的居民们，”在1775年出版的《一次演讲》一书中，他写道，“你们被很好地保护起来，躲开了自大的西班牙人和冷酷的英国地方官的贪婪之手。”[9]1822年，数学家卡尔·高斯写信给天文学家海因里希·奥伯斯，建议用“100个面积为16平方英尺的独立的镜子，把它们连接起来……就可以向月球发出很好的

紫光”，用他的话说就是可以发出信号，“与我们月球上的邻居产生接触”。[10]哈佛天文学家威廉·H. 皮克林说服自己看到月球上有植被、成群的昆虫，还有河道。在1912年的一封写给他兄弟的信件中，他记载道：“我几乎看到了所有东西，除了那些用铲子阻止水流入其他运河的月球人。”当时他正在牙买加的曼德维尔用哈佛望远镜进行观测。[11]

这种臆想在1835年的“月亮骗局”事件中达到巅峰。一家叫《纽约太阳报》的廉价纸媒急于提高自己的销量，发表了一系列疑似独家新闻的报道，说天文学家约翰·赫歇尔（威廉的儿子）声称在南非建了一台新的超级望远镜，用它在月球上观测到了地外生命——里面有长角的熊，“这是一种奇怪的球形两栖生物，以惊人的速度在卵石滩上滚动”，矮小的、长着胡须的男性翼手类生物和女性翼手类生物色情地彼此挑逗。阅读量猛涨——《纽约太阳报》一时间成为世界上最流行的报纸——文章重印成册子发售，卖了6万册。《纽约时报》当时并未能联系上约翰·赫歇尔爵士，却见风使舵，声称这个报道“可信且合理”。两个耶鲁的教授被派到纽约区调查文章中引用的科学论文（里面说是发表在《爱丁堡科学期刊》上的，其实这份期刊并不存在），但整起造假事件并未被曝光，直到文章作者——《纽约太阳报》的编辑理查德·亚当斯·洛克的同事问他重印版权的事情的时候，他才向同事承认整件事都是他编造的。

在埃德加·爱伦·坡隐秘丰饶的内心世界里，文学想象与科学热情正因这次“月亮骗局”而联结起来——他从未在这件事上赚到一分
钱。坡从16岁起就痴迷天文，他在他继父的房子里二楼门廊处架起一 107
架望远镜观察月球。那是他狼藉悲惨的人生中一段快乐的插曲，他只要自己能够负担起一副小望远镜，也许就会继续开展天文爱好。但他喝起酒来，用诗人夏尔·波德莱尔的话说，就“像个野蛮人”，而且他

又急于收现款而宁愿放弃未来的利息，穷困遂有如坡的第二层皮肤，摆脱不掉。（坡的小说《金甲虫》卖了30万册，而他只挣到100美元；他的叙事诗《乌鸦》一夜成名，他却只得到9美元。）大部分时间里坡都只创作短篇，因为他在得到两次报酬的间隔时间里无法长久生存。1833年10月，一个认识坡的人说他“正投身月球旅行”，其实他是在读关于天文、大气和热气球旅行的书。

就在《纽约太阳报》的造假文章出现的三周前，坡关于月球的小说发表在《南方文学信使》杂志上，题为《汉斯·普法尔历险记》。这个故事披着纪实风格的外衣——坡可以把科学和技术的内容写得栩栩如生，他的一些小说片段甚至被当成事实引用在新闻报道和参议院报告中，第九版《不列颠百科全书》中关于漩涡的一篇文章也引用了他的片段——其中充斥着宽泛而隐晦的引用，来暗示那些会意的读者。汉斯·普法尔——这个名字其实是戏谑模仿一支发射失败的火箭跳起又落回地面的声音——被描绘成一个荷兰的飞行员，在愚人节那天他乘热气球上到天堂，热气球“整个都是用脏兮兮的新闻报纸做成的”，饰以“一圈小小的、像羊铃一样的乐器，一直叮叮当当，奏出贝蒂·马丁的旋律”——这个典故来自英国俗语“我的眼睛，还有贝蒂·马丁”，表示“胡说”的意思。汉斯抵达了月球，然后发现自己站在

> 一大群矮小丑陋的人中间，他们一语不发，也没有劳神表达帮助我的意愿，而是像一群傻瓜似的双手叉腰站在那里，滑稽地咧嘴而笑，斜睨着我和我的气球。我轻蔑地转过身去，抬头凝视我不久前才离开的、可能永远都回不去的地球，它看似一面巨大而昏暗的铜盾，牢牢地嵌在苍穹之中，角直径约为2度，有一侧镶着灿烂的新月形金边。[12]

让坡失望的是下等的讽刺文学大行其道，而自己的优质原创仍旧不为人知，坡对那些被“月亮骗局”文章忽悠了的《纽约太阳报》读者 108
表达了嘲讽。“公众被如此误导，哪怕只有片刻，也不过是证明了在天文学领域普遍的无知。”他写道。坡说，即便赫歇尔的望远镜如《纽约太阳报》所宣称的，能将图像放大到42 000倍，那也不过是相当于裸眼在5.5英里外观看月球，“这么远根本没法看到什么动物”。[13]同时坡也很佩服洛克能够聪明地把自己造的假和约翰·赫歇尔联系起来。约翰·赫歇尔的《天文学》广为流传，坡文章中的天文学知识多来源于此。赫歇尔自己也曾倾向于月球上有“动植物生命”存在的可能性。坡意识到，洛克的文章其实是一种辛辣的讽刺，它讽刺那些自欺欺人的天文学家，他们相信自己在荒芜的月球上看到了城堡、城市，甚至教堂。[14]

当更好的望远镜被用于观测月球之后，一切就很明了了，月球上没有生命、水或空气，但确实有很多有趣的东西值得研究，在这之前，第一步是绘出精确的月面地图。这对天文爱好者来说是个有前途的工作，因为这不需要特别大的望远镜。为此做出贡献的业余爱好者当中包括以下几人：约翰·施勒特尔，在法国军队闯入他的天文台，将其洗劫一空并损毁之前，他于1791年和1802年发表了两卷手绘的月球画册；威廉·戈特黑尔夫·洛尔曼，他的月球研究引导了威廉·比尔，后者与约翰·梅德勒于1837年一起发布了直径接近1米的月球地图，在此后的数十年内它都是业内标准；约翰·内波穆克·克里格，他在19世纪末绘制了许多美丽的月球细节图；菲利普·福特，他制作的月球地图前所未有地精细，而他的名声却毁于他相信汉斯·赫尔比格离谱的宇宙学观点（后者声称恒星是冰做的，后来这个观点为纳粹伪科学家所利用）；还有珀西瓦尔·威尔金斯，他与帕特里克·摩尔一起编制了长达7.6米的巨幅精细月球地图。后来的月球地图大多是用照片制作的了——有从地球上拍的，有绕月探测器拍的，还有“阿波罗号”的宇航员们拍的。

尽管绘制月球地图的黄金时代已经过去，现今的天文爱好者仍旧喜欢绘制和拍摄月球的陨石坑和山海——它如此吸引人，一部分是因为月球所呈现的独一无二的细节：火星是表面可观测到的天体中距离我们第二近的，它与地球的距离是地月距离的150倍，所以在150倍的望远镜中看火星，其分辨率仅相当于裸眼观测月球的效果。月球的最佳观测部分是在它的明暗界线——月球的亮面与暗面的分割线上，
109 那里长长的、锐利的影子让细节特征纤毫毕现。月球上的日升与日落相隔两周，由此呈现了一种迟缓却充满魅力的影子表演。在连续的夜晚，太阳光会登上环形山山壁的高峰，如北方高地的柏拉图和阿基米德、南方的沃尔特和普尔巴赫，然后逐渐下行，灌满环形山的底部。孤独的山峰顶点投下瘦长的影子，如同欧几里得几何文本的插图；神秘的月丘——它们曾被认为是在火山的作用下形成的，而这个观点最近刚被科学家否定——在侧光下是可见的，随着太阳在月亮黑色的天空背景下越升越高，也逐渐不可见。一般认为满月是没什么好看的，不过它能展现月球最明亮的模样，壮丽炫目，几欲让人入眠，比如鲜明的白色条纹从年轻的哥白尼、第谷和阿利斯塔克环形山逸出，相对新近的碰撞将古老灰色月表下较轻的物质抛射出来。

在用望远镜观测月球的时候，把时间维度加进去有助于你更好地欣赏它。月球并不只是一块毫无生机的石头，它还是一幅织有丰富的宇宙历史的锦绣。在没有风和水的情况下，月球表面被侵蚀的进程非常缓慢——最主要的物理作用是微陨星的“翻腾作用”，而5 000万年间它所能磨损掉的月球土壤也就1毫米厚——所以，在过去的40亿年

中，其实月球表面鲜有明显的变化。明亮的月球高地上布满陨石坑和岩屑，那是由太阳系早期频繁的撞击留下的，彼时星星和卫星饱受碎石轰击，那些碎石和它们自己最早形成时的大小类似。而月球上的海则是更加年轻的熔岩平原，毫无疑问是熔岩填入最大的冲击地貌，在轰击结束后冷凝形成的。那蜿蜒的月谷则是早期的熔岩管道，管道的顶部已经坍塌，而直线条的月谷是断层线。你对月球了解越多，就能在上面看到越多的东西。

如今绕月飞行的航天器大范围（尽管尚未穷尽）绘制月球，宇航员拍摄月面照片，月球上的石头被带回地球，我们观测月球是否还有意义？好吧，只要你喜欢，为什么不呢？有些勤恳的业余爱好者会觉得做缺少科学研究价值的观测是一种罪恶，而有些则只为观测中的愉悦。业余天文学和其他很多人类活动一样，在快乐主义与工作伦理中拉锯，而月亮是一剂良药。如果你观星只为消遣，却害怕它变成一种工作，那么你可以把望远镜对准月亮，从中获得放松。至少观测月亮
不太容易卷入真正的科学工作。 110

不太容易并不意味着不可能：月球上仍旧会有真正意义上的新发现。比如月球瞬变现象（LTP）。那是出现在月球上的闪光、暗点或发光的薄雾，大多是天文爱好者发现的。有些瞬变现象并非来自月球自身，比如说可能是一颗人造卫星偶然从月球面前穿过时太阳能板反射的太阳光，此外大部分是流星体撞击月球时发生的爆炸，但尚有一些无法很好地解释。1956年1月24日，一个业余爱好者和一个专业天文学家在不同地点，各自用一架望远镜，不约而同地看到了卡文迪什环形山上靠近明暗界线的闪光。1969年7月19日，“阿波罗11号”指挥舱绕月时，地面指挥中心向它发送消息说，天文爱好者刚汇报了一起发生在阿利斯塔克环形山附近的瞬变现象。宇航员尼尔·阿姆斯

特朗也看了一眼，然后传回消息，他看到确实有一个区域“看起来比周围亮许多。就在刚才——看起来像一道轻微的荧光”。[15]他并不确定具体位置，但相信那就是阿利斯塔克环形山。威妮弗雷德·索特尔·卡梅伦曾是研究LTP的NASA科学家，她记录道，四分之三的报告只涉及十几个月球特征和一个区域——阿利斯塔克-希罗多德-施勒特尔谷——类似的报告中有三分之一关乎这个区域。“大部分瞬变活动都发生在月海边缘，靠近火山地形，比如月丘、弯曲沟纹和有暗晕或暗底的环形山。”她写道，又补充说“这些区域，和月球其他地方一样，从地理意义上都将被认为是死的”。[16]但如果瞬变现象是真的，年迈的月球可能还是有一些地质活动的。[17]正如1988年天文爱好者艾伦·麦克罗伯特记录的那样，“这个巨大的邻近世界其实还有很多秘密”。[18]

还有一个悬而未决的谜题是月球的生日。月球的密度比地球小很多。地球拥有致密熔融的内核——在我们的地球家园还是个熔融的球的时候，铁与其他重元素沉入中心所致——地壳是较轻的硅酸盐，这些物质浮上表面，最终凝结。(地球的地核与地幔被放射性元素加热，至今仍是熔融状态，这是我们的星球上有火山的原因，也因此可以说是有地质活动，或者说是“活的”。)然而，整个月球的密度都只接近于地球的地壳。研究者对此十分好奇，这是否与月球不同寻常的大体积有关系？近年来也出现了一些比较合理的解释，比如“大碰撞”理论，这也许可以解释月球的起源。

大约45亿年前，初生的太阳形成于一个位于星云核心、由气体和
111 尘埃构成的黑暗茧块，它周围环绕着一个由石块与冰块碎片构成的圆盘，它们一点一点地逐步聚集，由此形成行星。早期形成的行星并不是都能存活下来，相反，有一些行星落入太阳，有一些因与其他行星靠

得太近而被甩到黑暗的外太空，还有一些则发生了毁灭性的冲撞——结果则是有破有立。地球与月球诞生于同一时期，按理说它们的密度应当近似。但事实相反，月球有点像是年轻的地球与一颗火星般大小的不规则行星体发生冲撞之后的产物，行星体侧击了地球，炸飞了大量地壳和上层地幔。其中大部分物质都落回了这颗饱受折磨的星球，但还是有相当一部分进入了轨道，形成了一个维持时间不久的环。计算机的模拟显示，这个碎片构成的环聚合成月球形态只花了大约1年时间，那时候月球只悬挂在地球上空1万英里高的地方。对着天空伸出一只手掌也遮不住这颗炽热的新卫星，它俯瞰着狂暴地沐浴在熔岩海里的地球。彼时残余的碎片还布满太阳系，没有被清扫干净，流星体击打着地球和刚成形的月球。月球保留着那些伤疤，它们就是现在的环形山；但火山活动、造山运动、地震，还有风和水造成的侵蚀，都在很早前就抹去了地球上那些古老的陨石坑。

地球上的海形成之后，邻近的月球一定掀起了惊天的潮汐。而潮汐反过来将月球推离了地球，从那之后月球轨道逐渐变大。地月之间的潮汐之舞如此迷人，一方面在于它在我们的家园上触发的效应，另一方面在于它本身那纯粹的动态的优雅。

试想一下，地球——一个表面大部分覆盖着海洋的大石球，月球——一个小一点的没有海洋的球。每个天体表面上的每一个点都会受到另外一个天体引力的吸引，而这种作用力和它们距离的平方成反比。所以，比方说，如果孟买城在月球正下方，那里就会感受到最强的月球引力，也因而产生最强的潮汐。同时，地球边缘离月球更远的地面——日本和西非，分别处于孟买东方和西方四分之一个球面周长的位置——受到的月球引力的影响非常小，因为它们到月球的距离比孟买还要远数千英里。这种效应挤压着地球，就像踩在一颗实心橡皮球上，于是地球会沿着地心和孟买的连线方向（相对于垂直方向）被拉长。（岩石和水都会因潮汐而产生形变，但水比岩石更具可塑性，因此海水以高高的潮汐的形式被拉到海滩上。太阳也助了一臂之力——
112 这也是为什么大潮总发生在望月和新月期间，当太阳、月亮和地球成为一条直线的时候——但这种影响非常小，在这里不做赘述。）如果想象这个地月系统是静态的，就更容易理解潮汐了——孟买（还有地球另一端的下加利福尼亚州）会一直有大潮，日本和西非会有低潮，这种情况下潮汐的机制是很明显的。但地月系统毕竟是在运动着的：地球每天绕自己的轴向东自转，月球也向东移动，每27.32天完成一次公转。这就让潮汐更加复杂，对月球产生了一种斥力。

因地球在月球的影响下自转，由于岩石和水的惯性阻力，它的形变并非立刻产生，而是略微滞后。所以高潮并非产生于月球刚好在孟买城头顶的那一刻，而是产生于孟买已经移动到月球东边之后。于是，地球上因引力被拉起的潮汐隆升就一直在月球东边一点。因为月球在轨道上是朝东运行的，这个隆升就一直拉着月球前行——日夜不停，而月球永远追不上——这个运动如同棍子上吊着的一根胡萝卜，加快了月球的公转速度。[19]公转的天体加速后轨道会越来越大，这就是月球开始很低，后来被慢慢拉到24 000英里高的原因。“阿波罗号”的宇航员在月球上放置了一个反射器，地球上发出的激光经反射器弹回，确认了月球至今仍在以每年3.82厘米（约1.5英寸）的速度爬高。这就意味着，日全食中月球正好完美盖住太阳的景象，其实是天时地利的意外现象。百万年前月球看起来更大，全食期间日冕是被挡住的。而在将来，月球就会小到盖不住整个太阳圆面。

用于将月球拉到更高轨道所消耗的能量，会以另一种方式偿还，代价就是减慢了地球的自转速度：月球在被东向的潮汐隆升加速的同时，也在将其拉回，效果类似向东自转的地球的一个制动器。通过考察犹他州盐湖城附近的大三叶杨组、澳大利亚阿德莱德市附近的伊拉逖那组、亚拉巴马州北部的波茨维尔组和印第安纳州的曼斯菲尔德组的地层上沉积的潮流沙脊，这个效应从地质学角度得到了证明。这些研究表明，9亿年前的地球速度很快，自转一圈只需18小时。

这种制动的力量同样作用于月球，但效果是更快，因为月球的质量只有地球的1%。(停止一只篮球的旋转会比停止一个同样大小的大
理石球体容易。）因此，很久之前月球就被“锁定”了，一直只有一面 113
朝着地球。理论上，潮汐的制动最终也会逼停地球的自转，但这种力量也会随着月球距离的增大而减小，所以地球在150亿年内都不会被“锁定”——到那时太阳早就膨胀成一颗有地球轨道那么大的红巨星，然后坍缩成一颗白矮星。

另一个古老的月球谜题被称作“月亮错觉”。满月升起时会显得特别大，但几个小时之后，月球在天空中升高，银白色月面看起来明显变小。定量分析显示，人们感觉初升的月亮比它在头顶上时要大2.5到3倍。但如果客观测量月亮在这两个位置的大小——在这两个时候用远焦镜头拍摄两张照片，然后叠加这两张底片——月球直径并未变化。

长久以来，天文学和认知学领域一直在讨论月亮错觉的机制。公元2世纪，克劳迪乌·托勒密支持一种如今被称作“折射”的理论——月球在地平线附近看起来更大，是因为地平线附近空气密度更大，湿度也更大，把图像放大了，“就好像物体在水中的放大效果一样，沉得越深放得越大”。[20]折射理论听起来很有道理，至今你仍旧可以听到一些人这么解释月亮错觉，但它是错的。如果托勒密检测这个理论——比如说用不同尺寸的管子来测量不同高度下的月球直径——

他就会发现，折射根本不会造成错觉。17世纪终于有人做了这个实验，实验显示天空中的月面直径在任何高度上都是一样的。贝内代托·卡斯泰利是伽利略的一个学生，他用类似方法测量了北斗七星之后，记录道："我总会发现它们对应同样的距离，因此我觉得这种错觉现象一定是来自（观察者）判断和理解出现的谬误。"[21]

当眼脑系统处理非常遥远的物体，超越我们双目视觉的有限范围时，错觉便产生了。大脑无法计算距离——或者也就因此无法计算大小——于是依据不同的间接线索猜测远距离物体的大小。由于某些原因，这些猜测会在心理层面伴随着很大的确定性，如同有洞察力的学生通过如"蓬佐错觉"——由意大利心理学家马里奥·蓬佐于1913年提出——这样具有说服力的例子学到的一样。在一张画中，两个同样大小的条块放在一条汇聚于地平线的铁轨上，在下方的条块仿佛更
114 靠近看画的人，而上方的条块距离我们较远。为了让"比较远"的条块和"近处"的条块能够看起来一样大，大脑判定上方的条块必然比下方的大。所以即便我们知道自己是被迷惑了，还是会有上面的条块比下面的大的错觉。显然，这样的认知效应也适用于月亮错觉——正如阿布·阿里·哈桑·伊本·海什木指出的，其他一些研究者也确认了这一点——但这并不能解释全部。即便没有明显的透视背景，月亮在升起和落下时看起来也会更大——比如说在船上看毫无特征的海平面上的月亮。这是为什么？

两个比较新的错觉测试可以帮助解答这个问题。心理学教授劳埃德·考夫曼和他的儿子物理学家詹姆斯·考夫曼，在一台笔记本电脑上用计算机技术模拟出了满月的立体图像。对着显示屏对起眼睛，就能看到立体的月球悬浮在太空中。然后电脑动画程序移动这些图像，让月球看上去正在远离。你可能会和很多研究者一样推断，看动

画的人会觉得后退的月球在变小。但其实大脑的选择恰恰相反：电脑屏幕中，立体的月球向远处移动，看起来却是变大的。在另一项实验中，考夫曼父子要求受试者指出天空中天顶和地平线的中间点——就是在45度高度角处。几乎所有人指出的点都大大偏向地平线。显然，我们并不是将天空看作一个穹顶，而是看作一块透镜形状的天花板，头顶处与我们的距离比地平线附近要近得多。大脑推断靠近天顶的月球不算很远，所以也不需要很大。但当月球在地平线附近时，大脑就会得出结论：它比别的东西都要远，一定是真的很大。[22]

所以，月球搅乱人的心智，正如歌德所说："有思想的人有一种奇怪的特性：面对无法解决的问题时，他喜欢在脑海中虚构出奇异的画面，到了问题解决、真相大白之际，这画面依然萦绕于心。"[23]从进化论的观点来说，这并不令人惊奇。真正令人惊奇的是，人类可以用科学超越感官的局限，了解到月球真正的距离和大小，还有它的结构。

有些人也坚持认为，对月球的科学研究及"阿波罗号"宇航员对月球的探索，剥夺了月球本应有的古典浪漫。正如鲍勃·迪伦唱的那样："人类自己走向末日，触碰月球就是第一步。"[24]但对我来说，我们了解或探索星辰并不会减少它们的美丽。如今真实的火星和真实的 115
太阳比过去那些仅仅在天上伴随着神秘传说的光点更加令人兴奋，而且假使浪漫需要无知，那么对艺术是不公平的。正如诗人詹姆斯·迪基所说的："诗歌诞生于最现实的现实与最奇异的奇异的碰撞。"[25]

未来的月球之梦属于年轻人，无论是现实还是幻想，他们都会继承。有一天晚上在天文台，我给几个8岁的孩子展示月球。他们排队登上小小的梯子，向目镜看去，奇妙的事情发生了。清冷的月光有点像聚光灯，把失焦的月亮肖像画在孩子的眼睛上、眼眶上，还有一部分在眉毛和颧骨上，每个孩子看起来似乎都成了大人。一头红头发、长着雀斑的妮妮变成了40岁的女人，她辉煌的运动员生涯的鼎盛时期刚刚过去，但沸腾的精力并未消退。害羞又有魅力的男生尼昂突然变成了有威仪的男人，也许是一个基金会的主任，或是航空公司的主席。淘气的凯瑟琳变得果断、能干而理性，也许是个生意人。我的儿子看上去只比我现在的年纪小一点。他沉静而严谨地为我自己成为记忆之后的时光提供了一种视角。我们在天空中看到的一切都属于过去。光速很快——每秒钟186 000英里——却有限：我们看到的月球是1.3秒钟之前的，星星是数十年甚至数百年之前的，星系是数百万年前的。孩子们与我们的相似和不同就是我们对未来的概念的具体表达。我们这些长辈落入过去的土壤，犹如秋天的落叶离开大树；年轻人也离
116 开我们，潜入深深的未来。

# 望远镜与墓冢：
## 拜访珀西瓦尔·洛厄尔

千禧年的最后一个冬至，午夜时分，我在亚利桑那弗拉格斯塔夫的洛厄尔天文台，用24英寸的克拉克折射镜看木星和土星，我发现自己正与这座天文台的建立者——珀西瓦尔·洛厄尔的灵魂遥遥相望。从这架经典的望远镜所在的圆顶屋沿着小路走下去，就能看到他的蓝白色大理石墓冢立在星光下，仿佛在凝思。洛厄尔于1916年逝世，而他好像一直还活着，台里的工作人员一直叫他珀西，就好像他随时还会出现一样。他选择了弗拉格斯塔夫，因为那里海拔高度适宜（7 000英尺），夜空干净、无光污染，又可直通横贯大陆的铁路线。直到现在，我的观测季都伴随着在院子里交织的夜鸟呼啸声和货运火车的汽笛声，还有在大型内燃机轰鸣声逐渐减弱时出现在圣菲铁路线上的用扳手应急矫正铁轨的声音。

洛厄尔是个绅士，他的弟弟阿博特·洛厄尔是哈佛大学校长，他的妹妹艾米·洛厄尔是一名诗人，他的家族被写入格言流传至今：“洛厄尔只与卡伯特家族对话，而卡伯特家族只与神对话。”天文台彰显着他的财富和优良的品味，还有他在业余天文实验研究方面的特殊天分。1896年，为建造这座天文台，他花费了2万美元，这笔钱相当于今天的500万美元，但花得值。圆顶屋是一个叫戈弗雷·赛克斯的机械工设计的——他曾是个牛仔——由10个工人在短短10天内用黄松木斧斫而成。其内部结构颇似乡下教堂，有着嘎吱作响的木地板和观测者用的高脚椅，为的是在望远镜指向靠近地平线附近的天区时，观测者能够得到目镜。高脚椅看上去像等待着牧师到来的布道坛。望远镜是19世纪最了不起的行星折射镜之一，设计者是阿尔万·克拉克，他是科德角捕鲸人的儿子，起初以画肖像为生，后来在他未来的妻子玛丽亚·皮斯——一位来自部长家庭的寄宿生——及天文爱好者爱德华·希契柯克的启蒙下接触了天文。1843年的大彗星激发了克拉克对
117 于望远镜制作的兴趣；他的儿子乔治也是如此，乔治是安多弗菲利普斯学院的学生，学校的餐钟坏了，他就把它熔掉，制成了一架反射望远镜。

在当时，克拉克折射镜是世界上最好的望远镜，洛厄尔在一台装置上架设了三架望远镜——一架24英寸的，一架12英寸的，还有一架6英寸的，当中随便一架拿到高校的一座小天文台里去，都有资格作为核心设备使用。这样的辅助性设备一般被称作“导星镜”，需要拍摄长曝光相片时，它们被用以提高跟踪精度。但好的视宁条件往往只对小型望远镜有利——其中关键的因子是，在给定时刻，望远镜的孔径与扰乱大气的对流元尺寸的相对比率——我猜洛厄尔有时候也用他的导星镜来细细检查火星，一架一架地尝试，选择最适合当时条件的放大倍率和孔径。不管怎样，我现在就是这么做的。

大部分观星者认为行星观测的利器无过于一个孔径大、焦距长的折射镜，但我第一次透过克拉克折射镜看木星的时候有点失望。行星周围都是红色和紫色的光晕，那是色差的标志。为了减少色差，天文台的工作人员关上了大望远镜目镜上的可变光阑，将它变成了一个非常罕见的焦比为44的9英寸折射镜（就是说它的焦距是它聚光镜直径的44倍）。反正利用光阑约束入射光并不能够消除望远镜的色差，我

干脆转动33英尺长的连杆上的巨大黄铜把手，打开了光阑，把孔径调到最大。这让色差更明显了，但透过那不真实的色彩看到的图像倒是非常清晰。土卫与木卫的圆面都很明显，大气稳定下来之后，巨大的行星表面的云带更是展现出丰富的细节。我迷醉地欣赏着，木星的卫星木卫三从巨大的行星身后探出头来，19分钟后又消失在它的阴影之中，而2小时8分钟过后，它又重新出现了。

木星卫星的规则运动及其与钟表装置的旋转调速器的相似之处，没有逃过早期观测者的眼睛，比如伽利略曾提议用木星来校准航海用表。一架瞄准木星的望远镜被放在横帆船摇晃的甲板上，最终被证明不可行，但这个方法被法国的地图制作师采用，用来更为精确地测定地球周长。丹麦天文学家奥勒·罗默于1676年巧妙地利用“木星钟表”在木卫凌木的时候测量了光速。罗默记录了地球靠近木星时木卫三和其他卫星凌木发生得比预期早，而两行星相距较远时发生得又 118
比较迟的现象。他意识到这种不同可以用光速的有限来解释。当地球处于轨道上远离木星的位置，木卫凌木就会来“迟”，因为光得穿过几乎整个地球轨道直径的距离才能抵达我们的望远镜。所以你如果知道地球轨道的直径，那么可以在地球距离木星最近和最远的时候分别观测木卫凌木，利用时间差计算出光速。罗默测出的结果是每秒140 000英里，与精确的每秒186 000英里非常接近。

夜渐渐深了，这架老克拉克望远镜我越用越顺手。历经一个世纪的洗礼，它虽老旧，但依然保持了出身名门的风采。转仪钟系统工作良好，不过由于历史原因产生的一些平点会导致系统暂时停止，而后行星会偏离视场。系统的机械慢动控制已经坏了：要矫正导星偏差，或是从木星移动到土星，我就用手推动巨大的望远镜，像推多布森望远镜那样。最初的圆顶旋转装置已经不能满足需求，被一个奇怪的装置取代，后者还包括一个浮在水上的浮筒。那个装置后来也失败了，此后的近半个世纪里，圆顶都是用一套1954年的车轮和内胎支撑着：内胎没气的时候，他们就顶起圆顶，然后修补内胎。覆盖圆顶开口的三块遮板起初是由绳索操纵的，就像帆船那样，但现在这种方法只用于顶部的那块遮板，其余两块如今是由退役的电动起落架舱门组成。这些改变或许有损于天文台的艺术传承，但它的历史氛围并无任何减少。坐在这里很愉快：看着土星苍白的球体和由冰组成的土星环，聆听着转仪钟的咔嗒声和货运火车的哀鸣，想着洛厄尔——当时世界上最杰出的天文爱好者在这里度过了无数个夜晚，绘制着火星上他以为他看到的运河的地图。

当我在一只旧抽屉里发现洛厄尔曾用过的一个目镜时，我更加清晰地感受到了他的存在。这个目镜可能是克拉克做的，非常大——几乎和我小时候用过的一架2.4英寸折射镜一样大——上面镀着典雅的赭色，那是火星的颜色。我吹掉上面的灰尘，欣赏着那清晰又沉重的玻璃片，然后发现如果去掉望远镜终端上配备的当代结构，这个目镜就能装进原来的镜筒里。这个目镜显然有很多年没被人用过了。我能用它看到什么？

119 真是壮观。土星看起来清晰锐利，比我用过的那些更新、更高科技的高级目镜都要好。土星高高地悬挂在天上，靠近子午圈，目镜的位置已经让人非常不舒服——我得侧躺在地板上，脖子扭成痛苦的角度——但我没有动，只是心满意足地看着目镜中的景象，并不打算放弃这个洛厄尔自己也一直忍受的姿势。

我对着这个梦幻般的景象欣赏了好久，独自一个人，直到一阵偶然的微风吹动了天文台的门。门缓缓开了，伴随着鬼屋一般的嘎吱声响。门外的光在黑暗中隐现，我转过头去——那里群星闪烁——我听
120 见自己悄声唤道：“珀西？”

第十章

# 火星

年复一年，
猴子所戴面具
还是猴面。

—— 松尾芭蕉

会问就等于知道了一半。

—— 鲁米

1976年7月20日，加利福尼亚159号公路还沉浸在黎明前的黑暗中，我能看见那一轮弯月悬挂在南天，就在闪亮的昴星团附近。公路上聚集着各式车辆，有像我这样租的车，还有轰鸣的路特斯和法拉利，它们和NASA喷气推进实验室出现的反常紧急状态汇聚在一起，玻璃幕墙反射出月光和帕萨迪纳上空被夜色包围的群山。火星是我们今晚的目标，它并不在天上——此刻它在地球另一边——但很快我们就能看到了。这个夜晚是"海盗1号"计划在火星上着陆并传回火星表面第一张照片的时间。

实验室里几乎所有人都紧张焦虑，摄入了不知多少咖啡因。到现在"海盗1号"仍旧生死不明，但信号以光速传回地球得花19分钟——所以它的命运在火星上已然揭晓，在地球上却仍旧是未知数。

这有点像后知后觉的选举结果：结局已定，但谁也不知道是怎样的。因为时间的延迟，飞行器的地面控制人员并不能指挥着陆器下降——着陆器是一个像灰色昆虫一样的机器人，体积如旅行摩托车一般大。进入火星大气层时温度升高，它得控制自己，展开并抛出降落伞，然后它的三个降落引擎开始点火，以便轻柔地降落在火星表面。如果它不
121 巧碰到了一块石头，或是在陡峭的环形山壁上着陆，那它就完了。

金特里·李是个紧张的年轻人，头发前半边秃了，后半边顺其自然地长成扇形披在肩上，他正大声解析着电脑显示屏上的一排排原始数据："2 600英尺！ 500英尺！ 200英尺！"然后，着陆。"干得漂亮！"着陆器表现和分析小组的主任雷克斯·舍斯特伦喊道。

几分钟后，第一张照片传回，照片里有一组垂直的条带，那是金色平原——克律塞平原那布满岩石的起伏地形。

"不可思议。"托马斯·"蒂姆"·马奇悄声说道，他是着陆器影像团队的负责人，也是海盗计划的主要推动者之一。(1980年10月7日，"蒂姆"在喜马拉雅山登山时遇难——为了纪念他，"海盗1号"着陆器被重新命名为马奇站。) 电视机前的亚洲观众彻夜未眠，澳大利亚的观众很早就起床了，欧洲的观众则停下了手头的工作，就为了见证这历史性的直播。然而，就在图片传回的时候，美国境内恰有三家主流商业电台正在直播早间节目，却没有一个台转播图片。制作人说公众对此并不感兴趣。

在没有望远镜的时代，火星就吸引着人们，那时候人们对它的了解仅限于天空中游荡的赭色小点。(通过分析它在天空中的轨迹，约翰内斯·开普勒认识到这是在火星和地球沿着椭圆形轨道绕日公转的共同作用下形成的。) 望远镜的到来重燃了这旧日的激情。威廉·赫

歇尔在1783年火星冲日期间观测火星，发现了南极冰盖，并从其位置认识到，火星极轴是倾斜的，因此一定有季节变化。“目前来看，整个太阳系中火星与地球也许是最具相似性的。”他这样写道，并补充说，因为“我们发现我们居住的球体上两极冰封，覆盖着冰山和雪，只有交替朝向太阳的时候，它们才会部分消融，那么请允许我大胆猜测一下，相同的机制可能在火星这个球体上有相同的效果；极点上的亮点是冰冻区域的反光，那些亮点减少，是由于它们转向了太阳”。[1]他说得没错，但问题是火星与地球有多大程度的相似——尤其是，那里是否可能有生命——这让业余爱好者和专业观测者争论至今。 122

用望远镜观测火星就像看七重纱之舞：你鲜能确定自己看到了什么，但它足够激起你的兴趣。火星与地球的好几重关系让它更加撩人。

其中一重关系是每隔2年火星靠近地球一次。这种趋近叫作“冲日”，因为它都是发生于太阳与火星的位置在天空中相对的时候，平均每780天出现一次，此时地球在内侧轨道赶上速度较慢的火星。[2]两次冲日的间隔并非恒定，它取决于两颗行星的不同速度：开普勒发现，行星靠近太阳时的速度比远离时的速度快。冲日本身也不是每次都一样。火星轨道相对地球更偏心，所以当冲日发生于火星在近日点的时候（就是火星轨道最靠近太阳的那一点），我们与这颗红色行星的距离只有3 500万英里，但当冲日发生于火星在远日点的时候（就是火星与太阳距离最大的时候），火星与地球的距离不小于6 100万英里。只有在冲日期间，我们才能拉近与这颗红色行星的距离，与之比肩，并在地面通过望远镜看到火星的更多细节。大部分时候，火星与地球的距离超过1亿英里，最好的望远镜也只能看到一个斑驳的球体，其顶上有一撮白毛。

地球大气对火星的观测是一个不小的扰动。天空中最适宜观测的区域是正上方，靠近天顶的区域，但以大部分观测者居住的纬度来说，火星永远不会到达那个高度。和其他行星一样，它也是在黄道面上运转，只有居住在赤道附近纬度低于23.5度的地区的观测者才能看到它在头顶——地球极轴的倾角关乎它的轨道。所以你如果想看到火星在头顶，就得在迈阿密以南、里约以北的地方——很不幸，几乎没有什么很大的望远镜建在那里。

火星有自己的大气。大气很稀薄，所以也不怎么会干扰视线，但一直有风沙。一圈“蓝色薄雾”笼罩在行星周围（红色滤镜可将它过滤），上层大气中有冰云形成，地面上有雾气在峡谷和其他低矮地形凝聚，巨大的火星尘暴可以遮蔽整个星球，长达数月。火星上一天的时间（称作“火星日”）是24小时37分钟，所以一个观测者用望远镜持续观测火星，每晚看到的部分都略有不同：每晚相同的特征都会比前一晚迟37分钟出现，让火星球体像是每隔40天就退行一次。

123 早期的观测者弄不清这种复杂性，又受当时望远镜技术所限，但他们还是为火星编制出了简单而可信的资料。他们绘制了火星表面的大致特征，大部分是大片阴暗区域，在红色沙漠中格外显眼。（当中最显眼的有大流沙地带那锐利宽广的箭头形状、圆形的阿尔及尔和太阳湖、被称作“水手谷”的修长参差的线，还有斯基亚帕雷利于1879年发现的那个亮点，它被形象地起名为“奥林匹斯山之雪”。）他们注意到有些地貌的显著程度会随时间变化，有时明显，有时消失：太阳湖就很典型，斯基亚帕雷利叫它“秘境”。他们还发现有些变化是季节性的。比较典型的是一种“暗波”，在火星上半球的春季它会横扫整个半球，与极地的冰盖同步消涨。

正如你盯着一个模糊的目标长时间细看时会发生的情况一样，

观测者在火星上看到了一些并不在那里的东西，比如说著名的火星运河。火星运河其实是一种视错觉，是人脑习惯于将点连成线所致。你自己也能看到。拿一张比较清楚的火星的现代照片，举在灯光下，在房间里一边来回走动一边看。如果距离合适，你的大脑又有正常的自动连线功能——我们大部分人都有，因为大脑的视觉中枢有识别直线的程序——运河就出现了。不少天文学家都在火星上看到过运河——这其中包括安杰洛·塞基和乔瓦尼·斯基亚帕雷利，他们把它叫作canali（河道），意思是像河流一样的自然地貌——但大部分天文学家对它们的真实性都持怀疑态度。温琴佐·切鲁利是一个技艺精湛的火星观察者，他从他的私人天文台观察火星，在罕见的视宁度极好的条件下，他看见了一条叫作里斯河的运河分解成了一堆“极小的点”——这强有力地证明了这些运河都是错觉。斯基亚帕雷利在写给切鲁利的一封信中提到，人眼会把随机的点连接成几何图案，就像远距离看一本印刷书的页面一样。“对这些直线（河道）规则性的幼稚信仰正在被动摇。”斯基亚帕雷利写道，他预言“随着光学的发展，这种运河可能会演变成其他东西，或者干脆就是错觉”。[3]

但这些见解并未能动摇珀西瓦尔·洛厄尔，他有着比斯基亚帕雷利更高级的望远镜，却依旧认为火星上能看到运河。洛厄尔写东西很有说服力，想象力丰富、无拘无束，他的书和文章在温和的风格下暗藏不一样的夸张推想。（“火星上居住着某些生命，或是别的未知存 124
在。”[4]）他认为那些运河是火星上的高级文明出于灌溉的目的挖掘建造的，火星上的黑暗大陆则覆盖着植被，而季节性的“暗波”是春回大地时极地融水，赋予植被新的生命。在弗拉格斯塔夫的洛厄尔私人天文台里流传下来的火星地图上，斯基亚帕雷利优雅的素描中蜿蜒的曲线都变成了直线，交会于看起来像泵站的地方。洛厄尔深知自己的望远镜分辨率不够，只有运河不少于30英里宽，才有可能分辨出来，他于是试图解释说这些线是当地运河沿岸的植被，为运河引流的水所浇灌。

这听起来合情合理，洛厄尔对其理论的优雅阐述让百万读者为关于火星文明的设想而狂热。声名显赫的洛厄尔自然遭到了一些专业天文学家的嫉恨，他们视他为极端主义者，认为他夸张的言论损害了严肃的火星研究。利克天文台的天文学家W. W. 坎贝尔公开拒绝阅读洛厄尔发表的关于用光谱学方法寻找火星大气中水蒸气的作品，即便这正是他自己在研究的领域——并且阻挠出版社出版它们，因为“报告者在这方面非常愚昧”。[5]天文学家兼历史学家唐纳德·奥斯特布洛克写道：“在坎贝尔的心中，洛厄尔不仅不专业，而且毫无原则，试图把自己的文字辩论装扮成科学研究。同样地，他也不是个守规矩的人……科学家从不跳过求证过程直接得出结论，更不会为了证明它们而去建一座天文台，或是在给非专业人士看的精致杂志上发表巧舌如簧、避重就轻的文章。”[6]

但是公平地说，科学能包容洛厄尔的热忱，也就能包容坎贝尔的刻薄。

我们的眼睛确实能“耍”我们，尤其是当我们试图分辨模糊的物体，比如在抖动的望远镜图像中看清火星的时候。天文学家爱德华·埃默森·巴纳德视觉敏锐，异于常人，在1894年火星冲日期间，他在利克天文台用一台36英寸的反射镜观测火星，获得了这颗红色行星在当时最清晰的一瞥——没看到运河——并提醒大众，“人不该太快得出结论。一个人模模糊糊地看到一个东西，甚至不确定他是否看到，他就会构建自己的理论，把臆想的城堡建立在他都不确定是否真的存在的基础上”。[7]如果洛厄尔真正听取了这样的建议，他也许就不会误导自己和他的读者们了。125

另一方面，科学家也有了更多新发现，他们焚膏继晷地证明宝贵的理论，而兴趣索然的观测者只会往后一躺，看向天空：“好了，你要给我看什么！”大部分理论都有瑕疵，或干脆是错的，但带着希望看到城市或成群水牛的期待去欣赏火星，总好过无精打采地看它：破晓时分守候在树林里的松鸡猎人即便没找到松鸡，看到的东西也总比偶然路过的游客要多。如果洛厄尔不是痴迷于他眼中有生命的火星，他也不会建造洛厄尔天文台，而后来人们在那里做了更多有用的火星观测，还发现了冥王星。

我小时候在基比斯坎观测火星，我们当时所拥有的关于这颗红色行星的信息很少，局限于冲日期间用19世纪风格的折射望远镜（与洛厄尔和巴纳德用的一样）看到的画面，而且运河是否存在还是个颇有争议的话题。随后的一个时代在我们人类历史中独树一帜，空间探测器被发射到其他星球，我们看到的遥远的景象被更加清晰的近距离图像所取代。机器人探测器搜集到的数据所教给我们的，超过人类在历史上学到的知识的总和。那时候我觉得它们结束了一个时代，地面观测者原可以贡献更多关于火星的知识的。但我错了。

“水手4号”是第一个到达火星的探测器，它于1965年7月14日抵达这颗红色行星，飞行距离不到6 118英里。它的电视摄像机向地球传回了22张照片，速度奇慢无比：接收一张照片要10到12个小时。记者在门外喧腾——所有人都觉得，照片上有火星城市，而政府只是隐瞒了它们的存在——喷气推进实验室的科学家通宵达旦地工作，试图处理好第一批照片，它们几乎是一片空白。好在该系列照片中后来的那部分更清晰一些。对于那些受洛厄尔的想象所影响的人来说，不幸的是，那些照片显示的都是火星上巨大的陨石坑。“洛厄尔的运河和季节性植物生命一说，可以休矣。”行星科学家布鲁斯·默里宣布。[8]

大陨石坑是个坏消息，它们表明火星可能和月球差不多。流行的推论是既然月球有陨石坑，而且从地质学和生物学两方面说都是死掉的，而火星也有陨石坑，那么火星也是死掉的。这个逻辑漏洞百出，却无损于它的风行。《纽约时报》在1965年发表的社论中称火星为“死去的行星”。

在一片赞同声中持异见者，是行星科学家卡尔·萨根。他评论道：“‘水手4号’在这颗行星上拍了20张照片，1公里内纤毫毕现。现
126 在，如果你在地球上拍摄20张分辨率为1公里的照片，你根本不可能在上面发现生命。然而人们说：‘好吧，我没在这颗行星上看到任何活物，那肯定是颗死星了。’这个逻辑真是糟糕透了！”[9]1969年飞掠火星的“水手6号”和“水手7号”传回了更多陨石坑的照片，这对赞成卡尔·萨根的人来说是个打击。1968年，萨根、克拉克·查普曼和詹姆斯·波拉克仍旧提出警告：我们现在知道的还太少，下结论说这是个死去的世界为时过早。“如果大量的被水侵蚀的地貌——比如河谷——在火星早期存在过，我们并不能指望在‘水手4号’的照片中看到它们的任何蛛丝马迹，除非它们的尺度比地球上典型的地貌还要大。”他们写道。[10]但这只是少数人的观点。

这种情况持续到1971年，那时“水手9号”成了第一个绕非地行星公转的探测器。作为火星轨道飞行器，它能提供持续不断的观测——并不只是飞掠。它所观测的这颗行星正如萨根对所有人提醒的那样，体积巨大。(火星直径只有地球的一半，但它没有海洋，所以陆地面积可与地球陆地面积比肩。“水手4号”、“水手6号”和“水手7号”在任务中都只拍到了十分之一的陆地。)“水手9号”传回的第一张照片毫无特征，除了南极冰盖和赤道附近四个神秘的暗点。一场全

球性的沙暴正席卷整个火星表面。[11]几周过去，赭云消散，大幕拉开，一出关于火星与人类智慧的古老戏剧开启了新的篇章。

大气澄净下来之后，四个暗点就清楚了，它们是像陨石坑一样的环，四五十英里宽。但陨石坑为什么会出现在山顶上呢——难道是由于尘埃是从上往下被清除的？实际上那些是巨大的盾状火山的火山口。这是始料未及的，尤其是对那些认为火星和月球一样没有明显的火山的人来说。随着尘埃的沉降，另一样缓缓露出面目的东西是一个巨大的峡谷，它有3英里深，近100英里宽，长度相当于从洛杉矶到纽约。它是太阳系最大的峡谷，被命名为水手谷，以致敬“水手9号”。剩下的沙尘全部消退后，蜿蜒的峡谷都可窥见，其中有些还有扇形的支流。这些古老的河床或洪泛区显示着水曾流经这里。如果是这样的话，火星一定有过比现在更稠密的大气。现在的火星十分寒冷，它的大气与地球上115 000英尺的海拔高度相当；在这种环境下，水会从冰直接升华成水汽。“我们对火星的看法被彻底改变——而且是又一
次，”布鲁斯·默里写道，“洛厄尔的类地火星说一去不复返，在我们前 127
三次飞掠火星之后诞生的类月火星说也不复存在。”[12]火星展现的是一个只属于它自己的世界，有着在它广袤美丽的大地上书写的独特历史，那是我们仅靠短短一瞥所不能破译的历史。

“水手9号”拍摄了超过7 300张火星的图像，最佳分辨率可达100米（这意味着它最小可以分辨出一座棒球场）。1976年抵达火星的两架“海盗号”登陆器和轨道飞行器在轨道上拍摄了46 000张高分辨率照片，有些分辨率可达10米，在两个登陆地点更是拍摄了数千张照片，让火星的光彩触手可及。在这些没有互联网的时代，“海盗号”的图像被打印出来，装订在活页笔记本里，储存在13座被称作区域行星影像中心的小图书馆里，分散在全国各地。我曾在这些站点驻足，

沉醉在那些图片中，意识到自己生活在历史上的此刻是多么了不起。现在我们可以知道，阿尔及尔和大流沙地带都是陨石坑，它们颜色暗沉，并非由于上面覆盖植被，而要归因于自环形山形成时风吹出来的地下沙粒；洛厄尔曾把太阳湖标记成一个运河交汇点，其实那里是一片云雾区域；斯基亚帕雷利的奥林匹斯山之雪其实是覆盖着白雪的山——巨大的奥林匹斯火山。

“水手号”和“海盗号”，还有诸如“火星探路者号”和“火星环球勘测者号”所做的后继飞行，都留下了许多未解的谜题。火星上是否有过大量的流动的水，至今我们仍旧不得而知，它可能以湖、河、径流的形式，或者在短暂温暖的时候以罕见山洪的形式存在过。后来水怎么消失了，也没人知道：大部分水可能仍旧留在火星上，因为也没什么已知的力量可以把它们都送出火星；也许它们被锁在土壤里，成为永久冻土。火星是如何在10亿多年前冻结的，也无人知晓，但最有可能的是火星上曾经存在着液态水，有可能存在过生命，也许将来某天我们会发现证据，比如化石结构，或是在土壤中冬眠的微生物。

火星也有季节和气候变化，我们对这方面了解越多，就越能了解自己的星球是如何运作的。然而，要研究火星的气候系统，得在尽可能多的地点搜集时间尽可能长的数据。太空探测器为此能做出不少贡献，但也仅仅是一小部分。“海盗号”任务对着火星拍摄了2年。“火星探路者号”登陆器从一个站点传回了时间周期长达3个月的影像和数据。“火星环球勘测者号”运作数年，从轨道上拍摄了7万张照片，但
128 它拍摄的高分辨率图片都在非常小的范围内，很难合成到全球气候模型中去。而哈勃空间望远镜忙于探测深空天体，只能偶然挤出一点空闲时间瞥一眼火星。

这就又要说回到天文爱好者，以及我当初觉得行星研究到探测器

阶段就宣告结束，为什么是错误的。

毕竟爱好者观测火星已长达数个世纪，硕果累累。火星的两颗小卫星——火卫一和火卫二是业余爱好者阿萨夫·霍尔于1877年发现的。阿萨夫·霍尔家境困窘，曾因交不起学费而被迫中断大学天文学的学习。尽管如此，他还是获得了美国海军天文台的职务（亚伯拉罕·林肯总统曾独自来到这里探讨天文）。业余爱好者在火星上观测到火山和部分水手谷，比专业天文学家研究“水手号”拍的照片要早几十年，尽管他们那时候还没法很清楚地看到上面有什么。在19世纪和20世纪初，甚至有一份引人入胜的报告声称一些观测者看到了火星上的环形山。[13]太空时代的到来开启了火星探索的新篇章，但并未改变一个事实，那就是很多优秀的业余观测者用望远镜研究这颗红色行星，比专业天文学家更具经验。

业余爱好者拥有庞大的观测队伍和望远镜数量，足以将火星置于大面积的、旷日持久的监视下。业余爱好者在一些友善的专业天文学家的帮助下，自己组织起了观测队伍，比如国际火星巡视组织。它由小查尔斯·F.“小鸡”·卡彭于20世纪60年代建立。世界各地加入该组织项目的观测者用自己的望远镜勘查着火星，产出的报告比其他天体都要多，使得人们在“水手号”和“海盗号”任务之前，对作为一个完整世界的火星获得了一些认识。我翻阅着卡彭的报告，那是他在1964年到1965年火星大冲期间在加利福尼亚州大松树区的桌山天文台完成的观测报告，里面有夜间的天气报告。他提到“在‘水手4号’飞掠期间弄清并预测大气走势和表面情况”。通过在大尺度上连续监测火星天气的变化，一个人可以很快了解到自己的工作是多么有价值。[14]一些业余爱好者还做了如下观测：“北极冰盖清晰且明亮，在火星春季期间快速消退。北半球的灰色融化带异乎寻常地弱。”“蓝色的晨光中出现大片位于边缘的阴霾。”“在这个季节看火星，大气中有大量湿气可见。在埃律西昂平原上方的蓝色和紫色亮光中捕捉到大
129 片的云。克律塞沙漠东部边缘上方有薄的小范围晨雾。”“靠近大流沙地带南部边缘的利比亚、克罗齐、赛诺奇亚和阿瑞亚沙漠有结霜的记录。”“北极冰盖清晰、锐利、雪白。南极冰盖持续消退。”[15]

业余爱好者没有被太空探测器拍摄的近距离照片打击到，而是加倍努力——也许是由于充满了新鲜的热情，因为他们现在往往更清楚自己想要找寻什么。1988年6月火星上的那场大型尘暴几乎全都是爱好者观测到的。“那场尘暴时间很短，所以，专业天文学者即便知道它，也无法在短时间内申请到望远镜使用时间，还有可能遇上坏天气和不好的视宁，”医师兼天文爱好者唐纳德·帕克记录道，“业余爱好者真的帮了大忙，专业天文学者都很高兴。”[16]斯蒂芬·詹姆斯·奥马拉提到业余天文爱好者“监测到了它开始和结束的时间及地点；他们记录了沙尘如何大面积改变地表的样子；他们以录像、照片、绘图的形式记录了尘暴的全过程”。[17]1990年，七个国家的天文爱好者观测到了三次火星尘暴，而专业天文学者一次也没观测到。1992年到1993年的火星冲期间，业余爱好者装备了CCD相机，发现火星北极冰盖消退的速度比专业天文学家预测的要快。他们还发现了火星上异常丰富的水蒸气云，这意味着冰盖萎缩的时候火星大气会变得异常潮湿。

“最精彩的也许要数二氧化碳和水冰构成的赤道云带，”唐·帕克和理查德·贝里记录道，“在这鬼魅般的东西出现之前，”——这里指的是冲日期间持续数月变亮变大的火星——“观测者以为这样的云是很罕见的现象，但冲日后期，这种赤道云带在各种契机下被观测到并拍摄了下来。冲日期间的这个鬼魅的照片有很多都是用CCD相机

拍的。CCD相机若校准得当可以非常精准，哪怕只比行星本身亮1%或2%的地貌都能被增强。随着数字图像的发展，我们最终可以看清楚这些云。”[18]至20世纪末，国际火星巡视组织整理了超过3万次的观测，涵盖火星的15次冲日，研究这些数据的专业研究人员遍布世界。

业余爱好者的报告也不是完全没有错误的。像大流沙地带这样颜色较暗的火星地貌常被记录成“绿色”，这就支持了洛厄尔认为其
上是覆盖着植被的观点，但现在我们已了解到，那是由于较暗的中性 130
色区域和行星红色圆面的对比所导致的视错觉。直到20世纪60年代末，还是有些观测者毫无顾忌地讨论着“运河”，尽管许多人用的是“运河样地貌”这样的说法，并描述它们在极佳的视宁条件下会消失。但在通力合作、高科技和粗糙的内部同行评议的多重效果之下，在了解火星这项人类前赴后继的事业上，天文爱好者还是扮演了非常重要的角色。

火星和月球一样，在地理上分为高地（那里有很多古老的陨石坑）和低地（那里较新的岩浆冲刷掉了旧的陨石坑）。南半球主要都是高地，而低地大部分在北半球，这让火星成了一颗奇异的不对称行星。这种不对称的原因尚不知晓。巨大的火山星星点点地分布在一个叫作塔尔西斯的巨大隆起区域，该区域的宽度超过北美洲，高度约6英里。（水手谷自塔尔西斯突出部的一条边缘形成一个裂缝。）这些规模巨大的火山意味着即便在非常早的时期，火星也没有足够多的热量来驱动板块构造。相反，从很早的时候它就是个“单一板块行星”，在这种天体上由于板块并不会移动，创造火山的岩浆热点会一直在火山下方，导致火山长得特别大。这暗示着标志火星温热季节结束的剧烈变化一定和支持火山活动的内热不足有关。但至今无人知道这是如何运转的。要解决这个谜题，可能最终还是需要实地的地质挖掘。有一

次我问宇航员凯瑟琳·苏利文，如果她去到火星，她愿意在那里待多久。“让我待多久我就待多久！”她两眼放光地回道，“把我放在塔尔西斯一年，我能给你打开这颗行星的所有钥匙。”[19]

极地冰盖的构成又是另一个谜。南北两极在当地冬季气温低于零下125摄氏度的时候都覆盖着干冰，不过其他时候它们各不相同。南极冰盖上的干冰层消退之后，底下就露出永久冰盖；永久冰盖可能是由干冰和水冰混合而成的。而在北极，干冰在夏末则直接全部升华，露出比爱尔兰海还要大的水冰盖。两者不同的原因也不得而知，但也许和火星季节时间的强烈变化有关。

火星动力学的三个方面——这颗红色行星的极轴倾斜度、岁差和公转轨道形状——联合起来造成了它季节的长期变化。目前火星的极轴倾角是25.2度，与地球的23.5度颇近，但假以时日，这个数字会在15度到35度之间摆荡，这要归因于大行星木星和土星施加的引力作
131 用。[20]（火星尤其易受这些因素影响，因为它的质量集中在塔尔西斯突起，在动力学上不稳定，就像一个旋转的陀螺上面粘着一块口香糖。）季节变化主要是由极轴倾斜导致，半球某段时间朝向太阳，当地遂为夏季，而当火星极轴极度倾斜时，季节变化就比火星极轴直立时更为明显。岁差让这个情况更加复杂——岁差是极轴的一种缓慢的圆周形摇晃，有点像陀螺减慢速度时的样子——火星的这种摇晃周期约为173 000年，而地球是25 800年。此外，火星的公转轨道比地球更接近椭圆形，偏心率更高——达到了导致它偏离圆周轨道的程度——这让火星在历史进程中改变得更彻底。[21]

火星明显经历过极端残酷的时期，那时北半球直指太阳，而椭圆形轨道又让其极为靠近太阳；有时候太阳距离和火星自转倾角的作用可以相互抵消，所以散布着一些比较温和的时期。一般认为地球没怎

么经历过这种事，部分原因是巨大的月球在类木行星的引力“抽吸”效应面前扮演了保护盾的角色。火星上季节的剧烈变化导致了大型尘暴的产生，夏季被吹到极地冰盖上的沙尘会被新的冰封冻在那里。在南半球的夏季里，南极冰盖是可见的，由冰和尘组成的长条指状体构成一种错综复杂的形态。这种层积的地形有望在将来的研究中告诉我们火星季节变化的更多细节。

对于火星上水的准确历史依然有待书写。地理学记录显示了可能由洪水冲刷而成的渠道、可能由地下径流滋养的溪流，还有支流，如行星科学家戴维·莫里森所说，这些支流“向我们揭示了火星曾有着自由奔腾的河流，也经历过奇迹般的雨水”。[22]这些地貌大多只发现于高地，所以火星的温热时期很可能出现在行星形成后最早的几百万年里，那时火星的低地还没有被岩浆流所覆盖。也许火山的形成机制和塔尔西斯突起的机制一样，火山又导致了那些曾经的冰冻泥土融化，形成洪水。“火山加热可能释放了火星表面的水分，导致突然的偶发性洪水，”莫里森写道，“也许每一次洪水只会持续数天或数周。也许水在高海拔地区很快蒸发或是重新封冻。也有可能湖水或海水在像克律塞这样的盆地短期冰封。我们不知道。”[23]

和对待金星一样，要想彻底了解火星，不仅仅需要科学上的好奇心，更多的是需要人类利己的本能。地球是我们赖以生存的地方，至 132
今我们也未曾彻底了解它的历史、它现在的状况，或是它的将来。我们对一些基本的事实那样无知，比如冰川时代为何形成，是什么导致了地球磁极多次反转、南北磁极颠倒，全球变暖对人类生存和保护着人类生存的生态系统有什么样的影响。比较法最适用于科学研究，要研究地球，最好的方法就是研究相似的行星，而这样的研究的最佳目标就是火星。这项事业需要获得所有可能的帮助，无论这些帮助是来自业余爱好者还是来自专业工作者；而且由于我们刚刚开始了解这颗行星上的事物，难免会充斥着繁杂的意外发现，如果我们不打算被无尽的细节淹没，工作的开展就需要合理分工。去掌握一个世界的知识需要耗费不止一生的时光。

“海盗1号”在火星上逗留的第一天非常漫长，快结束时我和卡尔·萨根并排坐在帕萨迪纳一间出租公寓里的沙发上，我们头抵在一起，举着登陆器拍的一幅2英尺长的黑白全景照片，将它稍微卷起，这样它正好可以像电影银幕一样填满我们的视野。这张照片印出来还不到2小时，依然残留着暗房里显影液的湿气。

“集中你的全部精力，”卡尔敦促道，“想象自己就在那里。”

我们静静地看了好久。景中是登陆器的顶部。稍远一些是上百块散落的石头和一些大块岩石，在火星上夏日的傍晚，它们投下长长的影子。地平线处大约四分之一英里远的地方，有一个灰白色的岩层露头处。卡尔把食指放在那个点上。“看这个，”他说，“你看到了什么？”

我凝视这个岩层露头处，我的大脑努力地搜集着信息，直到将它织进了《一千零一夜》中的一个幻象，我给卡尔描述道：一片小小的绿洲，上面有闪烁的湖泊，沿岸生长着红树林，一棵孤单的棕榈树竖立在天空下。

133 “我，”卡尔说，“跟你产生了一模一样的想法。”[24]

# 黑暗尽头的光：
## 拜访詹姆斯·特瑞尔

用美国艺术家詹姆斯·特瑞尔自己的话说，他是在1942年2月25日那天晚上被怀上的，那晚他父母在加利福尼亚州帕萨迪纳的家中庆祝他们修缮了一个新房间。[1]这个房间三面都有窗，窗下方是42英寸的护墙板，他的父亲可以透过窗户观察鸟类，并且通过吹口哨模仿不同的鸟鸣来诱引它们进屋。2月25日夜正值“洛杉矶大空袭”，当时高射炮火为了响应雷达上的可疑信号，向空旷的天空射击。当夜，和战时的其他夜晚一样，窗户都覆上了遮光帘。特瑞尔——这对老夫妇的计划外的孩子就在这个三面环窗的屋子里成长起来。他很快就开始在遮光帘上刺出小洞，以便标记恒星的位置。

“我6岁的时候，为了维护我对这个房间的主权，我用一根大头针或是缝衣针在遮光帘上刺出洞来，做出星星和星座的图案，”他回忆道，“对于很亮的星，我就用更大的洞表示。拉下遮光帘、关上灯，你可以看见整屋的星星。那不再只是遮光帘上的洞，而是真实世界的出口。通过改变白天意识清醒时的现实，一个人可以在这个想象的空间里看得更远，直到看见恒星，它们虽然被太阳的光芒遮蔽，但其实就在那里。”[2]

“为什么我们白天看不到星星，这个问题深深吸引着我——其实是光遮蔽了我们，”特瑞尔最近对我说，“光也不尽然就是照亮一切的，有时候它照亮的一些东西反而会遮蔽你真正想看的东西，这个想法令我着迷。这解释了我为什么看不见星星。我继续添加天空的不同部分，于是它成为某种创造性的天空——但无论如何这也是真实天空的样子。”[3]

特瑞尔在各种作品中操纵光——不用光学元件——如他所说，是为了“温和地促进我们重新检视我们的所见”。[4]他的很多装置都是让受到严格控制的一点点光进入一个封闭的空间，把人们拉回到他童134 年的那个被遮光帘遮蔽的房间中去。它们这种简略的黑暗意味深长，引发出特瑞尔的两大观念影像——柏拉图的洞穴和相机暗箱（字面意思就是“暗的房间”，即一间小室，上面有个洞，可以把外面的景象投射到里面去），同时隐喻了人类头颅的神秘内部，在黑暗中，这里呈现出我们每个人所看到过的所有光芒。

特瑞尔在洛杉矶将一座废弃的加油站整饬一新，把它变成了屋顶有开口的房间，用他的话说，“足以把天空摘下来呈现给你”。[5]他还曾在长长的隧道里点灯，游客走向光源的时候都不知道自己要走多久——从某种意义上讲，这就是一个人经历人生时所面对的状况。看这种作品容易迷失方向。[6]特瑞尔曾在1982年被告上法庭，原因是他做了不少看似实体，实则是一团光的墙，一位妇女参观纽约的惠特尼美国艺术博物馆时试图靠在这样一面虚无的墙上，不慎跌倒，摔伤了自己的手腕。特瑞尔还有些创意干脆暗到人眼得暗适应15到20分钟才能看清到底是什么东西。即便如此，也鲜有人确定那里到底有多少东西。（特瑞尔的理念是暗光扮演着“激发内心深处的视觉”的角色。在加利福尼亚州奥兰治县，他展出了一盏昏暗无装饰的红灯，外面是一层蓝色光圈，警察关闭了这个展出，因为有投诉说他的展出涉及色情。特瑞尔的理念正是诞生于此。）在这里，就如同仰望星空时一样，一个人会意识到自己被限制在头颅中，并试图通过这些忽隐忽现的暗影联想起客观世界。

特瑞尔打小就是飞行员——他的父亲是一个航空工程师，曾自己制造过飞机——曾以航空绘图员的身份谋生。在1974年，他首次发现了罗登火山口，那是在亚利桑那州弗拉格斯塔夫彩色沙漠边缘的一座死火山，他以此构思出一个巨型艺术品。利用挖土设备对火山口的锥形结构进行修整，可以美化它的等高线，以此来增强它对“天空穹顶”的衬映效果。（破火山口直径为814英尺，呈几乎完美的圆形，所以只有内部斜坡需要加工一下。）隧道与古金字塔里的类似——而且也和它们一样，与日月星辰排成直线——联结着“光的天文台”，在那里天空挤进了黑暗中。

对于一个独立艺术家来说，这几乎是不可能的工程。“今天我看着它就在想，当时我在想什么啊！”特瑞尔思索道。[7]不过他还是说服了一个艺术基金会买下这片土地，然后他开始动工。数年之后基金会的资金遇到困难。为了说服银行接受土地作为借贷抵押，特瑞尔不得不把邻近的两座牧场买了下来，开始养牛，现在规模发展到155平方英
里，抵押价值为170万美元。他的妻子离开了他，同时批评家把他写成 135
又一个由于开展力不能及的项目而惨遭失败的艺术家。特瑞尔自己也曾怀疑过自己。“艺术家的刚愎自用啊。”他曾对采访者这么说，“你把东西付诸纸上，然后在高处进行品味，接着你意识到自己要移走80万立方码的土石，让这个东西呈现出正确的形状。而你几乎什么也没能改变！”[8]他花了25年，但最终付清了抵押费——他说，“感谢我美丽的奶牛们”——还完成了罗登火山口项目，这是现今最大的，也可能是留存时间最久的艺术作品。

2000年冬至日下午，罗登火山口还有几个月就要对公众展出，特瑞尔开车载我去看。他是个高大的蓄须男子，每个细胞都透露着艺术工作者的气息，幽默风趣。他把我租的吉普车跌跌撞撞地开上红色土路，驾轻就熟，看起来以前经常这么做。路上我们讨论起飞行。“一个朋友想让我带他去跳伞，我就把他塞进一架双翼飞机，没让他系安全带，然后我就开始转向，”特瑞尔在引擎的轰鸣中喊道，“我跟你说，他就直接掉下去了，和施坦威一样快！看着真是太刺激了。”

罗登火山口进入视野，它在一片由上百个其他火山口构成的地面上升起，在远方模糊的彩色沙漠的背景下显出轮廓。道路两旁目力所及之处，千万年来未曾改变。“看起来像在一颗行星上，是不是？”特瑞尔说，“当然，它就在一颗行星上。”

我们把车停在火山一侧入口处，然后走进一个房间，房间通向一个向上倾斜的锁眼形状的通道，它有14英尺高，1 000英尺长。远处是完美的圆形开口，恰能挤进傍晚的斜阳。通道和月亮的“停变线”(在这里月亮不再沿地平线移动，并且从同样的位置升起，直到几天后向反方向移动)平行，因此它大致和太阳的停变线一致。[9]人们在很多古建筑中都曾发现过类似的联结，比如埃及的金字塔、爪哇的婆罗浮屠，还有英国的巨石阵。我试图拍下黑暗的隧道及其尽头那片圆形的白光，但相机的矩阵式测光系统——它将目前对象的明暗模式和存储器图库中的数千幅图像进行比较——突然就失灵了。相机用了8年，第一次死机了。

136 我们沿着隧道向尽头圆光处蹒跚而行，等到了顶端，发现那根本不是圆形，而是椭圆，从隧道远处倾斜着看就像圆形。我大笑起来，那种快乐令我想起开普勒经历数年的研究，发现行星轨道并非如长久以来人们判定的那样是圆形，而是椭圆。在这样的时刻，艺术如同科学一样，相较于复杂的智力创造，看起来更像是一种直接可用的工具，一把将我们从传统视角拧下来的扳手。

我们通过这间屋子往前走，在墨黑色的通道中摸索出道路——洞口会接收并重塑光线，在建设工程的最后这个阶段可供人攀登——来到火山口中心之“眼”。我们在那里与光融合在一起，躺在地上，看着天空。傍晚的天空仿佛触手可及，似乎就连着火山口的边缘，像一面棱镜。我们又向后走上火山口光滑的斜墙，边缘看起来又变小了。没有东西完全和表象一样——也可以说没有东西会一直符合传统的模式。特瑞尔这巨大的没有望远镜的天文台尚未完工，却已然在工作了。

太阳已经落下，西天如调色盘，流动着红色和紫色。我们驱车离开火山口，去一家悬挂式滑翔机酒吧喝大罐啤酒。“我们通过艺术和建筑来定义文明，通过这些我们又试图推断某个文明的宇宙学，这是很大的一步——不只是一步，简直是一个飞跃！”特瑞尔说，“但要记住，仅仅是在最近的这个世纪，我们才开始理解星系的概念，而不久之前我们才发现太阳系的存在。我们并未庆祝这些大事件，但其实我们应该庆祝的。这些都是重大的时刻，是思想的飞跃，我很惊讶我们居然不庆祝这些。” 137

第十一章

# 天外来石

此后我就总是盯着石墙，
只有在夜里才望向天空，
看星图中的流星雨飞翔。

—— 罗伯特·弗罗斯特

夜晚流星演奏，照亮碎浪的舞步……

—— 赫尔曼·梅尔维尔

1993年10月9日夜晚，在美国北部一所高中的橄榄球赛上，数以千计的观众看到了一颗明亮的流星——一个"火球"——横贯头顶，在空中炸开。片刻之后，18岁高中生米歇尔·纳普家的房子后面，一块橄榄球大小的陨石击碎了停在那里的一辆1980款雪佛兰迈锐宝的后挡泥板。米歇尔·纳普听见巨大的响声，冲入雨中，发现她的车被砸了个大洞，在大洞下面，陨石就躺在一个浴缸那么大的陨石坑里。

1992年8月31日黄昏，在印第安纳州诺布尔斯维尔，13岁的布罗迪·斯波尔丁正站在他家前院，与他的邻居——9岁的布赖恩·坎齐说话，一颗小流星尖啸着飞掠他的右肩，冲进草里，距离他只有几码。"我坐下来想了想，"布罗迪回忆道，"还是挺吓人的。"

1954年11月30日，安妮·霍奇斯正在她位于亚拉巴马州锡拉科加的家中沙发上小睡，一颗8磅重的陨石穿过屋顶和阁楼，砸穿了天花板，击碎了她的落地式收音机，在室内反弹，最后击中了她的腿，留下严重的瘀伤。

1511年9月14日，在意大利，有报告说一簇陨石击中并杀死了一个僧侣和打谷场上的几只动物。

616年1月14日，陨石掉落在中国的一个军营里，导致“至少10人”死亡。

472年，在君士坦丁堡，一颗比太阳还亮的流星飞掠上空并爆炸， 139
击倒了街上的人群，倾覆了港口船只，震碎关闭的窗户，给城市覆上一层黑色烟尘。

6 500万年前，在墨西哥尤卡坦半岛，一颗直径约10千米的彗星或小行星击中地球，整个地球被尘云和因百万起森林大火而产生的烟雾缠裹。生态系统崩塌，导致了恐龙和其他一些地球生物的灭绝。[1]

观星者观测的目标几乎都很远，而且一直很远——除了陨石，也就是落向地球的石头。陨石，顾名思义，是陨落的石头。(它们在太空中叫作流星体，当它们猛烈地投入大气层怀抱时叫作流星，而坠落到地面或海里的叫陨石。) 地球每天要承接上百吨流星物质，它们当中的大部分是尘埃到谷粒大小的颗粒，缓缓飘落，没人注意到。(用手指摸一把积尘的壁炉架，沾在手指上的就有一部分是陨石。帕萨迪纳有个专门研究太阳系尘埃的天文学家，就是靠搜集过滤室外空气沉淀物来研究行星际尘埃的。) 每天都有上百万颗这样的物质——大部分就只有沙砾或豌豆那么大——但已足够产生令我们在夜晚惊叹的明亮流星了。它们的光彩来自与大气层的摩擦，尤其是在50英里高的地方，摩擦生热，并使它们的速度减慢，从最初的每小时24 000英里，最终减到每小时只有300英里。流星大到一定程度，能在如此炽烈的旅行中存活下来而不完全蒸发掉，一般在减速之后就不会再发光——速度降到比商用喷气飞机还慢之后，大气摩擦就不能产生足够多的热量——接下来的几分钟就只是在空气中滑落，这段旅程叫作“黑暗落体”。大质量流星的速度降得不如小质量流星快，很多都在空气中直接爆裂，或不经过黑暗落体阶段就撞向地面。

比金星还亮的流星被称作火球或火流星。它们可以投出影子并产生声响，声响可分为声爆、远距离的轰隆声或是爆裂声。人们会首先听到来自流星轨迹最低处的声响；接下来随着时间的推进，更高点处的声响逐渐传播到地面，伴随着声音的减小，会呈现出滚雷一般的效果。

目前世界上有近1万颗陨石为博物馆或个人所收藏。这些陨石当中的绝大部分是在让它们的存在显而易见的地方发现的——南极
140 的冰原、北非的撒哈拉沙漠，还有澳大利亚西南地区的纳拉伯平原。科学家们利用它们研究小行星和彗星的构成，因为小行星和彗星是陨石的来源；他们也利用它们去尝试解决一些问题，比如从里面发现的复杂有机分子是否在地球生命起源中扮演了重要角色。不过地球污染也是个问题。比如说，一颗典型的南极陨石被发现的时候，可能已经在冰雪里躺了1万甚至100万年，所以难以辨别当中哪些成分是太空来的，哪些是后来在地球上沾染到的。因此科学家更倾向于亲手去捡刚从天上落下来的新鲜陨石，那样最“原汁原味”。

尽管可能会令人产生不安，但幸运的是，有一些流星会“友好”地出现在触手可及的地方。1984年9月30日上午10点左右，一颗明亮的火流星在澳大利亚珀斯上空划出一道弧线。几分钟后，两个在南部80英里处宾宁合海滩晒太阳的人听见一声哨音，随后是一声巨响。他

们坐起来，看到一颗约1磅重的陨石嵌在12英尺开外的沙子里。10天后，越战老兵唐·理查森从他位于佐治亚州克拉克斯顿县的房车中走出来的时候，被一声哨音吓了一跳，它令他想起迫击炮打过来的声音。原来是一颗陨石击中了他邻居的邮箱。1994年6月14日夜，蒙特利尔东北部，维塔尔·勒迈正在他自己的农场里喂狐狸，突然狐狸们都抬头往上看。他顺着狐狸的目光望去，看到一颗“焰火一样的烟球”，然后就听见一声嘶响和砰的一声巨响。他的邻居斯特凡娜·福西尔出去查看情况，看到一群牛围成一圈站着，盯着中间一个约莫1英尺宽的陨石坑看，陨石坑中间有一颗柚子大小的黑色陨石。[2]1992年8月14日下午，一颗流星在乌干达上空爆炸，在拥有5万人口的姆巴莱城上方落下石头雨。当中一颗石头弹到一个壳牌石油的油罐顶上；别的石头击中了一座棉纺织厂、一座污水处理厂、一座火车站和一座监狱。多科的一名男孩被一块4克重的碎片击中头部，但幸存下来，得以叙述当时的情景。科学家收集到十几块姆巴莱的陨石，经过研究，发现上面都有“黑色熔壳”，这意味着它们的母体在海拔很高的地方就爆炸了，碎块在下落的过程中经大气摩擦而得到烘烤加热。（不过，有些关于新鲜掉落的、“摸上去还热的”陨石的报告，被认为无确凿依据，因为陨石只有表面薄薄的一层会被加热，里面还是冷的。）

陨石像这样直接掉到自己面前的事件毕竟罕见，所以研究者更多地是通过搜集新近的火流星轨迹，对可能掉落的区域进行三角测量来缩小范围，以便有效率地寻找陨石。这需要业余爱好者或是专业观测 141
者在两个或更多地区，同时拍下或录下火球的情况。但有些时候，一些陨石的发现往往只依赖几个目击者的目击报告，他们对天空非常了解，可以精确报告流星的轨道。吉姆·布鲁克是加拿大育空地区的飞行员，也是户外达人，对地质学很感兴趣。他于2000年1月25日驱车驶上塔吉什湖的冰面，发现了一周前火流星在此地上空爆炸后留下来的碎片。听到了火流星爆炸声后，他回忆道："我非常仔细地搜索着陨石，一开始看到的时候就怀疑它们的身份，虽然我已经被假情报耍过好几回了。"[3]他背回了几十块碎片，非常注意不去用手碰它们。科学家们发现这些陨石中包含着非常原始的有机分子，可追溯到太阳系的起源。

亮流星的路径若以三角法测得，科学家就有可能计算出这颗流星体坠入地球之前在太空疾驰的轨道。这些数据可以帮助构建流星体的起源。有些陨石的构成告诉我们，它们其实是从月球甚或是火星上被敲下来的。(1911年6月28日，埃及那喀拉出现的一颗陨石砸死了一只狗，这颗陨石来自火星表面。科学家于1984年在南极冰原上搜集到著名的火星陨石，发现上面有微小的结构，表明微生物曾经存在。通过给这颗陨石测算年龄，科学家估计在1 600万年前有一颗流星体击中了火星，它是从火星上被炸出来的，最终于公元前11000年落入地球。）陨石就等同于免费的标本采集项目，把小行星、彗星、月球和至少一颗行星的样本送到了地球。

小行星是大部分陨石的前身天体，按体积排列，大的有如谷神星和智神星——直径分别是930千米和600千米，比牙买加岛还大——小的有如办公楼甚至是汽车那么大。它们中的90%都是在小行星带上，那是位于火星轨道和木星轨道中间的一条由碎屑组成的扁平带。陨石的成分显示有些小行星富含铁、镍和其他一些金属（也许将来有一天可作为矿区），而有些则由更轻的岩石物质或金属和岩石的混合物组成。

彗星是陨石的另一主要来源，包含着金属和石头，也有很多冰。这些"脏雪球"（美国天文学家弗雷德·惠普尔对它们的这个称呼流传至今）比煤炭还要黑，因此很难观测到——直到它们开始靠近太阳。[4]靠近太阳后，太阳光加热冰，冰在真空中直接升华为气体。困在冰中的气体受热膨胀，冲破彗星，喷到太空中。喷流把大块的冰和石头从 142
彗核——彗星的固体部分当中喷出来，然后产生驱动力，不可预料地改变彗星的轨迹。排出的气体产生发光的、围绕着彗核的球形彗发，还产生流动的彗尾，可拖曳千万英里之长。从彗核喷出的尘埃又可产生第二根彗尾。气体和尘埃粒子对太阳风（太阳喷出的带电粒子）的反应是不一样的，所以尘埃和气体尾巴一般呈扇形散开。从彗星上剥离的尘埃和冰在彗星的轨道路径上一路乱洒，像蜗牛的尾迹。地球穿过这样的尾迹的时候，年度流星雨就出现了。

彗星一般属于两大家族——短周期彗星和长周期彗星。短周期彗星的绕日公转周期不超过200年。它们一般都在黄道带上——黄道带就是行星轨道所在的平面——与行星和小行星的公转方向也一样。长周期彗星绕日一圈的时间可达上千年，甚至百万年。它们的轨道什么角度都有，运行方向也没有明显的倾向性。一直以来，上述区别被认为是这两个彗星家族起源不同造成的，最新的天文发现已经证实了这一假说。

大部分短周期彗星被认为起源于柯伊伯带，那也是个小行星带，但更大更远，远在海王星轨道之外。1943年K. E. 埃奇沃思提出了有这样一条小行星带的假说，1951年杰拉德·柯伊伯发展丰富了这个假说；但柯伊伯带上的天体都很暗，又比行星小很多，只有在反射遥远的太阳光的时候才会发光，所以直到1990年柯伊伯带上的天体才被观测到。天文学家尚不清楚柯伊伯带上有多少天体，以及这个带状结构延展到多远。有些观点估计其中包含几十亿颗像彗星那样的天体，当中直径超过100千米的有1万颗，这使得它的质量比小行星带要大许多。还有些观点估计，这条带其实相对来说较窄，只从海王星的轨道延伸到冥王星反常轨道的外边界。（冥王星可能就是一颗柯伊伯带天体。）如果短周期彗星来自柯伊伯带，就能解释为什么它们轨道都是椭圆的，且运行方向和行星一致，因为来自柯伊伯带的天体往往如此。

而长周期彗星则被认为是来自奥尔特云——那是一个巨大的球体，可能由万亿颗彗星构成，并在尺度上延伸到与最近恒星之间的中点上。奥尔特云的名字来源于丹麦天文学家扬·奥尔特，他于1950年提出了奥尔特云的存在。（爱沙尼亚天文学家恩斯特·奥匹克当时
143 已经有了类似的想法，但天文命名法则本来就不是一门精细的艺术，所以我们也没起埃奇沃思带或奥匹克云这样的名字。）奥尔特研究了19颗长周期彗星的轨道，计算出奥尔特云内部边缘与太阳的距离大约是海王星的600倍——到地球约三分之一光年——外缘则可能有2光年远。如果说地球轨道的大小等同于放在圆桌中央的一只意式浓缩咖啡杯的边缘，那么小行星带的大小就等于咖啡杯下垫着的沙拉盘边缘，柯伊伯带则是从桌子一侧起，至少延伸到桌下抽出的椅子的背部，而奥尔特云的内部边缘已经在城外了。

柯伊伯带天体一般来说都太暗，业余爱好者很难去研究，但也有些颇具传奇色彩的例外，证明了观星者的一句格言：不尝试就永远不知道自己能看到什么。休斯·帕克是马萨诸塞州诺斯菲尔德镇的诺斯菲尔德赫曼山学校的一名科学老师。1998年10月，他和学生希瑟·麦柯迪、米丽亚姆·古斯塔夫森及乔治·彼得森在观测小行星的时候，克服了种种困难，发现了一颗“海外天体”，那是柯伊伯带的一名成员。学生们通过加州大学伯克利分校的望远镜进行了远程观测，那是面向教育的一个“薪火宇宙”项目，学生在不同时间内对着同一片天区拍摄CCD图片，对比查看有没有相对于恒星移动的天体，比如

小行星。用这种方法，他们发现了2颗新的主带小行星，而寻找小行星的工作已经开始变得“稀松平常”，帕克回忆道。他补充道：“事实上这并不意味着可以直接想象自己是行星地球上唯一观测一颗未被发现的小行星的人。

“有一次课上到一半，搜索团队中的一个成员突然告诉我，他们发现了一个新的天体，可能是小行星。我用几乎是不耐烦的口气催促他们继续跟进，运行程序搜集他们这颗新天体的所有信息。等我在电脑屏幕上回看时，我就为自己刚才对于这个潜在的新发现太过随意的态度感到有点羞赧。”帕克越过学生们的肩膀，看到他们正在电脑屏幕上检查着一对黑色和白色的点，他们断定这些都是假的——也许那只是宇宙射线在CCD芯片上留下的痕迹。接着帕克看见另一对星点，学生之前并没有注意到它们。“我又惊又喜，脖子后的汗毛都竖了起来，”他回忆道，“那组星点恰恰是我想看到的，也许我们发现的是一颗海外天体！几年来我做梦都在等待这一刻，我很清楚我们在找什么。我们从一开始就知道这样的天体会出现在我们的图片里——如果我们对 144
图像进行仔细的处理和检查，就一定能在比海王星和冥王星更远的地方发现它们的藏身之处。

“我尽力保持克制，自行检查，并维持着自己作为教师的角色，把手背在身后，以免自己在屏幕上指指点点。我强迫自己后退走开，告诉他们继续看。令我高兴的是，我没走几步路就被他们叫了回来。欢愉的想法和感觉在此刻传遍全身，无可名状。我脚尖点地旋转回去，露出大大的笑容，压抑着兴奋对他们说：‘太好了！’这真是我作为一名教师最美妙的一刻。”[5]帕克问学生是否知道这两个星点（在两张拍摄时间不同的照片里移动的同一个天体）与他们之前拍摄的小行星的星点组相比，靠得非常近的意义所在。他们准确地答道，这意味着这个天体运行得比小行星慢，所以必定离太阳更远，帕克告诉我这段故事的时候，满眼含泪。他们发现的这个由冰构成的天体直径约100英里，后来被命名为1998 FS144，被天文学家广泛用于太阳系结构的研究。

奥尔特云里的彗星和柯伊伯带的天体一样暗，但距离更远。目前条件下只能在它们当中的某颗偶然从一颗恒星前面经过，导致恒星短暂地闪烁的时候发现它。但当一颗彗星喷发着进入内太阳系，在靠近太阳的过程中亮度持续增加，它就可以直接被看见了。只要时间够长，总会有一颗巨大的彗星或小行星真正击中一次地球——取样返回任务就是一次复仇。所以后院观星者用望远镜搜寻之前未被发现的小行星和彗星，都是在自发地参与两个任务——研究我们的起源，防患于未然。

流星观测是观星活动中最容易、最愉快的一种，也不需要什么设备。你只需躺在一条毯子或一把躺椅上，享受星空，等待流星划过。人眼只能看到10%到20%的天区，所以观星者越多越好。过去几乎所有有组织的流星观测都是由业余爱好者进行的，有些观测活动为计算流星数量，还专门召开严肃的讨论会。观测者被分配到不同的方形天区，有时干脆以场地上横七竖八的电线划分区域，每个观测者都被严格要求只盯着他自己那一方天区看，哪怕周围其他人因为看到一颗非
145 常好看的流星而发出“噢噢噢！”或“啊啊啊！”的喊声，都不许移开自己的目光，以免错过他自己负责的那块天区里的流星。但现在流星计数可以用雷达反射和长时间曝光的技术来实现，观测者没有了压力，可以轻松享受。他们如果想贡献一些科学数据，可以架设起一架相机。当天空中炸开一颗火流星，图片可以帮助确定流星落下的位置，在那里就可能找到新鲜的陨石。

任何一晚都有可能看到一两颗偶发流星，但看流星最好的时候是在周期性流星雨期间，即地球穿过一颗古老彗星的尾迹的时候。流星雨一般以流星向外“辐射”的起点所在的星座命名，也就是说，如果你沿着流星轨迹往回画延长线，它们最终相交于一点。也没有必要只盯着辐射点看——流星从那里出来，但往往要飞到别的天区才会燃烧——不过知道辐射点的位置能让你区分偶发流星和群内流星。无月光的夜晚是最好的，因为月光会遮挡一些暗弱的流星。后半夜比前半夜看到的流星更多，因为这时候地球的自转——从北极点上方看是逆时针——把我们转到了运行轨道的前方。地球朝前的一面接收到的流星比后半边多，与一辆快速行驶的汽车前挡风玻璃淋到的雨比后窗玻璃多，是一个道理。

英仙流星雨极大一般是在8月12日前后，是北半球赏心悦目的夏季景观。无数个夏季的英仙流星雨之夜，我都睡在户外睡袋里，差不多每个小时都醒一次——恒星每小时移动15度，从恒星位置的变化，我们可以轻松知道时间——看几颗流星滑落，然后继续睡过去。英仙流星群是由于地球遭遇了斯威夫特–塔特尔彗星身后的碎石尾迹而发生的，这颗彗星是天文爱好者刘易斯·斯威夫特于1862年发现的，他白天经营一家五金店。刘易斯·斯威夫特发现这颗彗星三天之后，哈佛大学天文台的贺拉斯·塔特尔也独立观测到了这颗彗星。这颗彗星的周期约为120年，但它的碎片几乎是均匀地洒在它的轨道路径上的，这让英仙流星群相对来说比较稳定。

其他很多年度流星雨的母彗星的尾迹没那么均匀，因此也不易预测。象限仪流星群（1月3日至4日）有时候会非常壮观，但母彗星碎片尾迹非常狭窄，所以流星雨极大只持续几个小时。猎户流星群（10月16日至27日）来自哈雷彗星的尾迹，流星数量从1900年每个观测 146

者每小时能观测到10颗，到1922年高达35颗不等。(一场数量可观的流星雨应该在每小时20颗以上。) 和坦普尔–塔特尔彗星有关的狮子流星群则经常令人失望而归，只有几个观测者在1小时内看到8颗到10颗。但在狮子流星群所属的彗星尾流中，至少有一个特别大的碎石群，地球于1833年11月12日夜晚撞向那个碎石群。天文作家阿格尼丝·克拉克描述了当时的场景："天空各个方向都布满了闪亮的划痕，壮观的火流星照亮天空。在波士顿，流星雨的频率估计相当于一场中等暴雪的雪花的一半。"到了黎明，估计有1万颗亮流星燃烧着划过天空。如此巨大的数量让辐射点非常清晰，它就在狮子座，辐射点在夜晚与众星一起向西移动，这个发现帮助证明了亚里士多德流传甚广的认为流星来自大气层的观点是错的 (拜这种古老的观点所赐，至今天气研究仍旧叫"meteorology"*)。

历史资料表明，地球每隔32或33年会穿过一次狮子流星雨所在的彗星尾流的富集区，但迫不及待的观测者为这几十年一遇的事件彻夜等待，却往往失望而归。天文学家用雷达绘制狮子流星雨尾流碎片的地图，发现这场流星雨非常不稳定：尾流富集区的厚度只有2.2万英里，地球沿着自己的绕日轨道以每小时6.6万英里的速度疾驰，穿过富集区密集的中间区域的时间不到1小时。如果在这个小时里，地球运行方向朝前那一侧的地区是太平洋这样的地方，那就很少有人能看到流星雨。

1999年，流星雨专家装备了雷达，能预测到这一年狮子流星群在欧洲东部会非常壮观，在欧洲西部也会很可观，但等到美国地区转到地球右侧的时候会逐渐减少。事实证明预测极度精确。狮子座的烟

---

* "气象学"英文词根为"流星"。——译注

花在欧洲东部上空绽放，每小时3 000多颗流星的壮丽景象令观测者激动不已，但我在加利福尼亚这边只能看到几颗零星的小流星，它们低低划过东边的地平线，轨道长而平，像远处战场上的炮火。

无论是业余爱好者，还是专业的射电天文学家（他们收听远处台站的射电广播），都能侦测到看不见的流星，哪怕是在白天。商用的调频广播会反弹流星雨的电离尾迹，超出范围的广播有时候也能被普通的接收器捕捉到，不过只有几分钟。我们只需要把广播调到收不到任何台的波段，然后等待即可。三个业余射电天文爱好者——约旦天文 147
学会的穆赫德·阿劳奈、穆赫德·乌达和塔里克·凯特贝报告说，他们在艾兹赖格沙漠探测到FM广播反弹了流星余迹。“要区分信号是来自流星的反射还是飞机之类的反射，要领是流星的反射信号非常突然，大多数响而清晰，然后逐渐消失。”他们写道。[6]

数个世纪以来，人们偶尔能看到类似流星的闪光击中月球。坎特伯雷的一个叫杰维斯的僧侣记录道，在1178年6月25日傍晚，“五六个人面朝月亮坐着”，看见月牙一角“裂成两半”，“裂口中间出现一道燃烧的火光，喷得很高，火星四溅”。接着，从一角到另一角，整个月牙都蒙上了一层暗色”。[7]使用望远镜的观测者也曾在月球暗影中看到过闪光，1953年拍摄的一张照片中也有这样的闪光。但专业天文学家倾向于对这些报告持怀疑态度，他们指出，那些看起来像是月球上的闪光的，可能是飞行器的闪光，或是胶片上的瑕疵。

直到1999年的狮子流星群——那场照亮了欧洲东部天空的流星雨——这个争论才得以有结果。11月17日夜晚，休斯敦的一个叫布赖恩·库德尼克的业余天文爱好者，用他的14英寸望远镜在月球暗面上看到了一道橘黄色闪光。他向戴维·邓纳姆报告了这一情况，邓纳姆也是个观星者，他白天的工作是计算航天器轨道。邓纳姆检查了昨晚流星雨期间他在马里兰芒特艾里通过自己的5英寸望远镜录下的月球影像，然后发现一道闪光被录下来了，就在库德尼克报告的方位和时间。[8]当晚一共有狮子流星雨造成的五次月球撞击被两架摄录机录下并确认。这些业余爱好者开拓性的工作证实了月球上的闪光是由流星撞击造成的，而且在地球上是可以观测到的。将来我们也许可以通过分析这些闪光的光谱来研究月球土壤的构成，寻找月球上水的痕迹。

邓纳姆是业余爱好者组织——国际掩食测时协会 (IOTA) 的创始人之一。掩是指一个像月球或小行星之类的前景天体，从一个更远的天体 (通常是一颗恒星) 面前经过。月掩星一般发生得很突然，因为月球几乎没有大气，所以计算月掩星的时间可以获得关于月球位置的精确数据。月球“掠掩”，指的是恒星在月球环形山后消失又重现的现
148 象，可以帮助改进不曾精准描绘的月球极区的轮廓。

预报小行星掩星是很复杂的一件事。一颗遥远恒星的光将小行星瘦长的影子投在地球表面，形成一道狭窄的路径，小行星掩星因此形成。每年能观测到的小行星掩星有上百次，但由于小行星和恒星的位置记录会有错误，预测要追踪的小行星影子的路径时也容易有误差。掩星观测者常常观测成痴，以至于有一本天文手册警告他们不要在铁轨上架设望远镜，以免在全神贯注地看那宝贵的、针尖大的星点的时候，被火车撞到；还有一种风险是你把他们引到大老远，结果什么也没看见，这会把他们气死。

掩星时间测定的数据能提供有关小行星大小、形状和构成的数据。小行星的形态“异彩纷呈，有的像蜥蜴的头，还有像四季豆、臼齿、花生豆、骷髅头的”，行星科学家埃里克·阿斯佛格这样描述。[9]有种理论认为许多小行星并非实体，而是碎石堆。这样的小行星不可能有很快的自转速度，否则离心力会让它们分离。最初的迹象就是小行星

自转速率有一个一刀切的上限，这表明至少有一部分小行星其实更像是熔渣，而非大卵石。但目前只有少数几颗小行星有足够精确的图像来做测定，所以业余爱好者可以利用掩星来绘制小行星的形状，以此丰富数据库。邓纳姆于1991年1月19日拍下了主带小行星艳后星掩一颗9等星的录像，并将他的数据与其他观测者在美国东北部不同地区获得的数据合并，以此获得了它的轮廓图像。轮廓显示艳后星形似一枚花生，或是一根狗骨头，大小约为240千米乘70千米。操作阿雷西沃望远镜的天文学家利用发射到艳后星并弹回的雷达波确认了这个不寻常的发现，另有科学家利用智利拉西亚欧洲南方天文台的3.6米望远镜获得了艳后星的剪影。[10]他们发现艳后星的自转速率是比较慢的，符合它的熔渣结构特点。

要发现之前没有被发现并编目的小行星，最好的办法就是沿着黄道带，以背景恒星为参照寻找移动的暗弱亮点。业余观测者几十年来都这样拍摄照片，以此寻找小行星——乔尔·H. 梅特卡夫是新英格兰的一个牧师，到1925年去世之前，他一共发现了150颗小行星——但等到CCD武装了爱好者和科学家，发现速度就大大加快了。日本大泉的小林隆男用CCD相机和一架10英寸反射望远镜在一个月内发现 149
了100颗小行星。这速度只是当时运作的最大的专业小行星定位项目的十分之一，但这毕竟说明了业余爱好者和普通的设备也是可以在天文学上做出贡献的。

业余天文爱好者兼科学作家丹尼斯·迪奇科在用CCD拍东西的时候意外发现了8颗小行星，于是开始想，如果他决心要找更多，该怎么做。1995年10月的一个夜晚，月光太亮，无事可做的迪奇科拍下了黄道带上双鱼座区域五张重叠的CCD图像，然后在第一块天区就发现了3颗小行星。“其中1颗是已知的小行星，但不知怎么偏离了预测的位置，”他记录道，“但另外2颗是新的，我因发现这2颗小行星而获得了声望。幸运之夜？并不尽然。到今年年底我又花了八个晚上搜索，只有一个晚上，我成功地捕获了另外21颗经确认的小行星。”[11]迪奇科公布的工作报告鼓舞其他爱好者在这个领域一试身手——当中就有杰夫·梅德科夫和戴维·希利，两人利用自己写的电脑程序，帮助他们在睡觉时用CCD相机和望远镜拍摄图像，设备运行了三个夜晚就发现了3颗小行星。

天文学家在跟踪已发现的小行星，以获取更精确的轨道数据的时候，也常常把它们跟丢。小行星公转轨道须得构建完整，以便数年后还能“重新获取”；轨道经确认之后，小行星才能被命名并编号——但尴尬的是，还是有些被命名并编号的小行星的位置会出错。1911年发现的719号小行星阿尔伯特星失踪了89年，直到基特峰的“太空监视计划”团队成员重新发现了它；还有878号小行星米尔德丽德星，它失踪了75年，直到1991年被重新发现。业余爱好者能够帮助解决这个问题，通过重新捕获已发现的小行星来修正它们的轨道，并跟踪他们自己发现的小行星。“天文学家鲜少能够追踪新发现却平淡无奇的小行星；而业余爱好者不一样，对于他们来说，在他们新发现的‘空中地产’中找寻纯粹属于自己的乐趣，则容易得多，”迪奇科写道，“花费数夜甚至数月观测新天体，总能得到一些与之前的发现吻合的精确轨道数据。”[12]

用大双筒望远镜或小的广域望远镜也可以发现彗星。比较推荐
150 的方法是在临近晨昏时分巡视天空，寻找亮到足够被发现，但之前又躲在日光中没被看到的彗星。最重要的是观测者要有一个足够暗的观测点，对夜空很熟悉，并且持之以恒。

如果你所在的地区夜空不够暗，就会出现你原本有可能发现一颗

彗星，却被别人捷足先登的情况。威廉·利勒是一个经验丰富的专业天文学家，退休后致力于业余天文，他建议，如果你想要认真进行彗星搜寻，你得能见到像12等那样暗的天体。只要夜空够暗，镜片够干净，暗弱的天体最小可以用3英寸孔径的望远镜看到；但想要发现彗星毛茸茸的斑影，就需要更强一点的聚光能力，尤其是当你不知道从哪里开始找的时候。

熟悉夜空可以加快寻找的进程，因为这样你就不用每看到一个星云的光就检查一下星表。梅西叶星云星团表——北天区100多个朦胧天体的列表，由查尔斯·梅西叶于18世纪编制而成，目的是帮助和他一样的彗星猎手避免将这些天体错认为彗星——覆盖了大部分最亮的星云、星团和星系，但如果你在观测12等的暗天体，你可能会遇到10倍的类似天体。它们当中大部分都有NGC的编号，这意味着它们也都在星云星团新总表中，这个表是1888年约翰·德雷尔根据赫歇尔的数据编写的。将这些天体熟记在心并非难事——你只需了解它们的模样，就是说不需要知道它们的名字——这本身就是一桩乐事，就像在伦敦的街道上慢慢摸索一样。

发现一颗彗星，平均需要300小时的观测时间，耐心是不可或缺的美德。刘易斯·斯威夫特在1877年到1881年间，平均每年发现一颗彗星。尽管他因髋部断裂而跛得厉害，他还是坚持定期在黎明前起床，用一只购物篮装着他望远镜的光学零件，到位于纽约市罗切斯特的达菲苹果酒作坊去。到那里，他爬上三级台阶，爬到屋顶，在正式工作前会先巡视全天。“躺在床上是找不到彗星的。”他说。[13]乔治·E. D. 阿尔科克是一名退休的英文教师，常年为病躯拖累，却透过他自己卧室那紧闭着的双层玻璃窗观测，并发现了IRAS–荒木–阿尔科克彗星。[14]这是老阿尔科克第五次发现彗星，而他在发现他的第一颗彗星之前，已经连续搜寻了近18年。

1988年3月19日黎明，戴维·列维在巡天的时候，看见“一个像是侧面朝向我们的旋涡星系……拉得有点长，但比我印象中的旋涡星
151 系更弥散”。第二晚他又看向那个斑点。“那个星系不见了！但稍微偏北的地方另有一个旋涡星系，这个星系又有非常清晰的中央内核。因为它看起来不像先前的那个天体，所以我绘出了它的位置，怀疑自己是不是错认了另一个星系，然后又去睡觉了。”第三天晚上，列维又检查了一次。他没在第一个位置发现任何星云的迹象，而第二个位置上，先前那个“星系的中央内核”变成了一颗清晰的恒星，周边围绕着的星云状物质没有了。“‘应该是一颗彗星叠在一颗恒星上了。’我想。我握着望远镜，意识到这可能是一个特殊的时刻。如果我猜得没错，只需要把望远镜稍向北移动不到1度的距离，就能看到一颗彗星。我屏住呼吸，尽力不颤抖，把我的16英寸反射镜往北推了点。就在那里了，这颗调皮的彗星在这场猫捉老鼠的游戏中输了。我及时上报，这颗彗星被命名为列维1988c。”[15]

有时，一些彗星是在观测者看别的已知彗星的时候被发现的。百武裕司是一个非常有风度的前报社照相制版师，他的气度很符合他的姓氏——他的姓是“一百个武士”的意思——他开开心心地观测着C/1995 Y1彗星，那是他5周前新发现的彗星，结果他在附近一个云洞中间又看到一颗新彗星。“我对自己说，‘我一定是在做梦’，”他回忆道，“我放下我的双筒”——他当时在用一副非常大的、装在支架上的25×150双筒望远镜——“我冷静了一会儿，然后开始描绘这个在背景中显现的彗星状天体。”百武2号彗星，这颗裸眼可见的壮观大彗星，最终成为全世界的科学研究对象和蒙昧者的崇拜对象，也改变了这颗彗星的发现者的生活。

“我自问为何我会发现这颗彗星，因为我并不是全身心投入一项爱好的人，”百武说，他遵从家人意愿，一周仅观测数小时，“电话响个不停，我太太都没法打电话。突然万众瞩目，我有点不知所措，受瞩目的应该是那颗彗星才对。”[16]

艾伦·海尔是一名研究系外行星的专业天文学家，他几乎与汤姆·波普同时发现了海尔–波普彗星，后者在凤凰城建筑材料公司零配件部门供职，是一名业余天文爱好者。他们分别在亚利桑那和新墨西哥观测，相距90英里，两人从未见过面。海尔当时在午夜前观测了一会儿阿雷斯特彗星。在等待第二颗彗星——达雷斯特彗星升起的时候，他回忆道：

> 我打算看点人马座的深空天体打发时间，我刚把我的（16英寸）望远镜朝向（球状星团）M70，就注意到了视场
> 内一个毛茸茸的东西，2周前我看M70的时候它还不在那 152
> 儿。我检查确认了自己在看的确实是M70，而不是这块天区里其他许多球状星团之一。我又检查了不同的深空天体表，然后运行了位于马萨诸塞州剑桥的国际天文学联合会中心局的彗星鉴定程序。同时我又给中心局的布赖恩·马斯登和丹·格林发去邮件，告知他们我可能发现了一颗彗星……我继续跟踪这颗彗星，一共持续了约3小时，直到它沉入西南方向的树丛中，然后我才得以发送一份包括了两个位置的详细报告。[17]

与此同时，波普也在用一架由朋友自制的17.5英寸多布森望远镜观测M70。这架望远镜和大部分多布森望远镜一样，是没有转仪钟装置

的。波普查看着这个球状星团的时候，它漂出了视场，彗星漂了进来。

当天文学家预测了一颗“大”彗星——就是裸眼轻易可见——结果它却偃旗息鼓，那么加于彗星发现者头上的声名也就可能变得苦涩。被大肆宣传的科胡特克彗星到头来能量耗尽，最终也没能大放异彩，它的发现者——捷克天文学家卢博斯·科胡特克成了期望越高失望越大的代名词。我敢大胆预言，科胡特克下次回归时会非常壮观——之所以能这么大胆，是因为下次回归要到70年后了。

很多彗星在照片中看起来都很相似，而用望远镜看，每颗彗星都很独特，还可以在数小时内变换模样。你可以用低倍目镜看彗星飘逸的尾巴，也可以用高倍镜研究它恣肆的彗核。1997年4月4日晚上，我在石山看海尔–波普彗星，在高倍镜中，围绕着彗核的尘埃有明显的旋涡图案。（彗核非常大，直径超过40千米，靠近太阳的时候会喷出大量的尘埃云。）我未曾见过这种情况，起先怀疑这个旋涡是某种幻觉——可能是由光学部件的缺陷造成的。但我将望远镜指向邻近的恒星，它运转如常，我换上不同的高倍目镜，彗核里的旋涡依旧在。随后哈勃空间望远镜拍下的照片显示，出现这个旋涡是因为一股强烈的喷流把灰尘从旋转前进的彗核中喷出来，就像水从草坪灌溉器中喷出来一样。

彗星并不会像流星一样划过天空，但相较于背景恒星，它们确
153 实会移动得非常快，要对它们进行长曝光摄影，望远镜就得跟踪它们而不是背景中的恒星，而且越靠近地球，它们自身的运动就变得越明显。IRAS–荒木–阿尔科克彗星在距离地球300万英里的地方擦过，是1770年以来最靠近地球的彗星。在加利福尼亚好莱坞的明亮灯光中，我用便携望远镜观测这颗彗星，能看到它相对背景恒星的运动，在这几分钟内，它简直是滚滚前行啊。

短周期彗星——指那些相对来说轨道比较小，数年或数十年而非数世纪就会回归到太阳身边的彗星——为观测者提供了比较它们每次出现时的外形和表现的机会，有点像只能在同学聚会上遇见的老同学。哈雷彗星是比较典型的短周期彗星。这颗彗星以埃德蒙·哈雷命名，并非因为他是发现者（他并不是），而是因为他计算出了它的轨道，并与历史数据做比较，精准推断出，曾被认为不同的三颗彗星——1531年、1607年和1682年的——其实是同一颗彗星在不同时间的回归。（幸亏世界各地的早期观星者有着良好的记录习惯，关于哈雷彗星的观测记录最早可以追溯到公元前239年。）哈雷彗星的76年公转周期恰在人类寿命可及的范围内，所以生逢其时的话有望看到两次。我的儿子就可以。他生于1986年3月23日，我和他妈妈带着刚出生一周的他到约书亚树国家公园漆黑的沙漠去，把他举得高高的，让他能看见最靠近地球时的哈雷，那时彗星即将离开太阳。（他自己当然不记得了，但我一直在提醒他，这样他有望在76岁时至少记得我们告诉他他看到过哈雷。）马克·吐温出生的时候哈雷用肉眼可见，他预言自己的生命将在1909年哈雷回归的时候终结。“我和哈雷彗星一起在1835年来到这个世界。明年它又要来了，我希望我可以和它一起离开，”他写道，“万能的上帝很可能说过：‘这就是那两个难以解释的怪胎，他们一同进来，也必须一同出去。’”[18]马克·吐温一语成谶。他于1910年4月21日去世，就在哈雷过近日点后的一天。

一直以来，彗星被认为是不祥之兆——从某些方面来说，这个恶名对它而言也并非完全不实，因为几十亿年来，彗星和小行星的撞击确实曾给地球带来许多次灾难，这个我们下一章再说——而陨石素来被敬为天堂使者。在埃及语中，“铁”的本义是“天堂的雷霆”，赫梯人 154
和苏美尔人也将铁称为“天堂之火”，亚述人则称之为“天堂的金属”。

在图坦卡蒙法老王墓穴里被发现的一把匕首，很明显以富含铁的陨石锻造；学界一些观点认为，古代金工会受命以陨石为材料制作仪式性的武器，因而想办法让熔炉温度高过铜的熔点，即1 980华氏度，一直到铁的熔点，即2 795华氏度。“陨石造就了铁器时代的跃进。”天文学家布拉德利·E. 谢弗总结道。[19]如果是这样的话，人类文明的基础，
155 有一部分就是建立在这些天外来石之上了。

# 彗尾：
## 拜访戴维·列维

1991年11月，我第一次去见戴维·列维的时候，他那彗星猎手的名声还只是在天文爱好者圈子里流传，出了这个圈子就没人知道了。3年后，他的名字家喻户晓。这个变化来自他的发现，他与天文学家尤金·舒梅克和卡罗琳·舒梅克夫妇一起发现了舒梅克–列维9号彗星，在一连串撞击中，它盛大的死亡被列维形容为“另一世界前所未有的奇景”。

列维住的小屋在亚利桑那州图森最边远的郊区，非常低调，犹如远日点的一颗彗星一样遥远而不起眼。在它的四周，粗糙的木板遮挡着当地的灯光。屋顶有观测平台，当地的工人建好它的第一个晚上，他就在上面发现了一颗彗星。“我和他说：‘只要找到一颗彗星，这些付出就是值得的。’”列维回忆道，“现在看，确实值得。”

他的望远镜都堆在一个逼仄的小棚屋里，像挤在一起过冬的家畜，看起来一点气势也没有。一架白色反射镜安在列维本来应该用来坐的、价值10美元的长凳上，宛如公园里的一个害羞的求婚者；通过操作一个鱼线轮，他可以控制望远镜的运动。一架16英寸多布森反射望远镜被列维唤作“米兰达”，外面绑附着一个蓝色卡纸筒和一个花3美元买的二手寻星镜。此外还有两台光滑的施密特摄星仪。唯一值钱的是一把精致的电动转椅，它可以让列维坐在椅子上大幅度扫视天区，这是他用一架旧望远镜换来的。列维用这些简陋的设备，到2001年一共发现了21颗彗星，这让他成为史上发现彗星数量排名第三的扫荡者。多布森望远镜镜身上镶着的铜牌证明着主人的发现，上面有"1984t，11月13日"、"1989r，8月25日"，还有"1990c，5月20日"，分别是指记录在册的列维–鲁坚科彗星（1984t）、冈崎–列维–鲁坚科彗星（1989r）和列维彗星（1990c）。

列维生于蒙特利尔，幼年患有严重的哮喘，14岁的时候被送到位于科罗拉多州丹佛的专门收治哮喘儿童的犹太民族之家。他带着他
156 受犹太洗礼时候收到的礼物——一架小望远镜，经常在晚上溜出去用它观测。他夜间的行踪吸引了他医生的注意，医生问他："你为什么夜里不睡觉？"

"我不是不睡觉，"小列维答道，"而是出去用我的望远镜观测海王星。"这个医生想了想，然后说："作为医生，我要求你继续观测海王星。别让哮喘挡住你想做的事。"

列维就这样观测着，经过了15年的搜寻，在1984年11月13日，他终于发现了他的第一颗彗星。那一晚他在和他的朋友隆尼·贝克一起吃晚饭。数日的多云之后，天终于放晴，吃饭时他的目光不停地越过她的肩膀朝窗外望，这让她非常不耐烦。列维片刻都不想耽搁了——黄昏和黎明是猎取彗星的最佳时机，这时候最有可能发现之前未被发现的彗星出现在日光中——列维迅速结束了晚上的活动，然后溜之大吉。

"好啊，你敢丢下我，"隆尼在他身后喊道，"你最好给我找到一颗彗星！"

他还真找到了。他只花了1小时7分钟来巡天，就在天鹰座内

NGC 6709星团附近的天区发现了一个毛茸茸的斑块。“星团和小绒毛之间的对比那么美，我就知道一定有什么地方不对，这么美的东西，应该在任何天文画册里都出现过，”他回忆道，“不到10分钟我就有了答案，那个毛茸茸的斑块在动！”他向哈佛当局上报了这颗彗星［后来它被命名为列维–鲁坚科彗星（1984t）］，然后给隆尼打电话。“那么你今晚给我找到彗星了吗？”她问。他说“找到了”的时候她笑了起来，列维回忆道：“我告诉她亮度，她又笑了。直到我告诉她位置、方向和移动速度，她才不笑了。‘天哪，你是认真的！’”[1]

我见到列维的时候，他已经发现12颗彗星了，有些是用他的后院望远镜看到的，还有一些——最近发现并加速增加的——是他和舒梅克夫妇一起在帕洛马山用0.46米施密特–卡塞格林望远镜拍摄照片时找到的。这是个被称作“帕洛马小行星和彗星巡天”的项目，一次典型的观测会历时7晚，产出的照片超过300张。列维会卷着铺盖，开一辆破旧的车上帕洛马山，在那里整整工作一周，然后再开车回家。他申请了报销差旅费，不过一分钱也没收到过。

列维没上过天文学的课，也不从事与科学相关的工作，但他对待自己的观测是认真的。“天文对我们业余爱好者来说并非谋生手段，但也绝不仅仅是一个爱好而已，”他告诉记者，“它是我们本能中的一部分……如果你是一个专业天文学家，那么每天做天文工作就是为了挣 157
钱。这本无错，也并不意味着你不可以同时也是个爱好者。”[2]

《星光之夜：观星者历险记》是列维的圣经，这是一部狂热的回忆录，作者是已故的莱斯利·佩尔蒂埃，哈佛大学天文台的哈洛·沙普利称他是“世界上最伟大的非专业天文学家”。佩尔蒂埃的天文爱好者生涯始于童年，他在一生中发现了12颗彗星、6颗新星，还记录了132 000次变星观测。列维多年来都随身带着这本书，并且重新装订了它，覆以好看的黛蓝色皮面，同时添加了一些空白页，记录下他引用过这本书的所有演讲。[3]这本书后来几乎成了他演讲的所有内容来源。我在图森和列维一起参加了一场业余爱好者的见面会，原定的讲话人却缺席了。列维遂做了个即兴演讲，他掏出自己随身携带的《星光之夜》，朗读了一段文字，佩尔蒂埃在其中描述了1925年11月13日周五，他用6英寸望远镜发现一颗彗星的经历。那时候佩尔蒂埃20多岁，还住在俄亥俄州他父母的农场上，他骑着旧车穿过黑夜，前往城里的铁路信号塔，给哈佛发电报汇报了这颗彗星。回家路上佩尔蒂埃想着："这封电报发出去后会怎样？今晚哈佛的人会不会根据它，用加利福尼亚的大望远镜找到那颗彗星？也有可能它到了剑桥，只换来一句不失礼貌的话：'哎呀，这可真好，俄亥俄州的一个小伙子发现了一颗彗星，不过这颗彗星6周前就已经被发现了！'"[4]

他的发现是真的——佩尔蒂埃的第一个发现——他将这颗彗星的名字"佩尔蒂埃"镌刻在他望远镜的木柱上，后面是代表年份的"1925"。列维用狂热的语调读着这一段，当报告结束时，他按惯例在护身符版的《星光之夜》上用蓝色钢笔记录下时间和地点。

"彗星猎手就像巡夜人，"列维一边和我一起打开他的天文台，一边和我说，"你几乎每晚都得在外面。要看彗星随时都可以看，但如果想找到新彗星，就得一直盯着。实际上我每次都要花1个小时，每一点视场都要检查一两秒钟。我最高纪录是持续观测了9小时40分钟。"

他打开一个老旧的短波收音机，那是他爷爷给他的礼物。机身散发着琥珀色的光泽，预热几分钟后，里面哼唱起经典的摇滚。天色渐暗，我们把巨大的蓝色多布森望远镜对准仙女星系、蟹状星云，还有
158 斯蒂芬五重星系。两颗流星划过天空，那是金牛流星雨的尾音，稀薄却固执。沙漠的夜空黑得像炭一样，我们可以清晰地看见苍白的黄道

光。我的思绪飘得很远，飘向围绕着太阳转动的一切——小行星、彗星、尘埃颗粒、数不清的石块和雪球……

"亲眼看到这些东西会有非常美妙的感觉——宛如魔法一般，"列维若有所思地说，"天文爱好者做这些是发自内心——我们情不自禁。我们的心与灵魂，都连接着天空。"

我们最后观测的天体是木星——这也是戴维·列维在12岁的时候用望远镜看到的第一个天体。其实当晚有个彗星正在木星周围运行，只是没人知道，它太暗弱，我们看不见，但它注定会受到瞩目。6个月之后列维和舒梅克夫妇发现了它，整个世界的目光都投向木星，我们关于自身在宇宙中很安全的概念——我们假设远方的天体都会保持老样子——被永远地粉碎了。 159

第十二章

# 天上的害虫

你完全呈现出来，沉默，凝神，思索着你最爱的主题，
黑夜、睡眠、死亡和星辰。

—— 沃尔特·惠特曼

天空中的彗星就像大海中的鱼一样多。

—— 约翰内斯·开普勒

千禧年年尾的一个傍晚，在位于华盛顿的NASA总部，我们八个人在一个拥有落地窗的会议室里围桌而坐，窗外是晚高峰时期的高架公路，被堵得水泄不通。这是NASA指导委员会的年度会议，主题是“近地天体”，即小行星和彗星这种可能会撞击到我们地球的、体积大到会带来实质性灾难的天体。(我们要指导的当然不是彗星和小行星——目前还没人尝试过——而是别的相关委员会。) 我们的会开了8个小时，咖啡壶里的咖啡沸了一遍又一遍，已经没人去喝，只有一个瑞典的天体物理学家热了一只早就冷掉的早餐卷，正犹疑地啃着。这一天即将结束，现在的发言者正在讨论小行星1998 OX4——一个“短弧”小行星，就是说它在天空中的位置只被记录过几次，然后它就消失了。短弧小行星一旦消失了——可能是因为天气不好、满月、在天空中离太阳太近，或是别的什么原因——就很难再被追踪到，因为刚发

现它们时获得的有限的轨道信息不足以计算出它们的去向。

获取小行星1998 OX4的图像只用了9天时间，我们唯一掌握的
信息就是它的运行轨迹有点乱。“撞上地球不是不可能。”发言者提醒 161
我们，现在要排除它撞上地球的可能性还为时尚早。这里也没人知道从哪里找起：如今距离它失踪已有2年，它现在可能在将近半个天区中的任何一个地方。发言者提到，也许我们可以先计算一下，如果小行星要撞向地球，轨道应该是什么样的，然后推算到它还没撞上但已经亮到肉眼可见的时间，看它那时候在什么位置，假如那里什么都没有，我们就可以松一口气。但目前还没有类似的项目在进行。我们讨论了一下天文爱好者在搜寻这样的失踪小行星方面的价值，指出如果越来越多爱好者能够拥有“米级”望远镜——就是孔径大约在40英寸的望远镜——会比较有帮助。但拥有精良的大型设备，能够在某块天区进行可靠的小行星搜索的爱好者并不多。所以这个议题只能日后再说了。

小行星和类似的彗星一度被一些天文学家冠以“天上的害虫”之名，他们视其为不受欢迎的干扰，像闯进温网赛场的裸奔者。小行星常在长曝光的深空图片上留下难看的痕迹。彗星尚可观，但也很难引起人们的兴趣，像一个上镜却不善于表演的电影明星。公众对小行星没什么评价，因为小行星一般很难看到，但舆论将彗星视为凶兆——“人或兽的常见死亡原因”，16世纪英国数学家伦纳德·迪格斯这么形容它。[1]之所以产生这种说法，无非是因为彗星尾巴的外形像一把可怕的剑，而科学家则不以为然地斥之为迷信。但这算是历史上具有讽刺意味的事之一，最近的科学研究表明，从某方面说，彗星和小行星也确曾证实或洗刷过它们的名声：它们可能确实会带来死亡。

地球没有保护罩。自古以来我们的地球家园遭受过大量的小行

星和彗星的撞击，它们都大得足以导致严重的灾难，现在地球上仍有许许多多的大石块。一颗直径100米的小行星可以夷平一座城，一颗千米级的小行星可以让人类文明倒回到弗拉德三世[*]时代，直径10千米的彗星则可以消灭地球上的大部分生命。所幸大型撞击要比小型的罕见得多：像灭绝了恐龙的那次10千米级的撞击，1亿年来只发生过一次。这种撞击可能性虽小，然而还是有的。体积有如超大型油轮
162 的大块彗星或是小行星，破坏力堪比战略核弹头，每个世纪都会有一两次撞击。1908年有一颗小行星在西伯利亚森林爆炸，摧毁了2 000平方千米的树木；它如果再晚4小时抵达，就能摧毁圣彼得堡。每天都有十几颗小房子那么大的石头和我们擦肩而过，距离比月球还近，每年都会有几颗撞向我们，通常都冲入大海，或是在海洋上空爆炸。1994年，太平洋上空发生过一次爆炸，没人看见，但它触发了军方的传感器，引起了多方注意，美国总统和副总统都不得不在凌晨4点爬起来听关于这次爆炸的汇报。1996年11月22日，一颗和前面那颗差不多大的天体撞击了洪都拉斯西部，撞出一个165英尺宽的大坑，在咖啡园中燃起大火。如果差10小时，它就会撞向曼谷和马尼拉的市中心。

10千米级别的天体撞击是很可怕的，可以对地球上的生物演化进程造成实质性改变——很明显这在以前就发生过。很多破坏都是连锁反应：撞击物撞击时气化，并累及撞击区域内的旱地或海床，熔化的巨石被炸得到处都是——当中有些在亚轨道划出弧线，像洲际导弹一样，飞到地球另一边去了。这些火种让全世界到处都在燃烧。大火产生的碳烟和撞击带来的尘埃把大气层裹得暗无天日，长达数月。没有阳光，生态系统崩溃了，陆地上大部分生物和有阳光照耀的浅海地

* 弗拉德三世，15世纪瓦拉几亚（今罗马尼亚）大公，以用极刑惩罚战俘和反对者而著称。——编注

区的生物都难逃厄运。6 500万年前尤卡坦那次撞击结束了恐龙在地球上的统治地位，也灭绝了当时世界上大部分存活着的物种。2.5亿年前的二叠纪–三叠纪灭绝事件也可能是撞击导致，有85%的海洋生物灭绝，陆地上的死亡率更高。

20世纪末，科学研究将撞击的黑暗事实大白于天下，研究小行星和彗星的天文学家及业余爱好者都开始变身了，他们像在电话亭里换上披风的超人一样，从搜寻天体害虫的凡人变成了英雄，可能有一天会拯救世界于水火。这故事的来龙去脉有助于我们理解业余科学、专业科学和迷信之间的互动。

在许多个世纪里，有学问的天文学家不相信石头会从天外来，关于陨石坠落的报告一直不被重视。1790年7月24日，法国巴博唐的居民报告了一起流星雨击中他们农田的事件，结果被《实用科学期刊》给嘲笑了一番。1807年12月14日，有人在康涅狄格州韦斯顿目击到了一个非常大的流星体，尽管有两个耶鲁的教授调查做证，但这个记 163
录依旧不被采信，至今主流书刊仍旧重复着托马斯·杰斐逊对于这个“假新闻”的高尚态度：“我宁愿相信两个教授撒谎，也不信石头会从天上掉下来。”[2]淳朴农民用结满老茧的双手捧着陨石，这样的故事受到了当局的蔑视；那些仅把科学当成一种宗教的人添油加醋，为首的神职人员对直接动摇神学教义的证据充满敌意。但事实往往更加微妙。

18世纪的科学家确实会忽略陨石坠落的报告，但他们的问题并不在于狭隘的教条主义。他们另有一套理论——这些被村民带来的烧焦的石头是被闪电击中过——这在以1752年本·富兰克林著名的风筝钥匙实验为标志的时代，可以完美地回答那些投入的研究者。对于人们所见到的划过夜空的流星，学院派教授们则倾向于依赖亚里士多德的权威，他的《天象论》将其解释为大气层中的火焰喷流。[3]18

世纪晚期到19世纪，科学家开始怀疑这些理论，因为更多的报告将夜空中的流星闪光与早晨地面发现的石头联系起来。歌德写过的科学研究著作比他写的诗和剧作都要多，他检验了这些证据，到1801年开始相信，陨石来自大气层之外很远的地方。同样改变了看法的，还有当时非常有影响力的法国科学家让-巴蒂斯特·毕奥、皮埃尔-西蒙·德·拉普拉斯和西莫恩·德尼-泊松。泊松代表的是法国科学院，他研究了有关1803年4月23日在诺曼底莱格勒坠落的数百颗陨石的报告，并表示这是可信的。

当然，科学家也得让自己保留一种必要且专业的怀疑，正是这种怀疑态度而非那种依附于教条的成见，使得许多人对于陨石抱着保留态度。托马斯·杰斐逊对陨石的观点就有点被扭曲了。关于康涅狄格州韦斯顿的陨石，两个耶鲁的教授认为是来自天外，我们以为杰斐逊会指责他们说谎，然而他写信给收藏了一块韦斯顿陨石碎片的丹尼尔·萨蒙："对于不能解释的东西，我们当然不能否认它们的存在。每天都有千万种我们无法解释的现象在发生，无法与我们已知的任何自然定律相谐，但事实表明，它们的真实性需要得到与其难解程度相称的证明。"[4]受到1799年11月12日夜晚坠落在英国和法国的流星的触动，杰斐逊写信给检验员兼天文爱好者安德鲁·埃利克特：

164 我并不知道这是否违背自然定律，因此我也并不能说这不可能，只是它不符合我们见到过的任何自然现象，所以尤其需要强有力的证据……我的一个睿智直言的诤友曾给我详细地描述过他亲眼看到的一次鱼雨。我知道他不会说谎。他这样的人为何会被这种事实欺骗，对我来说也是很难解释的，就像很难解释这样的事实怎么会发生一样。因此我说服自己的理性保留这个问题的答案，直到又有鱼雨落下，确认它的存在。[5]

石头——还有鱼，当然是在被水龙卷裹挟的时候——是会从天而降的，最终陨石来自天外这个事实为科学家所接受。但还是有很多人不相信一块大石头撞击过地球，并且因此改变了地质记录，导致了大量物种灭绝。对这种观点的保留态度，背后隐藏的其实是对灾变论的一种专业的排斥——灾变论来自与达尔文相反的宗教观念，它认为地球只有几千年历史，地质编录中关于大灾变的证据，被视作地球短暂历史中几次灾难的产物，比如诺亚及其动物方舟从中幸存下来的那场大洪水。有关从天而降的灾祸的讨论，对于科学渐进主义者来说是不利的，后者将其与无知的反达尔文主义联系了起来。

彗星尤其让科学家厌恶，它像马利的鬼魂*一样闯入天文界，拖曳着一环环的迷信传说。彗星一直被广泛认为是不祥之兆，预示着可怕的事情，比如1665年伦敦的瘟疫，还有一些名人的逝去——从公元前44年的尤利乌斯·恺撒到公元877年的秃头查理。“彗孛……皆逆乱凶，”7世纪的李淳风**写道，“除旧布新之象。”还有一首在德国妇孺皆知的诗歌：

> 当彗星高高在上，出离愤怒，
> 它带来八样物事：
> 风、饥荒、瘦病，还有死神，
> 战争、地震、洪水，还有异变。[6]

---

* 查尔斯·狄更斯的小说《圣诞颂歌》中的角色。——编注

** 李淳风（602—670），唐代天文学家、数学家、道士，著有占星学著作《乙巳占》等。——编注

虔诚的教徒被告知，这些都是惩罚他们的罪恶的天谴。路德会的主教安德烈亚斯·塞利休斯于1578年根据这种说法炮制出一种道
165 德天体物理学，宣称彗星是“厚厚的人类罪恶凝聚的灰烟，每日、每时、每刻都在增长，愈发恶臭骇人，在面对上帝之前，愈积愈厚，最后变成了彗星”。[7] 1680年的大彗星像一艘幽灵船似的航行在夜空之中，克里斯托弗·尼斯警告说它是“上天传达的讯号，预示着干旱和战争”。[8]相信他的人数量众多，哲学家皮埃尔·贝尔抱怨说，那些吓坏了的有罪的人焦虑不安地前来咨询，把他工作都打乱了。

同时，天文爱好者埃德蒙·哈雷在英吉利海峡的一艘船上也看见了这颗大彗星。到法国以后，他与天文学家让-多米尼克·卡西尼见了面，两人讨论了关于彗星的理论，认为彗星并非是上帝投下的导弹，而是太阳系内的一种天体，其运行轨道是可以预测的；还有些历史记录中的彗星，可能是同一颗彗星在不同时候的回归。回到英国后，哈雷想办法见到了出了名地难以约见的艾萨克·牛顿。哈雷问他关于彗星轨道的问题，牛顿说他老早就解决了这个问题。哈雷促请牛顿写下他的发现，然后安排发表了成果——《自然哲学的数学原理》，这本书震惊了学界，也诱发了启蒙运动。在这本书中，牛顿证明了彗星确实是太阳系的旅行者，在既定的轨道上前行。哈雷随后计算了那颗后来以他的名字命名的彗星轨道，预言其将于1758年回归，以这种宏大的方式证明了牛顿的观点——哈雷去世的16年后，它如约回来了。[9]

多亏了牛顿和哈雷的努力，彗星成了科学与迷信争论的焦点——这确实至关重要，在当时只有少数群体才投身于科学研究，以至于伦敦皇家学会成员自认为有责任告诉民众，说彗星是凶兆毫无根据。和今天人们对于占星学的看法一样，在18世纪，你对彗星的看法就是你是否具备认真的思考能力的量尺。你如果无知且迷信，就视彗星为危

险的凶兆；你如果受过科学教育，就能理解它们是有规律可循的宇宙中可以预测的部分，没什么好害怕的。每次哈雷回归，文化上的拉锯战就又会沸反盈天，就像斯科普斯审判案*每隔76年就重新来一次，而科学最终占了上风。哈雷彗星于1910年回归，尽管俄克拉何马的一个治安官不得不阻止一伙狂徒献祭一个童子的企图，但这次回归毕竟还是促进了科学而非愚昧的发展。到了1982年哈雷彗星再次回归时，就不再有童子受连累，由6个太空探测器组成的小舰队对彗星进行了详细的勘查，其中一个探测器是由欧洲太空总署和NASA联合发射 166
的“乔托号”，它拍下了哈雷那千疮百孔的彗核，精确地测量了它的大小——约16千米长，8千米宽。

18世纪天文学家绘制彗星的轨道，就是为了找到更多周期性的同类，他们发现，确实有些彗星离地球近得让人担心。1702年到1797年间，人们观测到的在距离地球2 000万英里内掠过的彗星有8颗，当中有一颗1770 I莱克塞尔彗星在距离地球1 300万英里的地方擦过，彗发在天空中是满月的5倍大。显然，用哈雷自己的话说，直接相撞“不是完全不可能的”。[10]伏尔泰在他的名作《牛顿哲学原理》中援引了这个观点，并提出问题：“如果地球发现自己（和彗星）在同一个点上，对地球来说这是怎样的惨剧啊？两枚炸弹在空中碰撞爆炸，也不会有地球和彗星碰撞这么惨烈。”[11]数学家皮埃尔-西蒙·德·拉普拉斯提出，彗星碰撞可能意味着“全部物种灭绝，人类的工业化成果全部倾覆”。[12]1857年的一则法国漫画展示了一颗凶神恶煞的彗星将地球撕裂，月球像撞车大赛上的观众一样在旁边笑着欣赏。

---

* 1925年，美国田纳西州颁布法令，禁止学校讲授“人由低等动物进化而来”。美国民权联盟找到戴顿镇的教师约翰·斯科普斯，在宪法的基础上挑战该禁令的合法性。该案件内容关系到科学与宗教信仰，引起美国公众的广泛关注。——编注

但天文学家也在逐渐打消彗星撞地球的疑虑。书本上一直在强调历史上任何时候撞击的概率都很低，并且——错误地——补充道，因为彗星含冰，所以被彗星撞到就像被一颗雪球砸中。(彗星更像是一颗混杂着石块的冻雪球，被像哈雷这样块头的彗星砸一下，可是够受的。)根据1770 I莱克塞尔这样擦肩而过的彗星，科学家计算出，大彗星撞击地球的概率大约是1 000万年一次。但是那时候的人大概很少意识到地球已经存在了那么久。

到了20世纪就不太一样了，天文学和地质学的计时技术不断进步，人们愈发清楚，地球已存在几十亿年之久：这个时间尺度下，那惊天动地的、几亿年才有那么一次的撞击，比如尤卡坦恐龙灭绝事件，可能已经发生过好几次了。科学家们研究航拍和太空中拍摄的地球照片，发现地球上布满了撞击坑的痕迹，多数已经被严重侵蚀，之前都被忽略了。最终确定的地面撞击坑不少于150个。在魁北克的马尼夸根，一个100千米的圆环内有两个因造水电站而回流的湖泊，它其实是一个2.12亿年的撞击坑，在地面上从来没被看出来，直到人们从太空
167 中看，它才显出一个撞击坑的形状。在法国中部的维埃纳谷地，罗什舒阿尔和另外两座毗邻的城市被发现是躺在一个直径23千米的大陨击坑里，罗什舒阿克的一座典雅的庄园宅邸所用的石块，正是1.86亿年前在撞击产生的火球中熔融而成的。这世界看起来没那么安全了，彗星和小行星也不再亲善。

1993年3月23日晚，天文学家尤金·舒梅克和卡罗琳·舒梅克夫妇与天文爱好者戴维·列维在帕洛马观测的时候，彗星导致灾难的可能性被盖棺论定。三人做巡天工作已逾10年，主要关注彗星和小行星，然而当夜阴云密布，并不值得浪费胶卷。“每放一次胶卷到望远镜中，就要花费将近4美元，”尤金提醒卡罗琳和戴维，“天气这么坏，我

们浪费不起胶卷。”但在列维的怂恿下，他们还是曝光了几张照片，用的是从箱底取出来的有点起雾的底片，这只箱子之前不小心在太阳光下打开过。

卡罗琳·舒梅克两天后检查了这些底片，看到木星上有个奇怪的斑迹。“我不知道那是什么，”她说，“但看起来有点像一颗压扁的彗星。”[13]出乎意料的是，这还真的是一颗彗星——这颗彗星于1929年被木星捕捉到，后来一直绕着木星转，没被发现。现在这颗巨大行星的潮汐力正把这颗彗星撕碎，让它看起来像一串珍珠。珍珠化作袖珍彗星——当然不是所有的都很袖珍，其中最大的一颗直径超过了5千米——它们排成一条线，每个都有自己发光的尾巴，在观测历史上是独特的景象。[14]

日本天文爱好者中野修一计算出舒梅克–列维彗星最终将撞向木星，NASA喷气推进实验室的保罗·乔达斯对彗星碎片进行了撞击预测，电脑程序运行的结果令他大吃一惊。“我已经习惯了看到零，”他回忆道，“突然一个50%的数字出现了。”[15]乔达斯在晚饭时间回到家，帮助太太照看他们4个月大的小孩，他的同事唐纳德·约曼斯继续值守，处理着数据。约曼斯确认了舒梅克–列维的珍珠串最终将撞向木星，而且很快就会撞上去。

16个月之后，一切都如预测的那样发生了。撞击始于1994年7月16日夜，彗星碎片一头栽进木星，前赴后继，像结冰的高速公路上卡车连环相撞一样。它们在木星的高空大气爆炸，升起华丽的火球，在大行星那橘色和沙色的云带上留下一串可怕的黑色污点，持续数周之 168
久。少数目睹了这空前景象的人对这颗可能威胁到地球安全的彗星也并不以为意。就在这次宏大的彗木相撞之前，加利福尼亚州芒廷维尤NASA埃姆斯研究中心的天文学家凯文·扎恩勒大胆地说，“这颗彗星的逝去让太阳系对我们来说稍微安全了那么一点点”。

“但感觉上并不是这样，对不对？”扎恩勒在撞击后反省说，“太阳系看起来不再像之前那么遥远。我们就在这里，靠近边缘，一条薄薄的蓝线保护着我们远离宇宙的凶恶。总有一天我们的天空屏障会被一种穷极想象的蛮力撕裂。这之前就发生过。你可以随便问哪一只恐龙，只要你能找到。这是个危险的地方。”[16]

在舒梅克-列维9号彗星撞击木星之前，专注于巡天搜寻彗星和小行星的专业天文学家“比一家麦当劳店铺里的员工还少”，NASA行星科学家戴维·莫里森回忆道。[17]此后，大量的人才因个人兴趣加入其中。他们的大部分研究集中于小行星，因为还有现有望远镜可观测到的数量庞大的小行星未被编目。美国空军一直以来被寄予保护地球的厚望，他们为位于白沙导弹靶场的地基光电深空监测天文台中的原属于顶级机密的望远镜部署了观测时间，用于搜寻小行星。天文台本来是用于跟踪数万颗绕地人造卫星的——从间谍卫星到被太空漫步的宇航员不小心弄丢的相机和其他工具。在为期10个月的观测中，天文学家用这个设备发现了1.9万颗小行星，其中有26颗的直径达到了1千米，也就是足以摧毁一个国家的级别。

到千禧年末尾，天文学家大约识别出了直径大于1千米的近地天体（NEOs）中的一半（近地天体是指轨道距离地球不超过2 800万英里的小行星和彗星），剩下一半是不太容易看到的，搜寻起来比较困难。寻找小行星就像在寻找复活节蛋：最大最亮的总是先被找到。剩下的小行星中多半是不容易看到的，要么是因为它们的表面更暗，要么是因为轨道偏心率高，小行星运行到靠近远日点的地方。在NASA的近地天体指导委员会的年会上，我们讨论了大型望远镜在这件事上的作用，但考虑到建造大型望远镜的时间成本，比较可行的办法是用现有可用的望远镜进行更长时间的曝光。

这就意味着，天文爱好者如果想要贡献自己的力量，就得拥有更 169
大的望远镜，或是持久的恒心，要么就得有格外的运气。要说拥有持久的恒心，莱恩·安博吉就是其中之一，他是马萨诸塞州菲齐堡莱明斯特高级中学的一名天文和环境科学教师。安博吉平常就用他的望远镜跟踪最近发现的一些小行星，获得一些额外的图像，以使它们的轨道数据更加精确，这项工作虽然乏味却必要。有一天晚上，两个前来拜访的业余爱好者和他交谈，使他分了心，又加上疲惫——他有一对4岁的双胞胎，他们每天早晨6点30分把他吵醒，而他观测完之后往往只有一两个小时可睡——安博吉在跟踪一颗小行星时，输错了坐标。结果就是CCD图像上出现了一条细纹，起先他将其归为宇宙射线，但他又一次拍摄了那个天区的图像，细纹又出现了，这一次几乎是在视场的边缘。安博吉向剑桥的哈佛-史密森天体物理中心小行星中心的布赖恩·马斯登汇报了这一发现，后者确认了他发现的是一颗近地小行星。安博吉和专业天文学家对这颗新的小行星2000 NM进行了进一步研究，确定它在100万年内对地球都不会有威胁，所以人们可以松一口气了。马斯登认为，专业天文学家之所以漏掉了这颗小行星，是因为它当时在冲日的位置——小行星在天空中和太阳呈180度角的时候最亮——那时是7月和8月，在专业望远镜最多的亚利桑那和新墨西哥，这正是雨量最丰沛的时候，当地人称之为“季风季节”。

安博吉的发现被公布，更有了动画和轨道图。“真是差一点点就错过了。”之后他感慨道，“看来，最重要的是要有耐心和恒心。如果你致力于天文，就要坚持观测，尽可能多地观测。只要你做得够多，就会有收获。”[18]

另一位天文爱好者罗伊·A. 塔克发现了一颗罕见的阿登型小行星——阿登型小行星大部分时间是在地球轨道内侧的。他是在位于图森的家中用一架14英寸望远镜加上CCD发现的。塔克当时在搜寻黄道带附近20度到40度范围内的天区，目的是回避“常见主带小行星聚集区域”。当他第一次注意到CCD图像上阿登型小行星的条纹，他就从它的长度上推断出它运行非常快，这就意味着它距离地球很近。他吓了一跳，只得对自己发号施令。“好，现在我该做什么？”他想，“先停下来。放松，深呼吸，不要激动。你还有工作要做。还有一个半小
170 时天就要亮了，还要做一些额外的观测，再晚这东西就要跑了。”他设法追踪这颗小行星，数夜之内，日本、澳大利亚、捷克和意大利的观测者都锁定了它。接下来的这一年里，塔克又发现了两颗拥有越地轨道的小行星。“大型的专业小行星搜寻项目极具竞争力，”塔克说，但是他又补充，“业余爱好者在天文发现上拥有更久远的传统，我可不要向专业圈投降。”[19]

南澳大利亚州伍默拉的弗兰克·茹乌托夫斯基在他家前院用一架12英寸望远镜发现了一颗具有潜在危险的小行星，它被命名为1999 AN10。“这是目前为止发现的第一颗可能冲撞地球并且体型大到足以造成全球性灾难的天体，”他对《悉尼先驱晨报》的记者说，“如果AN10真的撞上地球，飘散到大气中的尘土足以酿成撞击冬季。”[20]幸运的是，后续的观测显示它的轨道与地球刚好擦过。

彗星或小行星造成的威胁，是三个因素作用的结果，这三个因素是它的轨道、它的撞击速度和它的质量。首先它的轨道决定它是否会撞上地球。它的撞击速度取决于它的轨迹：彗星或小行星若落入地球轨道，最有可能的就是以相对太阳每秒42千米的速度移动，而地球的公转速度大约是每秒30千米，因此一个近地天体若是迎面撞击地球，

速度约为每秒72千米，若是从后面撞上来，相对速度大概是每秒15千米。近地天体的质量决定了在一定的撞击速度下可造成的损害：小行星几乎全部都由石头组成，而彗星还混有冰，密度比石头要低，所以在相同的质量下，彗星的体积是小行星的2倍。此外体积也有关系。一颗直径为100米的近地天体，无论是彗星还是小行星，都足以摧毁一座城市；一颗1千米级别的近地天体，则可以毁灭一个国家；一颗10千米级别的天体，就像撞击了尤卡坦的那颗，基本上就会毁灭世界了，现存所有生命都会被殃及。

为了评估这种风险，科学家将撞击概率和撞击物的质量相乘，得出都灵危险指数。这个指数以其所颁布的地点——一座意大利城市命名，它用简单的数字量化近地天体的危险程度，就像用于地震的里氏震级指数。都灵数值为0的天体，要么就是太小，对地球构不成任何损坏，要么就是它的轨道永远不会靠近地球。(你读着这些文字的时候，大气层中正有沙粒滋滋作响地燃尽，这些是都灵指数为0级的。大行星天王星也是0级，如果它朝我们这个方向过来那就糟了，当然这不会发生。）都灵指数为1级的天体是“需要密切监视”的。鲜有近地天体属于这一级：短时间内它们不会撞击我们，但我们必须多研究它们 171
的轨道，以防万一，因为它们的体积足够对地球造成损害。都灵指数为2级到4级的天体——“值得担忧的事件”——指的是体积大到至少有1%的可能性造成“区域性的灾难”。都灵指数为5级到7级就是“威胁性事件”，如果有这么一颗天体，人们发现它既有危险的轨道，又大到招致全球性的灾难，那就要祈求老天保佑了。都灵指数的8级到10级包含“确定会造成冲撞”的大质量近地天体。1908年发生在西伯利亚通古斯卡的爆炸，就是一次都灵8级事件（造成“局部损坏”），同样的事件可能还包括1930年在巴西雨林、1947年在堪察加的锡霍特山脉和1972年在西南太平洋发生的爆炸。9级的撞击（“区域性损坏”）在时间尺度上大约1 000到10 000年发生一次。都灵10级的撞击虽罕见，但一旦发生就是惨剧。恐龙在地球上的统治地位就是终结于一次都灵10级事件。

好在目前还没发现过都灵指数超过1级的彗星或小行星。(小行星1999 AN10被弗兰克·茹乌托夫斯基发现后，被评为都灵1级，经过了更精确的轨道计算，又被降到0级。）但业余爱好者或是职业观测者迟早会发现一颗高都灵指数的小行星或彗星，这只是时间问题——它们够大、够致命，并且几乎一定会撞上我们。那时候我们要怎么办？

首先，是小行星撞击还是彗星撞击，答案是不同的。

小行星有点像你的街坊邻居：你如果看到它路过并朝你挥手，就可以推定它之前也来过，只不过你没看见。一颗可能撞击地球的小行星应该是在之前就多次靠近地球，给了天文学家充分的机会——只要他们知道这颗小行星的存在——去计算它的轨道，认识它的危险，然后发射一枚火箭引擎让其减速，小心地将其移动到一条安全的航线上。(其实这样的行动也是有利可图的：NASA和亚利桑那大学太空工程研究中心的约翰·S. 路易斯估算，已知最小的富含金属的小行星——直径约1千米的3554号小行星蒙神星——富含价值3.5万亿美元的钴、镍、铁和铂金。[21])

然而彗星则像一个经年未见的远房表叔，突然神采卓然地出现在你面前，告诉你遥远世界的故事，却暗藏威胁。一颗长周期彗星第一次从奥尔特云坠落，抑或是消失数千年后回归，绝大部分业余和专业望远镜都是看不到的，直到它抵达木星轨道附近。如果它将要撞上地球，我们可能只有数月时间来部署防御措施。一颗在之前的观察中
172 一直沿着安全轨道运行的短周期彗星，到了下次回归，因为木星或是

别的大行星的引力作用改变轨道，可能突然就变得有危险了。一般来说，木星对我们而言是起到保护作用的，它可以把彗星甩出内太阳系，但有时候它也会把球掷向我们。[22]1770 I莱克塞尔彗星一度距离地球只有130万英里，原本有着安全的轨道，但在1767年后的某刻受木星影响，被送上一条新的、更危险的轨道。后来与木星的又一次相遇再次扰乱了它，让我们转危为安，但我们并不能确定，因为没人知道1770 I莱克塞尔目前在哪里。

牛顿在《自然哲学的数学原理》中阐述太阳系的时钟模型，将行星、小行星和彗星作为具有可预测性的范本来描述。但是随着柯伊伯带的发现、小行星和彗星数据的不断增长和累积，以及轨道演化的计算机模拟再现，人们越来越清楚地认识到，混乱同样是太阳系的组成部分。比如说，柯伊伯带和小行星带内部都有间隙。研究显示，这些间隙正是引力环境不太允许有稳定轨道存在的区域，所以天体如果在这片区域，就会被甩到更高或者更低的范围。海王星看起来一直是在柯伊伯带内侧边缘逡巡，和木星在小行星带外沿徘徊一样。根据电脑模拟，有一种情况是木星家族的彗星本来是柯伊伯带天体，因为柯伊伯带内的不稳定性，它们最终与海王星相遇，并改变了轨道。从中获得的能量可以将它们甩到奥尔特云那里去。但它们的近日点（即轨道上最靠近太阳的点）仍旧非常靠近海王星的轨道，所以它们迟早会再次与海王星相遇，然后它们的轨道就会又一次被刷新。还有一些彗星则被传到天王星，然后被传到土星，最后到木星，木星又把它们甩回奥尔特云，或是把它们安置在内太阳系轨道，使它们成为木星家族的彗星。要打造出一颗短周期彗星的轨道，需要如此多的接力，这就解释了为什么像哈雷这样可预测的短周期彗星这么罕见。

太阳系一片混乱，小行星、彗星甚至大行星都到处乱飞——这些

与可预测的规律相悖的情况提醒着我们，支配一切的自然法则看上去
都很安全，其实不然。自然也有它独创性的一面，危险又精彩——多
亏了这一点，将望远镜拖到院子里的观测者永远不知道，一颗先前未
被发现的彗星会不会在当晚游荡到他的视野，或者它的尾巴怎样在天
173 空中招摇。

# 相机的眼睛：
## 拜访唐纳德·帕克

20世纪上半叶，行星摄影一直由专业天文学家主宰，他们专业且有经验，又有使用定制相机和照相乳剂的途径，这让他们比别人更容易获得清晰的、高分辨率的火星、木星、土星之类的图像。接着业余爱好者迎头赶上了。爱好者把剩余作战物资中的相机装在自制的望远镜上，配上新式的、更快的胶片，拍出了质量非常好的照片。还有人实验了摄像技术，把军用的夜视镜改装成增光装置。CCD则让革新变得更彻底。CCD芯片非常敏感，视宁度足够好的时候可以在短时间曝光中捕获转瞬即逝的景象，拍摄出明亮的行星图像。擅长绘图的观测者以前得完全依赖视宁度好的时刻，他们不得不花费数小时守候在望远镜前，一丝一缕地补充细节，完成画作。有了CCD，你可能只能从十几张图片中挑出一张比较清晰的图像，但只要有一张，通常就能看到行星完整圆面的清晰细节。业余爱好者把光学设备、观测条件和CCD技术整合在一起，得到的结果将完胜行星科学领域的专业人士，这是迟早的事。

即便如此，但当天文爱好者唐纳德·帕克开始拍摄出大量行星照片，其质量媲美甚至超越大型天文台设备拍摄的照片的时候，所有人还是吃了一惊。哈勃空间望远镜和一些顶尖的山顶望远镜可以做到更好，但它们能分配到这些拍摄上面的时间很少，只能偶尔拍几张，而帕克则一晚接一晚地拍摄行星。我第一次见到唐纳德是在1992年的一次星空聚会上，他是个高大硬朗的男人，笑声如雷，喜爱自嘲，让我印象深刻。（他是迈阿密慈善医院的一名麻醉师，他开玩笑说：“为什么我要选择一个我连名称都拼不对的职业？”）但这雷厉风行的性格背
174 后其实藏着敏锐的头脑和精益求精的完美主义风格。我很好奇他是怎么拍出那些独特的照片的，8年后我去了唐纳德家拜访他，他家在海边山墙，那是位于南迈阿密的一个水边社区。他的两层大房子前面车道蜿蜒，挤满了小轿车和运动型多用途车，还有一艘29英尺的赛用单桅帆船在后面的码头上轻轻晃荡。

唐纳德拄着手杖，步履蹒跚地出来迎接我，他的膝盖饱受关节炎的折磨，这是在芝加哥洛约拉学院玩橄榄球留下的最严重的创伤。（他曾拿到圣母大学和空军学院的橄榄球奖学金，但他的家庭医生说服他，一个有抱负的医生应该坚持进行更安全的娱乐活动。）我们走进屋，唐纳德告诉我，这50年来他都为天文所吸引，阅读畅销书，看科幻电影。他年轻时用最简单的“烟囱望远镜”进行的行星观测，屡屡被医学院、住院实习、结婚和海军服役打断，但当他终于在南佛罗里达安定下来，可以终年享受潜水和航海时，他又重新捡起自己的旧望远镜，瞄准火星，并被自己见到的景象深深震撼。“我不敢相信，”他说，“美丽壮观的画面！我以为这里天空很糟糕，大气太过潮湿，因为所有人都这么跟我说。但我们这里拥有顶级的视宁。人们常说：‘哎呀，多云了。’但他们没意识到云隙中间的天空多么清澈。我们这里有着良好的层流、平稳的空气，而这些都是最重要的——好的层流和光学设备。”

我们上到二楼，穿过主卧室，来到唐纳德的天文台——一个用柜

子改装成的控制室，打开后是一个狭窄的平台，那里就是放望远镜的地方。我知道这个专业的观测者不怎么用很炫目的新设备，也没指望看到什么，但所见的景象依旧令我吃惊。望远镜黑色的镜身像旧船斑驳的船体，镶嵌着各种奇怪的东西：一套临时装配的螺丝扣，用来将CCD相机固定在与聚焦器垂直的位置；一个手制木架，用以放冷却扇；还有一个步进电机，唐纳德说它是“从一个古老的美国东方航空飞行模拟器上的模拟计算机里取下来的1∶1 000的齿轮减速器”。望远镜的装置是一捆钢轴加上生铁铸的重锤，看起来像从海底打捞上来的。电脑则是一台486的台式机，里面运行着DOS程序，像是来自硅谷博物馆，图像显示器看起来则像20世纪50年代汽车旅馆里的那种黑白电视机。我全神贯注地研究着这些装备，犹如音乐学院学生邂逅马友友的1712年制的斯特拉迪瓦里·大卫杜夫大提琴。 175

“望远镜是工具而非目标，”唐纳德欢快地说，“这是一台16英寸的牛反，焦比是6，还有个很小的2英寸的副镜。这里还有些目镜，可以追溯到1956年。”

房子把整个北边天区都遮住了，但黄道带一览无余，能看到土星、木星和火星在暮光中浮现。西边低矮处，一弯新月横卧着，像一个叫作“懒月亮”的牧场标识，水星闪烁着出现在它的北方。唐纳德在放满了目镜的抽屉里摸索了半天，摸出其中一个，胜利般地宣布：“找到一个干净的了！”我们把望远镜瞄准遥远的火星——1.94亿英里之外——它在仍旧温暖的西边天区蒸腾。细节显示得不多。“但我还是经常看，”唐纳德说，“我从1954年起就开始看火星。这就像喝苏格兰威士忌——要喝到想要的味道，就得不断练习。在火星初现的时候，我几乎很难看到行星表面的任何东西，要过三到四晚才能看清。”

唐纳德把望远镜移向木星，目镜视野如此清晰，我几乎从梯子上掉下来。“我们再试试更高的倍率——反正也没啥损失，”他说，“我最高试过1 600倍的。人家说：‘别这么做。’好啊，那你叫警察去好了。这次我并没有留意放大倍数，但最后还是用光了所有的目镜。”

下一个是土星。“对土星我总是看不厌，”唐纳德一边说一边凑到目镜前，“我想你会喜欢这个的。”我看到一个橘色的水果冰淇淋球，外面裹了一层苍白的云带、一个锐利精致的环，还有一群小卫星。“这，”我说，“真是一台好望远镜。”

我央求唐纳德展示一下他的CCD摄影技术，他答应了，摸索着线束，旋紧螺丝扣，将相机和他自制的滤镜轮对齐。“我把一切都设置成活动的，这样东西掉了也可以修好，”他说，“这样对天文爱好者是很有好处的！”他把一根废旧的橡皮筋套到他手动的电动对焦镜上，为了平衡相机和顶上滤镜轮的重量，又在靠近望远镜底部的地方用尼龙搭扣贴了一块骨科病人用来复健的亮绿色矫正带。“只要能用得上，”他说，“我觉得能多简单就多简单。我对医学也一样。当你听到蹄声时，首先要想到马，而不是斑马。”

目镜座装上CCD相机后，唐纳德用老旧的DOS程序查找木星的位置，然后一边调试着装置上的两个铅灰色老式刻度盘，一边推动望远镜。（“我自己做的，在车库里做的！”）他自言自语地嘟囔着（“加
176 油啊，帕克！”），然后蹒跚着回到控制室，斜盯着旅馆电视机，将木星置于相机视场中央。他告诉我，这台CCD相机是最早生产的那一批。它的芯片只有十分之一平方英寸。“用来拍行星足够了。好，我们到哪了？找到你了，你这个坏蛋！我们看看，给木星来点什么呢——就来个3秒钟的曝光吧。”

唐纳德坐在逼仄的控制台中间，木星已在位置上，一切就绪，唐纳德的手指在键盘上飞舞。他拍下三张照片，分别是红色、绿色和蓝色

的，然后他把它们合成一张彩色照片。木星表面的细节很快就会偏移方向，这一切必须在很短的时间内完成，而唐纳德速度惊人，还一直道歉说自己很慢。我注意到红色的木星图像跟绿色和蓝色的看上去有显著区别。“那是因为大气层下端有时会呈现明显的蓝色。”唐纳德解释道。

“拍摄行星靠的是数量而非质量。我大概拍了2万多张行星照片。你喜欢的话我可以给你看。”他狡黠地笑着。我问他这些图像是否可构成世界上最大的对火星和木星表面的持续记录，我怀疑这真的可能。“日本有个家伙，宫崎勋，他的可能和我的一样多，”他答道，“我们是对手。他是东方天文学会木星部的负责人，人很和善，拍照也很好。我们的望远镜和相机几乎完全一样，我们也合作了一些论文。他最喜欢木星，而我喜欢火星。我用他的数据，他用我的。科学就是这样。

“我拍了一些木星离太阳有12度时的数码照片。负责‘伽利略号’任务的人需要。‘伽利略号’往木星大气层投放了一枚探测器，但主航天器的磁带录像机有点卡，他们不想用它来拍摄木星背面的照片，怕它宕机，丢失探测器数据。所以，为了解探测器进入的时候在木星表面能看到什么，他们需要时间非常精确的图像。我们就在进入的那一刻拍到了图像。

“所有行星我都拍，但火星是我的挚爱。在月球与行星观测者协会，我们搜集了世界各地超过7 000份的火星观测报告。我们的首要目标就是观察火星大气——它的云——而我专攻北极冰盖。我们设法让专业天文学家相信，火星每次再现，北极冰盖的外貌都会有所不同。过去人们曾认为冰盖保持不变是铁板钉钉的事实。我也在各处发表着论文——在15到20份专业期刊上，大约有150篇论文中有我的
名字。” 177

大朵白云慢悠悠地飘过天空，像牧场上的牛羊，在我们等待木星

重现的间隙里，唐纳德告诉我，他和欧洲、亚洲的其他爱好者如何帮助专业天文学家瞄准哈勃空间望远镜，以便在精确时间捕捉火星，还有他们如何拍摄到很多专业天文学家都忽略掉的火星上的一场大型尘暴。“他们把论文发过来——是法语的——上面写着，‘这是最好的天文学家用最好的望远镜拍下的最好的火星图像，业余爱好者根本看不到这个’。他们所有的CCD图像都显示只有一点点云：我是说，他们把尘暴完全漏掉了。”他大笑起来，“从那以后我们就开始帮助他们修正他们的数据。”

木星在飞动的云中穿梭。“我感觉不太好，”唐纳德说，他感冒刚好，“今晚我们不拍了。”他刚说完，云就分开来，木星又出现了。“天哪，看起来不坏，”他说，“我再试几张吧。”他又回到键盘前，手指飞舞
178 起来。

第十三章

# 木星

漆黑的高空中，
贪婪的、埋葬一切的云黑压压地铺开，
阴沉而迅速地扫过天空，
在东方留下的一线清亮里，
升起了巨大、沉静的君王之星朱庇特。

—— 沃尔特·惠特曼

圣主如天万物春。

—— 苏轼

我在1993年一个暖春的夜晚，挤出了几分钟时间抬头观星。我带着一架便携望远镜到花园里去，把它对准木星。这颗大行星像一只胖胖的大黄蜂，在东南天区低垂；远山正在凉下来，热气上浮，扰动着空气。在低倍率的小望远镜中，四颗伽利略卫星很快跃入视野——木卫四，木卫三，木卫一在左，木卫二在右。我换到高倍，细察木星的圆面。起初只能看到一点细节，但几分钟后涌动的空气稳定下来，我就立刻发现有些不对劲，或者更准确地说，有些不寻常——那是个暗点，有伸展的曲线，像个钩子，靠近南赤道带。那会是什么？我没有相机也没有绘图板，尽最大努力记下了当时的细节。

第二天我查阅了几个天文网站，确认了确实有事情发生——木星厚厚的大气上有了一次喷发，预示着南赤道带上的一次“苏醒”，或179 是亮度的增加。它先是被西班牙和美国的天文爱好者发现，然后又被位于法国比利牛斯山日中峰天文台的专业工作者拍了下来。那个钩子最早是个喷发出来的卵形凸起，后被临近南赤道带的喷流风拖拽成钩状。正如月球与行星观测者协会木星部的若泽·奥利瓦雷斯报告的那样，“喷发最早是蓝色的，后面暗的斜向小卷云也差不多是这个颜色……但过了一段时间这些蓝色就没有了。

“在我看来，木星上层大气云盖蓝色的部分，几乎都是刚从下端蒸腾上来的，温度比周围也要高一些——至少一开始是这样，”奥利瓦雷斯推断，“为了佐证这一点，我给出了相应的证据，北赤道带南部边缘发现的蓝色火山灰所在的地方，其温度经测算是木星上最高的。所以我倾向于认为，我观察到的（南赤道带的）苏醒后最初的喷发是温度高的物质从下方上浮到表面所致。”[1]

我读着这新闻，第一次令我产生观星兴趣的那种感觉又回来了。我们可以自己去了解自然，无须等待神父的决断、国王的仲裁，或是别的除我们审慎严肃的观测以外的东西——这不就是天文学，或者说所有科学最精彩的地方吗？木星（朱庇特）的名字是众神之王，但对任何人而言，只要能够按照自己的意愿操作一台望远镜便可以宣告成“王”。星空之下万物平等。

木星在温暖的内太阳系和遥远冰域的中间地带运行。那里非常冷：木星到太阳的距离是地球的5倍，日光和重力则以距离的平方递减，和地球上相比，木星上每平方米只有二十分之一（4%）的日光照射。这被认为能够解释为何带外行星都很大。理论学者推断，太阳系形成之初，行星在凝结之前是个圆环，圆环由宇宙各处可见的物质混合而成，也就是说大部分是氢和氦。但这些轻的气体没办法在靠近新生太阳的地方存在很久：日光和太阳风把它们都吹跑了，所以带内行星主要由剩下的较重物体（岩石、硅酸盐物质等）构成，它们没被吹走。在外太阳系，日光太弱，无法吹走氢和氦，所以那里形成的行星是由这些轻的物质聚集而成的。结果就是形成了具有岩石内核的大行星，它外面包裹着厚厚的液态氢和氦，最外层是大气层。因此我们用望远镜看到的木星并非固体的表面，而是它深厚复杂的大气层顶端。圆面上 180
蚀刻着一些平行的带和区，夹在暗一些的南北两极中间。那些复杂的图案被称作环、卷云、裂缝、凹痕、结、点和块，这些东西在带和区之间都可见。用类似“卡西尼号”（它在去土星的路上掠过木星，进行了动量转移助推）这样的空间探测器仔细勘查，揭示了带甚至区都有着剧烈的活动。木星和大部分天体一样，你越是仔细看它，就越觉得它美丽。

因为它那么大——太阳系其他所有行星可以被悉数装在它的身体里，并且还有空间让它们在里面摇动——木星是很容易观测的。它比天空中任何恒星都亮，它那扁胖的圆面直径超过40角秒，而大冲时候的火星才15角秒。木星的质量比其他所有行星加起来的2倍还大，这就给它的内核施加了挤压性的重量。内核因此被加热——和被捶打的钉子会变热是一个道理——结果就是，木星表面的大部分热能并非来自太阳，而是来自行星内部。如果木星的质量再比现在大100倍，内核温度就高到足够产生核聚变，太阳就会变成双星系统之一。实际上，木星属于一种质量远小于“褐矮星”的天体，通过引力（塌缩产能）而不是热核反应发光。用1926年天文学家欧仁·安东尼亚迪的话说，“木星是个冷却的太阳”。[2]

如果我们可以乘着气球，自木星那五彩的云顶下降，设法操纵气球到达木星的中心——这需要一个首先能够承受粉碎性压力的太空舱，它让我们在2.5倍地球重力环境下安然无恙——天文学家认为会是这样：

首先我们经过巨大的黄色、橙色、紫色、棕色和灰色彩云组成的上层大气，背景是延伸到数千英里外的地平线上的湛蓝天空。我们缓缓下降，光线转为暗红色，我们经过氨冰云，接下来是硫化氢和氨的混合物，然后是固态水和雨。我们继续下沉，温度接近地球上的春天，大气压增加到地球上海洋100米深处。黑暗降临，现在深度还没到1 000千米——只是71 000千米的木心之旅的开始——大气层密度增加到足以将气体液化。如果我们的航天器可以下降到由此产生的海洋——有15 000千米深——我们就能在下面看到另一片海洋，它由金
181 属氢和氦构成，这占据了木星内部的一大部分。最终我们抵达了它的岩石内心，其体积大约有地球那么大，质量却是地球的10倍。

1995年12月“伽利略号”航天器发射的探测器以每小时106 000英里的速度进入了木星的大气。它以230高斯的重力加速度下降，但还是设法将信号传输维持了将近1小时，到达600千米深的地方，超过了氢气液化层一半的深度。在归于沉寂之前，它测量的温度超过300华氏度，大气压是地球海平面的23倍。在地球上观测木星的天文爱好者的帮助下，科学家定位到了探测器的进入点。它在一个红外热点附近——那是一片干燥的木星“沙漠”，因此也许不能代表木星的全部——但无论如何这数据都包含巨大的信息，可以帮助我们了解木星。还有些意想不到的惊喜，譬如闪电不如预期的那么强烈，但有比预期的速度更快的风，特别是还有氩、氪和氙的痕迹。只有在极端低温下木星才有可能捕捉到这些惰性气体——温度要比冥王星和遥远的柯伊伯带还低。要么就是在木星形成的那会儿，原太阳星云比我们

想的要冷得多，要么就是木星原本距离太阳比现在更远，只是慢慢才靠近现在的轨道，也许部分是因为偶然向外太空抛出了一整条柯伊伯带和别的天体，丢失了动量所致。

木星自转很快——赤道上的一天仅有9.8小时——因此观测者要想画出细节特征，就得动作快，否则一侧边缘上的细节很快消失，另一侧边缘上的细节又冒出来。[3]观测者可以画带状地图以避免这个问题，也就是画出围绕行星的一整条带或区。尽管在地球上的一夜之内，木星在天上就可以完成一次完整的自转，但对非全天候观测者来说，绘制一整条带状地图需要好几个晚上。如此快的自转速度，再加上它本身大部分是液体和气体，让木星变得非常扁：它的两极直径和赤道直径比为14∶15，故而观测者要画木星的素描，就要先从它略扁的轮廓开始。

1610年伽利略第一次用望远镜观测木星时，注意到它有点像一个小型的太阳系。四颗大伽利略卫星——木卫四、木卫三、木卫二和木卫一，只要不被木星的炫光遮蔽，从地球上用肉眼轻易可见。[4]实际上，一些眼尖的人用肉眼可以看到至少一颗伽利略卫星，用双筒望远镜可以看全四颗。中型望远镜可以看到卫星的圆面，大型望远镜可以 182
看到卫星圆面上的斑纹。不过，1973年9月，行星科学家约翰·B.默里设法用法国日中峰天文台的105厘米反射镜拍摄了四颗卫星的细节图片，承认了“观测卫星表面细节的困难不应该被过分夸大”。[5]

每颗伽利略卫星都是个独特的世界，有着自己的故事。

木卫四是四颗中最外面的一颗，体积有水星那么大，从地质学上来说是死的。和水星一样，它的表面到处是坑，这意味着在太阳系早期的动乱年代，木卫四也曾有过一点点地质活动。“仙宫”是个很亮的大坑，有点像月球上的哥白尼环形山，在良好的观测条件下，是可以从地球上辨认出来的。

木卫三是太阳系中最大的卫星——实际上比冥王星和水星还要大。它的表面是冰镜与古老灰暗的物质交织的纹路。表面不断覆盖的冰雪表明，某种地质活动随着时间的推移改变着这个世界，但我们尚未得知到底发生过什么，什么时候发生的，以及为什么会发生。

木卫二比地球的月亮略小，但质量只有后者的三分之二，有着冰封的表面，其上略有坑洼，不像月球表面那样遍布原始物质。这意味着它的表面从地质学上来说还很年轻。包括“伽利略号”木星轨道飞行器对木卫二磁场的测量在内的几项理论和证据，提示冰面下有液态水的海洋。是什么让海洋没有封冻？我们推测木卫二的地心是熔融的，在漫长的岁月中被木卫二和凸起的木星及周围卫星之间的潮汐作用力揉捏，并维持着高温。地球上的海底地热出口为大量生命提供了生存条件，并且有人提出这些出口就是地球生命起源的地方，那么可以想见木卫二也能滋养一些海洋生物。

木星系统间的潮汐作用力牵动卫星的内核，使这个小型世界有着地质活动，这在伽利略卫星中最内侧的木卫一身上得到戏剧般的体现。木卫一的轨道比地球的卫星月亮还大，但木星的巨大引力场每隔1.8天就会“鞭打”它一次。潮汐力推拉着木卫一的地核，像一个强壮的人挤压一只皮球，令其成为太阳系中火山活动最多的天体：多次地质活动不断撩拨敲击着它纤薄脆弱的地壳。缓缓活动的火山喷出物落回硫黄色和花岗岩灰色的地面，喷出物的速度超过了木卫一的逃逸
183 速度，补充了沿着木卫一轨道围绕木星的一圈等离子环。在表面上，花岗岩驳船漂浮在熔融的岩浆河流上。如分子生物学家兼天文爱好者约翰·H. 罗杰斯所说，“这个世界胜过科幻小说”。[6]

有一篇洞察木卫一的狂暴本质的代表性论文，是由三位物理学家

撰写的，他们是加州大学圣塔芭芭拉分校的S. J. 皮尔、NASA埃姆斯研究中心的P. 卡桑和R. T. 雷诺兹。他们以卓越的时间管理，赶在“旅行者1号”抵达木星、第一次近距离勘查木卫一的3天前发表了论文。据他们计算，由于木卫引力相互作用导致的轨道离心率和“木星导致的巨大潮汐力”，木卫一可能是“太阳系最炽热的类地天体”，并有“遍布表面的火山……导致大量的分化和排气”。[7]

詹姆斯·赛考斯基是纽约布卢姆菲尔德的一个高中科学教师，也是天文爱好者，他在20世纪90年代初获得了哈勃空间望远镜的观测时间，用以观测木卫一。赛考斯基的目的是在木卫一从木星的阴影中浮现出来后的最初15分钟里，获得这颗冒烟的卫星的图像。自1960年始，地球上的观测者就注意到，在这最初的15分钟里，木卫一的亮度比平时增加10%到15%，这也许是因为木卫一藏在木星阴影里时表面的二氧化硫结冰，回到日光中后二氧化硫又升华产生大量蒸汽。观测前夜，赛考斯基在空间望远镜研究所附近巴尔的摩的旅馆房间里彻夜未眠。“我有点害怕，”他对一个记者说，“也许有人搞错了，也许是我呢。要弄砸这一切太容易了……这就像运动员参加奥运会或飞行员驾驶F–16战斗机的前一晚。这是你生命中最重要的一天。对我来说，没有比这更爽的了。我将要使用一台15亿美元的设备。我做梦都不敢想象。”[8]

在研究所里，赛考斯基可以目睹自己的观测运行，“赛考斯基/木卫一二氧化硫浓度和亮度追踪观测”和一众杰出的天文学家和天体物理学家（比如加州理工的詹姆斯·韦斯特法尔、新墨西哥州立大学的雷塔·毕比、加州大学的桑德拉·法贝尔，还有普林斯顿高等研究院的约翰·巴考尔）的项目一起列在电脑屏幕上。属于赛考斯基的观测时间开始的时候，其实没什么要他做的——空间望远镜受预装进存储器的电脑指令驱动，自己运行——他只是紧张地转动自己的手指。然后，当第一张木卫一的图像出现时，他放下准专业人士的缄默，脱口而出："你好哇。"令人失望的是，数据并不理想。并没有木卫一明显变亮
184 的记录，提示这个现象可能是视错觉，或只是间歇性的，比如说火山喷发。但赛考斯基的工作还是帮助了天文学家研究木卫一的大气。"天文爱好者詹姆斯·赛考斯基拍摄了木卫一的近红外图像（7 100埃），为木卫一表面构成提供了新的观测限制。"NASA发布的通告中这样写道，他作为一篇发表在《伊卡洛斯》上的学术文章的合作者，感到又紧张又兴奋。[9]

"能够站在那里看到信息数据传输进来，真是很棒的体验，"后来赛考斯基说，"率先知道别人都还不知道的，看到别人还没看到的，这让我感到很兴奋，知识又扩展了一些。"[10]

里卡尔多·贾科尼是空间望远镜研究所的主任，也是业余爱好者项目的负责人——为了开展这个计划，他贡献出了自己的主任委任观测时间——他承认"这个业余爱好者项目有时会招致批评。这种声音多数集中于要上线这个项目得投入大量资金，怎么敢把这么多钱投在业余爱好者身上。但是业余爱好者并不比别人笨，有时甚至更聪明……看看这个人的面孔吧，我是说，他待在这间办公室里，开心得双脚离地。不能分享的科学是可怕的，分享科学应当成为文化的一部分。它应当让你燃起求知欲，拥有梦想。否则它就只是数字"。[11]

除了伽利略卫星之外，木星还有其他三个卫星"家族"。最里面的一个家族由四颗小天体构成——木卫十六、木卫十五、木卫五和木卫十四。它们当中有三颗是"旅行者号"发现的，第四颗——木卫五是个形状不规则的天体，长度接近150千米——是爱德华·埃默森·巴纳德于1892年在利克天文台用36英寸折射望远镜发现的。伽

利略卫星之外还有个家族，由四个成员组成，它们是木卫十三、木卫六、木卫十和木卫七，直径都不到100千米。木卫六的星等为14.8，它距离木星足有1度，眼尖的观星者配合高倍率的望远镜能看到它。最后，最外层的一个家族由木卫十二、木卫十一、木卫八和木卫九组成。这四颗小卫星的轨道是逆向的，就是说它们围绕木星运行的方向和别的卫星相反；据推测它们可能是被木星捕捉到的小行星或彗星碎片。

木星也有个暗弱的环——有人说那就是个烟圈，组成这个环的粒子可能由小陨石冲击内侧卫星激起的灰尘形成，通常和雪茄的烟雾粒子一样小。它由三部分构成——最内侧的环距离木星的云顶有半程距离，这个主环与木卫十五和木卫十六的轨道交错，还有两个外环非常暗弱，在其中“巡视”的分别是木卫五和木卫十四。木星环最早由 185
“旅行者号”发现，地面上专业的大望远镜于是都尽其所能，试图去获取这个环的图像，但据我所知还没有哪个业余爱好者观测到它——目前还没有。

要对木星系统的规模有个了解，请想象一下把地球放在木星的中心，我们的月球就在木卫一的轨道以内，遥远的木卫九在距离火星三分之一的位置。木星的磁层构成了一个黄蜂形状的区域，其中的磁场在接受太阳风中带电粒子的清洗之前，便朝着轨道公转的方向在行星前方延伸了700万英里；在磁层顶，木星的磁场把太阳风堆积起来，此刻其背后延伸出的结构有时可以和土星相接。如果肉眼可见的话，从地球上看，它会在天空中若隐若现，是满月的4倍大小。比地球表面还大的极光在木星两极舞动，那是木星磁场线汇聚的地方。巨大的雷电击打着高空大气。流星纷至沓来，撞入木星的高层大气。每天撞进地球大气的流星有400吨，这个数量在木星面前却微不足道，这颗行星在漫长的历史中消化了数百万颗彗星。

“旅行者号”和“伽利略号”任务从木星传回了数以千计的近距离照片，这也许恰好打击了天文爱好者继续研究这颗大行星的积极性。他们还指望靠什么来竞争呢？对于木星的卫星，这个心态在某种程度上是合理的。空间探测器传回的木卫二龟裂的地表和木卫一的火山照片细节动人，地球上的观测者所剩无几的兴趣就是尝试画出这些卫星的表面特征，大胆的观测者都曾尝试过，比如19世纪最初十年的爱德华·霍尔登、20世纪20年代的珀西·莫尔斯沃思、20世纪30年代的欧仁·安东尼亚迪、20世纪50年代的贝尔纳·利奥，还有20世纪80年代的奥杜安·多尔菲斯。有些地面观测者依然成果斐然：他们似乎瞥到了一些木卫一上火山喷发的迹象；1953年利奥在日中峰天文台制作的木卫三地图，在某些方面与“旅行者号”对这个冰雪世界更精密的测绘甚为相合。长期来看，探测器返回的结果激励了业余爱好者去从事更为广泛和更加翔实的木星观测项目。即便探测器在轨道上运转，使用它的天文学家和地面上业余爱好者之间的合作还是能产出比其他任何方法都要完整的木星照片。

此外，光是目视木星也是乐趣无穷。一个人能看到的是可见的天气——和在地球轨道上看风暴与雷雨云的经历类似，不过范围更大、
186 时间更久、颜色更加丰富。总体的颜色是淡黄色。在细节方面，不同的观测者见仁见智，在我自己的眼睛看来，带是棕色或褐色，略有红色和橙色，而区的大部分是淡黄色、米白色，或是朴素的氨白色。大气的颜色被认为是来自（至少部分是来自）云中的磷化合物，它们被辐射、闪电和高速的垂直风流激亮，还有其他狂暴的机械作用让这颗行星变成一个群魔乱舞的地方。红外研究显示，云的颜色可能暴露了它们的高度：蓝色云最低（因此也只能在上方天空最晴朗的时候被看到），棕色云其次，白色云在棕色云的上面，红色云在最顶部。因为随着探测

的深度增加，木星的温度升高，所以高度最高的云也是最冷的。比如说，带的高度就比区要低，温度却更高。

木星大气流动的物理驱动力是什么，我们尚未充分了解，但能够确定的一个因素是科里奥利力，受它的影响，行星自转产生环流圈，又由此产生气旋和反气旋。[12]地球赤道以每小时1 000英里的速度移动，科里奥利力产生的环流圈有如圆卵，高度大于宽度，形状颇似飞机舷窗，但在高纬度的一端会向东倾斜。而木星轨道以每小时27 000英里的速度疾驰，产生更剧烈的科里奥利力，把环流圈拉成又薄又扁的卵形，像两根手指之间的皮球。高速、高海拔的风——喷流则沿木星带和区的边缘逆向而行。用望远镜在木星上看到的斑点是涡旋，它们出现在沿着相反方向对撞的风层边界，好似水中的涡流。因为大气宽广且迟缓，涡旋和别的木星天体模式的持续时间比地球上的要长得多。地球上的飓风的持续时间以天或星期计。木星上最大、持续时间最长的涡旋就是大红斑，它是一个比地球还大的卵形，已经肆虐了数百年。

宽广暗弱的南赤道带和稍亮的南热带区被一条不规整的线所分割，大红斑就在这条线上，两个区域各被它占据了一点。“旅行者号”的热测量结果提示，这个红斑可能就在大气约200千米以下，这就意味着其宽度是高度的100倍（地球上典型的飓风的宽度大约是高度的10到20倍）。和木星上几乎所有的斑点一样，大红斑是个反气旋，是处在一个高压区中心的风暴。飓风是低压气旋，而高压反气旋在比周围云团稍高的地方游荡，一如它们的白色或者红色所透露的那样。

最早发现木星斑点的一批观测者是1664年英国的罗伯特·胡 187
克、1665年罗马的朱塞佩·坎帕尼，还有博洛尼亚和巴黎的让-多米尼克·卡西尼。根据他们的绘图和描述，我们并不能确定他们看到的就是大红斑，不过多纳托·克雷蒂在1700年前后画的一幅可爱的图画——画中描绘的是天空下的观测者和一架小望远镜，克雷蒂热切地将天空中的木星画成了一个很大的圆面，以表现它在望远镜中呈现的样子——展示了看起来像大红斑的东西，如果这就是大红斑的话，那这场风暴确实至少存在300年了。对大红斑最明确无误的科学记录可追溯到19世纪30年代，它被确认为非永久性的特征是在1879年。历史记录清楚地显示这个红斑的强弱是有起伏的，它有时候很红，有时候暗淡，有的时间段里就像一个嵌入南赤道带的没有颜色的海湾。由于尚不知晓的原因，这些变化很明显与南赤道带的外貌同步，南赤道带变弱的时候红斑变红，南赤道带"苏醒"的时候红斑变白。

大红斑过中天的时候，也就是经过两极中间直线、最靠近圆面中心的时候最好看。通过对大红斑及较小的斑点过中天的计时，一代代的业余爱好者制作木星天气的图表，积累了有用的数据。他们的日志记录着涡旋半自由地悬浮在大气中，像油中漂浮的轴承，有时候它们会互相吞噬。这个信息帮助科学家构建了木星大气的流体动力学模型，在这个模型中涡旋的出现和维持被看作在混沌之海中自发出现的海岛的范例。长期来看，对木星及别的大行星上的可见天气的研究，对于地球天气的建模和预测是有帮助的。

随着CCD相机的出现，木星可以有更清晰的照片，它们可以在一定时间段内持续记录细节上的变化。尽管空间探测器和哈勃那样的轨道望远镜可以获取最锐利的图像，地面上的天文爱好者和专业天文台依然以他们持续的观测项目为其提供了补充。正如唐纳德·帕克在卧室里就可以用望远镜独领风骚，一个技术过硬的业余摄影师用CCD相机拍摄的木星照片，从单张上可以获取的信息量来看可与哈勃广域行星相机相较——而且哈勃还有别的任务要做，而业余爱好者可以经年搜集木星的数据，以量取胜。2000年12月，木星的图像被“卡西尼号”空间探测器和葡萄牙天文爱好者安东尼奥·西达当以30个小时的时间间隔获取。“卡西尼号”的图像确实揭示了更多细节——正如你所料，航天器距离木星比地球距离木星要近10倍——但除此之外两组照片几乎一模一样。“要知道，其中一组照片是用一架量产的10英寸施密特-卡塞格林望远镜在葡萄牙的一个公寓阳台上拍摄的，另一组却是价值几十亿美元的航天器靠近目标拍摄的，而它们的区别几乎可以忽略，”加拿大天文爱好者兼望远镜制作者加里·塞罗尼克说道，“一张又一张的图片一次又一次说明，业余爱好者在分辨率和探测深度上可以达到前所未有的高度。”[13] 188

四颗伽利略卫星有时候会从木星前面穿过。用小型望远镜很难在木星圆面的背景中看到它们，尤其是当它们从颜色比较浅的区前面而不是从比较暗的带前面穿过的时候，但它们的影子很明显。[14]在木星冲之前，影子走在卫星前面，所以会在木卫凌木之前就出现；木星冲之后，影子则跟在卫星身后。外卫星的影子也可以落在内卫星上，形成食；还有些时候，一颗卫星直接从另一颗面前穿过，形成掩。业余爱好者算准这些卫星“相互作用”的时间，可提供有用的数据，帮助我们更好地了解卫星在潮汐效应影响下的复杂运行。这个信息对于空间探测器发射定位来说也是很有价值的。

业余射电天文爱好者也观测木星。这颗行星在若干个频段会爆发射电信号。因此业余爱好者一般可通过调谐分米波段，接收木星磁场捕获的带电粒子产生的噪声，而调到间歇的毫米波段可接收到来自木卫一和木卫一环相互作用的噪声。毫米波则是木星大气热能的一部分。在业余无线电爱好者的跳蚤市场，很容易买到简单的接收器，接收器连着的天线就是系在三根杆子上的一根线，用这样的接收器就能对木星做射电观测了。倾听来自木星的射电噪声有种奇异的乐趣。“L暴”是木卫一环发出的长周期射电，类似遥远而巨大的金属片在空气中拍击的声响，又像马勒交响乐的后台效应。“S暴”速度更快，令人想起老唱片里货运火车经过岔道时的咔嗒声。将S暴的带子按照一分钟播放半秒数据的速度慢速播放的时候，就会产生一串奇怪的、下降的哨声，像外星鸟儿的鸣叫。

且不说它的美学价值，这样的数据也是有科学意义的。当舒梅克–列维9号彗星的碎片撞击木星时，南卡罗来纳州彭德尔顿的三县
189 理工学院的学生们记录了至少两次撞击产生的噪声，非常清晰。他们把数据发给了伯克利和佛罗里达大学的天文学家们，并且在月球与行星观测者协会和业余射电天文爱好者协会的会议上展示了这些数据。天线由内装18英寸圆环的10英尺抛物面组成，其设计是参考了一篇杂志文章。“我们的高质量RG–8线缆在正常工作，直到我的狗‘木星’吃掉了露出地面的16英尺缆线，”项目负责人约翰·D. 伯纳德说，“诺思兰电缆公司的人听了哈哈大笑，笑完之后就给我们免费换了带连接器的、露出地面的16英尺缆线。”

业余爱好者团队同时也“在舒梅克–列维9号彗星与木星的碰撞中搜集到了独特的、不可解释的信号”，伯纳德描述道：

> 天文学家提示，如果木星的磁层被（彗星碎片）猛烈冲撞，我们可能会在下午听到些东西，尤其是在高频段。我们当时正好就坐在接收器前，锁定固定的频段，频谱分析仪突然像棵圣诞树一样亮起，然后辘辘声在接收器中响起，持续约40分钟。我们吓了一跳，都跑出去看头顶上是不是有飞船出现……我们并不会去推测这些信号的来源（这个问题

> 留给专业天文学家)，但是……我们可以提问："这些信号波中是否暗含地震的信息？"我们拥有数据，(但是)会留给专业天文学家去做出理论解释……作为猎手，我们已经带来了一些有用的数据；现在我们要做的就是去解释它。[15]

这对业余爱好者来说是很常见的。他们做出了出色的观测之后，会要求专业天文学家来帮助破译他们的数据。但当业余射电天文爱好者担心他们邮件里的问题太过幼稚时，他们往往又会非常谦逊。"别忘了，调到 WJUP——拨到大红斑 (的频率) "，先发一封骚扰邮件打广告，然后在第二封邮件里说"新出炉的木星/木卫一数据，已通过因特网奉上"。

观测木星那动人心魄的、暴力又冷艳的天气模式，以及它的卫星无休止的舞蹈，这本身就足以让你去弄一架望远镜。但当这一切开始的时候，木星在那外太阳系的冰域之中并非独自一人。更遥远处还有三个巨人。 190

# 土星风暴：
## 拜访斯图尔特·威尔伯

斯图尔特·威尔伯纯真如比利·巴德*，是一个心口如一的好人。1992年一个温暖的夜晚，我们在他位于新墨西哥州拉斯克鲁塞斯的家后面看他的望远镜，远处红色的山岭令我想起火星，他的女儿里吉尔——这个名字源自猎户座中最亮的星——正在草地上玩耍。斯图尔特看着她，低语道："生命真是美妙啊。"

我们的目标是土星。望远镜是10英寸的F/7牛顿反射望远镜，斯图尔特亲手制作了它，并且写了一个电脑程序，用以检测镜子磨制时的形状。光可鉴人的白色镜身放置在一个流线型多布森式样的箱式装置上，装置是黑檀木——一种优质的非洲硬木，配以黑色胡桃木饰边。"让我们在黑夜中随便搜集点什么吧，"斯图尔特悄声说，"只要有一点点光学设备的帮助，在后院就能做出很惊人的事。我就是热爱仰望天空。"

在斯图尔特的邀请下，我透过目镜，看到土星很快地滑过视野（望远镜制作简陋，没有抵消地球自转的转仪钟）。土星环如刀片般锋利，球体上布满沙色、紫红色和深褐色的花纹，像风暴中女人的头发一样流动着。在普通望远镜中，行星看起来就像静止的画。在超级望远

---

* 美国作家赫尔曼·梅尔维尔的同名小说中的主人公。——编注

镜中，比如面前这个，它们看起来就像整个世界。

斯图尔特是当地一所社区大学的兼职数学教师。他不能做全职教师，因为他没有硕士学位，也担负不起取得学位所需的一年两门以上课程的学费。“我在学向量方程，”他说，那种热切像饥饿的人在点牛排，“很快我就能处理贝塞尔函数了。”

1991年9月24日晚，山区时间8点30分，斯图尔特用他的望远镜在300倍的倍率下仔细检查着土星，然后他注意到在靠近土星圆面中心的位置有“白色针孔大小的光”。他叫他太太到后院来，问她在土星上有没有看到什么不寻常的。“我看到一个白点。”她说，然后指出了位置。斯图尔特很满足，“我并不只是随便看看”，然后他打电话给他的邻居——冥王星的发现者克莱德·汤博。汤博建议斯图尔特联系新墨西 191
哥州的天文学家雷塔·毕比，她专攻大行星。在她的怂恿下，观测员斯科特·默雷尔用位于托尔图加斯山的24英寸望远镜看了一看。

“斯科特到得有点晚，”斯图尔特回忆道，“那个时候斑点已经移出视线了。”土星上的一天持续10.2小时，一旦斑点在某个夜晚转动到土星另一侧，就得到第二天早晨太阳升起后才能转回来，而太阳落下后它又转到背面去了。结果就是土星观测者要等待3天的周期。“3天后斯科特打电话来说：‘是的，你的斑点回来了。’”斯图尔特告诉我，“我一定是在它刚出现时就发现了它。”

土星是一团由气体和液体组成的球，质量等于95个地球，但密度极其低，它可以漂浮在水中。它是太阳系仅次于木星的第二大行星，直径75 000英里，比地球的9倍还多。黑暗深处巨大的涡流从那小小的岩石核心延伸到表面。在很久很久以前，巨大的泡泡在深处形成——或许通过逐渐增加上层云团的不透明度来维持在那里——然后冒出头来，像升起的雷雨云砧，覆盖着闪光的氨、水混合冰。这样的大白斑点，曾有一个被威尔·海于1933年观测到，他是英国的电影、广播和音乐厅的喜剧演员。另外一个是南非天文爱好者J. H. 博瑟姆于1960年发现的。斯图尔特·威尔伯发现的是第三个。

斯图尔特看到这个斑点的时候，它的直径不超过10 000英里，很快就遭遇土星上层大气高处的风，绽放成明显的长椭圆形。全世界的天文学家都把望远镜对准它。雷塔·毕比联系了掌控哈勃空间望远镜观测任务的同事，他们立刻把哈勃的闲余时间用来拍摄这个威尔伯白斑。

“这一套数据至今仍被用来分析土星的赤道区域，”近9年后，雷塔·毕比告诉我说，“我们现在在研究大气是如何从风暴中恢复的。哈勃空间望远镜与爱好者的观测结合起来，可以让我们获得非常重要的数据。据史料记载，这种规模的风暴一共有三次，每次间隔约57年，看起来，蓄积、风暴、恢复的周期大概就是这么长。土星的公转周期是30年，所以这样的风暴可能是每两个土星年一次……我们不能确定。毕竟，我们观测土星也才四个土星年而已。

192 “在监控大行星上的重要风暴时，我愈发依赖爱好者了，因为这样的风暴是小型望远镜能够观测到的，”她补充道，“业余爱好者拥有的望远镜一般分布在6英寸到12英寸之间，他们有很大的概率穿过地球大气湍流看到行星。人眼的反应速度是很快的，业余观测者在瞬间看到的东西，你很难去超越，因为要发现一些奇怪的事情，观测者需要的只是一个瞬间而已。

“斯图尔特发现白斑时，土星在西方地平线上，只有15度高。对专业天文工作者来说那并不是一个理想的观测位置，因为那里的地球大气太厚，遮挡了低处的目标；但对于业余爱好者来说它却是不错的位置，他们乐于欣赏刚刚日落时升起的恒星。我觉得这些都是很有用的观测。当我在处理一个特别的问题时，我就冷静下来，想想外面会
193 有一群业余爱好者为我观测着其他行星。”[1]

第十四章

# 外行星

春宵一刻值千金。

—— 苏轼

看不见的和谐比看得见的和谐更美。

—— 赫拉克利特

1997年12月一个湿润的夜晚，我在我位于旧金山的家中露台上架好了一架小望远镜，看月掩土星。这是人类观星者很古老的一个消遣，其历史至少可以追溯到公元前650年，当时巴比伦天文学家用一段楔形文字铭文记载了“土星进入月亮”。[1]今晚的掩星预计发生在当地时间11点18分。在这之前，土星好像消失在房子后面了，但我没法带着望远镜从铁梯爬到房顶上去，因为太滑，也不好让我的太太或儿子来帮我，于是我丢下望远镜，隔着房子给我儿子指木星的方向，然后给他描述了他睡着后我希望观测到的掩星。他的回答非常新奇：“如果土星不是从月球背后而是从月球面前穿过，会是怎样？”

时间要到了，月球和土星都消失在房子后面，我把望远镜脚架塞到露台的东北角，把脚架腿伸展到最长，视线才得以从房顶和被风吹拂的树枝中间穿过。尽管附近有街灯干扰视线，但我靠近目镜，还是可以隔绝大部分杂散光。

土星那睥睨万物的环就在那里，千真万确，潮湿的空气让它的颜色像是褐色河水中的一枚古旧的达布隆*，庄严的冷白色凸月几乎在
195 它正上方。几分钟后，木星环西面的边缘开始被全黑的月球暗面吞噬。土星圆面很快也像一块香草茶饼干一样，一点点被吃进去，最后消失了。最终剩下的环也被吞掉了，除了月亮之外，什么都看不到了。我看了看表：分秒不差。开普勒该有多艳羡现代天文计算啊。

2000年11月一个沁凉的夜，我写下这些的时候，大行星们都在天上。透过窗户，我能看到土星散发着暗淡的锈铜色光芒，稍亮的木星从东边攀升，在土星身后约20角分处。(太阳系大行星这么近的合要20年才有一次。第一次见到行星合的时候我还是个高中生，第二次见到时我是个37岁的单身汉，现在我是个退休教授，有了太太和一个儿子。要能看到下一次木星合土星，我得活到将近80岁。)今夜天王星和海王星都在西边渐沉，缓缓磨动的赤道仪提醒着我，天空之神天王星是时间之父。土星绕太阳一周要将近30年，天王星要84年，海王星要165年。[2]这些天体距离我们更加遥远，现在进入更加宽广的时空领域后，人类生命活动的范围就是一只小盒子。

望远镜中土星的模样比其他任何景象都能让人爱上观星——这是我很多年里问了很多业余爱好者和专业天文学家如何走入夜空后留下的印象。第一次见到土星环时的反应一般都是“哦，天哪！”“太赞了！”“这是真的吗？”之类的话。不管他们想表达的意思是什么，有人说土星美得不像是真的。

土星和木星一样，是个液态行星，只是更小——它的质量只有木

---

* 西班牙及其原美洲殖民地的旧金币名。——编注

星的三分之一——密度是木星的二分之一。因此尽管它的自转速率可以赶得上木星，但形状更扁。据推断，在土星的内部结构里，液态氢比木星少，氢分子比木星多。土星和木星一样，内部产生的热量比从太阳处接收到的要多，但因它质量较小，与太阳的距离更是木星的2倍，所以也更冷。

在望远镜中，土星展现出带、区，还有反气旋风暴，和木星差不多，但这些特征看上去都更柔和。它们浸没在更加寒冷的上层大气中，冰冻的氨结晶在主云层阻挡了我们的视线，木星与我们的遥远距离也让它们模糊不清。如果没有环，土星看上去就是一个更小更暗的袖珍版 196
木星，就是一个属于内行人的天体，主要留给专业天文工作者或是高阶的、渴望挑战的业余爱好者。

但是，土星当然是有环的——一组独特的金色环，两边延展的长度可达从地球到月球的距离，而厚度可能不足一棵椰子树的高度。[3]观测者在地球上能看到三个主环——从里到外依次以A、B、C指代。明亮的A环和B环被一条锐利的黑线隔开，这就是卡西尼环缝。小型望远镜就可以很清楚地看到这些特征，但C环——1850年12月3日晚威廉·拉塞尔用威廉·道斯的折射望远镜在英国发现它的时候，称它为“可丽饼”——比较狡猾：要看到它，需要稳定的大气、经过训练的眼睛，还有至少6英寸孔径的望远镜。[4]除了卡西尼环缝，几个世纪以来，一直有观测者描述说在环内看到别的各种环缝；掩星观测中土星环从恒星面前移动过去时一明一暗的星光，也说明土星环是很复杂的。“旅行者1号”空间探测器于1980年下半年靠近土星，有些人认为那里可能有几十个之前没被发现的环和环缝。结果是，“旅行者1号”的图像显示有上千个。A环外面有环，在地球上可见的环和环缝之间有上百个环和环缝，还有一些古怪的环，甚至有扭成股的“辫子”环。

从探测器拍摄图像，到接收土星环射电信号，多项研究都显示它们由冰、石头和灰尘构成，也就是说，它们像迷你的彗星一样是由“脏雪球”构成，直径可能只有10厘米，大体上不超过5米到10米。早期观测者推断土星环是气态或液态的。1660年，法国诗人让·夏普兰首次提出，它们其实是由公转的小型天体构成的。卡西尼发现了环之间的缝隙，这些环缝以其名字命名。这个发现增加了夏普兰假设的可信度，建筑师克里斯托弗·雷恩也因此最终放弃了自己的冕状物理论，宣称“土星环是无数小型月亮的聚集，像成群的蜜蜂”。[5]苏格兰物理学家詹姆斯·克拉克·麦克斯韦于1857年放弃了别的替代理论，论证说环如果不是由小型天体组成，会非常不稳定。匹兹堡阿勒格尼天文台的詹姆斯·基勒于1895年提供了观测证据，支持了麦克斯韦的计算结果。他拍摄了光谱，显示土星环的转动是不一样的，外层环比内层环转动得慢，就如同人们对百万超小卫星所预估的一样。

197 错综复杂的土星环系统被认为产生于环物质、近临卫星和土星突起赤道三者之间发生的引力共振。共振产生于两个天体的公转周期呈现整数比的时候，比如2∶1或5∶2。在这种情况下，公转的天体们不断地亲密相遇，就像推动小孩子玩的秋千，推到弧线最顶端，产生更大的弧，这个作用切开了土星环系统，产生环缝。卡西尼环缝就是其中之一，由土星卫星土卫一的1∶2共振产生。其他环缝则由小卫星土卫十、土卫十一、土卫十七和土卫十六的共振产生。

土星环位于洛希极限内——洛希极限就是当某颗行星与其卫星离得足够近，系统产生的潮汐力超过卫星内部的束缚能后卫星被撕碎的距离。[6]这个事实引申出两种关于土星环起源的理论。在第一种理论中，土星环——总质量大约正相当于一颗中等卫星——与土星同时形成，只是构成环的这些物质在洛希极限之内，无法凝结成一颗卫星。

如果是这样的话，土星环应该是很古老的。在另外一种理论中，土星环是后来才形成的，一颗已经存在的卫星运行到过于靠近土星的位置，然后就解体了。这种情况下，土星环就比土星要年轻许多了。我们尚不知道哪种理论是正确的。

土星的极轴和土星环都与土星的轨道平面呈26.7度倾角。而土星的轨道平面和地球的轨道平面呈2.5度夹角，也就是说，在漫长的土星年中，土星环面对我们的角度是变化的，可以从以26度的角度向我们展开，变化到边缘对着我们，整个环都消失，只有通过大型望远镜才能看到。上一次这样的“环面交叉”发生于1996年，下一次则应该是在2011年。伽利略第一次用望远镜观测土星是在1610年7月，临近“环面交叉”的时间，他被那看起来像一对把手的东西蒙骗了。他将注意力转向木星的卫星，直到1612年秋天才回到土星，然后惊讶地发现“把手”不见了。环面交叉期间没有土星环反射太阳眩光，为寻找未被发现的暗弱的土星卫星提供了绝好的机会——卡西尼就是这样发现四颗土星卫星的，威廉·赫歇尔也是这样发现了两颗卫星。土星的卫星共计有三分之一是在环面交叉期间被第一次发现的。[7]

土星环上有时候还能见到暗沉的沙漏形状的“辐条”，人们常说它们是被“旅行者号”发现的，但我们注意到地球上很早以前就有人
观测到它们了。斯蒂芬·詹姆斯·奥马拉在20世纪中期就独立发现 198
了这些辐条，19世纪的欧仁·安东尼亚迪和E. L. 特鲁夫洛则做出了更早的观测。这些辐条可能是悬浮在行星磁场中的流星尘粒子，非常符合土星的尺度：大的有巴西那么宽，长度可以绕地球半圈。土星以持续10.66小时的周期喷射出千米波段射电能量，大约与辐条出现的时间段吻合。

土星有八颗“经典”卫星，这八颗卫星是在还没有太空飞行的年

代被发现的，它们的轨道与环面齐平，半径约是土星环直径的5倍，所以土星环可见的时候，卫星往往在很远的位置，没有经验的观测者会把它们错认为背景恒星。[8]最外层的三颗，即土卫八、土卫七和土卫六，它们的轨道半径是其姐妹卫星土卫五的2倍以上，再往里是土卫四、土卫三、土卫二和土卫一。[9]

土卫六的体积几乎与木卫三一样大，质量是月亮的2倍，它是太阳系内唯一有真正意义上的大气层的卫星。土卫六是1655年由天文学家和数学家克里斯蒂安·惠更斯发现的，那时候他才26岁。惠更斯是个能干的发明家，他在哥哥康斯坦丁的帮助下搭建了一架12英尺长的折射望远镜，可以将目标放大50倍（那个年代的望远镜一般物镜都很小，全靠镜筒长度和焦距，而不是靠光圈）。惠更斯于3月25日用这架望远镜观测到土星附近有两颗“恒星”，并记下了它们的位置。第二晚，他发现其中一颗移动了位置，后续的观测确认了它是在围绕土星运行。“观测到的最大偏离（即和土星的距离）略小于3角分。”惠更斯在日志中记录道，后来他又重新计算，得到了3角分16角秒的距离。[10]我用电脑程序验证了惠更斯的观测，他算出的土卫六和背景恒星（显然是SAO 99279）的位置都准确得惊人。

尽管土卫六用望远镜看非常小，但早在“旅行者号”任务验证了土卫六大气层的存在之前，敏锐的观测者就能窥得一点端倪。英国天文爱好者阿瑟·斯坦利·威廉姆斯进行了多次有价值的土星观测，他于1892年4月12日用一架6.5英寸反射望远镜仔细观察了土卫六，当时土星运行的位置正好可以让我们在圆面背景下看到卫星轮廓，像这样的时刻4年才出现一次。他描述说，土卫六“中间最黑，到边缘就有
199 点消退，像星云一般，并不锐利”。[11] 16年后，也就是1908年，西班牙天文学家何塞·科马斯·索拉也在土卫六上观测到了类似的渐暗的

边缘，并提出这可能是因为有大气。到1944年，杰拉德·柯伊伯摄取了土卫六的光谱，发现了甲烷成分，证实了这个假设。1980年11月，"旅行者1号"近距离观察了土卫六(空间科学家对土卫六爱不释手，竟放弃了送空间探测器去天王星和海王星的机会，将其送出了黄道，只让它飞掠土卫六)，然后发现它拥有非常浓厚的红橙色大气，几乎看不见表面陆地。[12]

土卫六是寒冷的——表面差不多有零下290华氏度——但它有些地方很像婴儿时期的地球，因此对研究生命起源的科学家来说，也具有极大的吸引力。当生命起源的时候，大地上并没有任何可以度假的去处，假使人类可以回到那个时期，他们就会发现那充斥着氢、氨、甲烷的有毒大气——这些在土卫六上都存在——是极度不宜生存的。克里斯托弗·威尔斯和杰弗里·巴达在他们的著作《生命的火花》中描述了这样的一次旅程：

> 你得穿上宇航服，因为大气中是没有氧气的。而且宇航服必须是有特氟龙涂层的，因为浓稠的空气中有非常讨厌的气体，譬如硫化氢和酸及盐酸蒸气，这些东西能轻易腐蚀普通化学材料制成的任何防护服，然后杀死你。你看得清周围吗？恐怕不太行——大气非常浑浊，很少有光能够渗透到陆地表面，即便是在大中午。但闪电会让你在瞬间一窥骇人的周围环境。你还可能看到附近活火山的红光。[13]

就如同制定法律和做香肠，关于创造生命这件事，结果或许比过程更有吸引力。

除了土卫六之外，只有土卫八是早在"旅行者号"抵达之前就为人所熟悉的土星卫星。卡西尼是土卫八的发现者，他注意到土卫八的一个奇怪特性，就是它在土星西边的时候会比在东边的时候亮得多。“它在西大距的时候可见，东大距的时候又不可见。”卡西尼于1672年这么记录，内容可靠、文笔丰华是他独特的风格。[14]而今，感谢航天器的图片，我们了解到，土卫八直径1 460千米，并且被引力锁定——因
200 此它只有一面正对土星，就如月球只有一面对着地球——其中一个半球上覆满黑如煤灰的物质，因此卡西尼观测到两个半球亮度截然不同。这些处于土卫八轨道运动右侧的所谓“煤灰”，或许是陨石撞击土卫九或另外某颗土星卫星表面溅出去的尘埃。而土卫八的另一部分则可以反射亮光，使得天文学家戴维·莫里森及其同事做出结论：“这匹斑马呈现的是白底黑条，而不是黑底白条。”[15]土卫八在土星东面的时候亮度只有六分之一，只要有心，业余级别的望远镜也能观测到这一现象。土卫五和土卫八几乎是双胞胎，在亮度上呈现出不对称的特点，土卫四也是。

内侧比较亮的卫星有土卫一和土卫二，它们都很小（直径分别是394千米和502千米），彼此靠得很近（它们的轨道相距仅52 000千米），除此以外它们没有什么相同点。土卫二表面复杂，一半坑坑洼洼，一半是光滑有纹路的平原——共有五种地质特征。然而土卫二表面反射的光很均匀，这表明整个星球范围内的冰面都经历过重塑，将其表面打磨得有如大理石般光滑。土星那纤薄的E环——土星环系统最外面的那个——就在附近，在靠近这颗卫星的地方呈现出一个明显的尖峰。也许将土卫二“抛光”的事件也使得大量冰粒被喷发到邻近的太空，产生了E环。

与此同时，土卫一身上有个直径足有125千米的陨石坑，看起来还是新鲜的。土卫一自己还不到400千米宽，这个陨石坑的比例差不

多相当于人眼球上的瞳仁，这意味着产生陨石坑的撞击非常剧烈，几乎可以把这个小卫星解体。如果土星环是成形的卫星后来解体而形成，那么土卫一就是少数幸存者的一个例子。

会让研究混沌的学者感兴趣的土星卫星是土卫七。这个土豆形状的超小卫星只有190千米长，114千米宽，沿着土卫六和土卫八中间的轨道运行。也许它是一颗更大的、被摧毁的卫星的残骸，所以翻滚得很厉害，在它21天一圈的公转过程中，自转速率和极轴方向都变化莫测，很少重复。这些变化可能始于一场碰撞以及之后与土卫六相互作用而产生的急速摇晃，根本无法预测。如果土卫七上有预报员，他会发现很难预测第二天有多长，或是哪颗星将指向北天极，就像地球上的预报员很难预测飓风的行动一样。

在土星和它的环及卫星组成的冰域之外，在深处更冷的地方，还居住着天王星、海王星和冥王星。

天王星很亮，裸眼可见——但也只是勉强可见——没有望远镜 201
的时代，还没有哪个观测者在一众恒星中注意到它的规律行踪，直到1781年3月13日的晴夜，威廉·赫歇尔在他位于巴斯的住所后面，用他手制的6英寸望远镜绘制星表的时候发现了它。赫歇尔并非一个行星猎手——他的兴趣在于编制全天星表——他发现这个天体不像一颗恒星，它的视直径在和亮度一起增长。[16]他在日志中记录道："在靠近金牛座ζ四分之一度的两个天体中，最下面的那个看起来有意思，它也许是颗云星（Nebulous Star），或者一颗彗星。"[17]四个夜晚过后，赫歇尔又去看那个天体，确认了它确实在移动，正如我们对一颗彗星所期待的那样，尽管它没有尾巴，而且移动得非常慢——慢到熟悉彗星的查尔斯·梅西叶都惊讶于赫歇尔居然能察觉到它位置的变化。皇家天文学家内维尔·马斯基林在3周后也观测到了它，认为它可能是一颗行星，因为凭他的经验，它"迥异于任何彗星"。约翰·博德检阅了历史观测记录，发现约翰·弗拉姆斯蒂德、约翰·T. 迈耶、詹姆斯·布拉得雷等人都曾标记过天王星，但都错误地将它判定为恒星。博德形容它为"迄今尚未知的一颗类似行星的天体，在比土星轨道还远的地方运行"。[18]赫歇尔以业余爱好者身份做出了天文史上的重大发现，奠定了他的声名，推动其进入了职业天文生涯。

海王星和天王星几乎是双胞胎，但距离我们又远了1倍，也因此在天空中显得更小、更暗，它是在半个世纪后，而且是以更现代化的方式被发现的——发现者通过它对天王星轨道的扰动推断出了它的存在。[19]它的发现故事交织着昭昭的智慧与冥冥的勤奋，有时候这两种品质会出现在同一个人身上。

中心人物就是约翰·库奇·亚当斯，彼时他还只是剑桥大学的一名本科生，他立志算出假设的太阳系第八大行星，此前已有数位研究者大致提出它的存在，以解释观测到的天王星运行轨道的一些异常。1843年，亚当斯在他那一届毕业的时候做出了大部分计算，到1845年，他拜访了皇家天文学家乔治·艾里，向其演示了他对这颗理论上存在的"天外"行星的位置的预测。亚当斯认为，英国的观测者利用他的数据，就能够找到这颗新行星，然而艾里犯了方法性的错误。(艾里不间断地强制要求观测者在阴天甚至雨天彻夜观测，还走遍每一座
202 圆顶屋，挨个地喊："你在工作，对吧？"英国天文学家帕特里克·摩尔证实了"他有一次花了一天时间在格林威治地下室里给空箱子贴标签，标签上写着'空箱子'的故事"。[20]）亚当斯第一次来找艾里的时候，艾里出城去了。第二次来的时候，艾里出去办事了。亚当斯留下一张名片，下午的时候折返，却被告知艾里在吃晚餐，而且吃晚餐时从不许任何人打扰。亚当斯留下一封信，艾里在回信中向他的计算提出

了技术上的质疑，对他可以找到第八大行星的断言泼了冷水。

与此同时，在法国，奥本–尚–约瑟夫·勒维耶正在做着类似的演算，他是个化学工作者出身的天文学家，聪明绝顶，却出了名地暴躁。(1854年，勒维耶成了巴黎天文台的台长，而后即被解雇，原因就是“易怒”。摩尔记载一个同时代人“对他做了非常刻薄的评价，说他也许不是全法国最值得被厌恶的人，但绝对是最被人厌恶的人”。[21]）勒维耶于1845年发表了他的计算，将这颗推断出的行星推到了天空中几乎完全精确的位置，和亚当斯做的一样；而亚当斯在艾里那里还是毫无进展。艾里读到这篇论文，被专业的勒维耶的研究成果说服，却忽略了业余爱好者亚当斯做出的几乎完全一样的工作。艾里什么都没对亚当斯说——甚至7月2日两人在剑桥的圣约翰大桥偶遇的时候，好像也没说——艾里组织了一场在亚当斯和勒维耶都提到过的天区搜寻行星的研究。不幸的是，他把这个任务交给了一头老黄牛——詹姆斯·查理士，后者从一丝不苟地绘制高倍率暗星星图开始着手。“我从地上到天上要花很长时间。”查理士沮丧地说，这也是对他龟速的精确形容。[22]

说回法国，1846年8月31日，勒维耶发表了另一篇专题论文，预测这颗推断的行星目前应该在亮星摩羯座 δ 以东约5度的位置。可能的大发现就在眼前，似乎唾手可得：就如天文学家约翰·赫歇尔在那年夏天发表的信函中写道的，“我们看它［这颗新行星］就如哥伦布从西班牙海滨看美洲大陆。伴随着一种同直观证明类似的确定性，沿着我们分析的深入，它的存在被内心颤抖着的我们感知到了”。[23]但如果“讨人厌”的勒维耶觉得法国天文学家会为他留心看看摩羯座 δ 以东的位置，那他就错了。勒维耶被他的同胞忽略后，转而将工作交给了德国人，他于9月18日给柏林天文台的约翰·格弗里恩·伽勒

去信，央他寻找这颗行星。伽勒和埋头苦干的查理士不一样，他是有
203 星图的——令人惊奇的是，当时很多主流天文台都是没有星图的——他立即启动了工作，并且得到了年轻有热情的学生海因里希·路易斯·达雷斯特的帮助。伽勒在望远镜前报出恒星位置，然后达雷斯特在星图上核对。不过数分钟，他们就发现了星图上没有的一颗8等亮度的天体。第二晚，也就是在1846年9月24日，他们又做了一次观测，确认了它是在移动的。“你说的那个位置上确实有颗行星。”伽勒在给勒维耶的信中写道。[24]今天，为了纪念他们开展计算的先见之明，人们一般将发现海王星的成就归于年轻的亚当斯和有帝王气概的勒维耶，而非首先看到它的伽勒和达雷斯特。

这个故事的后续对世界各地的专业天文学家和业余观星者也是一个警戒。无趣的查理士在伽勒和达雷斯特发现天王星之后的第六天——当时他还对他们的发现一无所知——意外地发现了这颗行星，并且让助手在日志中记下“看起来好像有圆面”。但他当时用的倍率仅有116倍，并且令人难以置信的是，他也没想到要换个倍率更高的目镜来检查一下那个圆面是不是真的，就像威廉·赫歇尔当年发现天王星的那晚一样。在后来的夜晚，查理士也没再继续跟进，没能监测到它在运动，从而失去了独立发现海王星的机会。事后，他将自己的失败归因于自己“认为若要保证成功就得需要长时间的探索”。[25]

研究者们浏览过去的观测日志，发现早年的观测者都曾标记过海王星，却并没有意识到那是颗行星，天王星也一样。苏格兰天文学家约翰·拉蒙特——在德国，即他工作的地方，他被叫作约翰·冯·拉蒙特——在1845年和1846年间，有三个晚上记录下了海王星的位置，却从未从他的观测中梳理出“恒星”在移动的证据。1795年5月，法国的J. J. 德·拉朗德有两晚观测到了海王星，并且发现它可能在移

动，但却推断这是他第一次绘制星图，难免出错。其实就连伽利略也看到过海王星。1612年12月27日和28日观测木星的时候——就在木星掩海王星一周前，而当时无人目睹这一现象——伽利略在海王星的位置标记了一颗“恒星”。一个月后，他又在一个大概的位置标记出了海王星，靠近室女座的一颗7等星（今天我们叫它SAO 119234），并在第二晚记录下这两个天体“看起来隔得远了”。[26]但他没再继续跟进这个细节。为什么？可能因为满月将至，在月光下用这么小的一架望远镜观测一颗8等亮度的天体是很难的。我们使用望远镜的时候，能否看见某个天体，在某种危险的程度上取决于我们的期望。[27] 204

用望远镜观测天王星和海王星往往令人失望。尽管它们的确是大行星——它们分别可容纳66个和58个地球——但它们距离太远，大部分地面上的观测者只能看到一点点没有特征的圆面。(要让天王星在望远镜中的大小有如肉眼看月亮，需要500倍的倍率；海王星要750倍。如此高的倍率需要非常稳定的视宁，因为图像要穿过空气，而它们同时也会放大空气的湍流。) 这两颗行星都有暗环系统，“旅行者号”拍过照片，而它们掩星的时候，地面望远镜也能观测到暗环系统。

天王星有五颗卫星亮得足以在地球上看到，当中有两颗——天卫四和更靠近内侧的天卫三——是赫歇尔于1787年发现的，那是在他发现天王星6年后。和以前一样，当时赫歇尔在“扫荡”天空，编制星表，这次是用了他的18.2英寸反射镜。他于1月11日写道：

> 我在一次搜索中找到了这颗乔治之星［赫歇尔最早以其赞助人国王乔治三世的名字给天王星命名］；当它过中天时，我观察到在它圆面附近，位于数个直径距离之内，有些非常暗弱的星星，我非常仔细地记录下了它们的位置。第

> 二天，行星又过中天，我目不转睛地寻找着我的小星星们，然后发现当中两颗不见了。当时我对光错觉还不了解，否则应该立刻宣布这颗新行星至少存在一颗或者更多的卫星；但确保万无一失是必要的。最薄的云雾（要不然就觉察不到），往往会遮挡住这些小星星；于是我断定非得要进行一系列观测才能满足我，特别是对这样一种很重要的发现。因此我注意到所有的小星星都在1月的14日、17日、24日和2月的4日、5日靠近行星；尽管到最后我不再怀疑这颗行星有至少一颗卫星，但我觉得需要暂时推迟这次通信［就是递交给皇家天文学会的报告，这段记录就是从其中摘得的］，直到我有机会看到它产生实际运动。因此我于2月7日开始跟踪这颗行星，从大约晚上6点，一直跟踪到2月8日凌晨
> 205 3点；此刻，由于我住所的结构挡住了观察黄道的一部分视角，我不得不终止了追踪：在这9个小时里，我看见这颗卫星忠实地追随着它的母星，同时随着时间的推移沿着自己的轨道运动，它本身的轨迹呈现了一个明显的弧形。[28]

赫歇尔的描述展示了一个伟大天文观测者在工作中的特点。首先，他敏锐的观察力让他第一个发现卫星——两个非常暗弱的点淹没在它们母星的光辉之中，这是极难看见的，此后整整10年里都没有哪个天文学家能够看到当中任何一颗。其次，他持之以恒，能够连续五晚反复核查，确认卫星还在原来的位置。最后，尽管他已没什么疑虑了，但他还是在英国的寒冬中花了9小时，实时地跟踪这颗越来越亮的卫星，确认了它随着天王星相对于背景恒星移动，并采用了一个轨道弧度去描述它。任何尝试用望远镜跟踪一个天体的人，无须观测9

小时，只要看一小段时间，就会知道这多么累人。在这个过程中，赫歇尔还估算了两颗卫星的轨道周期，得到了天卫四是13.5天，天卫三是8.75天的结果——惊人地接近13.462天和8.709天的准确值。[29]

尽管天王星和海王星看起来是一对孪生行星，但其实两者大相径庭，它们就如金星和地球一样提醒着我们，自然法则和历史偶然事件的共同作用塑造着我们的行星，雕琢着它们的命运。自然法则是复杂的，引力与静电场对构成原始太阳星云的尘埃、冰和气体的混合物施加影响。而历史偶然事件无疑也是复杂的。我们对此还知之甚少，但很清楚的是撞击在其中扮演了重要角色。

天王星的极轴几乎倾斜到98度。[30]它的卫星和它炭黑色的环也是倾斜的，这表明着天王星在形成初期曾被一颗大的小行星撞击过，并且倒向一边，就像一艘泊在沙滩上的西班牙帆船。它的卫星和环都是在撞击发生前就已成形的，由于它的赤道区隆起，它可能会将它们往内侧拉，但不太可能使它们如此精确地和它的赤道面平行。天王星内部产生的热量比海王星、土星和木星都少，所以可能是撞击混合了内部的物质，使它们均质化，因此它们在短时间内放出大量热量，而不是在几十亿年间缓慢放热。当然我们并不能确认这一点。[31]

这狂暴的过往，我们可以在天卫五——天王星的一颗小卫星（直径500千米）身上找到尤其显著的证据，它曾被称作太阳系内观测到 206
的最奇怪的天体。“旅行者号”获得的图像显示天卫五的表面是古老的、坑坑洼洼的地面，上面杂乱地堆着稍新一些的物质，应该是某种毁灭性灾难的结果。也许天卫五曾被一颗小行星级别的入侵者暴力撞击，成了碎块，但程度较轻，其中有很多块没能达到逃逸速度，因此可以慢慢重新聚集，形成我们今天看到的乱七八糟的模样。

与此相反的是，海王星看起来相对消停一些。它的极轴倾角是

28度，自转周期为6小时，是一颗非常普通的类木行星。它的轨道近乎圆形（偏心率只有0.009 7），这意味着它从未与另一颗行星亲密接触过，也没有经历过诸如另外一颗恒星穿越太阳系之类的大型混乱事件。它就在太阳系的边隅，沿着一个周期为164.8年的轨道安静地巡游，这和古斯塔夫·霍尔斯特《行星组曲》结束主题中的那种平静飘逸的合唱遥相呼应（如果不是这样的话，这个组曲和物理世界里的行星就完全没有关系了，因为霍尔斯特关心的是占星学和神秘主义，而不是天文学）。

在望远镜中，海王星和天王星一样看不出什么细节，而且更小：它距离我们比海王星要远1.5倍，圆面仅有2.35角秒宽。很多观测者觉得它和它假想的兄弟海王星会非常相像，但当“旅行者2号”于1989年8月25日穿过海王星系统时，传回地球的图片和数据再次告诉我们，无论行星之间彼此多么形似，在探查细节时我们都会发现它们的独特之处。天王星表面缺乏特征，而海王星则显示出像木星和土星那样的带和区，尽管存在着更多的结构以适合更冷的世界。“旅行者号”抵达海王星附近的时候，甚至在上面看到一个大暗斑——一个堪比木星大红斑的反气旋，它漂浮在海王星的南半球，纬度与木星大红斑类似。据推断，创造出这些特征的力量是内核产生的热——是海王星从太阳处获得的热能的2.6倍——这是在天王星中缺失，但在类木行星中通常可见的特征。天王星色彩偏绿，而海王星更蓝：两者颜色都与甲烷气体吸收红光有关，但尚不清楚为何海王星比天王星更蓝。

海王星的冰之卫星海卫一是个有着奇异生动色彩的世界，装点
207 着红色、粉色和蓝灰色斑块。“旅行者号”的科学家断定，它上面存在着氮气喷泉，可以把物质抛射到接近10千米高的地方，然后进入“大气”——海卫一上的空气就是一层由氮和碳氢化合物组成的薄雾——

产生的云块掉落在下风处表面（“旅行者号”观测到的海卫一大气，地面上的观测者在海卫一掩星时也能观察到）。人们认为喷泉喷发出的是被困在地表下的液态氮，液态氮往上渗透，密度降低，最后变成膨胀的气体。这样的事情一般并不发生在类木行星的冰卫星上，而是在彗星和柯伊伯带天体上。考虑到海卫一的密度较低，与木星卫星相比更接近彗星，而且是逆行，轨道与海王星赤道的夹角又非常小（21度），它可能根本不是海王星原有的卫星，而是从外太阳系来的、被海王星捕捉到的旅行者。

这就要说到还没有被任何一个航天器探索过的最后一颗行星——冥王星，如果它也算行星的话。*冥王星是1930年由年轻的克莱德·汤博发现的，他曾是从堪萨斯农场走出来的天文爱好者，高中毕业后付不起大学学费，却设法在洛厄尔天文台谋得工作。汤博精于拍摄照片，他被指派搜寻“行星X”，这个行星X的存在已通过天王星和海王星的运动推断出来了。这些推断后来被证明都是错的，但幸运的是汤博更多凭借的是恒心和常识，而非精练的数学：他没有去考虑行星X按照预测应该出现在哪里，用的方法类似于一个醉汉在路灯下找钥匙，因为那里够亮，看得见钥匙。已知的行星都在黄道或黄道附近运行，而行星又都在大冲期间最亮，他干脆就只对黄道上太阳相反方向的天区进行曝光。

黄道上有十三个星座——“黄道十二宫”的“十二星座”再加上蛇夫座，占星师们忽略了蛇夫座，因为他们觉得十三是不好的数字。汤博在为天文台测试望远镜和相机的时候，拍摄了一些双子座内的照片，但当他开始全身心投入搜索的时候，已经是下一轮暗月夜了，双子

---

* 2006年，国际天文学联合会把冥王星从太阳系行星降级为矮行星。——编注

座在中天以西很远的地方，所以他转而从巨蟹座开始。墨菲定律在冥冥中产生着作用：当时冥王星其实就在双子座内。汤博花了将近1年的时间沿着黄道一点点开垦，每个阴历月要对比30张底片（每张底片都包含数以万计的星点）寻找着可能是一颗行星的缓慢移动的光点。他承认这是一个“折磨人”的工作，但在他这么名副其实地绕了一大
208 圈的同时，也获得了不少经验，拍摄了29 000个星系和800颗变星，发现了2颗彗星。

“我是个完美主义者，”汤博回忆道，“我在种南非高粱和蜀黍高粱［家庭农场的主要作物］的时候，田里的庄稼必须排成直线，否则我就难受。只要有疑似行星，无论多么暗弱，我都要再拍一张底片（来检查）——只有是或者不是，没有可能。”[32]当汤博最终发现冥王星的那一天来到的时候——1930年2月18日——他平静地检查了他的工作，然后隐藏了他的兴奋之情，踱到主任的办公室，宣布道：“我找到了你们的行星X。”[33]洛厄尔的天文学家起初并不重视汤博的贡献（他们发送给哈佛的电报里并没有提到他的名字，他们给媒体的通知里强调“与洛厄尔博士对于海王星之外存在另一颗行星的动力学证据所做的工作相结合，搜索项目由洛厄尔博士于1905年启动”，却只有一句话是给“工作助理C. W. 汤博”的），但他的辛苦工作最终成就了他的声名：他从项目伊始就拍下了冥王星，后面还要被羞辱成一个最伟大成就完全归功于初学者运气的人。[34]

新闻铺天盖地，洛厄尔天文台被新行星的命名建议淹没——当中有阿波罗、阿耳忒弥斯、阿特拉斯、巴克斯、克洛诺斯、埃里伯斯、伊戴那、奥西里斯、珀尔修斯、坦塔罗斯、伏尔坎，还有兹马尔。（洛厄尔的遗孀康斯坦斯·洛厄尔偏爱的名字有宙斯、洛厄尔、珀西瓦尔——或者康斯坦斯）。冥王星的名字是英格兰牛津的一个11岁女生维尼夏·伯

尼提出的。[35]冥王星的前两个字母是珀西瓦尔·洛厄尔的首字母缩写，这也是很好的寓意。

尽管有时候冥王星的发现被认为是理论学家计算的一次伟大胜利，但是最终促进了搜寻行星X的计算，其实是建立在错误的天王星和海王星的体积及位置的数值上的——而且就算它们是对的，我们现在也知道，冥王星太小，根本无法对它们的轨道产生任何所谓的影响。[36]冥王星的发现并非源自数学家的灵感，而是源自克莱德·汤博的汗水。

反对将冥王星划在行星范畴内的声音，是基于它的小体积、它的倾角、它的偏心轨道，还有它的构成。冥王星直径仅约2 300千米，比任何行星都小——比海王星的卫星海卫一（直径2 700千米）还小，尽管两者在很多方面相似——比谷神星那样大一点的小行星也大不了多少。冥王星轨道与黄道面呈17度夹角，超过几乎任何一颗行星的 209
2倍，轨道非常扁，在249年的公转周期里，冥王星有20年是在海王星的轨道内侧运行的，已知的八大行星中还没有哪一颗拥有这样的相交轨道。冥王星的密度——在1978年冥卫一被发现之后得以计算出来——更像是属于一颗冰彗星，或是一个柯伊伯带天体，而非行星。冥卫一的体积恰是冥王星的一半，它被冥王星的引力锁定，就像月球之于地球；但不一样的是，冥王星同样是被冥卫一引力锁定的，因此两者永远面对面。（换句话说，冥王星的自转周期6.387天，和冥卫一的公转周期是一样的。）这样的情况与其说属于行星，倒不如说更像是属于一对双小行星系统。冥王星有大气，在相对靠近太阳的位置会蒸腾，但在漫长的、远离海王星的遥远轨道上又会冻结并落回表面——非常像一颗彗星的表现。在我们足够了解太阳系之前，这一类难以定义的、数量越来越多的天体中，冥王星也许可以算作最大、最引人注目的一个例子。小行星带里也有一些天体，它们有着典型的小行星轨道，被归为小行星一类，直到它们开始像冥王星那样表面蒸腾，并萌生出彗星样的彗发或彗尾。对柯伊伯带天体进一步的观测无疑能够帮助我们确定，这条带是否如我们先前所怀疑的那样，是冥王星原来的家园。

有些天文学家断言冥王星并非一颗行星，而是来自柯伊伯带的冰雪使者，这意外地引发了公众的强烈抗议。2000年，翻修后的海登天文馆作为纽约市崭新的罗斯地球与太空中心的一部分重新开放，有报告说，参观太阳系展览的游客对于发现冥王星被"从行星中移除"表示"困惑"。"通过震撼了上天的一个动作，海登天文馆把冥王星剔出了行星序列。"哥伦比亚广播公司新闻评论员查尔斯·奥斯古德说，并补充说"参观者由此产生失落感"。"冥王星没能晋级。"《新墨西哥圣塔菲报》抱怨道。"有些游客在学校里就学习太阳系有九大行星，冥王星的缺席令人困惑甚至悲伤。"《纽约时报》报道，并引用了当中一位游客——亚特兰大的帕梅拉·柯蒂斯的抱怨，她回忆自己用一句话记忆行星的名字："My Very Educated Mother Just Served Us Nine Pizzas (我非常有文化的妈妈刚刚给我们上了九个比萨饼)。"句中每个单词的首字母分别代表水星(M)、金星(V)、地球(E)、火星(M)、木星(J)、土星(S)、天王星(U)、海王星(N)、冥王星(P)。"现在我知道我妈刚给我们上了九个——九个'啥都没'。"

海登天文馆的馆长尼尔·德·格拉斯·泰森认为，应当将太阳系天体分为五大家族——类地行星、小行星带天体、气态巨行星、柯伊伯带天体(冥王星在这个类别里)，以及奥尔特云天体——这比仅仅去记住行星名字更具教育意义。"不要数行星，数家族吧，"泰森恳请公众，
210 "这样你才能了解到太阳系的结构。"但是他也预料到了一些必然的

痛苦过程。其他科学研究中心的头头们察觉到国际天文学联合会仍将冥王星视为行星。“我们与冥王星站在一起。”丹佛自然和科学博物馆空间科学馆的馆长劳拉·丹利如是说。为汤博作传的彗星猎手戴维·列维说，泰森一定是“活在另一个宇宙里”。[37]

有些人因为不希望克莱德·汤博的声名蒙尘，反对“降格”冥王星，他们也许会为他作为探索柯伊伯带的先驱而被历史铭记而感到欣慰，在那里还有无数不为人知的太阳系天体等待着被发现。将来编录柯伊伯带的观测者可能需要把望远镜的性能用到极限，寻找最暗弱的天体，察觉它们最细微的运动，用完美主义者的精神检查他们的结果，以此来增长人类对于太阳系家族的知识。我认为克莱德会喜欢这个的。正如他晚年所说，“如果可以重新选择我的人生，我也不知道自己会不会做出不同的选择……所有这些光阴，枯燥的光阴——我没有后悔过”。[38]

无论如何，用一个问号来作为我们探索太阳系的终结，是恰当的。在行星领域和彗星领域之间的区域，冥王星作为一个拥有双重身份的旅行者漫游着，让我们在这里暂停一下，往回看去。行星们紧紧围绕在缩小了的太阳周围，地球必须通过一架望远镜才可以看见。光从太阳发出，8分钟后抵达地球，再过4分钟抵达火星，到木星却需要43分钟，到土星需要1小时以上，到天王星要2.5小时，到海王星要4小时。多么广阔的世界供我们去看、去观察，甚至有一天去探索：八大行星，其中四个是小的岩石行星，四个是气态巨行星，还有观星者数都数不清的卫星——它们当中有地质学意义上死亡的卫星，比如木卫四、土卫五、土卫八、土卫一、天卫四和天卫二；有些卫星则在某些时期还有地质活动，比如土卫四、土卫三、天卫一、天卫三；木卫二和木卫三都在地表下埋藏着咸海；活动着的卫星，比如暴烈的木卫一和冰冷尖啸的海卫一，每颗都有自己独特的过往，但我们只能拾得一些真相的碎片。如果我们能了解的就只有这些了——如果，比方说，我们太阳系被埋藏在一个黑暗的星云之中，只有黑色的天空，没有别的恒星——仅这些就毫无疑问足够满足我们亿万年的好奇心、创造力和探索欲。

但这并非全部。围绕着我们的是一个广阔的星系，它在尺度上如此巨大，要把整个太阳系缩小到这句话结尾的那个句点那么大，才能
211 分辨出它的结构。

# 天文台日志：
午夜钟声

火星即将大冲，距离1956年我用我的1.6英寸折射望远镜第一次观测大冲，已有42个地球年。这个想法让我觉得自己有点老了，但大冲也可以检测太阳系周期惊人的准确性，如同一个娴熟的演奏家用左手在钢琴琴键上大幅度掠过，弹奏出一曲行星蓝调。疾风在松林间呼啸，像小提琴手在调音——芭蕉会说这是天籁——星星亮得像将手高高举起的学生的渴求的眼睛。双子星正手拉手西沉，月牙伴在侧。墙上时钟显示11点59分。我打开短波收音机，却听到了莎士比亚《亨利四世》中的经典名句：

福斯塔夫　我们的确听过午夜的钟声，夏禄先生。

夏　　禄　我们听过，我们听过，我们听过，千真万确，约翰爵士。我们听过。

这是个惊人的巧合，抑或是BBC制作人有意地倒带回去，在太平洋时间的午夜0点整，在广播里播放这个场景。

血红色的火星正从东边最高的树杈中挣脱出来，所以我放了块挡风屏，将望远镜瞄准火星看了看。我的第一个念头是，大冲来临时的火星比其他时候都要清楚很多。空气在蒸腾，风在摇晃望远镜，望远镜还没冷却到最佳状态，但我已经可以看到一些暗色的、高对比度的火星特征。我把望远镜孔径缩小到6英寸，以减小气流扰动的影响，到凌晨1点，火星的画面稳定下来，不过大部分时间看起来还是像煎锅里在黄油中闪着光的番茄蛋卷。但它一直在天空中上升，视野更加清晰，很快地，在不断侵袭的风的间歇中，我就能看到更多东西了。

212 到了凌晨2点，湿度上升到96%，在逐渐增大的风中平添些许凉
意，也扰动着火星的圆面。到了3点，火星西沉到山丘上方的一片雾霭
中去了，我却并不觉得失望。这是个美妙痛快的夜晚，火星还会回来
213 的，而且还有别的东西可以看。我把望远镜转向了星星和星系。

第三部分

# 深海

第十五章

# 夜空

夜是狂喜。

—— 歌德

理念之于物体,犹如星座之于星星。

—— 瓦尔特·本雅明

星辰当然是一直在天上的,它们隐没在太阳的炫目光辉中,却以自己的方式疏离地闪烁着。认识到这一点,并将其根植于内心,才能真正观星。天文爱好者戴维·J. 艾彻回忆了自己第一次在望远镜中看到一个球状星团时发生的故事:

> 那晚我带着兴奋踉跄地回去,仿似受邀进入了一个被严密守护的秘密。我没有变。我周围的世界没有变。但我沿街走路的时候或是试鞋子的时候,又或是在超市买苏打水的时候,深刻地感觉到了不同。我从未如此强烈地意识到,远在我们的蓝天之外,有着数量巨大的星星和数也数不清的未知世界。我没法忍住感受到不同。我的脑子里有了整个宇宙。[1]

我在14岁的时候开始正视星星在白天并不会离开这个事实。这个领悟让我养成一些奇怪的习惯。有时候我会试图在大白天找出金星或明亮的天狼星，一般是在休息时间站在学校操场某个特定位置，盯着屋顶一角，在家里我就用望远镜或一卷卫生纸用完后留下来的纸芯筒。这些付出有些时候是有回报的，那就是海蓝色中的一个小白点，它就像灯塔看守人在擦拭他的信号灯一样令人迷乱，提醒着我们
217 只是广袤黑暗中一片明亮绿洲的居民。在佛罗里达的灿烂阳光下，在最不可能的时间——譬如在摇晃的渔船甲板上收紧鱼线的时候，在一棵椰子树下读书的时候，或是躺在足球场上的时候——我都会仰面去看那钴蓝色的天空，然后想：它们就在那里，等待着我们的目光。

接下来，在日落时分，帷幕将会升起，演出又重新开始了。

夜空星辰之美，很早就感动着我们的祖先，即便那时候天空被认为是闪烁着亮点的二维穹隆或盖子，当我们意识到它的广袤深远和它蕴藉的丰富内涵，它就变得更加夺目。正如画家罗伯特·亨利在他的著作《艺术精神》中所言："一切本无美。而一切都在等待敏锐的、有创造力的心灵，心灵看见一切，由此生出愉悦。美由是诞生。"[2]观星可以很美，它有多追求理性，就能有多美，它可以将我们对美的感知和我们周围更广阔的现实进行多方面的协调。仅凭肉眼你就可以看到月相，看到日月食，看到极光的优雅舞蹈，看到行星的色彩和运行，看到明亮变星的消长，看到少数星云和附近星系的微光，还有星星们——一次可以看到2 000多颗。一副双筒望远镜只要有足够的聚光能力，就能让这些可能性成倍增加，而若用天文望远镜，天空就不再有边界。

所以，让我们走出门去看一看吧。[3]我们的指示牌就是星星本身，还有我们用它们编织的图案——星群和星座。星群是看起来像聚集在一起的星星，比如北斗七星和昴星团。星座是把星星连接起来形成

的线条画，最早是牧羊人和别的早期观星人为在天空中找到方向而发明的。这些星座的边界在不同的星图上曾经都不一样。今天它们都有了正式的边界，这是由国际天文学联合会定下的，整个天空被划分为88个天区。繁星漫天，哪怕只是蜻蜓点水，在一章里也讲不完，所以这里我们仅讲几个最受欢迎的——然后，在下一章，我们可以求诸望远镜，探索星空更深处的一些地方。要探索它们全部，需要长过一生的时间。

我们的向导是一首小诗：

跟随弧线到大角星，
向那角宿一进发；218
然后转向西北，到达轩辕十四，
那是狮子的前足。

以同样的距离前往双子，
那是北河二和北河三发光的地方，
靠近参宿七和五车二，
天狼星就在下方。

这里的“弧线”指的是北斗七星的柄。北斗七星在英格兰被看成犁，中国人视其为指北针，埃及人视其为牛腿，现代欧洲人和古罗马人则将其视为货车或马车，它实际上是大熊座内的一个星群，大部分星群是由从地球视角串联的星点构成，实际上它们相隔甚远，但北斗七星这7颗星中有5颗其实是有着联系的。它们属于一个叫作大熊座移动星团的非常松散的大星团。[4]它直径约30光年，距离太阳仅80光年，是离我们最近的星团。它的距离、它惊人的速度——它正以每秒14千米的速度朝南飞向人马座——都在岁月中推动着北斗七星勺子形状的改变。10万年前，大勺子的勺底更方，勺柄也是直的，像个粗陋的工具；到现在，它变成了类似我们今天使用的金属勺子的形状；而10万年后，它又会有一个带有未来主义色彩的扁平勺底，勺柄在顶端活泼地翘成90度。

还有些别的肉眼可见的星团，譬如巨蟹座内的蜂巢星团、金牛座内的毕星团，还有昴星团，它是金牛座内一个非常壮观的勺子形状的星团，当中有6颗星都肉眼可见，第七颗则可以用来检测视野的清晰度。在清澈黑暗的夜晚，敏锐的观测者可以在昴星团内看到12颗星：在望远镜发明之前，天文学家共在那里标记过14颗星。用视野比大部分天文望远镜大的双筒望远镜来看所有这些星团，都是非常美妙的景象。

天枢和天璇在北斗七星勺底的最末端，被视为指极星，在两颗星中间画一条直线，延长线朝北可经过北极星附近。从双筒望远镜中看北极星，你会看到被称作"订婚戒指"的星群，那是南边一个由7等星和8等星组成的小圈。(当然，基本上所有星星都是在北极星的南方的，因为北极星与北天极的距离只有不到1度。)

219 从北斗七星勺柄顶端开始数，第二颗星是开阳，它有一颗看起来非常亲密的伴星——辅。这两颗星被古代阿拉伯人称为"马和骑士"，被用来检测士兵的视力，看他们能不能用肉眼分辨——"分开"——二者(大多数现代人可以通过这项测试，但回到眼镜尚不多见的时代，这项测试还是非常有用的)。[5]这一对星并非真正的双星，只是恰巧在视觉上重叠：开阳距地88光年，辅距地81光年。而开阳自己确实是一对双星，也是第一对被发现的双星。天文学家巴蒂斯塔·里乔利于1650年分开了它，今天任何一个观测者凭借小型望远镜都能观测到。开阳双星当中较暗的那颗其实也是一对双星：这一对靠得太近，望远镜是分不出的，但伴星的轨道运动会导致谱线位置变化，所以可以用光谱测定。

很多恒星都属于双星或三星系统，但只有少数能用肉眼辨别。天琴座 ε（织女二）对成年人来说是个很好的视力检测工具，不过大部分青少年也可以轻易分辨它。任何双星，只要在观测者光学工具的极限范围内——无论是望远镜、双筒，还是肉眼——都呈现出朦胧的样子，因此常被误认为是星云。约翰·赫维留的肉眼视力可够好的了，他经常可以不用身边的望远镜，但就连他也曾被蒙蔽，将一对位于天权星（大熊座 δ）东北方1.5度的双星标记成了星云。大角度的双星用双筒望远镜看极美，比如天鹅座内辇道增七的两颗星是鲜明的黄色和蓝色。

在欧洲和北美所在的纬度，大熊座在拱极区，就是说它不会落下——古希腊航海家用谚语“大熊从不洗澡”来记忆这个现象（天文学家小罗伯特·伯纳姆把大熊座称为“北极熊”）。[6]这就要说起古老的“球面天文学”，它把天空想成一个地球居中的球体，用不同的点和线来绘制天图。天空中指向地球极轴的两点被指定为北天极点和南天极点，因此天极点在你所在地区的地平线上的高度角就是你的纬度——你的纬度又决定了哪些星座是在拱极区。在南极和北极，所有星座都在拱极区——你在北极天空中看到的星星永远不会落下，你看不到的星星也永远不会升起——而赤道上则是所有的星星都会落下和升起。

天球上等同于纬度的是赤纬——以度为单位，从北天极的90度到赤道的0度——天球上等同于经度的则是赤经。赤经线是从一个极

220 点延伸到另一个极点的直线，以小时为单位，绕天一周为24小时。地球极轴的摆动叫作岁差，岁差缓慢地改变着恒星的坐标系，所以星图一般每50年就会有更新，使它们在目前的历元里保持精确。天球上的任何天体都可以用历元加上两个坐标来定位。比如大角星的坐标，就是“R. A 14h 15m 43.7s, Dec. +10°10′25″, 历元2000”，即大角星位于赤经14时15分43.7秒，赤纬10度10角分25角秒——在牧夫座内。电脑越来越多地担负起处理这些数字的任务：你告诉电脑想看什么，它就会在坐标中寻找，然后把望远镜转向相应的方位。但我给我望远镜那简陋的装置加上了电脑控制系统之后，还是保留了老式的“瞄准圈”，那是两个大的铜盘，上面刻着赤经和赤纬的标记，这只是一种怀旧。

地球在轨道内的运行，让太阳看起来像是以每天不超过1度的速度在黄道上向东移动。结果就是星座不停向西奔去，每晚都比前一晚升起得早一些，直到跌入太阳怀中，继而又重新出现在黎明前的天空。因此星座是与季节相关的。在北半球的冬夜，猎户座最显著。春季，狮子座取代猎户，后者几乎消失在太阳光中。夏季夜空的主角是“夏季大三角”的三颗亮星——织女星、牛郎星和天津四。同时，猎户座从太阳后面重新冒头。我在小时候，总想用我的小望远镜看到新东西，我常常在黎明前就起床，预览那些数月不会在夜晚出现的星座。这就像时间旅行，直到现在，黎明前那澄澈的天空总还是能带给我当初的感觉。

黄道与天赤道的两个交点被标记为春分点（约定为赤经0时）和秋分点（赤经12时）。当太阳经过这两个点——大约发生在3月21日和9月22日，会因闰年之类的原因有些小的误差——北半球的春天和秋天就开始了。两点间的中间点是夏至和冬至，那是在太阳——当然还有黄道——偏离天赤道的时候。这些就是我们当下所需要掌握的天文时间了。

让我们开始旅行吧。 221

### 跟随弧线到大角星……

从北斗七星的勺底一直延伸到勺把的曲线，再向外延伸约30度，就到了明亮的橘色恒星——大角星。它的内禀亮度（大角星的直径是太阳的23倍，光度是太阳的100倍）和它的距离（距地仅37光年）让它成为全天第四亮星。这是第一颗用望远镜在白天见到的恒星——是法国天文学家让-巴蒂斯特·莫兰于1635年见到的。不过它的灿烂非常短暂，因为它是一颗高速星。200万年前它还在仙王座内，距地800光年，非常暗弱（6.7等），从那时到今天，它日夜兼程，将来会撤到船帆座内，一直暗到肉眼再次看不见它。

### 向那角宿一进发……

同一条弧线再延伸30度，就到了角宿一，这是室女座内靠近黄道线的一颗1等星。角宿一和大角星一样，是一颗大质量恒星，本身非常明亮——光度超过太阳的2 000倍——但角宿一是蓝白色，而大角星是橘色。恒星的颜色显示着恒星表面的温度，我们因此可以得知它的体积和质量。大质量恒星燃烧炽烈，颜色偏向于光谱中能量较高的蓝白色那一端。但当它们的核燃料开始耗尽，它们的外层便膨胀开来，温度降低，从橘色变成红色，就如白热的铁从熔炉里拿出冷却。天文学家把蓝白恒星称作“年轻”恒星，而把红巨星称作演化到“老年”的恒星，但这种说法容易引起误解。大质量恒星消耗极快，很早就消亡：它们可能在只有1 000万年历史的时候就变成红巨星，而一颗像太阳那样的中等质量恒星，要经历100亿年才会变成一颗红巨星。

天文学家以光谱类型为恒星分类。最早的划分系统是哈佛开发出来的，它将恒星以光谱的“复杂程度”归类，简单地按字母顺序排列，但当大家发现以颜色为基础的排列更具天体物理学意义时，字母顺序就乱了。光谱序列沿用至今，从炽热的蓝白恒星，到较冷的红色恒星，依次是O、B、A、F、G、K、M——数代科学家都用一些顺口溜来记忆这个顺序，比如“O, Be A Fine Girl, Kiss Me!”（哦，做个好姑娘，吻我！），还有“Oh Boy, An F Grade Kills Me!”（哦，天哪，成绩F真是
222 要命！）。角宿一是B型星；牛郎星和织女星都是A型星；北极星是F型；太阳则属于位居中间的G型；大角星是K型；我们稍后要认识的参宿四，则是一颗M型红巨星。[7]

然后转向西北，到达轩辕十四，
那是狮子的前足。

轩辕十四——亮度1.4等，距地77.5光年——是狮子座最亮的一颗星。它的名字是“小王”的意思，指的是兽中之王。它的光谱类型为B，直径是太阳的3.5倍。轩辕十四是一个三合星系统中的成员，它有一颗橘红色伴星，用小型望远镜轻易可见——距离轩辕十四超过8角分——这颗伴星自己又有一颗暗弱的（13等）矮星，位于2.6角秒之外，在伴星明亮光辉的干扰下很难看清。在这片区域还能看到第四颗星，据推测它也属于轩辕十四系统，编目为轩辕十四D，但这很明显只是个视觉上的巧合。狮子座是黄道星座，所以轩辕十四偶尔会被月球

甚至是一些行星掩食。1959年7月7日有一次金星掩轩辕十四，这是非常罕见的现象，我想在基比斯坎观测，可惜轩辕十四在掩星还没开始的时候就下去了。

在轩辕十四以西5度的地方，我们有时候能用肉眼看到变星狮子座R，它以平均天数为310天的周期变化亮度。大部分时间里，狮子座R在6等到10等之间，望远镜可见，但它在亮度峰值的时候可以达到5等，亮到不用望远镜也能看到。它被归为刍藁变星——以鲸鱼座的刍藁增二（Mira，在拉丁语中意为“美妙的”）命名。古代人就已经注意到了刍藁增二，他们发现它每隔大约100天就会达到肉眼可见的亮度，有时候会蹿到2.5等，然后变暗到消失月余。刍藁变星是一种脉动变星，质量中等，处于演化阶段的晚期，状态不很稳定。变星还有很多其他类型，当中有活动剧烈的“耀”星和“激”变星。变星大多肉眼可见，包括参宿四——在6年多的周期中，它可以变得像毕宿五（亮度大约为0.9等，也是个变星）一样暗，或是像参宿七（亮度为0.1等）一样亮。造父一（造父变星以它的名字命名）的亮度可在不到一周内从3.5等变化到4.4等。另一颗造父变星井宿七的亮度在10天内可从3.6等变化到4.2等。

食双星有点像脉动变星，但其实两者迥异。双星系统的两颗星恰好与我们齐平，故而一颗恒星周期性地从另一颗面前经过，改变着 223
它们的视亮度。典型的食变星有英仙座的大陵五（“魔鬼星”）。大陵五是个三星系统，但导致它亮度变化的交食行为实际上只有两颗恒星参与，其中一颗是蓝色的，另一颗是红巨星，两者的亮度都超过太阳。尽管大陵五距地仅93光年，然而这两颗星相距太近，最大的望远镜也没法分清它们。它们可能构成了所谓的相接双星系统，彼此靠得太近，其中一颗从另一颗身上不断剥夺物质。光变曲线和光谱信息揭示了大陵五的成员恒星的类型和速度，大陵五的模型从而逐渐被人们接受。这揭示着这两颗恒星的轨道面会从侧面倾斜一点，因此当暗的那颗星运行到亮的那颗星背后时，圆面会被遮挡绝大部分，两颗恒星中较暗的那颗从它的兄弟恒星面前穿过时，兄弟恒星会变暗。所以当暗弱的那颗星被食的时候，在亮度上会出现非常微小的动荡；当亮星被食的时候，则会出现比较大的动荡，视亮度每2.87天会从2.1等跌到3.4等。

我们目前讨论到的所有星座——大熊座、牧夫座、室女座，还有狮子座——都有很多星系。这些遥远的恒星岛屿当中，位于狮子座的M65和M66亮到可以用双筒望远镜观看。这部分天区有如此多的星系，原因在于我们是从自己的星系盘中抬头往上看。当我们转而沿着银道面看时，我们自己星系的巨大的气体尘埃云会在可见光波段阻挡我们的视线，使我们看不到遥远的星系。我们的下一步就是靠近银河。

以同样的距离前往双子，
那是北河二和北河三发光的地方……

沿着黄道向西移动37度，就到了北河二和北河三，这对双子星是双子座的两个头，它们将我们带到了银河边缘恒星从生的地方。因此我们用肉眼就可以看到很多细节，用双筒望远镜更佳。在双子座内扫视群星，我们可以认出几个珠宝盒一般的疏散星团——比如靠近北河三左脚的M35，后面还有更多。

靠近参宿七和五车二，

天狼星就在下方。

最后的50度跳跃将我们带到猎户座和它的狗——大犬座，这是在银河中星星富集的地方。猎户座深受众多观星者的喜爱，这是很容 224
易理解的。第一，它看起来确实像个猎手。你可以很明显地看出他那宽阔的肩膀、挥舞大棒的右手、向前持盾的左手（他看起来像在与凶悍的敌人——金牛座的大公牛对峙），还有他奔跑的双腿、炫目的腰带，以及悬在腰间的宝剑。星星们并非自己排列组合成火柴人的形状供我们消遣，许多星座的模样只是和自己的名字稍微沾点边。（蛇夫座到底是持蛇的人，还是垃圾筒？室女座到底是室女，还是驳船？）但还是有一些星座栩栩如生，比如天蝎座、天鹅座，还有小小的海豚座，它们能让哪怕是第一次观星的人都愉悦地喊出“我能看见！”，而猎户则是它们当中最夺目的一个。

无论是作为一个神话形象，还是作为农民和航海家的季节指引，猎户都非常受大众欢迎，他们就算对其他星座知之甚少，也得知道猎户座。古埃及人将猎户看作地狱之神奥西里斯，银河就是地狱的河流，他驾着小船溯流而下。詹姆士国王本《旧约》中，上帝富有诗意地问约伯：“你能系住昴星的结吗？能解开参星的带吗？”维吉尔、普林尼和贺拉斯都曾警告说，猎户座在夜空中出现的时间与冬季风暴的开始相一致，这段时间正是赫西俄德所警告的“风与雷鸣声搏击……阴沉的大海藏在乌云之下”。[8]他们知道自己在说什么：我写下这段话的时候，正是在1月的一个下午，猎户行至最高处的时节，隆隆的雷鸣摇晃着窗玻璃，旧金山湾铅灰色的表面被风雨搅打出了白沫。

猎户座的两颗最亮星，代表着两种对比强烈的颜色。参宿七是一颗蓝白色超巨星，它如同一盏航标灯，位于猎户脚上。参宿四是猎户肩膀上的宝石红色的灯，也是猎户座第二亮星。它是一颗脉动红巨星，其气体绵延如此之广，如果你将它放在太阳的位置，它可以将木星轨道纳入怀中。“Betelgeuse”（参宿四的西文名）来自阿拉伯语，起源有争议，已不可考，它在英语中形成了三种发音，其中一种是孩子们会喜欢的，即“beetle-juice”（“甲虫汁”）。

恒星在天空中的亮度（目视星等），并非其本身亮度（绝对星等）的可靠依据。参宿七和参宿四尽管目视星等近似，但参宿七距地是参宿四的2倍远。天狼星是地球上夜空中最亮的恒星，因其无双的视亮度，成为大犬座的荣光——大犬座是猎户的两只猎狗中较大的那只。“Sirius”（天狼星的西文名）一词显然来自希腊语“灼热”，它有如此高
225 的视亮度，不仅因为它本身很明亮（它的光度是太阳的23倍），还因为它距离地球仅8.6光年。

同理，组成一个星座的恒星在三维空间内并非一定是彼此接近的。天鹅座翅膀前端那几颗排列参差的星星，都在距离地球200光年以内的地方。而位于天鹅座眼睛处的著名双星辇道增七，距地却有386光年；天鹅心脏部位的亮星天津一，则在1 500光年以外；宝相庄严的天津四是天鹅座的最亮星，其距离是天津一的2倍。而大多数猎户座内的星，都是位置相近的邻居，因为它们都位于银河系内和我们临近的旋臂里。银河系是一个非常典型的大型旋涡星系，由几千亿颗星星和大量气体尘埃云构成。[9]大多数恒星和几乎所有的气体尘埃云都位于星系盘上。星系盘非常宽广——宽度超过80 000光年——厚度却只有几百光年。在它中央是个凸起的“核球”，顾名思义，主要由老年的红色和黄色恒星构成（拆下一个悠悠球，将它的轴穿过一张老黑胶唱片中间的洞：这个悠悠球就是银河系中间的核球，黑胶唱片就是星系盘）。银河系旋臂内有巨大的恒星诞生区，被大量年轻的蓝白

巨星和超巨星点亮，这些都是在宇宙历史进程中刚刚形成的，还没有正式开始它们放纵的一生，然后爆炸。

观测其他旋涡星系的时候，我们都可以很清晰地看到它们的旋臂，但却很难去描绘我们自己星系的旋臂，因为我们就居住在囊括着它们的星系盘内。这就好像我们在一座由被装点的圣诞树组成的森林里，这些圣诞树大部分都是螺旋结构，点缀着非常亮的灯。要从每棵树身上了解整座森林的工作，一度得益于射电和近红外波段观测的帮助，因为它们能穿透中间的云。结果图揭示了太阳系在银河系从中间到外层发光盘边缘大约三分之二的位置，靠近两个旋臂中间的一个小凸起。内侧旋臂最靠近我们，它在我们与银河系中心的中间，被称为人马臂；我们在接下来的旅程中会造访它。现在我们离开星系中央，朝着反方向看向猎户臂。

猎户臂内侧距地1 500光年，到处是明亮的新星点亮的区域。只需10多分钟的曝光——我自己小时候用一个铅管做的电动马达装置就这么做过几次——就能看到这个星座内部发光的云中纠缠的新星。 226
肉眼可以看见它们当中最明亮的一个小斑块，那是悬在猎户腰带上的剑鞘中央的一个发光团——著名的猎户星云。它其实是一个泡——这个区域里，气体被当中新诞生的恒星发出的光电离——一个大型气体尘埃云中的泡。用双筒望远镜就能看见新生的恒星在星云中纠缠，像罐中的萤火虫一样，把整个星云都点亮了。它们当中的猎户θ，是一个很容易分辨的聚星系统。

如果我们能加速一段时间，让百万年以几分钟的速度过去，我们就会发现，像猎户星云这样明亮的泡，只在诞生一批批新星的时候会短暂地暴发，然后就平息下来，其余大多数时间都和整个旋臂里其他大多数尘埃和气体一样，持续地暗着。这些巨大黑暗的云有很多都是弧形，像搁浅后被剥蚀的鲸的肋骨，新手观测者第一眼并不能看真切，你会觉得星星中间的裂隙是空的；但一旦你知道自己寻找的是什么，它们就变得异常明显。[10]长而暗的藤蔓蜿蜒通过猎户，明显地沿着剑鞘上行，直到右肩，从那里再往上延伸，经过玫瑰星云。玫瑰星云也是个壮观的恒星诞生“泡”，位于参宿四以东，在麒麟座内。

爱德华·埃默森·巴纳德专攻暗星云，我们前面就已讲过他犀利的火星观测和发现木卫五的故事。E. E. 巴纳德是少见的自学成才的天文学家，1857年，他出生于田纳西的纳什维尔，自幼家境贫寒。他的寡母靠制蜡花养育她的两个孩子，整个家庭常常挨饿。内战期间，当装有供给的蒸汽船在抵达被包围的城市之前沉入坎伯兰河的时候，巴纳德会想方设法下河打捞一盒子饼干，把它摆上餐桌当晚餐。用他自己的话说，他的童年有“太多悲伤和苦楚，每每想起必要颤抖。”[11]为了“减轻这种悲伤”，他解释说，自己会在温暖的夜晚仰面躺在饱经风霜的货车车厢顶上，观察星星。鲜有人能以这种完美的无知凝视夜空。巴纳德太穷，买不起书，在他的青少年时代只上过2个月的学，对天文一无所知。他将夏夜头顶的一颗明亮的星星当作朋友，却没人告诉它那就是织女星。他回忆起那些不知道名字的星星，然后“很快发现当中有些相对于其他星星是在变换位置的，但我却不知道它们是行星”。[12]

快9岁的时候，巴纳德在席卷全城的霍乱中幸存下来，然后被送
227 到纳什维尔的范·斯塔沃伦的摄影画廊打工。在他那时候的一张照片里，我们能看到一个俊秀的男孩，他有着固执忧郁的唇角，大大的眼睛里却充满希望。一年后的另一张照片中，唇角依旧，而目光中的希望却在干涸。他的工作是以曲柄转动一系列转轮，使一个巨大的、安装在屋顶的相机——名字叫“朱庇特”——一直对准太阳，摄影师用

日光在底片上成像。其他孩子做这种枯燥的工作时都很敷衍，要么就是睡着了，要么就是让太阳跑了。但巴纳德却发现太阳有时候会在中午抵达天空最高点——他以附近圣玛丽教堂的大钟做参照——其他时间却是在中午之前或中午之后，巴纳德为此深深着迷："这种差距总计可以相差近1小时。这让我开始思索并寻找答案。"[13]数年后他才了解到，他当年观察到的现象叫作"均时差"，是当地时间与太阳时随季节变化而变化的误差。男孩在夜晚往家走的路上，和一颗"会动"的黄色星星成为朋友，那时候也没人告诉他那就是"土星"。

巴纳德在工作室里待了17年。在那里他积攒了光学知识，最终也想办法用手头现有的材料组装了一架望远镜。镜身来自一架旧的船用望远镜，目镜来自一台坏掉的显微镜，三脚架则曾是一个勘测员的设备。他将它对准夜空，一次就是数小时，尤其热衷于研究木星。他在天文学上的无知，终结于一个穷朋友借走2美元，然后留下一本书作为担保的那一天，巴纳德心里很清楚钱不会再还回来了。"我非常生气，因为2美元对于那时候的我来说是一笔巨款了，而且那段时间我根本不会打开那本书。"他回忆道。[14]但当他最终打开那本书，他惊讶地发现那本书是关于天文的。他开心地盯着自己的发现——这是托马斯·迪克的《天上的恒星》，里面有一系列星图，巴纳德一见到就拿去对比"我从自己窗外看到的星空，不到1小时就知道了我那些老朋友的名字；那里有织女星、天鹅座十字里的星星、牛郎星，还有其他我从小就熟悉的星星。这是我第一次向天文投以智慧的一瞥"。[15]

巴纳德不停地观测着，发现了一些彗星，又广泛地阅读着，还找了一个数学老师，然后从范德比尔特大学毕业，拿到了数学文凭，并在那里教书。利克天文台的圆顶屋还没修好的时候，他就跑过去宣布他辞去了教职并卖掉了房子，只要能让他观测，他愿意北上。就这样，他被

228 利克雇用了。在利克，以及后来在叶凯士天文台，他那敏锐的眼睛、超凡的工作热情——同事说从没见过他睡觉——和摄影知识都得到了很好的发挥。职业生涯结束前，他发表了超过900篇论文，辨别出了木星卫星上的无数细节，这些细节直到100年后“旅行者号”造访这颗大行星时才被确认。他注意到了“巴纳德星”在天空中独特的快速“自行”，还发现了“巴纳德星系”，找出了349个暗星云。他的照片——因为是原始底片，所以也是他手工粘贴的——收录在他精致的《银河系部分区域星图》中，这本书发行于1927年。

巴纳德以为那些黑色的斑块和沟壑是星星中间的空隙，我们可以透过这些空隙看见更远处太空的黑暗。这也曾是威廉·赫歇尔的观点，他叫它们“大空洞或是空缺”，是星星朝高引力的区域聚集时形成的（而他的观点似乎又是来自詹姆斯·弗格森的理论，这个曾经的牧羊人的著作《基于艾萨克·牛顿爵士原理的天文学》第一次将赫歇尔带入了星空的世界）。这其实并不能算是一个合理的假说——如果是“空洞”，那应该是很长很细的通道，或是深深的裂隙，而这些“空洞”的方向又恰好都朝向地球——尽管巴纳德是个糟糕的理论家，但这个高大的、留着海象胡子的乐天男人（不过工作时常为忧伤所扰）始终是个优秀的观测者，有人说他是继赫歇尔以来最好的观测者。

巴纳德的名字如今成为那些以在恒星中间寻找黑暗河流为乐的人的代名词，以人类的时间尺度衡量，这些河流仿佛是冻结的，但他们认为其实它们都是翻滚搅动的云，像山中的风暴一样变化着。辨别出暗星云就像在黑暗的客房中摸索开关。眼睛要学着捕捉它们，这就像在落叶覆盖的森林地被中寻找鸡油菌的微光。但收获是丰富的。巨大的暗星云肉眼可见——有些观测者会用黑色兜帽把头蒙起来，然后用可以阻隔非星云的光的滤镜去看，这个装扮让他们看起来像冷酷的、戴着单片眼镜的死神——小一点的暗星云则可以用双筒望远镜或天文望远镜探查到。由于银河系暗的地方比亮的地方多，对暗星云的观察有助于了解星系结构。

最大的暗星云被称作大暗隙，它是一片漆黑的群岛，像一根刺一样将发光的银河分裂开来，从天鹅座和天鹰座南端插入人马座。在人马座我们可以直接看到星系的中心和大暗隙，大暗隙如河流入海般涌动，遮挡了中心的大部分核球。隐约可见的核球向两端凸起——它在 229
大暗隙后面，距地28 000光年——前面的巴纳德黑烟囱和花环的弧线在星系盘前面和下面，像碎裂的浪花。大暗隙是北半球夏季的美丽景观，而中央核球宜于在南半球看，因为它在天顶。

早在摄影技术继任之前，银河的繁复之美就吸引了一众观星者作图绘出用肉眼观看它的样子。在德国亚琛，为了更好地看清最暗的天体，爱德华·海斯用一根1英尺长、1英尺宽的涂黑的管子看银河，用铅笔呕心沥血地画图。荷兰天文学家安东尼·潘涅库克画出的银河长图细节精致，他用了一种非常精巧的方法，在夜晚口述出星云的位置和亮度，然后在第二天早晨靠他的笔记和记忆画图。他于1926年画的天蝎人马区域，在精度上可与现代摄影作品媲美，而那些发光的恒星云和暗尘带，却是在望远镜的狭窄视场中难以一睹芳容的。

用双筒望远镜可以看到人马座内丰饶的星星和星云。那是星星组成的浅滩，和西北方向几度以外的3等星人马座γ一样亮。那里就是银心的方向，绵延甚远，超出了星座的范围。众多发光的星云中，有非常优雅的天鹅星云，还有在双筒中可以同时看到的礁瑚星云和三叶星云，以及聚在一起的疏散星云M23、M24、M25和M16，它们穿过了相邻的巨蛇座的边界。巴纳德于1913年解释道，这些星云“细节精妙，你很难去描述这些美丽的星星聚集之处。它们就像夏日午后翻涌的云”。[16]

一个人在一生中的某些时刻总会有种感觉，有什么东西深藏在外部可见的现实的背后。不论这是否是心理层面的东西，在夜空中这确
230 实是真的。下面让我们回到望远镜后面，继续向深处进发。

# 数字宇宙：
## 虚拟访问程控望远镜

阴雨天气已绵延17天，我已然开始怀念月球的暗面，天文台里我桌子上放的观测列表已经开始积灰，于是我上网查找所在地天气条件良好的望远镜的观测时间。2001年，这还是个不太靠谱的游戏。很多网站开始提供程控望远镜远程观测服务——当中有凯斯西储大学的拿骚站望远镜，艾奥瓦州程控望远镜设备，还有路易斯安那州巴吞鲁日的高原路公园天文台——这些网站都还在建，有些充斥着噩梦般的软件错误和硬件故障，使得任务不得不暂停。还有一些，比如全球望远镜网络和自动望远镜网络，都还在计划阶段。有些仅有“概念”，还有几个干脆从网上消失了。我找到两个还在运行的，一个在英国，一个在加利福尼亚州，我给它们各发了一封邮件，请求为我正在研究的一对互相作用的星系——NGC 7805和Arp 112进行10分钟的无滤镜CCD曝光。我没有去过天文台，也不知道应该怎么拍摄。基于天气条件和其他观测者同时提出的请求，电脑将做出决定。

从伽利略开始，天文学家就用望远镜做观测。大型望远镜建在遥远的山顶，这往往意味着数千公里的朝圣之旅。在上面观测者又得忍受稀薄的空气，担忧坏天气和技术故障，遂把任务交给“夜间助手”，也就是一个驻站的技术员。这个技术员对望远镜的性能和弱点都比较熟悉，不仅帮助观测者得到最佳结果，也要保护仪器免于受到损害。但是到现场的天文学家即便不会去操作望远镜，也是驻站或直接参与的。

电脑技术发展之后，事情就发生了变化。配备自动导星装置的CCD摄影设备取代了相机和胶片，观测者无须乘观测笼升到高高的
231 望远镜镜身上去。他们转而可以到那温暖舒适的控制室去，望远镜由电脑操纵瞄准和曝光。在海拔极高的天文台，比如夏威夷冒纳凯阿山顶的那些，这些设备却是被放置于山顶以下数千英尺的地方，避免了观测者因氧气不足造成的虚弱和潜在的危险。观测者只需在电脑屏幕上就能看到所需要的一切，只有几晚需要助手留守在山顶。同时，哈勃和别的空间望远镜就是在全自动模式下运行的，无须人工接触，除了偶尔需要航天飞机上的宇航员进行一些维修和升级。由于拥有可以应用到别的领域的先进软硬件系统，一些全程控望远镜就直接建立在山顶的天文台。它们被设计成可以在没有直接人为联络的情况下工作数周或数月，通过网络接受指令，并传回结果。越来越多的观测者免去了天文朝圣的费用和辛苦，开始依赖于他们从来没见过的望远镜。

2000年夏，我去利物浦默西河对面的伯肯黑德拜访了一个小的程控望远镜制造厂，总经理迈克尔·戴利带我参观。崭新整饬的设备静坐于海风中的开阔场地，海鸥在天空中以8字形慵懒地滑翔。戴利解释说，这是一家非营利性企业，由当地一所大学赞助建成。英国政府和欧盟也以另一种方式资助了他们——通过一个旨在经济低迷领域发展高科技岗位的项目，为欧洲的科学家提供大型望远镜，却不从日本和美国进口。

我们站在一个铺着地毯的房间门口往里看，技术员们坐在计算机

辅助设计终端前，正为四台2米级程控望远镜的第一次运行的数字蓝图做最后的修整。我们又进入车间，在那里可以大概看出望远镜在建造的不同阶段的形态。每台望远镜都有大型的钢骨架，两层楼高，坐在水泥墩上。其中一台将安置在加那利群岛，一台在印度。另两台将去往夏威夷和澳大利亚，这两台都属于英国的一个项目，旨在使科学专业学生能够运行自己的天文台。“孩子们一开始都很痴迷于科学，”若干天前在曼彻斯特，保罗·默丁这么对我说，他是策划学生项目的一名天文学家，“但到十几岁的时候兴趣就逐渐变淡。当中一定有什 232
么变化——也许是青春期的缘故吧。我们在试图让他们多接触真正的科学，保持他们的兴趣。”

戴利拍了拍其中一台望远镜的镜身，在充斥着回音的厂房里提高了他的声音。“一旦这一台望远镜安置好并开始运行，每晚它都会自行测试，查询天气状况，决定是否可以安全打开圆顶，然后查看自己的工作荷载，依据天气情况和效率选择当晚要做的事情，这样就避免整晚不必要地对着全天扫来扫去。我们希望做决定的是望远镜而不是天文学家。然后，一旦你把天文学家都移开了，你会问：‘这些工程师在这里做什么呢，上山的路上又冷又黑，到望远镜那里要走好几百米呢。’要把他们也移开，设计就得从里到外地可靠；但一旦人们离开了，设备就可以变小、变得简单，运作的成本也就下降了。”

伴随着齿轮交错的有序的声音，一个横摆马达运转起来，其中一个巨大的钢骨架移动了几度。“每台望远镜都有24吨重，造价为200万到250万英镑，”戴利在嘈杂声中向我喊道，“它们的轴承是液体静压含油轴承，用的是无刷直流电机。每台望远镜都由14台电脑运转。目的是让需要电脑的地方都有电脑，这样就避免了大量的线束，而线束是故障的来源。我们使用闭环冷却系统和极可靠的设备。望远镜可以自己做恒星测试，判断视宁环境，还能自动校准光学系统。”

我抬头看看屋顶。屋顶是有百叶窗的，有点像一个特大号业余天文台的升降屋顶，这样望远镜建成后就可以用星星做测试了。

“我们首先要把望远镜当成一部机器来测，不用镜子，”戴利说，“然后，一旦测试通过，我们就装上镜子，卷起百叶窗，表示它将以望远镜的形式运行。我希望有一天晚上我们可以邀请公众来，一次性运行四台望远镜。一些专业天文学家可能会瞧不起这样的展示，但他们会记住它的。”

对于专业天文学家来说，自动观测有着明显的优势。夜间助手也喜欢它，因为它能让天文学家不再来烦他们。夜间助手们无须再讲述著名天文学家把望远镜撞上梯子，撞坏他们正在调试的设备，或是把
233 目镜（有一次是一块花生酱果酱三明治）掉到主镜上之类的邪恶故事，而可以放松下来，看望远镜自己运行——直到他们自己也被解雇。天文学家则可以待在家里，写写论文，晚上睡觉，与此同时他们的天文台在帮他们工作。行政人员也喜爱这种财政上的成本降低，所有人都从增长的效率中获得好处。早些时候，一个天文学家要拍摄深空中星系际云的高色散光谱，一旦月亮升起，天空太亮，就不能再继续，这一晚就结束了。一个恒星光谱学家倒是可以在有月光的时间里工作，但是如果他不在，这台望远镜就得闲置。关于实测天文学，有这么一个不可告人的小秘密：很多非常好的望远镜，尤其是中型的，它们的观测时间常常被浪费，原因仅仅是资金无法持续供给，把正确的观测者投放在正确的时间。程控望远镜就没有这个问题了，因为搜集数据的时候观测者并不需要在场。

程控给了业余爱好者使用更多望远镜的途径，而且这些望远镜比他们家中拥有的更大——包括一些正在使用的专业望远镜。业余爱

好者若渴望拍一张耀星或土星上一个新斑点的照片，不必求助于热心的爱好者或是专业天文学家，只需向程控天文台——或者是很快就会出现在若干天文台的专门管理观测时间的审核单元——发送一封邮件，就能执行任务了。作为回报，业余爱好者也可以把自己的程控望远镜的观测时间贡献给一些需要较多小型望远镜，而不是少量大型望远镜的项目使用。一种更新、更高效的观测手段正在兴起——当然少了点浪漫。

程控望远镜在网上出现，观测时间也成为一种互联网商品，将遥远深空带给了曾买过望远镜并将它拖到很远的暗夜区的东京办公室职员，或是印度乡下根本连望远镜都没得买的学生。未开发的脑力是人类的伟大财产，未来的发现可能都出自那些从未见过大型望远镜的观测者，他们的天文设备也许仅仅是一台电脑、一个调制解调器和灵活的、受过训练的头脑。

提交请求后的数天，一张星系照片出现在我的邮箱里，它来自两台望远镜中的一台，那是加州大学圣塔芭芭拉分校负责运行的一台现有的14英寸施密特-卡塞格林望远镜。我将这张照片整理干净，找寻我正在找寻的东西，看有没有年轻恒星在这星系际的桥梁中间发光。

这真是一种轻松愉快的观测方式——只是和去星空下亲力亲为相比，总归少了点气氛。 234

第十六章

# 银河

那是一条宽广的大道，尘土是黄金，
路面是星辰，就像你所看见的
出现在银河系里的星星一样，
你每夜见到的银河犹如一条环带，
上面撒满了点点繁星。

——弥尔顿

为什么我会觉得孤寂呢？我们这颗行星不就在银河上吗？

——梭罗

1980年，智利安第斯山脉高地，午夜。高高的山脊线沐浴在从太平洋吹来的澄澈稳定的空气中，这里有世界上最美的景观。三座大天文台沿山脊而建，一个挨着一个，像古罗马人的烽火台。我正在使用三座天文台中最北边那座最小的，以低倍率扫视银河，看着那些星团和星云。一般来说，视觉观测者的观测都比较有条理，将望远镜瞄准特定目标，然后研究它们；但有时候我们只是扫视，像哈克贝利·费恩乘木筏随波逐流一样漫无目的。而在地球上仰望天空，最汹涌的河流莫过于南天银河，今夜它的弧线横贯天顶，在深黑色星空中发出灿烂光辉。

我从天鹰座开始，漫步南天，注视着闪烁的星辰如黑丝绒上的珠宝一般集结。有些星星松散地聚合为中等大小的疏散星团，如NGC 6755和NGC 6756。它们的身影一闪而过，仿佛午夜列车窗外沉睡村庄的细碎灯火。几个发光的发射星云列队而过，它们的数量正在缓慢增长。巨大的黑色尘云聚拢而来，像含义深远的静谧，又缓缓退出，显露出更多星星，以及一个球状星团紧密温暖的光，接着还有一个行星 235
状星云——优雅，半透明，精妙繁复，像一只发冷光的水母。

到了盾牌座，我加快节奏，穿过边界，进入巨蛇座。鹰状星云跃入视野，那是虬结纠缠的尘埃气体上的一束枝形吊灯似的光，像顺密西西比河而下的夜航船一样俗丽。在人马座，大量明亮的星云出现了，带有热带鲜花般的别样风情。我在天鹅星云上踟蹰良久，它像寂静的早晨里营地篝火上升起的轻烟，只是这轻烟有10光年之高。三叶星云有点像一盏中式折叠宫灯，若有风搅动，看起来就是扁平的，但若空气稳定，就变成了一个立体的发光球体。它的伙伴——朦胧的礁瑚星云，几乎在周围绵延的发光气体的笼罩中消失了，这些气体就像一卷卷展开的帷幔。还有很多可以看的东西——红铜色的球状星团、纤弱的星云，还有闪耀的疏散星团——太多了，要看不过来了。我离开望远镜，伸展了一下，放空自己。一旦陷入深空，你就会知道，没什么比现实更美。

古代观测者一度猜测他们在夜空中看到的星星属于一个扁平的星系盘。望远镜时代之前的伟大天文学家第谷·布拉赫在他的天文台里放着一个巨大的铜质天球仪，它的直径有5英尺，饰有华丽的星座纹路，他还在上面镌刻了数千颗星星的位置。他思索着这些星星的位置，也许注意到了天空中的亮星倾向于向银河附近聚集，这是个很明显的线索，表明恒星和银河之间必然有着某种联系。[1]但是第谷和他的同时代人显然都没能找出其中的关联。我们从不以无知看世界——所有观点都产生于先知与所见的对话，并取决于你看到的是什么，也取决于你寻找的是什么——而第谷对太阳属于一个旋涡星系的事实一无所知，也就并没有寻找这个命题的证据，直到伽利略用他的望远镜确认了银河由无数星星组成，然后20世纪的天文学家确认这代表了我们从星系盘内的位置向外看这个旋涡星系的视角。

我们早前注意到，大质量恒星比小质量恒星燃烧得更剧烈。恒星燃烧速率是其质量的4次方。所以一个10倍太阳质量的恒星，光度就
236 是太阳的1万倍。这无法持久：如果你的钱比我多10倍，但你花钱的速度比我快1万倍，很快你就会破产，这就是巨星的下场。像太阳这样常规大小的恒星，可以稳定闪耀数百亿年之久，但50倍太阳质量的超巨星，则在不到100万年的时候就逐渐耗尽熄灭。20世纪的天体物理学家发现，将恒星排列在一张图表上，一轴代表它们的颜色，另一轴则代表光度，那么大部分恒星都位于一个比较清楚的路径——“主序”，恒星一生中处在这个阶段的时间最长。它们在燃料将竭时变成红巨星，离开主序，颜色变红，因为外层大气开始膨胀冷却。最终它们的气体外壳完全剥离，露出的内核以白矮星的形式继续存在。尽管我们看到的夜空只是一部长电影中的一帧，但我们周围的星星质量不同、年龄各异，处在一生中不同的阶段，通过研究它们，我们就可以拼出整个星系演化的过程。用望远镜看星星的愉悦之处，部分在于欣赏不同天体在整个星系的长剧中扮演的独特角色。

行星状星云是时间长河中这样的行星快照的典型例子。“行星状”一词，是由它们的发现者威廉·赫歇尔于1785年创造的。赫歇尔用的是一种比喻，他的意思是，这些星云有着圆盘一样的形状，观测者第一眼看上去会误以为它们是行星。他推断这些行星状星云是由某

种“闪烁的流体”构成，但没法判断这些流体是什么。这种暂时的局限性——天文学家知道天空中的这些东西是什么、看起来像什么，却不知道它们是由什么构成的——为哲学家奥古斯特·孔德于1835年所利用。孔德拿它作为人类的见识无法超越知识本身的例子——这永远是一种危险的推断——他宣称人类可能一直在研究天体的形态、距离、大小，还有运行，“但无论如何，都无法研究它的化学构成”。[2]

孔德的断言在他死后几年里就被推翻了，物理学家约瑟夫·夫琅和费、古斯塔夫·基尔霍夫和罗伯特·本生将光谱仪瞄准太阳与其他恒星，揭示了它们的构成，开辟了天体物理的新科学。[3]然后英国业余天文爱好者威廉·哈金斯接手了这项工作。哈金斯是伦敦一个富有的丝绸商人的独子，18岁时继承父业，却在12年后将其出售，投身天文。他在伦敦郊外建造了一个私人天文台，起先致力于单调辛苦的恒
星位置标记工作。但当他听说基尔霍夫和本生证实了太阳中含有钠 237
的光谱证据后，他就搞来一架克拉克折射镜，开始拍摄星云的光谱。他发现有些星云（比如天龙座的行星状星云NGC 6543）由发光的气体构成，而其他星云（比如罗斯伯爵用他的72英寸反射镜研究过的螺旋星云，我们今天知道这些星云其实是星系）展现的却是恒星光谱。皇家学会奖励了哈金斯一架新的用于光谱研究的望远镜。他的财富并未就此而止，在向都柏林的望远镜制作者霍华德·格拉布咨询问题的时候，他认识了年轻博学的天文爱好者玛格丽特·林赛·默里。他们很快就结婚了，在哈金斯的余生中，他们都一起工作，致力于天文光谱研究。

行星状星云会向外膨胀，它留下的恒星会发出紫外光，将能量注入星云，“激发”它的原子——就是说原子吸收了光子，光子把电子踢到了更高的轨道。电子跌回低轨道时会发出自己的光子，带着原子自

己的波长特征。在行星状星云中，很多能量都是再辐射成单次或二次电离氧的波长，因此很多观星者用“OⅢ”滤镜，它会阻隔其他波段的光，改善望远镜的视觉效果。

我们的星系中藏着1 000多颗可见的行星状星云，估计还有1万多颗藏在星系盘的尘埃云后面，没有被探测到。10到12倍太阳质量的恒星，在一生中的晚年会不可避免地进入行星状星云阶段，而我们银河系中有几十亿颗这样的恒星，有人也许会问，为什么我们看不到这么多数量的行星状星云。答案是它们无法持久：它们的外壳剥离大约只需5万年时间，然后它们就会停止发光，从视野中消失。从天文学时间尺度来看，行星状星云有如焰火，短暂又绚烂。

有些行星状星云，比如指环星云，长得像唱片或甜甜圈。还有一些，比如哑铃星云（一个看起来不规则的大行星状星云，位于一个叫狐狸座的小星座里）或木魂星云（水蛇座内一个闪烁的光环，有小股纤细的气体从中穿过），在大型望远镜中呈现出无与伦比的精美面貌。仙女座的蓝雪球星云如掉落的饮料般飞溅。双子座的爱斯基摩星云长得像毛皮大衣兜帽里的一张人脸。天龙座内的猫眼星云有着错综复杂的小环，以近乎螺旋的形态排列；而暗弱的行星状星云NGC 7139就只是几缕轻烟，仿佛随时会消失。宝瓶座的螺旋星云是距离地球最
238 近的行星状星云，只有450光年之遥，但它却常被忽略，因为它在天空中显得太大了：它的直径足有13角分，最好是用双筒或广角低倍望远镜观看。

观星很大程度上与个人喜好有关，很多人欣赏又大又亮的行星状星云，少数人却寻找并不那么明显的。休斯敦的杰伊·麦克尼尔在20多岁就痴迷于此，很快他就将他的16英寸反射望远镜瞄准那些别具风格，又小到要用非常高的倍率才能识别的行星状星云。斯蒂芬·詹姆

斯·奥马拉回忆起在一场得克萨斯星空聚会上，麦克尼尔“开始解释起这些天体的惊人之美”，还问奥马拉是否见过约恩克海尔320、潘伯特–马蒂斯4和曼查多–加西亚–波塔什2。“我以为他在说外语呢，直到后来他递给我一张单子，上面是他最喜欢的行星状星云——有450个，”奥马拉说，“‘哦，没，我从来没见过它们，’我答道，‘我连听都没听过。’”[4]

行星状星云代表的是恒星一生的尾声，而在银河系旋臂的恒星诞生区域发现的亮星云和闪烁的疏散星团，展现的则是恒星诞生和死亡的早期阶段。这些区域一般都包含着星团，这些星团还被包裹在星云中间，恒星就是从中凝聚的（这样的云团一般是弥漫星云，原子发光的叫作发射星云，吸收光的叫作吸光星云，反射光的叫作反射星云）。猎户星云是研究星云的好地方，因为它靠近不同的发射星云、吸光星云和反射星云，展现着它们的特征。

猎户星云的发射部位像绽放的花朵，它的臂膀像晨光中伸展的花瓣，永远是望远镜中的美妙景象。“无论如何凝视，都无法囊括其生动的光彩。”沃尔特·斯科特·休斯敦大胆提出，他是个经验丰富的观测者，也是个天文作家。[5]小型望远镜中的猎户星云看起来是灰色的，那是因为光线在非常暗的时候，无法触发眼睛的光线感受器。大孔径望远镜则能激活它的色彩，展现出它暗淡的宝石红色卷须和趋近中央的一些淡绿色痕迹。红色来自氢原子的基本跃迁，绿色来自电离的氧，和行星状星云中发现的一样。大多数原子在被一个光子“激发”后的数分之一秒内，自己也会放出一个光子，而O Ⅲ在太空中需要数小时才能“发光”。以这种随意的方式产生的光谱线又被叫作“禁线”，因为在实验室中一般看不到气体这样发光，被激发的原子在发光前又会与别的原子冲撞。星云可以呈现禁线，是因为尽管它们的体积、质量 239

都很大——猎户星云的宽度是30光年，内含物质可以组成1万个太阳——但它们的密度其实比实验室真空还要小。[6]

泵注到猎户星云内的能量电离了气体并激发生光，这些能量来自年轻炽热的恒星，它们在宇宙历史中只是刚刚才凝结成形，还嵌在云中。而这一切当中最不寻常之处，是这朵星际之花的花蕊上有一个四重星。它叫作猎户四边形星团（来自希腊几何术语对四边形图案的称呼，它的四颗星组成了盒子的形状），岁数差不多有1万年，属于一个年轻的、大约含1 000颗星的星团。四边形星团在低倍率下清晰可见，高倍率更可展现周围星云的精细结构，约翰·赫歇尔将其比作"鱼鳞天结束，当中的云变成卷云的形状"。[7]四边形星团的四颗星都是温度高且质量大的，它们强有力的星际风在周围气体中吹出了一个泡，因其冲开了边上的云，我们可以清楚地看见这个星云的内部区域。

类似这样到处巡视的夜晚，让我看见了很多小的星际摇篮，它们被称作EGG（蒸发气态球状体），有些只有一个太阳质量那么重。这些暗星云由气体尘埃的襁褓包裹着的幼年星星组成。它们若被特别猛烈的星光和星际风轰击，就会一侧发光，而另一侧暗淡，像一个冰淇淋蛋筒。EGG是天文学家用哈勃空间望远镜发现的，它们太小，用业余望远镜无法拍摄成像，但爱好者还是可以观测它们的大伙伴——博克球状体。它以荷兰裔美国天文爱好者巴特·J. 博克的名字命名，他对银河系做了广泛的研究，自诩为"银河系的守夜人"。它们直径不等，从三分之一光年到10光年或更多，有1 000个太阳质量那么重，被认为会产生一窝中等质量的、类似太阳的恒星。[8]E. E. 巴纳德和别的观星者一直在追寻的、在那些河流一样的暗星云中发现的许多黑色团块，其实就是博克球状体。当身后明亮的发射星云，比如靠近海山五的IC 2944和老鹰星云照出它们的轮廓时，这些球状体就会非常突出，以至于在照片中很容易被误认为是镜头上的污点。

猎户星云和反射临近星光的地方也有大型的暗星云交织。这些反射星云经常是蓝色的，这和白天天空为蓝色是一个道理——因为蓝光在气体和尘埃中更容易散射。彻底无光的暗星云只能在背后恒星 240
或星云亮部的衬托下以剪影形式见到。用望远镜看向花茎部分，能看到在猎户星云主体M42和毗连的M43中间纠缠的暗色物质。[9]另一条更宽的尘埃道将这个混合体与附近的鬼魂星云隔离开来，鬼魂星云得名于它内中一团看起来像鬼马小精灵的模糊气体。

临近的马头星云是一个特殊的暗星云，形状像棋盘上的骑士的轮廓。它有几十光年那么高，在红色发光气体的背景衬托下非常明显。然而它本身非常暗，当天空没有全暗的时候，技巧高超的观测者也未必能找得到它（H–β 滤镜能管用，但这个滤镜用处很少，几乎只能用于看它，所以被打趣为“马头滤镜”）。然而马头星云值得费这么大劲去看。在这涌动的旋涡中间，有什么东西在深处逡巡，栖息在猎户这个恒星制造工厂的一头。它引诱天文学家往深处探索，就像爱德华·吉本漫步在古罗马遗址上，不断激发新的疑问，因而写就《罗马帝国衰亡史》。[10]

观星者看到暗的和亮的星云，会以它们的模样给它们取名，就像郊游的人看见积云时将它们想象成动物的形状。参宿七西北偏西方向的女巫头星云看上去烟熏火燎，几乎带有工业风：这里是被某种力量铸就的。天鹅座内的北美星云和鹈鹕星云，在烟灰色暗影中展现了精妙的几何图案。加利福尼亚星云给人一种阴郁感，它过于狭长，单筒望远镜的视野放不下，用双筒看又太暗，就像试图透过飞机舷窗看到完整的加利福尼亚州。要观测这种大的星云，最好从低倍率目镜开始，在它们过中天的时候观察它们，因为那里的大气最薄。

疏散星团装点着银河，像鸽子灰颜色的围巾上的小饰片。猎户座内就有几个讨人喜欢的疏散星团——著名的NGC 1981正好穿过猎户星云——但在人马座、天蝎座和盾牌座中最为集中，那里是我们朝银心看的方向。通过统计星团中星星的颜色和亮度——以便判断有多少恒星进入红巨星阶段——天体物理学家可以估算其年龄。这样的研究显示大部分疏散星团都很年轻：它们彼此缺乏足够强的引力，无法长久聚集，终将蒸发，在彼此的拉锯作用下释放出恒星，被路过的别
241 的恒星和密度大的星云吸引过去。而年长的疏散星团则显得较为稀疏：它们已经失去了大部分恒星，开始接近全部蒸发的阶段。

我们天空中最年轻的疏散星团之一是英仙座内的双重星团，它距地7 000光年，位于北银河。这对星团是英仙座手臂处恒星工厂的崭新产品，在手臂位置暗星云丛生的黑色森林里熠熠生辉。再年长些的是巨蟹座的蜂巢星团。它大约有足足4亿年了，在漫长的演化过程中孕育了各种各样的蓝色、黄色和红色的恒星。蜂巢如此长寿的秘密在于它位于质量最大的疏散星团之列，因而具有比质量相对较小的星团更大的引力，可以维持聚集状态。这个星团肉眼可见，但也仅仅是一块星云状斑点——喜帕恰斯和托勒密都曾提到过——要分辨出其中的恒星，还是需要光学设备的帮助。这也不难看到，因为它距离适中，仅有580光年远。御夫座内年纪差不多的M37当中居住着约500颗恒星，从望远镜中看去，会让人想起被黑色大海围绕的港口城市里山上小房子的灯光，一颗明亮的蓝白色星站在中央，像港口处的一座灯塔。

球状星团是星系中的前辈，当中的星星至少都有100亿到120亿年。“球状”的说法是威廉·赫歇尔创造的，他发现了37个球状星团，它们名副其实，有着球状或椭圆的外形。这些星团中囊括的恒星从上万到上百万不等，质量比疏散星团大得多，在太空中分布在不同的地

方。疏散星团位于星系盘内，而球状星团则占据太空中的一个球状空间，以星系核球为中心，但散布于核球周围，绵延数万光年之远。这也许意味着球状星团是在星系年轻时形成的，从球状外形塌缩到了我们今天看到的扁盘状。

从望远镜中看去，球状星团和疏散星团的外形大相径庭，一如它们迥异的起源和历史，可以让我们一窥究竟。然而疏散星团更难以预测，每个个体也有各自的外形特点，而球状星团则呈现出光洁简单的一致性。

肉眼可以看到三个比较明亮的球状星团——武仙座的M13、杜鹃座47和半人马座ω。每个星团在望远镜甚至双筒中都是壮观的景象——那是装满了石灰白到黄色星星的宏伟城市，夹杂着四散的红色和金色巨星，它们是这个星团古老的象征。M13是北半球观测者的最爱之一，10万颗以上的恒星聚集在一个球体里，直径约150光年。南 242
半球观测者则能享受到杜鹃座47的光辉，它的位置非常醒目，距离我们将近2万光年，靠近小麦哲伦云的一侧，小麦哲伦云是银河系的一个伴星系。半人马座ω的距离差不多，它是银河系内已知的最大的球状星团，也是当中最特殊的一个，但它的赤纬在南纬48度，这意味着北半球观测者得跑到亚热带才看得到它。它是我们基比斯坎天文协会成员用小型望远镜时最喜欢的一个目标。用这样的设备，我们能看见主球体外缘的单颗恒星，而靠近中心的恒星则都融成了一片光。大型望远镜也能分辨出中央的恒星，展现出恒星参差不齐的线条和光环。太阳系行星只在一个轨道面上运行，银河系恒星只在星系盘上运行，球状星团的恒星运行轨道与它们不同，在各个面都有。在我们眼中，它们在这些轨道的不同位置上定格，就像击球练习中的棒球，有些是平飞球，有些则是高飞球。

约有200个球状星团居住在银河系内，当中有147个是被确认的(和行星状星云一样，剩下的球状星团可能藏在星系盘上的星云和恒星云背后)。新手可能会觉得它们长得都差不多，但对于它们的痴迷者来说，球状星团就像欧洲城市一样迥异。它们质量不同，恒星数量从数万到数百万不等，密度也不同。有些星团里满满当当全是恒星，那里如果有行星，上面的观测者一定从未经历过真正的暗夜，相反却得与许多闪耀的红色和金色恒星的投影为伴。其他的星团则更分散，它们那里的天空和地球上相比应该是更黑的，但亮星会更多。天文学家还在试图弄清楚这先天与后天的问题，其中不同之处可能是由球状星团形成时截然不同的环境和形成后的经历导致的。从“先天”的角度说，星团形成时，它与星系的潮汐作用力会限制它的大小：如果星团生来就过大，星系很快就会把它的外层恒星撕扯出去。从“后天”的角度说，星团经过星系盘时会摇动，它的气体和尘埃也会被撕扯出去，尤其是遇到分子云的时候，比如猎户星云所在的那一团分子云。如果是真的话，那么我们今天看到的球状星团应该就是最早期的一大批球状星团里的灾难幸存者。

243 抛开这些变动，球状星团其实是研究星际演化的全新实验室。最开始的时候，球状星团里面的恒星都处于一种最原始的阶段，它们后面的演化在一开始就由它们的质量决定了：大的会很快爆炸，留下一个黑洞或中子星；中等大小的最终会变成红巨星，然后是白矮星；小的则会万世长明。球状星团内极少有新星诞生，因为内中可以构成新星的星际物质非常少：超新星的遗留或许足够，除非它喷射的速度超过了星团的逃逸速度，并因此在形成气候之前从星团剥离。从红巨星和别的老年恒星中流泻出的气体可能在一段时间内有用，但每次它们在轨道上穿过银道面，气体就会被剥离。因此球状星团被认为是为天体物理学扮演了类似于人类学家最喜爱的“原生态”部落的角色——星团内的群体还没被外界影响到。[11]

用大望远镜追寻球状星团的狂热爱好者可以分为歆慕又大又亮的星团的，以及搜寻小而暗的星团的。有些球状星团看起来很暗弱，是因为它们其实藏在银道面上的尘埃云后面，这就减弱了它们的亮度，并且使得光线变红。芭芭拉·威尔逊曾设法用一台36英寸的望远镜看到了一个特别暗的，名字叫UKS 1：它是银河系内最暗弱的球状星团，之前只在剑桥大学的一台48英寸英制施密特相机拍摄的底片中被分辨出来。还有一些球状星团看起来暗，只是因为它们距离太远。捷克天文爱好者莱奥什·翁德拉就很喜欢天猫座的NGC 2419，这是一个10等亮度的小光斑，他形容其为“银河系被遗忘之境”。它是个先驱者，在位于距离太阳大约30万光年的地方；它的轨道非常远，绕银河系一周需要300亿年。芭芭拉·威尔逊最爱的是AM 1和帕洛马4，她把它们叫作“极度光环球状星团”，两个星团都在4万光年之遥。

观测者若想看得更远，可以找找别的星系的球状星团。最亮的银河系外球状星团是仙女星系内的G1。它的亮度很高——光度是半人马座ω的2倍——目前它在轨道上正处于偏离其母星系的位置。莱奥什·翁德拉和幻想自己在火星上的开普勒及幻想自己在月球上的达·芬奇一样，也会转换自己的视角，幻想银河系上的球状星团对“仙女星系里的深空观测者”来说，哪个会是最美最亮的。答案意想不到，正是先驱者NGC 2419，一个在地球上默默无闻，在仙女星系的天空中却一定非常明显的球状星团。

现在我们站在星系际空间的边缘了，别急，我们先等等，回头看看 244
太阳的邻居，了解一些被我们概览宇宙时忽略掉的，却是我们作为后院观星者应该去探索的东西。

首先是和我们比邻的恒星。即便只是粗略地扫一下，我们得到的图景都和我们所关注的那些夺目的超巨星及旋臂处恒星诞生区华丽的星云大相径庭。太阳系邻近的恒星中只有不到1%是巨星：其他90%是普通的主序星，剩下的就都是暗弱的小灯泡。20颗最靠近太阳的恒星中，只有5颗是可以不依赖望远镜看见的，其余的都是不显眼的红矮星，比如拉朗德21185、罗斯154、拉卡伊9352、罗斯128、格鲁姆布里奇34，还有鲁坦星。查尔斯·达尔文被问及他的研究让他对上帝的本性有了怎样的了解，他答道，神似乎对甲虫有着无节制的痴迷。这个说法也可以用于我们银河系中数千亿颗恒星中的大部分，它们在自己的轨道上做着自己的事情，我们根本看不见。也许还有很多失败的恒星，比如所谓的褐矮星，它们的质量不够大，无法点燃热核反应堆，只能依靠引力收缩产生的贫瘠能量发光。星系中褐矮星的数量比较难统计，因为它们太暗，但有两颗和太阳很近——LP 944–20和格利泽876，两者与我们的距离均为16光年左右。有证据显示格利泽 876有一颗行星，对于这颗行星我们所知甚少，只大概知道它可能没有可以晒日光浴的好沙滩。临近的恒星中有70%属于双星或多星系统，随着距离的增加，这个百分比急剧减少，这也许说明天文学家低估了多星系统出现的频率，只是因为现有望远镜还不能识别狡猾的它们。

我们的旅程再拓展到距离太阳50光年的地方，我们会发现星际介质——飘浮在近域空间的一层薄薄的气体和尘埃里面充满了气泡。气泡被认为是恒星以超新星形式爆发的产物。气泡内的空间比一般的真空还要稀薄10倍——大约每立方厘米只有0.05个原子，而一般的真空里则有0.5个。有些气泡非常大，可以打穿星系盘，如果观测者有幸住在其中，就能更清楚地看到一个广阔的宇宙。我们就是这幸运的观测者之一：太阳目前恰好穿过一个气泡几乎正中心的位置，可以想见，这个气泡的名字就叫本地泡。它的宽度约为20光年，内中嵌有遗骸（“本星际云”），但其实还是很清楚。如果我们不是在这个位置上，我们可能还是可以看见那些遥远的星系，但由于星际尘埃的缘故， 245
它们的颜色应该更红，而且在短波段的紫外线光下我们的视野会很模糊。

我们的征程范围再加1倍，会发现附近有别的更大的泡，它们在天鹅座、英仙座、猎户座和半人马座里。把视野拉远，缩小画面，所有这些气泡就变成了一排柔软云朵的一部分，从附近的悬臂弯过来。再回退到2 000光年远，宏大的主旋臂就进入视野，人马臂在太阳系轨道内侧，猎户–英仙臂在外侧。临近星系的天文学家若用一台视场可囊括人马到猎户臂的超大望远镜看银河系的这一部分，就能看到我们在这一章提到过的很多非常显眼的天体——当中有猎户星云、人马座的恒星云及各种亮星云和暗星云，也许还有昴星团和毕星团。但他——或者她，或者它——要分辨出像太阳这样比较暗弱的星星就捉襟见肘了，要看到它们最大的行星就更难了，更别提地球了。

现在我们在这里，带着我们的双眼、我们的心灵，还有我们的好奇心。60亿乘客在这一条蓝色的小船上，围绕着众多巨大的轮转烟火中的一个，摇摇晃晃地旋转。现在该离开银河系，去探索众多星系的国度了。 246

# 蓝调乐谱：
## 拜访约翰·亨利之魂

他向队长立誓言："硬汉虽说只是人，若要气钻胜过我，除非我死把锤扔。"

——《约翰·亨利之歌》

我的锤子火了，伙计们，
我的锤子火了。

——大路易斯安那，《奏响你的锤子》

我不是约翰·亨利，我躺在天文台的长凳上想着，双臂交叉枕在脑后，无所事事地盯着飞马大四边形看，与此同时望远镜承包了所有工作。他与机器抗争，并死于抗争；而我则会投降。我曾靠目视搜寻超新星——如今有时候还会这么干——但是现在我让望远镜搜寻了。伴随着机器丁零当啷的鸣响和CCD相机红灯的闪烁，它那闪着微光的黑色镜身在夜幕背景下英勇地矗立，每隔几分钟就自动拍摄一张星系的图像，储存在电脑中，然后在一声意味深长的嘎嘎声中转向列表上的下一个星系，开始重复先前的操作。CCD比我的眼睛更能侦测到暗弱的恒星，我甚至不需要仔细检查它拍摄的所有照片。计算机会做的，它会检查对比不同时间内拍摄的相同星系的图片，一旦发现新的光点，就会提醒我，因为这意味着可能有一颗恒星爆发了。这一切都非常合情合理。

那么为什么我还是觉得不太舒服呢？

也许是因为它拉开了我和星星间的距离。CCD相机置入望远镜放目镜的地方，所以当CCD在通过望远镜看星空的时候，我就不能用望远镜看了。感谢现代科技，我甚至不在现场就能观测——就像我可 247
以打电话给我太太，而不用看着她的双眼一样。但这一切真的是一种进步吗？

多年前的一个傍晚，我在新墨西哥州的赞卡唯平顶山，一边试图在一颗大圆石上站稳，举目远眺，一边等着一队野餐的学生来听一场讲座。阿纳萨齐人是现代普韦布洛人的祖先，他们几百年前生活在这里，居住在平顶山高地上一座错综复杂的住所内。他们把远处的山峰叫作宇宙的四角，我看到这些山峰就能明白他们的意思。前景中是村庄废墟上所有的复杂建筑，更远处是骨白色和仙人掌绿色相间的山脊，使得平顶山自有一种与世隔绝的完整：生活在这里一定像是在一颗小彗星或小行星上殖民。我思索着，叩问那些逝去的灵魂："在你们曾经的家园，我要如何向你们询问关于宇宙的事情，才能不冒犯到你们的记忆？"

答案立刻就出现了，声音有如雷鸣般寂静。

"你本无须存在。"它说。

我感激于这份宏大的训诫，它夹杂着对我入侵者身份的讥讽，以及关于应当如何探讨宇宙学的深刻建议。学生来了之后，我试图在讲话中把它融进去，那以后我也常常想起它。但今晚在天文台，这份训诫就显得毫不夸张。望远镜在观测。我无须存在。

至于约翰·亨利，他显然是个真人——据说是奴隶出身，体力惊人，也是个有天赋的歌手和班卓琴演奏者，亦是一众人的首领，他和蒸汽钻机比赛，蒸汽钻机钻了9英尺，他钻了15英尺，然后死去了。[1]然而他的传说一直在被重读。确实，你可以把约翰·亨利想成苏格拉底，他们在自己的死亡上达成了某种一致，将其变成了最伟大的作品，一件值得记住的艺术品，但却太过模糊，无法被解读成一条完整信息。约翰·亨利打败了机器，但结局如何呢？蒸汽机最终被广泛采用，并拯救了无数铁路工人的性命——所以为什么不放下锤子，让蒸汽钻机工作呢？这是密西西比·约翰·赫特从这个故事中得出的实用道德论，他将它付诸一首关于钢铁机师发现审慎比英勇更重要的歌：

> 这是杀死了约翰·亨利的锤子，
> 248 却杀不死我。[2]

最终我选择做约翰·赫特而不是约翰·亨利。电脑和CCD几乎承包了所有发现超新星的工作。试图用目视来打败它们是毫无希望的。不过我倒是乐意试一下。

望远镜也需要改进。最早是从一件半便携装备开始，我用的是一个类似独轮车的精巧装置，底下配一对橡胶包边轮子，上面承载一个小舱室，望远镜就从小舱室里拖出来。我带着它穿过颠簸的石头路，测试不同的观测站点，直到发现适合建天文台的好场所。一旦天文台的水泥立柱建好，望远镜就可以运转数年。不过，最终它的便携性设计——它有着轻骨架镜身和铝制旋转前端组件，无论指向天空什么方位，目镜都处于很方便的位置——导致了性能的下降。它无法承托准直仪——就像在用一把没有音准的大提琴——它也没法加装马达，使星系自动固定在相机视野中。是时候做出改变了。

我决定保留主镜，配以新的自动化镜身。我咨询了几位工程师、设计师和天文爱好者，计划就形成了。我们要先重建一个很大的旧装置，那是加利福尼亚州巴斯托的设备制造商爱德华·R. 拜尔斯于1972年精心制作的。这个装置命途多舛——它曾在好莱坞一座游泳池里泡了三个月，那是它的主人去欧洲度假时，派对上一个客人失手将它打翻，让它掉进去的——但至少这是我买得起的，新的可能比保时捷还贵。我们得为这个装置安装一个现代化控制系统，再配一根碳纤维管——坚固，低温下不易变形，且能吸收杂散光——然后装上老主镜，它就可以开动起来了。

这个项目比计划晚了一年完成，此间我了解了很多关于团队成员的财务、心理和婚姻问题，这是我始料未及的，但他们证明了自己的诚实和勤奋跟他们的技术一样可靠，现在望远镜已经在运行了——刷了黑色漆的、铬制的、金光闪闪的自动化设备，有如定制版的改装高速跑车，还能够自动驾驶。我在半荒废的商场里一家逼仄的电子产品商店后面的货架上淘来一堆零件，用它们组装成一台电脑。望远镜连上它，就可以跑程序，整晚自动拍摄照片，无须人为操作。

它性能优越，而我在电脑终端上花费的时间越多，我就越少花时间看天空。我本无须存在。

当然，这一切都只是电脑接管全世界的宏大故事里的一个小注 249
脚。在个人电脑爆发式发展的早些年里，有一种担忧的声音出现：我们是否会在不知不觉中塑造出终将取代我们自己的人工智能物种。那时人们会说："哦，好吧，你随时都可以拔掉电脑插头啊。"现在你可能听不到这句话了。电脑正变得不可或缺，数量每天都在增加。到2001年，在世界范围内，每一秒内就会有一台个人电脑被售出，这些使用者正把所有这些电脑连接起来，组装成一个类似大脑星球的东西。最近我和物理学家保罗·戴维斯说起，我们终将生产出比我们更有智慧的电脑。

“这不是很可怕的图景吗？”我问他。

“并不，”戴维斯答道，“因为如果这一切成真，那么我们人类应该非常舒服，不会介意的。”[3]

这并不能让我停止思考。屋外星空下，看着电脑操作着望远镜，我想起了艾伦·图灵，他和约翰·冯·诺伊曼一起发现了数字计算的要义，他吃下注射了氰化物的苹果自杀——重新演绎了《白雪公主》的场景，那是他最爱的童话。（图灵破解了纳粹的恩尼格玛密码，这足以让他成为战争英雄，但他却被判处经受“化学阉割”，以阻止他的同性恋行为，同性恋在那时的英国是非法的。）那致命的苹果被发现放在图灵尸体边的床头柜上，只被咬了一口。而那个开辟了个人电脑革命的公司图标是什么？咬了一口的苹果！这难道不是一种不祥之兆吗？

我也会更理性地安慰自己，也许图灵和冯·诺伊曼发现的不只是一种科技，而是自然的真相，就像核聚变一样，是最基础的科学。计算的意义在于自然过程可以真正被减少，不仅仅是减少为数字，而且是最简单的可能数字——0和1的二进制编码。量子物理是一个可以拥有两种状态的系统（上旋或下旋，带正电荷或负电荷），没有第三种状态——换言之，状态也可以用0和1表示。DNA将基因信息量化，使得进化成为可能。人类思维是数十亿神经元突触的行为的产物，是电
250 化学在既定时间内的开或关——0和1。星光轰击CCD相机的芯片，要么激发一个像素，要么没有——0和1。

路德维希·维特根斯坦认为“世界是事实的总和，而非事物的总和”。[4]计算机同意这个观点，并以所有程序都可预测、记录、控制和用二进制数字解读来支持并践行这个观点。还有一种观点是宇宙“就是”一台计算机，这个观点也许乍一看矛盾重重，但其实正说明我们

最好不要基于物质、能量或空间，而是基于信息来看自然——因为我们对宇宙所有的了解必然由信息组成，信息转而可以简化为电脑演绎的二进制数字。所以这些正喋喋不休地、专横地工作着的黑黄色望远镜，也许已经看到了什么。也许当我们用望远镜去探索天空时，我们并非仅仅和计算机或星空接触，而是和它们背后一种更深刻却尚未被透彻理解的原则接触。

但是我仍旧喜欢去看。所以我彻夜不眠，漫无目的地看着星星。 251

第十七章

# 星系

航船驶过黑夜，擦身而过时互相交谈，
黑暗中唯有信号一闪和遥远的声音；
在生命的海洋上我们也如此相会和交谈……
……然后又遁入黑暗与沉寂。

——朗费罗

太阳踟蹰不落，遥远的光
召唤旅人，回到更广阔的家。

——爱默生

这是个晴好干净的夜晚，我在山里用一架小望远镜看仙女星系，巨大发光的星系盘在天区伸展将近5度，而望远镜视场宽广，能囊括大部分星系盘。它内部汇聚的星光有种轻烟般的效果，平滑中点缀火花，刚好能被视觉捕捉，像在山顶看远处罗马军团的营火。它搅起我的千思万绪，仙女星系中有诸多星星，我们从未能透彻了解它们。星系浩渺，要了解沧海一粟都太难。

星系毫无疑问是很大的。如果说太阳是一粒沙，那么地球的公转半径就是1英寸，太阳系有一个沙滩排球那么大，而最近的一颗恒星，即另一颗沙子，在4英里之外。即便是在这样压缩的比例下，银河系还是可以绵延10万英里。星系如此之大，一旦你能理解它们的尺度，宇宙立刻就亲切得像个度假小屋。像仙女星系和银河系所属的本星系群这样的星系团中，较大的星系成员之间只有二十几个星系直径的距离——这个尺度相当于两只餐盘分布在一张20英尺长的餐桌的两头。此外还有星系晕中的恒星、球状星团、伴生的氢云，以及暗弱的星系外 253
盘——它们几乎是紧贴在一起的。本星系群所在的室女超星系团，在相同的尺度下就如同分散在一个比足球场面积稍大的区域的数万只餐盘，而整个可观测的宇宙半径也只不过约为20英里。所以从星系的视角看，宇宙也不是那么大。

问题是人类思维想跳到星系的尺度是很难的——也许根本不可能。仅对空间有概念，并不足以应对星系，我们还得调用时间概念。仙女星系与我们的视线几乎齐平，只有15度的倾角。星系盘可见部分的直径约为10万光年，从距离我们远的那一侧和靠近我们的那一侧同时发出星光，前者要比后者晚10万年到达我们的眼睛。[1]当远的那一侧星光开始它的旅程时，能人——真正意义上的人类——还没诞生。而近的那一侧光发出来的时候，能人才出现。所以说，在那小小的视野中存放着的一寸光阴，囊括了我们祖先的起源——就像一个活人的小传里未截止的日期（1944—？），不可避免地会令人产生关于我们物种命运的叩问。今晚从仙女星系发出的光，会在225万年后到达地球，谁会是在这里观察到它的人？我们觉得爱因斯坦时空论很抽象，但观察星系可以让我们体会到这些概念的真切存在。

星系的奇谲壮观，可以令很多理性的学者都迸发出热切的情感。（“壮美。”一个专业天文学家在一则严肃的百科条目的开头就这么说。[2]）这有一部分是因为它第一眼的外观——旋涡星系优雅朦胧的旋臂，椭圆星系洁白无瑕的辉光——但同样也因为它们有巨大的体积，包含丰富多彩的世界。对星系的研究是无可穷尽的。假使世世代代用最先进的设备研究仙女星系，我们也许能掌握不少情况——事实上我们也希望如此——但永远都有更多需要了解的，因为又有很多东西随着时间而变化。举一个“显眼”的例子，据估算，过去的200万年中，仙女星系有超过5万颗恒星爆炸：所有这些超新星的光芒早已向我们的望远镜飞奔而来，构成仙女星系的过去和我们的未来。星系与其说是一个
254 天体，倒不如说是宇宙时空范围的一个宏大壮阔的例证。

星系是引力束缚下的恒星聚合体，比球状星团要大很多，呈现出不同的形态，小到只有几百万恒星的矮星系，大到拥有数万亿恒星的巨星系。(大的星系在数量上比矮星系少很多，但它们拥有更多恒星，物种进化在其中某一颗行星上成为可能的概率比在小的星系上要多。) 星系还可以根据外观粗略分为三类：旋涡星系、椭圆星系和不规则星系。所有比较明亮的星系中，约有三分之一是旋涡星系，它们结构扁平，有核球和一组旋臂，旋臂饱含尘埃和气体，能形成恒星。椭圆星系呈球形或卵形，尘埃和气体含量相对较少，数量占所有已编目星系——包括一些最小的矮星系和几乎所有的最大的巨星系在内——的三分之二。不规则星系在已知星系中只占几个百分点，不过也许还有很多暗弱的星系目前尚未被宇宙普查员们捕捉到。尽管不规则星系缺乏显著的结构特征，但人们已经在更深入的观察中发现，有些是被其他星系潮汐撕裂的旋涡星系或椭圆星系。

星系的这种三重分类法，是埃德温·哈勃在早期的星系研究中提出的，后来不断被天文学家修正和细化。比方说，有一类棒旋星系，它们的旋臂由一条明亮的棒的两端生出，而棒从球核延伸出来，像走钢丝的人用的平衡杆；而在环状星系里旋臂组成了一个圆圈。还有无旋臂的旋涡星系（又称“S0”），其中有一些很难和椭圆星系区分；而有

些很扁平的椭圆星系，又很像侧面朝向我们的旋涡星系。此外还有很多几乎无法分类的“特殊”星系。

目前距离我们最近的星系是银河系的伴星系。截至本书写作时间，已知的伴星系有11个[*]，可能还有更多藏在银河系尘埃盘背后。目前已知最近的一个是人马矮椭圆星系，位于银河系核球另一侧的银道面上。它距离地球只有8万光年，覆盖5乘10个平方度天区，但人马座方向的星空前景遮挡太多，直到1994年它才被确认是个星系。它的一部分恒星已经被银河系拖跑了，整个人马矮椭圆星系也终将无法避免被银河系吸收的命运。相比较而言，大、小麦哲伦星云，这对分别距离地球16万光年和18万光年的南半球不规则星系，它们相对保持独立的时间还有数十亿年之久，尽管最终也还是要和我们合并。 255

银河系的其他伴星系，按照距离从近到远排列，依次是小熊星系、玉夫星系、天龙星系、六分仪星系、船底星系和天炉星系，紧随其后的还有狮子座II和狮子座I。最远的狮子座I能将我们带到83万光年远的地方。[3]它们都是暗弱的矮椭圆星系，最大的直径也仅有3 000光年，所以如果在望远镜中看到它们，你一定会很失望。玉夫星系看上去像一个扁的球状星团，它非常暗，目视观测者将其归为“有挑战性的天体”。

本星系群由两大旋涡星系主宰，它们是仙女星系（M31）和银河系，本星系群内41个已知星系中有大部分都聚集在它俩周围。仙女星系的质量是银河系的2倍，是肉眼清晰可见的5个星系之一（其他的分别是银河系本身、两个麦哲伦云，还有M33——仙女星系附近的一个旋涡星系）。公元964年，波斯的阿勒苏菲形容仙女星系是一朵“小

---

* 截至2019年底有59个。——编注

云”，德国天文学家西蒙·马里乌斯于1611年和1612年两次用望远镜观测它，明确写到它的光华像“号角里闪烁的烛光”（他可能是想到了那时候比较流行的雪花石膏蜡烛）。仙女星系在望远镜中展现给我们的是一幅大旋涡星系的近距离全景图。

已公布的仙女星系的图像有成千上万，但几乎所有图像都把核球过曝，这样才能带出旋臂细节。用望远镜目视观测，你会惊讶地发现它的内核像恒星一样明亮，而从内核向外看，光度骤降。如果那里没有星系盘，核球看起来就会像一个有着明亮致密内核的椭圆星系。当然，星系盘就在那里，它是一个巨大的阵列，内有发光的恒星诞生区和聚集在一起的大质量年轻恒星排列成旋臂，散布着岛屿般扭曲绵延的暗云，从中央延伸到几乎无边的外层。其中一个较暗的旋臂从核球前端引人注目地横穿而过，令我们忍不住拿它和自己星系里的人马臂比较。旋臂里可见明亮的恒星诞生区，有经验的观测者可以从中看到仙女星系的球状星团。

这个壮观星系的星系盘其实是有点歪的，也许是两个最大的伴星系的引力作用导致。其中一个伴星系用小型望远镜就能看到——M32，可在仙女星系的星系盘南部边缘窥得；还有NGC 205，比M32更清晰些，在北边。两者都是矮椭圆星系。它们的质量分别是30亿和
256 100亿太阳质量，大到足以把仙女星系扳向它们自己的方位，不过其他小的近邻星系可能也对这个过程有所影响。

在本星系群的边缘，住着仅有的另一个旋涡星系M33，它的星系盘在天空中伸展了足有1度，像绽放的莲花一样美，只是比较暗。它的亮点在于它内部有一个巨大的、孕育着恒星的星云——NGC 604，该星云比猎户星云还要大30倍。M33可能是M31的一个比较远的伴星系。从这个角度说，银河系某种意义上也是仙女星系的一个伴星系：

两个大旋涡星系因重力彼此绑定，目前正在彼此靠近的阶段。有些天文学家推断本星系群的所有星系最终都将合并成一个系统，几乎整个银河系都将成为未来的巨型仙女星系的一部分。宇宙中别处还有些非常大的星系，它们最终可能都会像这样吞噬掉自己的姊妹。

本星系群是众多致密星系团之一。玉夫星系群——因其在天空中靠近指向银河系南端的方向，又叫南极星系群——是离本星系群最近的一个致密星系团，距离约为1 000万光年。它最亮的成员是美丽的"银币"星系，由威廉·赫歇尔的妹妹兼工作伙伴卡罗琳·赫歇尔于1783年9月23日夜发现。玉夫星系群视直径将近0.5度，亮度可达7等，它确实呈现出一种旧银币的色泽。这个星系群内有很小却很美的旋涡星系NGC 300，以及有点奇怪、有点混乱的NGC 55，后者看上去是个受到扰动的旋涡星系。稍微远点的地方，在北天星座大熊座内，有M81星系群，该星系群以其主星系M81命名，那是一个美丽的、8等亮度的旋涡星系，深受众多观星者喜爱。M81还有个9等亮度的伴星系——M82，它曾被大质量恒星诞生事件折磨得面目全非。很明显，两者的潮汐作用在M82内部产生了密度波，并触发了焰火。

我们看向1 200万光年之外的NGC 5128星系群，会有一些不一样的发现。它的主星系NGC 5128是个被一条暗带一分为二的明亮光球——"最美的一个天体"——约翰·赫歇尔在1847年这么形容它。[4]它也是个强射电发射体，又被叫作半人马座A，意为它是南半球星座半人马座最强的射电源。仔细观察，能看到这个球体是个大型椭圆星系，那条暗带则是一个正被它吞噬的旋涡星系的尘埃盘。这条尘埃带在可见光波段挡住了半人马座A的中心，但用射电望远镜和航天器载X射线望远镜还是可以探测到后者。对研究星系演化的学生来说，半人马座A的价值就像被展示给检察官的一张持枪抢劫案现场快 257

照：大型椭圆星系被认为是靠吞噬旋涡星系长大的，但半人马座A是我们能如此近距离看到的最有戏剧性的星系蚕食景象。

另一个近距离的星系互动的例子是涡状星系M51，那是一个正面朝向我们的旋涡星系，距地约3 700万光年。一个小一点的星系NGC 5195正摇摇晃晃地经过M51，扭曲了M51，掀起了它的旋臂。这场邂逅严重地搅乱了NGC 5195的形态，天文学家都搞不清楚它原来应该是什么样了。

在靠近M51星系群的地方还有M101星系群，其主星系是和星系群同名的M101，非常适于拍摄，旋臂松散，视直径近0.5度，恒星诞生区发着光，像困在蛛网里的昆虫一样醒目。有些亮星云在旋臂非常靠外的地方，很容易被误认为是独立的星云。M101星系群还有至少3个旋涡星系，以及各式不规则星系和许多矮星系。

我们继续向更远处寻找以旋涡星系作为主星系的星系群（尽管也会有暗弱的椭圆星系埋伏其中，但在这么近的距离里尚未发现）。NGC 2841是一个大型旋涡星系，有着细节精妙的旋臂，主宰着一个星系群，该星系群还包含4到5个别的旋涡星系，也许还有十几个矮星系。另一处星系栖息地的主宰NGC 1023是个没有旋臂的——或者叫S0——星系，有5个旋涡星系伴星系。在距地2 500万光年处，我们会遇到一组可爱的、正在互相作用的三重星系——M66、M65和NGC 3628，用普通低倍率目镜就能在1度视场里一次性看见它们。

尽管与我们相邻的大部分星系都属于星系群，但还是有少数孤立星系（又叫“场”星系），它们根本没有伴星系，或是没有亮到能被看见的伴星系。天文学家一度认为大部分星系都是孤立的，但随着望远镜和探测器的发展，越来越多的暗的伴星系被分辨出，真正的场星系很罕见这件事就很明显了。NGC 404是个S0星系，在天空中位于M32、

M33之间，但离我们较远，它看起来是一个独处的星系，但其实它是本星系群一个位置非常偏远的成员。狮子座内的棒旋星系NGC 2903、天鹅座内的NGC 6946，还有南天孔雀座内的NGC 6744，据说都是独居者；遥远南天的网罟座内的NGC 1313也是如此——但NGC 1313形态四散，活动剧烈，让人怀疑它曾与什么东西有过相互作用，也许现在就有另一个星系藏在它背后。

距离地球3 000万光年的范围内还有许多引人入胜的近邻星系等待我们发现，但也是时候再站远些，看看更宏大的图景了，因为我们还有一半的距离就到室女星系团了。 258

如果我们的调查仅限于我们目前遇到过的星系，我们可能就会下结论说，宇宙中的星系由旋涡星系、矮椭圆星系、不规则星系，还有少量大的椭圆星系组成，它们构成小星系团，这些星系团在各个方向都有，非常分散。但一旦我们把望远镜瞄准室女座，这个印象就会被改变。这里的景象是令人惊叹的，众多星系成员在天空中的跨度几乎有50度，室女星系团内居住着2 000多个星系，当中有200个左右非常明亮，用业余望远镜可观测到。它的星系数量迥异于我们从地球上看到的表象：第一眼看到这个星系团，会让你觉得自己像个刚进大城市的乡巴佬。星系团的内核由两个大的椭圆星系——M84和M86主宰。[5]在低倍率视场中至少还能看到另外三个星系同时出现，用业余爱好者艾伦·戈尔茨坦的话说，就是“万亿星光的汇聚”。[6]在两个星系中间画条线，向东延伸，可以穿过一串星系——这就是以亚美尼亚天文学家本尼克·马卡良命名的“马卡良星系链”——这条链上有四个旋涡星系、两个椭圆星系，还有一个S0星系。[7]

在附近，也就是星系团内核的东南方向，巨大的椭圆星系M87正发着光，内含约2.5万亿颗恒星。超长曝光（“深空”）图片可以展示出它的光环，星系中球状星团富集，在天空中伸展的区域可以超过满月。M87的内核会喷出等离子体射流——我们曾看见芭芭拉·威尔逊在得克萨斯星空聚会上观测它——它被认为是一个在超大质量黑洞周围旋转的吸积盘喷射出来的两股等离子体射流之一。另一股比较远的等离子体射流从未被目视过——它在威尔逊的“不可能”天体挑战列表上——但却被射电望远镜拍下来过。

室女星系团中央富含大型的椭圆星系，它们在我们的栖息地附近却并不多见，这显示大星系团内星系目前的外形和表现都是由它们所在的星系团的生态决定的。在下一章里，我们探究在星系密集的星系团中央发生过什么事情的时候，会展示更多这方面的证据。

室女星系团位于北银极附近，这是到银河系星系盘的最远距离，所以我们的视线是被前面一些恒星挡住了的。这就让观测者在刚开始的时候很难摸到头绪，但我们也可以通过它大概知道星系在它们的自然栖息地中是什么模样：发光的球体和盘状物镶嵌在漆黑的星系际
259 空间中。在这样的距离下，星系看起来并不会像临近星系团中的星系那样又大又亮，但它们的多样性令人难忘。用20世纪上半叶一个勤勉优秀的业余深空观测者利兰·S. 科普兰的话说，它们令人着迷“并非因为它们的外表，而是因为它们本身。每一个星系都是一个遥远的家园，我们看到的是它们100万年前的模样，比史前人类还要古老。它们能帮助我们获得真实的图景——我们和我们的世界微不足道又独一无二——星系就是宏大的现实”。[8]

要找到室女星系团，需要一张好点的星图，先用低倍率目镜找到路标性星系，然后换到高倍率目镜，搜寻较暗的那些星系。这些璀璨的星系中包含了M90和M88，两者都很大，怀里搂着旋臂和前面一些零碎的星点。还有连体婴NGC 4567和NGC 4568，这是一对彼此对

称的旋涡星系，看起来靠得很近，但并未出现一般近距离相互作用时会产生的明显分解迹象：也许这对双胞胎是一对双星系系统，与银河系和仙女星系类似，只是碰巧与我们的视线齐平。室女星系团还有一对有意思的双星系系统——NGC 4435和NGC 4438，科普兰把它们叫作“眼睛”，这对狭长的椭圆看起来真像在盯着我们看，很是瘆人。NGC 4565是一个醒目的、侧面朝向我们的星系，位于靠近星系团边缘的位置，在天空中的跨度比它的同胞们都大，差不多足有16角分。在靠近边缘的星系里，招人喜欢的还有M104，即草帽星系，它臃肿的隆起被尘埃带正好等分，非常明显，我曾用一架小型望远镜在好莱坞大道灯光之上低低的位置观测到它；还有M64，它又叫作黑眼睛星系或睡美人星系。在M64身上能看出它近期经历了两次恒星诞生的阵痛，当中包含大量物质，物质的自转方向与其星系盘相反，这种反常现象表明它最近曾吞噬过另一个星系。你想在室女星系团看到的可能还有M99，其亮度可达9.8等，小型望远镜轻易可见；还有M100，它的旋臂在8英寸或更大孔径的望远镜中可分辨出来。

室女星系团是不规则星系团的一个经典例子，椭圆星系占据中心位置，旋涡星系主宰外围。它自己又形成了一个叫作室女超星系团（或本超星系团）的中心质量瘤，这是上万个星系的聚合体，分布于1.5亿光年直径的空间内。除了室女星系团之外，超星系团主要由一些像本星系群和我们的邻居孔雀-印第安超星系团、天炉星系团及剑鱼星系团这样的星系小家族构成。

所有这些都在教我们学习天文学又一门不讨人喜欢的课——谦 260
卑。地球并非像前哥白尼时代的人所想的那样在宇宙中心，太阳也不像哥白尼所想的那样在宇宙中心。相反，太阳位于一个普通星系群内的一个普通旋涡星系（好吧，比普通的略大一点）的偏远位置，而这个星系群本身又是在一个超星系团的边缘位置。如果超星系团缩小到刚好盖住地球表面，我们的星系大概就是波士顿；仙女星系的距离和大小大约相当于纽约；宇宙中这一部分最亮的城市灯光，室女星系团的城镇中心，大概就在洛杉矶内。

但即便从城里出发到郊外，也仍旧有很多值得一看的东西。在距离地球1亿光年的范围内——观测者用中型望远镜可以观测到，或是用小型望远镜加上CCD相机可以拍摄到的范围——居住着160个星系团，包含了2 500个大星系和大约25 000个矮星系，当中约有500万
261 亿颗恒星。而更远更暗的地方，我们都还没看到呢。

# 大科学：
## 拜访埃德加·O. 史密斯

2000年12月，我在图森城外的基特峰国家天文台花了一晚上的时间，用1.2米卡吕普索望远镜拍摄星桥和互相作用的星系之间连接着的发光气体。卡吕普索是山上唯一一台私人望远镜，其他望远镜都是由大学和政府部门运行的。它是埃德加·O. 史密斯设计建造的，埃德加是企业家出身，后来转而从事天文，也邀请别的观测者来用它，他说只要一小点观测时间就够他做研究了，因为"里面流出来的数据就像消防水管里流出的水"。

我认识很多业余爱好者，他们对天文的热情，将他们引向了古罗马人所说的"通往繁星的崎岖之路"——观测星空的不眠之夜，调试装置、处理数据的漫漫长日，让他们陷于第二次按揭和婚姻问题咨询的望远镜建造项目，还有长途跋涉观测掩星和日食的艰苦旅程——但谁都没有埃德加走过的路崎岖，谁都不像他那样精力充沛地前行。我们第一次见面是在9年前，那时埃德加是一个百万富翁加单身汉，有令人眼红的地下酒窖和精美的艺术藏品，还有着不知疲倦的脑子，他在他位于康涅狄格州乡下的房产后院用一台14英寸施密特-卡塞格林望远镜观测。他和很多天文爱好者一样想要更大的望远镜，并想了解更多的天文学知识，以便更好地使用望远镜。埃德加的独特之处在于他的野心。他认定自己的新望远镜应该是一台米级别的设备，装备了精巧且合适的光学系统，要放在高山顶上，而且要有近地轨道范围内的望远镜中最佳的分辨率。对于埃德加来说，学习足够多的天文知识以更好地使用望远镜，意味着成为哥伦比亚大学的学生，拿到天体物理学博士学位——尽管他已经50多岁，还在经营着产业。

多年来我一直和埃德加保持着联系，他也一直追寻着他的理想。我们一起参观了他望远镜的生产工厂，讨论着他在哥伦比亚大学的天
262 文和天体物理课程的进展，那里的学生们都欢迎他，尽管他比他们大1倍，还有些教授会揶揄他。直到他博士学位到手，论文发表（三篇关于天炉星系和几个球状星团内的恒星演化的论文，发表于《天文学期刊》），他的望远镜在基特峰运行起来，他才终于肯坐下来接受我的采访。我们在他位于派克大街西格拉姆大厦的E. O. 史密斯公司总部的大办公室里见面。他实际比外表更沉默——他是个高大健硕的男人，脸庞宽阔粗糙，双目有神——说话很温柔，就像在轻声自语一样。

他告诉我自己出生在华盛顿，在宾夕法尼亚州多伊尔斯敦的一座奶牛场里长大，他的父亲曾是民用航空管理局的施工工程师，在那里买了地。“我父亲是个精力充沛、争强好胜的家伙，很粗野，酗酒又暴力，一个执拗的男人。”埃德加说，“他常对我拳打脚踢。我生命中起决定作用的那一刻是在我13岁的时候。我们有个工人在奶牛场工作，他曾是俱乐部拳击手，我和他有时候会把干草捆堆成一个圈，然后在里面打拳。有一天晚上，我父亲过来看到了，然后说：‘你在干吗？’他一定要戴上手套。他想向我展示两招，但我充满愤恨，击倒了他。我打得非常重，他后来头疼了两天。

“那之后就不再有暴力了，但我还是反叛着，走上青少年犯罪的道路。他们把我从高中踢出去三次，后面我听说只要我一走，整个学校

校风就好很多。幸运的是，在宾州他们有非常好的高中橄榄球项目，有一天助理教练说：‘天哪，埃德加，我看你在街角晃荡，鼻青脸肿，抽着烟；我猜你肯定不敢来我们球队。’他真是个聪明人。我接受了他的挑衅，加入了球队，那是我蜕变的时刻。我从一个麻烦缠身又不断惹麻烦、抽着烟、打着架、追着女孩的顽童——还有更糟的——变成了一个痴迷运动的好学生。我玩橄榄球、掷铁饼，还玩摔跤。做坏男孩要消耗很多能量，而我发现这些能量还是以运动的方式消耗比较好。”

埃德加的父亲拒绝帮助他申请大学——“他试图阻挠我”——这样埃德加高中毕业后就再无继续受教育的希望，尽管他拿到了好几所大学的橄榄球奖学金。他决定掌握自己的命运，在那个夏天去见了宾夕法尼亚大学的招生部主任，说服了后者让他进入大学。“第一个学期我在班里排名前30%，”埃德加告诉我，“我主修经济，上了很多文
学课，还两次提名优等生联合会，这是对学校贡献最多的学生的荣誉。 263
我的名字记载在宾州的橄榄球队和摔跤队里，还有跑道上。

“在哈佛商学院，其实我几乎根本没提出申请。我只是走到那里，和招生部副主任詹姆斯·L.‘莱斯利’·罗林斯聊了一下。他是那种有点特立独行的人，寻找不寻常的学生是他平时干的事情之一。我和他说我会这么做，我会那么做，他们应该录取我等等，最后他说：‘够了！你要学习的一件事是闭嘴，因为你5分钟前就已经被录取了。’我喜欢在那里：他们逼我逼得很紧。”

在哈佛获得工商管理学硕士学位之后，埃德加又在纽约的一家金融公司学习技能，然后自己经商，兼并小的家族工业制造公司。他一开始就做得很好，但是“后来经济状况有变，我们什么都做不了。我的朋友在职场上遥遥领先，而我被困住了，在28岁的年纪，我连填饱肚子都困难。我非常沮丧，但我遇到了一位非常好的女士，哥伦比亚的一

个艺术史博士生——非常非常有智慧——她说：‘埃德加，别放弃。’我听了她的话，然后果然成了一笔大单——天知道怎么成的——这一单成就了我。我用赚来的钱买了人生中第一件纳瓦霍人的织品，我之前还有德国表现主义艺术家的木刻呢，不过后来我没钱的时候把它们卖了。我不得不卖掉所有东西”。

我问埃德加是怎样开始接触天文的，他告诉我两件事情，不过它们在当时看起来都没什么结果。第一件事是他5岁的时候和母亲去参观华盛顿的美国海军天文台。那里的一个天文学家向他们展示了巨大的折射望远镜，还邀请他们晚上回来用用这台望远镜。但他们并没有。“我想了一下我妈妈的生活条件，她能带我去那里真是不可思议。”埃德加评论道。然后埃德加举家搬到农场，埃德加的父亲带回来一根铝管和一本阿尔伯特·G. 英戈尔斯的经典著作《业余望远镜的制作》。埃德加兴奋得发狂——“我眼珠子都瞪出来了，心想：‘天哪！’”但那之后也没什么变化。相反，“我们买了很多很多牛，很快我们就开始在农场辛苦劳作起来。我父亲去世的时候，我平静下来之后去清理谷仓，在一堆旧物中我发现了那根管子，还有架上英戈尔斯的那本书”。

天文在架上尘封了数十年，直到埃德加在自己的乡下宅邸安装了
264 望远镜，开始构想成为一名天文学家。“这辈子我过得还不错，但我想要点新的东西，”他说，“我捡起一本书，比如说《科学美国人》读的时候，会很受罪，我没法读完。我害怕自己如果想着去读天文学博士，就不能工作了，但一个朋友告诉我：‘如果一件事情毫无风险，就不值得去挑战。’我牢牢记住了这句话。在哥伦比亚我非常非常努力，早起学习，周末工作，每天忙到很晚——有时候通宵达旦。天体物理学是一种孤独的苦修，需要巨大的奉献，但我能有这种机会就已经非常感激。我狠狠地鞭策自己，很快就熬过去了。”

修建新望远镜花费了埃德加的很大一部分净资产(“几乎所有这样的望远镜，都会花费比你的预期多3倍的资金和多2倍的时间，毫无例外”)，而且遭遇了太多挫折，他给自己的工程师团队起名为“堂吉诃德队”。他给望远镜起名为卡吕普索，因为“卡吕普索囚禁奥德修斯7年——大约就是建造这台望远镜花费的时间——而且据说有着不同寻常的好视力”。埃德加考虑了若干观测点，最终和基特峰商议，将望远镜建在了那里。它运转起来后，埃德加开始了他的天体物理学家生涯，利用卡吕普索的锐眼，将球状星团中央蜂集的群星区分开来，并获得关于它们亮度和颜色的数据。“其实还有很多没做，”埃德加笑道，“我觉得自己像在横穿沙漠，许久没喝到水。我开始感觉到一种激动，但是从时间上来说，我已经精疲力竭——从财政上来说也是。”

午夜的时候，我操作着卡吕普索，结果望远镜不动了。在天文台负责人——法国天文学家阿德琳·科莱的陪伴下，我爬上室外的三级钢丝网梯子，到达高高的栖木，那里站立着望远镜——为了尽量使其适应周围的温度，它所在的小屋在夜间完全打开——我们把它推到停止工作的位置，然后重启电脑。阿德琳回到控制室，我在原地留了一会儿，在天台上，我有了一种在家中的感觉，没有同伴，只有望远镜和星空。

好的天文台都秉承一种哲学并一以贯之，这个天文台的哲学就是追随空气的动向。我脚下的平台是用钢丝网做的，可以让空气很好地
循环。它足有34英尺高，使之在当地边界层以上——边界层以上的 265
空气可以自由流动，边界层以下的空气则与地面摩擦，产生搅动——因此可以避免之前克莱德·汤博警告过我的“地面效应”。支撑望远镜的立柱越往上越细，以便减小风阻，避免风下降，搅动地面空气。一个巨大的通风系统把望远镜内的空气抽走，通过一根巨大的白色输送

管把它排到很远的下风处，以最大限度减小空气扰动和望远镜零件温度升高产生的影响。这并非是说望远镜会产生多少热量：它的CCD相机是由液氮制冷的；装置的制作选用不怎么导热的材料，减少热传递；滑动屋顶关上的时候是气密的，白天空调持续工作，这样望远镜晚上工作的时候可以和周围空气温度保持一致。还有个“实验阶段的空气螺旋桨”被装置在那里，埃德加在他的计划书中写道，“为的是加速入风下行”。

望远镜本身看起来就像是火星人送到地球的探测器，它有着黑色镜身骨架、众多哑光黑色遮光板（当中还是有选择性地打了几个风孔，以防止它们在气流中乱动），还有一个独特的光学系统，可以随视宁度变化在千分之一秒内做出调节。它的表现也配得上它这么具有未来感的外形。定义专业望远镜运行是否良好，一般是看它能否在10角秒范围内瞄准目标；而这一台望远镜的精度是1角秒。一个优良的主镜总体精度应该能达到钠光波长的十分之一，完美的主镜可以达到二十分之一波长，而这个主镜可以达到十五分之一。望远镜和环境都够好的情况下，达到1角秒的分辨率，可以被定义为一流的望远镜；而这一台的分辨率是这个标准的4倍，在晴夜可以达到四分之一角秒。（“自然也会让你服输，”埃德加叹道，“你打开望远镜，发现天不好，就这样了。”）我们圈子里的技术爱好者会接触很多考究的机器，从太空飞船到赛车，再到隐形战斗机，但望远镜和它们相比毫不逊色。

望远镜回应着阿德琳的远程指令，轰隆旋转起来，滑向我们列表上的下一个星系的坐标。我看着它沐浴在夜视灯的红光中，意识到它不仅是科学的产物，更是一种艺术——是埃德加骨白色曼哈顿公寓内
266 悬挂着的早期纳瓦霍毛毯的现代版。采访过程中我问埃德加，吸引他的为什么是天文而不是别的科学。“我不是个传统意义上信仰宗教的

人，”他回答，“但我想，对我来说，天文是一声惊叹，是精神上的拓展，是信仰的替代品。你知道，我做的事都不怎么循规蹈矩——但是天
哪，我的一生都是在宣告，我不在乎别人怎么想。” 267

第十八章

# 黑暗世纪

我认识那古老火焰的讯号。

——但丁

这是我们的宇宙，奇境与美的博物馆，是我们的圣殿。

——约翰·阿奇博尔德·惠勒

石山上午夜已过，我在望远镜中对着一个小光点盯了好几分钟，那个小光点是我在一张手绘星图的帮助下发现的。它看起来是一颗星，但其实是个类星体，是遥远星系的发光高能内核。这一个类星体3C273还是挺亮的——通常亮度为12.8等，有时候会升到11.7等，然后又跌到13.2等——到现在它的光在宇宙中穿行了20亿年以上，光发出的时候第一个细菌刚刚在地球上诞生。如果你搭乘一辆H. G. 威尔斯风格的时光机，它以眼花缭乱的一秒一世纪的速度把你带回从前，得用8个月的时间才能到20亿年前。此刻，在黎明前的平静夜晚，需要做的只是把望远镜瞄准天空中那个光点。我盯着3C273那古老的光看了一会儿，不禁想，与人类存在之前的过去的这么一次邂逅，到底是偶然还是必然。

大部分观星者观测的天体距离都不会超过室女超星系团的范

围——就如一个世纪前，很少有人会看到比银河系更远的地方。但是一切都在变化，如今的目视观测者和CCD高手中，也会有人在凝视遥远古老的星系中寻得满足。这些无畏的寻访者主要探索我们邻近的 269
四个超星系团，它们分别在半人马座、英仙座、后发座和武仙座。

超星系团由星系团构成—— 一个或多个大的星系团加上很多致密星系团或星系群。有数万星系的室女超星系团被认为是个中等大小的样本，因为室女星系团是它唯一的主成分。它和半人马超星系团比起来就是个矮子，半人马超星系团距地2.5亿光年，从半人马座一直蔓延到长蛇座和唧筒座，其中泊着三个大星系团——长蛇I星系团、半人马星系团，还有IC 4329。每个星系团都有自己独特的朦胧美。长蛇I因距离较远，需要比较好的目视条件：在暗夜条件较好的星空下，用中型望远镜就能看到它内核处的一对椭圆星系姊妹，附近还有一对看起来乱乱的旋涡星系，不远处可能还有另外几个星系。半人马星系团更好看，也许是因为它位于超星系团中比较靠近我们的这一侧：它内核暗弱，但却是一列壮观的巨型椭圆星系，旋涡星系和S0星系夹杂其中。在IC 4329星系团里，我们能在1度视场中一次性看到十几个星系，当中不乏珍奇，比如扇贝星系，这是一对正相互作用的星系，看起来像个打开的牡蛎壳。还有以其名字命名这个星系团的IC 4329A，它是个非常有活力的星系，内核非常明亮，容易被误认为是一颗恒星。半人马超星系团内还有值得探索的小星系团。它们都在南半球，你所在的位置越靠南，就越能更好地看到我们的邻居超星系团。

我们看向北天的英仙座——在稍微远一点，大约3 000万光年的距离——我们会遇到一条长长的、宽宽的星系团链，它属于英仙超星系团，覆盖约90度天区和2亿光年的空间。它的中心英仙星系团，是一群致密的椭圆星系和S0星系。业余爱好者史蒂夫·戈特利布能用一架17.5英寸的望远镜分辨出58个。它们如鸟群般盘旋，引力场的渗透非常明显，将星系绑定在星系团核内。确实，天文学家通过研究英仙超星系团的动态了解到，大量产生引力而不发光的物质——“暗物质”集中在星系团靠近内核的地方。其他四个富饶的星系团沿着英仙超星系团的主干分布。当中的NGC 383里有六个星系排成一列，呈现出壮观的链条。

我们的下一个台阶，是后发超星系团，它只包含少数大星系团，在观测者中却很受欢迎，因为它们当中有后发星系团，其内核中包含的
270 可见星系在一个视场中比天空中其他任何星系团都多。我的一架18英寸反射镜配以低倍目镜（62倍），大约有0.75度的视场，在后发星系团中央能看到三四十个星系，不过要看到更暗的星系就得要高倍了。戈特利布用孔径差不多的望远镜加上220倍和280倍的目镜，用数个通宵，就能看到后发星系团所有的88个星系。

后发星系团是宇宙大尺度结构开创性研究者——美国天文学家乔治·阿贝尔的一个重要样本，他称它为“富集”、“球形”或是“规则”的星系团。阿贝尔在巡天的照相底片上鉴别出数百个星系团，把它们分为两大类——规则的（比如后发星系团）和不规则的（比如室女星系团）。不规则星系团看起来很分散，里面包含的大多是旋涡星系，星系间的活动空间很大。规则的星系团大体上是球形，里面基本上都是椭圆星系和S0星系，而且更加密集。后发星系团（阿贝尔1656）里的星系非常多，在只比本星系群大几倍的范围内塞满了上千个星系。

如今天文学家将阿贝尔的分类放在一个连续分布的某一侧，并强调基本规律是星系团密度越高，椭圆星系和S0星系所占的比重就越大。在高密度星系团中，椭圆星系和S0星系可以比旋涡星系多出

3倍，而在低密度星系团中，它们和旋涡星系的数量差不多是相等的。这个发现表明，星系团密度不同导致环境不同，影响了星系的演化。在密集的、球形的星系团中，由于如此大的质量产生了更强的引力场，旋涡星系以更高速度运行，在宇宙历史上会数次经过星系团内核附近，因而更容易与其他星系发生碰撞，或是遇到星系际物质云，使自身气体和尘埃被剥离，变成椭圆星系和S0星系。低密度的不规则星系团中的星系则很少会经过中心地带——偏远的星系可能一次都没有经过——而且不规则星系团的中央地区本来就稀疏，所以很多星系可以维持它们原本的螺旋形态。后发星系团的中心区，就是一个典型的致密规则星系团应该有的样子，大部分由无特征的圆形星系组成，而旋涡星系一般在星系团光环中，或是中心区的前面。中心区的前面则是个很大的范围——后发座和我们之间的距离大约有4亿光年。

武仙超星系团要更暗一些，对大多数目视观测者来说接近目视的
极限了。它在5亿光年之遥，里面居住着10个显赫的星系团，包含400 271
多个星系成员。它的中心是不规则的武仙星系团（阿贝尔2151），对喜欢找暗弱天体的观测者来说有磁石般的吸引力，椭圆星系和旋涡星系变化多样，妙趣横生，很多还在相互作用。戈特利布将它们列为“暗弱”、“非常暗弱”和“极度暗弱”，不过还是能看到几十个。

在这样的距离下，原本可靠的星图和星表都会支离破碎。为了帮助解决星云星团新总表（NGC）及其续编（IC）项目的谬差，业余爱好者和专业天文学家开始合作，致力于观测NGC和IC中所列的所有天体，以确认当中准确的条目并修正错误的条目。这个项目的元老小哈罗德·G. 科温估计，“NGC表里至少有1 000个已知或可能的身份问题，IC表里当然也一样（可能更多）”。他提到团队的动机包括“清理不确定的，并从中获得单纯的乐趣”。[1]借助最新、最好的星表，像

肯·休伊特–怀特这样的业余观测者可以背负自己的17.5英寸反射镜，前往遥远的暗夜地区，“开上‘武仙座高速公路’”，然后在超星系团中的亮星系团之间的“小路上闲逛”，找到星系形态表（MCG）和乌普萨拉星系总表（UGC）中许多非常隐蔽的星系。“要成功追踪到它们，”休伊特–怀特说，“需要孔径、天气条件和观测者韧性的结合。”[2]

我们还能看得更深。北冕星系团，是北冕超星系团（“CorBor”）的明珠，位于距离地球10亿光年之外的地方，但仍有目视观测者向它发起了挑战。用高倍目镜仅仅是“让两个个体中间有点空隙而已”，史蒂夫·戈特利布设法在内华达山脉7 000英尺高的山顶辨认出其中6个星系。“在每片昏暗的光芒中都要停留几分钟，”他建议道，“享受这种侦察10亿年前启程的光子的满足感。”[3]

10亿光年是个非常可观的距离——超过可观测宇宙范围的5%——现在可能是理解在更大参考系下超星系团位置的时候了。在距离地球10亿光年范围内有80个左右的超星系团，由大约16万个星系团组成，包含300万个大星系和大约3 000万个矮星系。要在如此巨大的尺度上识别一些形状，得要聚集并解读大约1万个星系的信息。这个壮举在近几十年来已成为可能，这要感谢配置了纤维光学系统的
272 巡天望远镜，它能够同时分析许多星系的光。这样的研究表明，宇宙最终会被组织成泡泡般的结构，泡的直径约为2.5亿光年，两个或多个泡的壁相互作用，构成大质量超星系团的致密区域。后发超星系团就是这样区域的一部分，被称为巨壁。它长达50亿光年，歪向我们的视线，就像把一把尺子的一端靠近看这把尺子的眼睛。它的范围从3.5亿光年远的狮子座，一直延伸到5亿光年远的武仙座，在那里它遇上了武仙超星系团。英仙–双鱼超星系团可能也是另一个泡泡的相交处，它侧面对着我们，所以更加容易分辨。

看到这些结构等级——星系在星系群和星系团内，星系群和星系团属于超星系团，超星系团则是泡泡的壁——我们自然而然会想知道泡泡是否还属于更大的天体。答案看起来是否定的，泡泡是最大的了。但如果你取多个泡泡的平均值，宇宙看起来就是非常平滑均匀的。你可以想象一座森林，在比较近的范围内取样，然后再到远处取样。以直线穿过森林，你会经过树木丛生的环境：要么是在树间穿梭，要么是撞到树，有时候你会穿过开阔的草地，然后在草地的另一边又撞到树。但若航拍一张森林的照片，在图片上画出网格，在格子里以足够大的范围取样，计算树的数量，你就会发现森林里树的整体密度是均匀的。在这个模型中，树代表星系，草地是宇宙泡沫里的空隙，而这片森林就是宇宙。

这个发现可令宇宙学家放松一些，他们一直假设，如果在一个大空间内取样，会证明宇宙是均匀（星系是均匀分布的）且各向同性的（从任何方向观察都一样）。而使生命成为可能的非均质性——物质的局部聚集会产生行星、恒星、星系、星系团、超星系团，还有泡泡——最终会归结为宇宙学尺度上的均质分布。

但若宇宙整体有如木薯粉般平滑，那么这些团块从何而来？这是宇宙学上最有趣的问题之一，也将引导我们去思考关于宇宙大爆炸和宇宙膨胀的问题。

埃德温·哈勃在威尔逊山上为星系拍摄照片时，在观测伙伴——前天文台门卫米尔顿·赫马森的帮助下，发现了星系正在远离彼此，且速度和它们之间的距离直接相关。哈勃和赫马森不确定这“速度-距离关系”——今天被称为哈勃定律——的成因，但他们了解到爱因斯坦广义相对论对这一点做过预测，广义相对论暗示宇宙要么是在膨 273
胀，要么是在收缩。相对论和哈勃定律想告诉我们的并非是星系在太空中穿行——尽管它们从某种意义上说确实是在穿行，比如它们绕星系团的内核运行——而是宇宙空间本身是连带着星系一起膨胀的。因此，哈勃定律是在说：星系距离越远，它所在的空间膨胀速度就越快。假使你持一根橡皮筋，用墨水在上面点几个距离相等的标记，每两个中间隔1英寸，就像这样：

A　　B　　C　　D

每个点都代表一个星系。现在缓缓拉伸橡皮筋，模拟宇宙空间的膨胀，1分钟过后，相邻的两个点之间就有2英寸的距离了：

A　　　　B　　　　C　　　　D

星系A和星系B之间的距离在1分钟内从1英寸增加到2英寸，相互之间的退行速度就是1英寸/分钟。但要注意，星系A和星系C的距离也加倍了——从2英寸变成了4英寸——所以星系A与星系C之间的退行速度就是2英寸/分钟，是A与B之间的2倍。同样地，星系A和星系D的退行速度就是3英寸/分钟。于是我们就有了一个呈线性的速度–距离关系：测量时两点之间每相去1英寸，它们的相对速度就快1英寸/分钟。别的星系——星系B、星系C和星系D上的观测者，都能在自己的星系上观察到相同的现象。将橡皮筋上的一维线阵替换成三维空间，就是膨胀中的宇宙。

如果事情真的如此简单，决定宇宙膨胀速率的“哈勃常数”只需通过测量几个邻近星系的速度和距离就可以直接算出来。然而，物质的成团性让整个过程都复杂化了。星系团是因引力绑定成团的，即便是像本星系群这样并不很富集的星系团也是如此：它们的内中空间并不膨胀，所以测量本星系群内我们的同胞星系，并不能告诉我们宇宙膨胀的速率。室女超星系团在膨胀，但因其自身的引力网，速率也是迟缓的。本星系群和室女星系团彼此分离的速率也因这个引力网而减慢很多。要排除种种干扰因素观测到宇宙膨胀——“纯哈勃流”——就得看得更远，望向别的超星系团，但这样的话又变得难以精 274
确测量星系间的距离。因为这样那样的原因，天文学家至今还不确定哈勃常数的精确数值。

不巧的是，膨胀速率可以揭示宇宙的年龄——从半人马超星系团到巨壁乃至更远，这些地方曾经都在一起，它们达到如今这么遥远的距离所花掉的时间就是宇宙的年龄。你拉伸橡皮筋的速度越快，达到指定长度的时间就越短；所以如果哈勃常数越高（即宇宙膨胀速率越快），就意味着宇宙越年轻。研究宇宙膨胀的多数天文学家估算出的宇宙年龄在110亿到200亿年之间。这个数值与目前已知最老的恒星年龄非常吻合，那些恒星在球状星团中，大约120亿岁。

宇宙膨胀的开端被称作宇宙大爆炸，我们对它还一知半解。

我们了解的部分大多来自高能物理。理论学家从宇宙大爆炸后不到1秒的时间开始计时，然后从那里往前计算。不出所料的是，如今遍布全宇宙的所有能量在那时致密到只有一只高尔夫球那么大，这是一锅热气腾腾的原生汤，物质还没有形成任何亚原子层面上的稳定结构。熟练推演简单结构如何历经时间演化的高能物理学家，能够通过对粒子加速器和星系的观测检验自己的计算。

他们的成就之一与不同元素的相对丰度有关。物理学家的计算表明，火球膨胀又冷却的时候，宇宙中约有四分之一的氢应该曾被核聚变转换成氦。而且可以肯定的是，宇宙确实有四分之一都是氦。恒星也将氢熔成氦，但是几乎没有恒星有足够的时间来产生这么多氦——无论如何，氦也广泛存在于星系际云中，而那里几乎没什么能产生氦的恒星——所以这显然是宇宙大爆炸的功劳。

另一成就则关乎宇宙微波背景辐射——时间起点后的30万年

后，光被释放出来，遍布宇宙，那褪了色的光芒到今天仍旧能被观测到，但是它被后继的空间膨胀拉曳成了长波段微波辐射。这个背景辐
275 射在空间中被高空气球上的探测器观测到了，它的广度和光谱特点都曾被理论预言过。此外，背景辐射的分布在预期的尺度上呈现出不均匀性，而星系和宇宙泡的种子就于此产生。大爆炸理论严肃且精确，因为它的预测被证实过——膨胀速率和恒星年龄的一致性、氦元素的丰度，还有宇宙微波背景的存在和余象——并且能拼成一幅连贯的图景。

宇宙大爆炸并非发生于一个预先存在的空间，它自己就是个膨胀的空间，从无穷小的点膨胀到我们今天看到的往各个方向飞散的星系的宏大阵列。现在就和刚开始的时候一样，并没有任何地方离产生大爆炸的地方更近或者更远：它发生在这里，发生在那里，发生在各处。因此无人占据宇宙中心，就像没人占据地球表面的中心一样。任何地方的观测者看到的景象都是一样的——退行的星系比过去都要遥远，距离与日俱增，背景辐射在身后发着光。

还有很多未被了解的事物。我们尚不知是什么触发了大爆炸（也许是一个把其他宇宙的空间聚集成核的泡泡），或是什么在宇宙结构中种下了种子（可能是磁流量子事件，也就是随机的亚原子粒子从真空中出现），甚或是宇宙的大部分由什么构成（星系自转速率和它们在星系团中的轨道运行速度显示，90%到99%的物质都是不发光的；尚无人知道这种“暗物质”——还有暗能量——会是什么）。还有很多事情我们都不知道——无论如何，所有这些理论编织的梦，与望远镜前的观测者的活动到底有什么关系呢？

很多业余爱好者说，没太大关系。他们注意到天文学上很多惊人的进步源自观测者把双手放在更好的望远镜和探测器上，而不是源自

理论推理。他们开始厌倦于谈论宇宙暴胀（关于宇宙起始膨胀速度比现在更快的理论）、精质（一种外来能量场，可以使亚原子粒子相互排斥）、弦理论（物质由多维空间的弦构成的设想），还有膜理论［这个理论中的弦更像是面条，该理论有一个说法，正如物理学家尼尔·图罗克解释的那样，“我们现在的宇宙是（一张）四维的薄膜，嵌在一个五维的‘大块’空间中”］。[4]

业余爱好者有自己的原因：宇宙学和别的任何科学最终都会回
到观测，并且常常是以观测起步的。但观测从不代表对理论的无知： 276
你至少得对自己要寻找的东西有个概念，才能看到一些东西。这就是为什么新手在第一次用望远镜看东西时会失望，至少没有看到土星环或月球环形山时那么激动：他们看不到许多东西，因为他们不知道要看什么。而一旦你开始寻找什么，你就得援引一种理论——或至少一种假说，假说就是有些人觉得是理论，但有些人并不觉得是理论的东西。

业余爱好者也可以做出有利于宇宙学的观测。其中一种很流行的方法就是寻找其他星系里的爆发恒星。当一个遥远星系中的恒星变成超新星，它的光变曲线（一个急升，然后长降）和它的光谱在某些情况下都可用以测量爆发时星系和我们的距离，这又能帮助我们判断宇宙的尺度和膨胀速率。

超新星有好几种，但没有哪一种被透彻了解。业余爱好者比较关心的两种主要类型是II型和Ia型。II型超新星的诞生是耗尽燃料的巨星坍缩后爆发所致（恒星坍缩的外壳撞击致密的内核，然后回弹，像一只弹在路面上的皮球）。它们主要出现于旋涡星系的恒星诞生区，偶尔在不规则星系中可见，在椭圆星系中绝少见到。Ia型超新星在所有类型的星系中都出现过，也并不偏向于出现在旋臂内。它们被认为属于双星系统，且在开始的时候包括一颗大质量恒星——很大，但还没大到变成超新星——另一个相对比较小的伴星绕它运行。大质量恒星会很快演化到红巨星阶段，摆脱掉外壳，然后偃旗息鼓，变成白矮星。质量较小的伴星演化速度更慢，但最终也会变成红巨星。如果这两颗恒星彼此靠得足够近，白矮星会捕捉到红巨星那乱蓬蓬的外层大气的气体。白矮星持续不断地偷窃物质，一直增长到1.4个太阳质量——钱德拉塞卡极限，在天体物理学中相当于热核武器的“临界质量”——然后就会爆发。

对于宇宙学家来说，这个过程的美妙之处在于II型超新星涉及不同质量的恒星，而Ia型超新星很明显发生于一样的临界（钱德拉塞卡）质量。所以，所有的Ia型超新星爆发的力量和达到的亮度都是差不多的。过程并没有这么简单——这些东西从来就不简单——但Ia型超
277 新星有一种潜在的、千篇一律的相似性。若果真如此，天文学家只需要这样一颗超新星的精确距离，就能大体上列出其他所有超新星的距离。这让Ia型超新星在测量其寄主星系距离并估算宇宙膨胀速率方面像“标准烛光”一样有价值：如果你知道一颗给定超新星的绝对亮度，你只需拿它的绝对亮度和它在天空中的视亮度比较一下，就可以得知它的距离。

寻找超新星意味着观测星系——目视、摄影，或是用CCD探测器——和寻找之前未曾见到的恒星。如果你发现有颗星确实是超新星——或者不是，比方说，其实是一颗小行星经过视野——而别人之前都未曾注意过，你就是为科学做出了贡献，做出了在宇宙学上有重要意义的发现（不过它不能以你的名字命名，超新星的编号由年份加上一个代表发现顺序的字母组成。超新星2001a是由伯克利天文学家和俄勒冈州卡蒂奇格罗夫优秀的业余超新星猎手迈克尔·施瓦茨组

成的专业–业余团队发现的，这是2001年被发现的第一颗超新星；由北京天文台发现的2001b是第二颗）。

少有超新星在望远镜发明前被发现，因为很少有超新星亮到肉眼可见，但若有，必然会给人留下不可磨灭的印象。

中国、日本、韩国、欧洲和阿拉伯地区的古代观测者都留下了有关1006年超新星的记录，这颗超新星亮到白天用肉眼可见；中国观测者在1054年又记录到一颗（这颗超新星比金星亮多了，1054年的时候在大白天都能看到，持续23天，并且在之后的653天里都保持着夜晚肉眼可见的状态）。古代观测者无法精确描述这些奇怪东西在天空中的位置，而现代天文学家得以弄清楚，1006年的那颗超新星产生了一个射电噪遗迹，如今编号为PKS 1459–41，而1054年的那颗产生了蟹状星云。蟹状星云在小型望远镜中清晰可见，目前直径约10光年，还在急速膨胀，人在一生中是可以看见其变化的。（最早发现它在增长的是洛厄尔天文台的卡尔·奥托·拉普兰，发现时间是1921年。哈勃空间望远镜拍摄的高分辨率图像显示了星云内部结构在数天内的变化。）在它的中心，有一颗脉冲星——是一颗爆炸后的恒星留下的瓦解内核，正飞速自旋，体积不比一个城市大，质量却相当于一个地球，发射出每秒33次的光和射电的脉冲。业余CCD图像显示这颗脉冲星的亮度大约是16等，但因为它的脉冲速度太快——比每秒30帧的电视机画面还要快——它看起来非常稳定，像一颗普通恒星。 278

两颗明亮的超新星帮助唤醒了文艺复兴时期的天文学家，使他们认识到一个事实：亚里士多德是错的，星空不是一成不变的。第谷在1572年一次饭后散步中发现仙后座内的一颗“新的恒星”，不禁停下脚步。“我从小就对天空中的星星了如指掌，我很清楚那片天空并没有恒星，即便是最小的，更别提这么明显、这么亮的，”他回忆道，“我被这个景象惊呆了，我毫不愧疚地开始怀疑自己的眼睛。”[5]笃信经验主义的第谷把它指给几个朋友看，朋友们证实他们确实看到了它，也接受了这颗“新的恒星”的存在。约翰内斯·开普勒研究了1604年在蛇夫座的那颗超新星。他秉承和第谷一样的怀疑态度，承认它可能像很多人猜测的那样，是一颗天然的新恒星。“但在确认之前，我认为我们还得试试别的可能。”[6]超新星遗迹今天被编目为射电源3C 10和3C 358，但人们一般还是用第谷和开普勒的名字称呼它们。

要监测数量巨大的超新星就得用望远镜了。在20世纪大部分时间里，它们的发现几乎都是专业天文学家的成果——其中两位是威尔逊山的沃尔特·巴德和弗里茨·兹威基，他们于1933年发明了“超新星”一词，以形容它比新星（就是间歇性暴亮的恒星）更亮。想加入这个搜寻游戏的业余爱好者会感到受挫，因为他们缺乏广泛可用的照片和星图，用以和天空进行对比，判定视野中除了最亮的恒星以外任何新出现的天体。这样的星表一般都很贵，鲜有爱好者能买得起，而拍摄重复的星系图片也是费钱费时间的。直到1968年，20世纪才出现了第一颗由业余爱好者发现的超新星，约翰·凯斯特·贝内特是南非的一名政府职员，他搜寻彗星的时候，在M83星系发现了一颗9等的爆发恒星。

澳大利亚新南威尔士州库纳巴拉布兰的罗伯特·埃文斯牧师解决这个问题的方法，是想方设法搜集星图和照片。他天赋异禀，能够记忆上百个星系上的恒星图案，他极快地从一张图跳到另一张图，经常能在1小时内扫描100个以上的星系。埃文斯效率非常高，从1986年到1991年中期，在他的前院发现了17颗超新星；这段时间里伯克利天文学家的自动搜索项目（用加载了CCD的望远镜，其孔径大约是埃文斯望远镜的2倍）也只发现了20颗。这启发了埃文斯，他推测

“如果可以利用类似伯克利那样的一台望远镜进行目视搜索，并且假设能得到和伯克利小组一样的望远镜时间，获得的结果也许会是类似的”。[7]埃文斯为了检验他的设想，获得了一台大型专业望远镜的观测时间，那是赛丁泉天文台的40英寸望远镜。尽管它的控制系统不甚精确，找起星系来比他自己要慢很多——他平时只需用手推动他自己的16英寸望远镜镜身——但他1小时内还是观测了近60个星系，观测到已存在的超新星的速度等于甚至超过了佩斯天文台的自动搜索项目。“目视搜索的价值再一次被证明。”埃文斯在一篇分析他观测结果的科学论文中总结道。[8] 279

目视搜索超新星本身就是一种奖励——毕竟，你是在看星系啊——但成功搜索到超新星的概率是很低的。一个中等大小的旋涡星系每30到50年才产生一颗超新星，所以如果你每晚检测30到50个合适的星系，坚持一年，才可能有机会看到一颗超新星。但是要成为第一个看到的人就意味着还得打败竞争者，而竞争者总是存在的。当埃文斯牧师创造自己的纪录时，这个世界上搜索超新星的业余爱好者太少，甚至都不能凑成一场足球比赛，但这一点无损他所获得的令人肃然起敬的声誉。到2001年，人数已经够组建一个足球联赛了，当中大部分人还有CCD相机。CCD加载于一架望远镜上，只需几秒钟的曝光，其敏感度就可以超过人眼，曝光时间再长点，就可以超过任何目视观测者用任何望远镜观测的能力。CCD在明亮的月光下也能有优秀的表现，而目视观测者就会受到牵制；再加上全电脑控制的望远镜，它们就可以在“观测”者晚间打盹的时候继续搜寻大量星系。

专注的业余爱好者使用CCD，令超新星搜寻项目如虎添翼，可以媲美甚至超越专业天文工作者的成就。迈克尔·施瓦茨在俄勒冈州和亚利桑那州都有用于搜寻的望远镜，亚利桑那州的那一台是极具现代感的32英寸RC望远镜，聚光能力比他的同事们在利克天文台安装的设备还要强。他估算出自己每拍摄1 400张CCD照片，就能发现一颗超新星。蒂姆·帕克特曾是一名挖掘设备推销员，他在自己位于佐治亚州山镇的家中工作室里，花费1万小时，建造了一台24英寸的电脑控制RC望远镜。“我实在没钱出去，也买不起昂贵的望远镜，”他回忆道，“所以我攒够了买光学系统的钱，之后的几年里我每个月都去废品站。那时候他们并不会回收所有物品，所以你能找到大钢板之
280 类的东西。我根据自己能找到的东西不断修改我的设计。真是个大工程。”[9]利用这台望远镜，加上朋友一直帮他检查不断涌出的CCD图片，帕克特在24个月中发现了31颗超新星。然后他建造了一台更大的望远镜，计划用它卓越的聚光能力缩短曝光时间，每晚拍摄更多星系，而不是找更远的天体。“亮度每低1等，意味着多出2.5倍的恒星和星系。”他说道，“所以有时你得告诉自己：‘嘿，适可而止吧。’专业工作者拍摄它们的光谱，这对科学很重要，但一般如果亮度低于19.5等，他们就没法获得好的光谱。而我只需1分钟的曝光，就能获得更暗的天体图像。

“我说不清自己为什么要做这个，”他补充道，“我喜欢坐下来看着几百个星系，这意味着每一天都不一样。我不认为这种严格意义上的搜寻是纯科学的——真正的科学应该是拍摄光谱，你需要一台1米到3米级别的望远镜，还有一台光谱仪——但能为科学做贡献是很好的。而且，当然，这也和自我价值感有关。任何搜寻超新星的人都知道，发现一颗超新星关乎你的荣誉。”[10]

没机会使用像帕克特所用尺度的望远镜的超新星猎手，也许可以采用更聪明的搜寻策略来增加自己成功的概率，不过任何策略都有折中。邻近星系的超新星最容易看到，但也有很多人在盯着同样的

星系看，可能只是为了好玩，这就降低了你第一个发现超新星的可能性。椭圆星系和侧面朝向我们的旋涡星系都是相对来说概率不高的星系——椭圆星系不太产生Ⅱ型超新星，侧面朝向我们的旋涡星系的星系盘中的尘埃会盖住超新星，而超新星又不太会出现在星系边缘处。[11]但你的竞争对手也知道这一点，会转而忽略它们，所以也许你能专注于这些星系以获得优势。就是这样。

正如巴斯德所说，机会留给有准备的头脑，但也会有几乎毫无准备的观测者发现超新星。1994年，就在业余爱好者在涡状星系发现一颗超新星之后，这颗超新星又在更早的一张CCD图像里被发现，那是宾夕法尼亚州油城中学的两个学生——希瑟·塔尔塔拉和梅洛迪·斯潘塞操作劳希纳天文台的一台30英寸自动望远镜拍摄的，这是“薪火宇宙”项目——加州大学伯克利分校实施的一项科普项目的一部分。(卡尔·彭尼帕克是负责这个项目的天体物理学家，他告诉我：“各种各样的学生都参与了超新星的搜索——从高中优秀毕业生代表到小混混，还有只有四年级阅读水平的诵读困难儿童。我不确定他们 281
学到了多少，但多少都学到了一些东西。”[12]）塔尔塔拉小姐说，他们指挥机器望远镜拍摄那张照片，只是因为涡状星系“看起来很有趣”，结果它成了在一颗超新星亮度暴增时拍下的最早的照片之一。

一旦发现超新星，观测者就会给当局发信——一般是天文电报中央局——并确认别处是否有人先于自己发现它。可以想见，这个过程可能充满了失望。

1993年，新墨西哥州银城的业余爱好者A. 威廉·尼利拍下了M81星系的清晰CCD图像，却没注意到里面有一颗明亮的超新星出现在其中一条旋臂上。接近15个小时之后，另一位爱好者——马德里的弗朗西斯科·加西亚·迪亚斯用一架10英寸望远镜目视发现了它。[13]不过尼利至少还可以安慰自己，他的CCD图像提供了非常有用的恒星爆发时的亮度数据，这是他在它的亮度仍在增长时拍下的。

16.8万年前，大麦哲伦云内的蜘蛛星云边缘有一颗恒星爆炸，它的光芒于1987年2月23日抵达地球。它亮到不用望远镜也能看见，这是从1604年开普勒以来首个肉眼可见的超新星，是个历史事件。奥斯卡·杜阿尔德是智利安第斯山脉拉斯坎帕纳斯天文台40英寸望远镜的夜间助手，他出去检查夜空清澈度的时候，注意到蜘蛛星云区域看起来比平时要亮。他回到圆顶屋，想要把这件事告诉里面的天文学家，但他们都很忙，亟须他的帮助，事件发生期间他什么都没说。伊恩·谢尔顿曾是一位业余爱好者，当时他正住在山上，忙着自己的毕业作品，他用一架10英寸“天体照相仪”——专门用于摄影的望远镜——拍摄了蜘蛛星云区域的照片。风力渐强，把棚屋的屋顶给吹得合上了，所以谢尔顿停止工作，开始处理底片。他很快就注意到了这颗“新”的恒星，跑出去在天空中看到了它，然后向圆顶屋内的天文学家汇报了此事。谢尔顿因发现了超新星1987A而被载入史册。杜阿尔德则没有。罗伯特·麦克诺特也没有，他在澳大利亚拍到了那颗超新星，却没有处理自己的胶片；还有阿尔伯特·琼斯，他在新西兰独立发现了它，却晚了几个小时。

琼斯是个经验丰富的业余爱好者，有着观测过50万颗以上变星的声望，当晚早些时候，他看过蜘蛛星云，却没发现任何异常。这个看
282 起来平常的观测在检验一种奇异的超新星“中微子制冷”理论时扮演了非常关键的角色。超新星爆发于恒星深处，坍塌的外层大气在那里轰击着致密内核。天体物理学家推断大部分能量都以中微子形式释放，中微子是低质量的亚原子粒子。中微子和物质的交互作用非常弱，可穿越行星而过，仿若无物——你在阅读这句话的时候就正有

5 000亿个中微子从天而降，穿过地球，穿过你的身体——所以当爆炸的光还在试图突破恒星表面时，它们已离开爆发的恒星，顷刻间飞往太空。根据理论学家的推演，光通过恒星内部，然后释放到太空，大约需要2小时。如果是这样，那么超新星发出的中微子会在超新星的光出现在地球天空的2小时之前抵达地球。但当时这只是个理论，还没人做过观测。

超新星1987A爆发时，俄亥俄州克利夫兰和日本岐阜县神冈町的地下探测器确实侦测到了它发出的中微子。这是第一次观测到从太空来的中微子，发生于2月23日，世界时（UT，又叫格林威治平时）7点35分41秒。物理学家知道了谢尔顿的超新星发现之后，意识到他们发现的中微子可能正来自这颗爆发的恒星。要揭开谜底，就得知道第一缕光出现的时间。如果理论是正确的，光第一次抵达就应该是在世界时9点35分，即中微子抵达地球2小时后。罗伯特·麦克诺特最早捕捉到这颗超新星的照片，是在世界时10点30分拍摄的，距离中微子被侦测到不超过3小时。这正从某一角度证明了这个理论——至少需要2小时——但另一方面，光是否比预期跑得要快，在世界时9点30分之前就到了？幸运的是，就在世界时9点30分左右——新西兰晚间的时候——琼斯目视观测了蜘蛛星云，没发现什么异常。正如夏洛克·福尔摩斯那只不吠叫的狗*一样，他没看到那颗超新星，正说明光抵达的时间不会早于中微子发出后2小时。所以关于恒星爆发的一个重要理论被证实，要感谢以下这些人不知情的合作：在克利夫兰和神冈町地下中微子探测器旁工作的物理学家，一个当时在观测变星的新西兰业余爱好者，另一个正拍摄星空的澳大利亚业余爱好者，以

* 在柯南·道尔的短篇小说《银色马》中，福尔摩斯通过“马厩中的狗没有吠叫”这个线索，推断出入侵者的身份。——编注

及一位拍自己照片的、业余爱好者出身的智利专家。如果要选一个时间，在这一天，天文不再是由孤独的专业科学家埋首于望远镜的阳春白雪，而是变成了一张由专业天文学家和业余爱好者组成的全球性网络，他们利用着数个国家的器材设备大大扩展了各自的威力，那么这
283 一天应该是1987年2月23日到24日之间的夜晚。

一个业余爱好者只用望远镜能看多远？几十亿光年，如果被观测到的天体是类星体的话。

有些星系拥有——或者曾经拥有——明亮的内核，可以盖过它们拥有的所有恒星的亮度。这些明亮的内核就是类星体。这个名字的意思是“类似恒星的天体”。这么叫它是因为类星体最早被看成是奇怪的、孤立的恒星。类星体距离任何现有望远镜的观测范围太远，我们无法观察到它周围的任何细节，很多年以来对于它是否属于星系都存在争议——这个问题悬而不决，直到哈勃望远镜升空，拍摄了类星体图像后显示它们都位于星系中央附近。如今有确凿的证据表明，类星体是由一个大质量黑洞周围的物质呈旋涡状掉落时加热发光而出现的现象，而这种大质量黑洞占据着大部分星系的核心。

类星体光谱线沿着光谱的红端发生显著的移动，这提示它们可能距离非常远（这叫哈勃关系：在膨胀的宇宙中，天体距离越远，它的退行速度越快，因此它的光谱向低频的红光变动得越多，类似于一辆车飞速驶离时其鸣笛声的音高会越来越低）。我们不一定要相信天文学家的话：法国业余爱好者克里斯蒂安·比伊就是自己拍摄3C273光谱的几个观星者之一，他自己得出了每秒45 000千米的退行速度，表明它距离地球大约27亿光年。我们看得越远，看到的类星体就越多——至少在一定程度上是这样的。

望向遥远的太空，意味着望向飞逝的时间。这个现象叫作“回

溯时间”，这使得观星者也成了历史研究者。“天文学家在某方面超越史学家，”美国天文学家艾伦·德雷斯勒说，“他们可以直接观测历史——就算不是他们自己的，也必定是其他人的历史。”[14]实际上，类星体在高回溯时间阶段数量众多，这说明它们是早期宇宙的居民。显然年轻的星系在内核附近拥有更多星际物质，可以喂养它们的类星体，几十亿年后类星体耗尽可用燃料，逐渐平息。人们有时候会问观星者，他们是否可以看到已经不存在了的星星。银河系里的恒星倒是不太可能，它们的光抵达我们所需要的时间——几百年或者几千年——只是恒星生命中非常短的一个瞬间而已。但对类星体来说是这样的：我们见到的类星体在这几十亿年里几乎都已经停止闪烁，因为光从它们那里出发之日，正是它们坍缩之时。

类星体光度非常强，如果本星系群里的成员有这样的类星体，它 284
的亮度会超过满月。即便距离遥远，在小型望远镜里还是能看到几十个类星体。它们彼此并不形似，只是光点的聚合，但自有一番疏远的冷艳。

少数类星体恰好躲在星系或是星系团背后，它们的引力让类星体的光弯曲到朝向我们的方向，在天空中呈现出很多相同的类星体的图像。大部分类星体亮度不同——也许是因为给黑洞提供能源的物质卷入其中的速度快慢不一——天文学家可以通过对比这些“引力透镜化”的类星体光变信号的不同到达时间，来推算光子通过不同路径到达我们视线的路程差。这样的观测难度很大，但理论上他们可以放弃对类星体和前景星系直接的、几何学的距离测量。拥有大型望远镜的业余爱好者在大熊座、狮子座和猎犬座内都曾观测到引力透镜化类星体。牧夫座的四叶形类星体，就是一个类星体在天空中呈现的四个影子，但它们在天空中相距甚近——仅1.36角秒——非常难区分。飞马座的爱因斯坦十字也呈现出四个影子；其中两个是17.4等，另外两个更暗一些，一个是18.4等，一个是18.7等。一个叫作CGCG 378–15的14等星系，位于十字的中央。芭芭拉·威尔逊在麦克唐纳天文台停车场架设了一台20英寸的望远镜，发现了这个引力透镜星系和它的两个更亮的伙伴，然后用一台36英寸的多布森望远镜发现了另外两个。她用“余光”法——不直接看向目标天体，而是用人眼中对光最敏感的部位去看——可以一次看到一到两个类星体的鬼影，但从没一次达到过四个。“我从没自己独立看到过爱因斯坦‘十字’，”她记录道，“因为如果要看到‘十字’，你得一次性看到四个图像。”[15]

除此以外呢？大型专业望远镜主导的研究显示，类星体数量随回溯时间增长而不断变得密集，一直到大爆炸后约10亿年——但再往后数量就陡然下降，即便它们亮到在更远处都能看见。数量骤降的原因在于这段时间是最原始的黑暗世纪，星系及其中央的类星体还没形成。这就是天空在夜晚是黑色的原因。如果每一道视线最终都终结于某一颗恒星的表面，天空应该是一堵耀眼的光墙。然而，在100亿到200亿光年外，黑暗笼罩一切。

285 宇宙中的任何观测者看到的邻近太空都是现代时间的，古代时间在更远处，然后就是墨黑色的黑暗世纪。此外，能在射电波段中被分辨的，就是宇宙微波背景的柔光，大爆炸本身的将死的光。这就是我们所居住的宇宙——一窝时空的蛋，在靠近边缘处最为明亮，然后就坠入黑暗和背景的柔光。

数年前我在得克萨斯州奥斯汀拜访了物理学家约翰·阿奇博尔德·惠勒。他随手画了张图，用一个点代表大爆炸，弯曲的U形喉咙从大爆炸中膨胀延伸，最后终结于一只眼睛，而眼睛看向那个原点。这代表他不断努力厘清我们在宇宙中的角色；作为观测者和思想者的我们，在宇宙演化过程中诞生，却能够区分我们与世界，并分析它们——犹如置身于世界外部，即便我们并不能离开这个宇宙到外面去。惠勒在自己的一本书中，把我们的处境与传说中亚伯拉罕与耶和华的一段对话做比较："耶和华申斥亚伯拉罕：'若不是我的缘故，你甚至都不存在！''是的，我主，我明白，'亚伯拉罕答道，'可若不是我的缘故，你也会不为人知的。'"[16]

"这还不算准确。"惠勒说着，用食指敲了敲画面。任何试图搞清楚人类心灵和更广阔宇宙的关系的人，可能都会这么说，尽管有些人比其他人作用更大。我觉得，这就是人类的意义。我们观察，试图理解，然后表达观点，如果我们对自己诚实，就会承认"这不尽准确"。但我们一直在努力，我们知道自己永远不可能了解全部，但我们相信只要坚持，我们就能一直做得更好。

生活和宇宙一样，无时间之处围绕着黑暗，凝视死亡也许是天文和其他人类奋斗行为的主要动力。为祝贺生命遇到死亡时的无所畏惧，我们钟爱托马斯·霍布斯（"我将要进行我最后的旅行，向黑暗纵身一跃"）、路德维希·维特根斯坦（"告诉他们这一生我过得很精彩"）和苏轼（有人奉劝他，人须尽力前往西方极乐世界，他回答，"著力即差"）的遗言。也许，要死得没有遗憾——或者说是活得没有遗憾——关键在于拥有值得回忆的一生。到一切结束之时，黑暗将永久降临，我们有必要记住，除了人间的情缘往事和这个星球上大自然的多姿多彩——黎明的鸟鸣，拍岸浪花的怒吼，飓风之眼中空气的甜香，蜜蜂在野花间的劳作——还有一些关于其他世界的回忆。若你见过
太阳边缘喷发的等离子拱桥、火星上掀起的黄色尘暴、从木星阴影中 286
浮现的暴怒的红色木卫一、土星金环、天王星绿点、海王星蓝斑、人马座的闪烁星场、相互作用的星系之间相连的纤细卷须，若你见过极光

和流星划过天空，留下寂静的痕迹——简而言之，如果你不仅见过这个世界，还见过其他世界的一些东西，那么，你是真正活过的。

所以，只要生命还拥抱着我们，只要我们还拥有生命，就让我们睁
287 开双眼吧。

# 天文台日志：
## 黎明的密涅瓦

第一缕日光触摸山巅时，我还在涡状星系的身影上流连，那是个骨白色旋涡星系，飘浮在已开始亮起来的蓝色天空中。密涅瓦是当地的一只猫头鹰，它发出最后一声鸣叫，而后就归于阒寂。天文台建台前密涅瓦就居住在这里，我以黑格尔的这句格言为它取名："密涅瓦的猫头鹰只在黄昏飞翔。"这也许是黑格尔最值得我玩味的一句话。[1]它的沉寂象征夜晚结束，我将望远镜倾斜到收工的姿势，盖上主镜，收起冰冷沉重的目镜，合上屋顶，走下山坡。今夜没有发现超新星，但百万超新星的光束就在那里，以最快速度向我们跑来，也许某一晚我会成为抓住其中一束光的第一个人。晚归的蝙蝠穿过洁白如洗的天空，潜入一片橡树林的黑暗中心，布莱克的诗在我心中浮现：

> 在黄昏飞来飞去的蝙蝠
> 离开了不信者的头脑。[2]

布莱克在问我："你相信什么？"我的答案不尽如人意，是"我不确定"。我相信那些旋转的星系是真实存在的，它们不是虚构的幻想：我贫瘠的想象力并不能召唤出它们。我相信我们与它们在某种意义上息息相关，但至于如何联系——换句话说，当笛卡尔二元论的残渣被荡涤干净，意识与物质究竟有着怎样的关系——我还是不确定。也许以艺术家和科学家的精神来对待生活就足够了，我们可以成为爱因斯坦所说的“肆无忌惮的机会主义者”，抓住能够利用的一切。布莱克自己也说：“我不会去辩论或比较：我的任务是创造。”但他紧接着又说：“我要么创造一个体系，要么为他人创造的体系所困。”[3]是我
289 创造了一个系统，还是说我被囚禁在布莱克所嘲笑的仅仅知道了皮毛的科学系统里，在他轻蔑地称之为“蒙昧人”不可信的世界观里？这个蒙昧人看到了“几尼*般的太阳”，他说道。

真正的太阳正在升起，披着一件中国红色的高贵斗篷，为赤裸的树枝镀上金色，我不觉得它看起来像几尼硬币。第一次世界大战中，维特根斯坦在东方战线作战，每日都志愿投身于最危险的任务，冒着被狙击的危险藏身于天文台的塔楼。他在笔记本中写道：

> 我知道这个世界存在。
>
> 我置身于其中，就像我的眼睛在它的视域中。
>
> 有关它的某事是不确定的，我们称之为它的意义。[4]

经年之后他仍旧在思索：“我有一幅世界地图。它到底是真是假？我的一切问题和主张都在此基础上建立。”[5]

在剑桥，有一次一小群学生聚集在他的房间里听他讲课，他对他们说：“寻找答案这件事困难得让人想死！”的确如此，我想着，将一小块石头踢下山：如果不是这么难，我们就不会这么爱它了。探寻答案

* 英国旧时金币。——译注

的活动，让灵长类动物的大脑从局限于周围扩展到了遥远的类星体：人类思想的极限为何如此难以抵达？“Mens aeterna est quaternus res sub specie aeternitatis”，斯宾诺莎写道，意思是“就心灵在永恒的形式下构想事物而言，心灵是永恒的”。[6]但这永恒的心灵究竟属于谁呢？

我回到家中，壁炉中仍有几块余炭在燃烧。我把手放在上方取暖，然后钻进被窝。合上眼之后的黑暗里，我看到的最后一个东西是涡状星系，它在一片蓝色汪洋中漂浮，无法磨灭。 290

# 附　录

因此关于天上的事物，
我们必须陈述一些正确的原则，
什么促成了太阳、月亮的运行。*

——卢克莱修

* 译文引自［古罗马］卢克莱修 :《物性论》，蒲隆译，译林出版社2012年版。——译注

附录A

# 观测技巧

观星和很多别的户外运动一样，从观鸟、钓鳟鱼，到划皮划艇、登山，你可以很随意，也可以很专注，可以让它成为快乐的回忆片段，也可以让它成为终身的热情。这些观测建议，是帮助你从零开始。

## 肉眼观星

最好的起步方法是认识一些主要星座——或者把它们教给孩子或朋友。你需要的只是一张星图、一支红光手电和一片夜空。本书中的星图很简单，适合初学者。(若需要更好的星图，可参考后面的附录F。) 市面上有多种多样的红光手电，还有非常炫酷的变阻调光的发光二极管模组，不过你也可以在普通手电的灯玻璃上涂上红色指甲油，或是用橡皮筋在手电前端蒙一层红色塑料膜。(我曾用过面包包装纸，有人还告诉我红色汽车尾灯修补胶也能用。) 这样的光既能够照亮星图，又不至于干扰到你在黑暗中的视力。如果你发现用了灯之后，先前能看到的暗弱天体没那么清楚了，就把光调暗一些，加一层塑料膜或再涂一层指甲油。

大部分人要达到完全的暗适应，至少需要20分钟，哪怕只有瞬间的亮光也会毁掉暗适应。为了保护暗适应，要避免使用没有遮蔽的手电（暗适应之后，你通常只靠星光就能看到周围），并且提前做好计划，以免观星的时候需要回到亮灯的房间，或是打开车门触发内灯（如果
293 出于某些原因必须得暴露在亮光中，就闭上一只眼，这样至少还有一只眼睛是维持着暗适应的）。疲劳、观测姿势不舒适、吸烟和摄入酒精都会降低你的夜视能力。(吸烟会降低进入眼睛的血氧供应；饮酒会使瞳孔扩张速度减慢，减小瞳孔扩张的最大直径。）低血糖也是如此，所以观测的夜晚不要挨饿。

由于光污染的缘故，真正适宜观测的暗夜观测点如今愈发难以寻得——这是全球性的问题，每年有数十亿美元浪费在照明上，用一句玩笑话说，照亮的都是鸟的肚子和低空飞行的飞行器。莱斯利·佩尔蒂埃早在数十年前就预见到了这一点。“月光与星光将不再照耀农田，”他在《星光之夜》中写道，“农夫将其对月光和星光的与生俱来的拥有权交出，换回了通宵达旦的日光所需的瓦特数。他的孩子们将永远无法体会暗夜的欢愉。”但要看清比较大的几个星座，并非一定要完美的暗夜，你只需找到一个遮蔽附近直射光源的遮蔽物。如果你的邻居就是光源的罪魁祸首，那就友好地和他们谈谈，请他们将室外的灯遮挡一下，让灯光可以照到他们原本想照到的东西，而不是天空，这样不仅美观，而且省钱（低功率灯泡也能达到同样的效果），你还可以请他们在应急灯上装运动传感器（可以改善性能，还能省电费）。要对付明亮的街灯，就得要更多有创新精神的解决方案。在康涅狄格州的乡下，天文摄影师罗伯特·吉德勒把望远镜拖到家门口车道上，就能拍摄天文台级别的CCD图像，此前他先踩着梯子把路上的街灯用黑色衣服罩上。一些比较倔强的天文爱好者会劝服市政管理部门遮盖一些光线特别强的灯，甚至是在上面安装开

关。最终，对市政局来说，最佳的解决方案就是以高效能、有遮挡的灯替换费电的街灯，此举可节省税费，亦可将星空还给我们。亚利桑那州的图森是第一次采取这个方案的地方，在那里，即便是在城市商业中心的十字路口，都经常可以看到银河；80%的居民称，和之前耀眼的高压灯相比，他们更喜欢新的、有遮蔽的低压钠灯。要了解更多关于光污染的问题，可登录国际夜空保护协会的网站 (darksky.org) 查询。

在开始了解星座时，你得熟悉一下最基本的用于天文观测的角度测量法：伸直手臂，眼睛看向拳头，拳头的宽度大约是10度；北斗七星中的指极星大约有5度宽；满月则是0.5度。我们还可以辨认恒星的颜色。恒星是有颜色的，但它们给人的感觉非常主观，不同的观测者 294
会用不同的颜色描述相同的恒星，这是很有意思的——尤其是靠近地平线的时候，大气反射会产生虚幻的色彩。

温暖的夏夜最适宜随意地观测，而寒冷的冬夜则往往有最壮观的景色。要在温度下降的时候维持观测的舒适度，你得穿得比自己估计的多：开始的时候就做好保暖工作，总比冷了再想起穿衣服来得容易。我冬季观测的穿着通常是长内衣、羊毛袜、羊毛裤、一件装有填充物的法兰绒工作衫、一件羽绒背心，还有一顶羊毛帽——在最冷的时候我还会再加一件极地大衣、一条围巾和露指手套。最重要的物件是帽子，因为身体热量是自下而上释放的，像个烟囱，热量是从头顶散失的。

满月的亮光会赶走天空中所有的星光，除了少数最亮的星星，所以观测的时间最好是月亮在地平线以下或亮面小于一半的时候（就是在上弦月之前的夜晚，或是下弦月之后的黎明前）。11世纪的中国诗人苏轼曾在满月的夜晚与朋友泛舟，喝酒吟诗；我做证，如今这依然是月夜极好的消遣。

即便在条件一般的天空中，也经常可以看见国际空间站之类的大型人造卫星，条件好的话更容易看见。最好的时候是日落后或日出前2小时内，这两个时间天是暗的，而卫星还在低轨道处运行，没被地球的影子吞没。要知道明亮的卫星什么时候经过你所在的地方，可以查询NASA的“升空去宇宙探索 (Liftoff to Space Exploration) ”网站，liftoff.msfc.nasa.gov。

黄道光——被黄道面上尘埃粒子反射的太阳光——在一些条件很好的暗夜可以轻易分辨，尤其是黄道在天空中较高位置的时候：这就只能是在热带了，而北半球高纬度地区看黄道光最好的时节是春季夜晚和秋季早晨。暮色褪去或是曙光未现的时候，寻找那发着柔光的金字塔形状，它的底部靠近地平线，尖端沿着黄道带往上伸展，大约二三十度高 (两到三拳的距离)。更加暗弱的对日照，即日光在太阳反方向的反射，在极好条件下可见。要找到对日照，请在午夜时分寻找黄道带上靠近天顶处的大约10度宽 (一拳) 的光。

当太阳耀斑遭遇地球磁场，极光就会在天空中燃烧。极光一般出现在靠近磁极的地方，而且最好是在纬度极北或极南地区。阿拉
295 斯加和加拿大北部一年能有近200次极光，美国南部一年仅有5到10次，而像加勒比海这样在北半球非常靠南的地区，或者像秘鲁这样在南半球非常靠北的地区，每10年才能看到一到两次极光。在纬度合适的地区，观测者可以通过网络查询太阳活动，比如spaceweather.com；在大型太阳耀斑爆发，可能会触发极光的时候，这个网站会发出通知。

如果肉眼观测活动适逢周期性流星雨，流星可以更好地活跃气氛。附录B是一些主要流星雨的列表。

## 用双筒望远镜观测

双筒望远镜的性能取决于它的放大倍率和物镜孔径：比方说，一架7×35的双筒望远镜的放大倍率是7倍，目镜直径为35毫米。对于天文观测来说，聚光能力一般比放大倍率重要。所以物镜的面积——$\pi R^2$很关键：物镜直径增加1倍，聚光能力增加4倍，所以50毫米双筒望远镜的聚光能力是35毫米双筒望远镜的2倍。在我的经验里，7×50双筒望远镜一般就可以兼顾聚光能力和适用性了。镜片的质量也很重要：我16岁那年买的7×35大视场双筒望远镜，是我用两年里帮人修剪草坪所得的所有月收入买的，性能超过我能找到的任何望远镜，特别优越的7×50望远镜除外。

75毫米及以上的双筒望远镜聚光能力更强，但也会更重，不宜长时间观看，除非装在脚架一类的设备上。非常大的双筒望远镜，比如25×150的，是认真的彗星猎手比较喜欢用的，它们需要配置装置，但在良好的天气条件下，能展现惊人的美景。少数天文爱好者会把两架大反射镜组装起来，变成一副巨型双筒，只要光线对齐，就能展现出令人叹为观止的图像。

中心对焦型双筒可以让你一次对焦两个目镜，同时单个目镜也有自己的焦点来迎合一个人两只眼睛的差别。为这种双筒望远镜对焦，要先遮盖独立对焦的那一侧的物镜，然后用主轮调焦，再遮盖另一侧物镜，开始调独立对焦的目镜。不要用闭眼的方式调焦，因为眼部肌肉紧张可导致无法准确对焦。两个目镜独立对焦的双筒望远镜更便宜些，也能满足天文用途，因为你反正对焦的是无限远：省下来的钱可以投到提升镜片的质量上。

296 配置了三脚架装置或有稳像功能的双筒望远镜展现的月球和行星都很令人满意，而手持双筒望远镜适合巡视比较明显的彗星、像昴星团那样的大星团，还有银河。用一副装有脚架的双筒望远镜，再参考一份适宜的星图，你就能了解到关于银河结构的海量细节。你可以从梅西叶星表（附录D）中所列的明亮的星团和星云开始，然后向周围更大尺度的星野和星云探索。

## 使用望远镜

望远镜是工具，最好的望远镜可以给你最好的视野，让你在它通常架起的地方看到最想看的东西。要想对望远镜的好坏有个认识，可以参加当地天文爱好者协会举办的一些观星活动，体验一下不同的望远镜。向别人提问，也问自己想从望远镜中看到什么。一架大的多布森反射镜的聚光能力比小折射镜强很多，但也需要更频繁的校准，使镜片协调，而且每次都要拖到室外也是个负担。你经常使用的小型望远镜，强过一架放在柜子里积灰的大望远镜。

大孔径望远镜可以配高倍目镜，但放大倍率只是望远镜性能的一方面：如果光学系统不佳，那么高倍率也只是将一团模糊的图像放得更大。要避免购买仅强调其高倍率的望远镜（“可以放大到1 000倍！”），这一般都是劣质光学镜片，用来蒙骗不懂的顾客。任何望远镜都可以放大到1 000倍，但除非它有足够大的孔径，质量配得起这么高的倍率，否则不值得一看。

遇上糟糕的视宁度时，大望远镜并不会比小望远镜好，如果你的观测地的空气不够稳定，那么最好还是选择中等的设备。同样地，如果夜空不够暗，你的望远镜是否能捕捉到像遥远的星系那样的暗弱星体，不是受制于你的镜片，而是受夜空本身所限。有经验的观测者在测试观测点的时候，会用不同孔径的望远镜从大到小测试：比方说，如果在6英寸到12英寸之间的时候表现最佳，那么这个地方用6英寸望远镜即可，你大可把钱投到光学质量而非孔径上。

如果你旅行频繁，我会建议你用小的便携望远镜。我自己就在登
机箱里带一架小型的马克苏托夫望远镜，里面还能装几个目镜和一个
小型三脚架，靠着这组设备，我在夜空中看到过的难忘景象比用任何 297
天文台里的大设备看到的都要多。重申一遍：最好的望远镜就是你用
得最多的那一架。

望远镜就像音响系统，整体性能受最薄弱环节所限，所以几个高质量目镜好过一堆表现平平的目镜。在目镜前插入巴罗透镜，可以使目镜倍率增倍。为维持长期的优良表现，你得好好保护你的光学系统。将目镜保存在密封箱内，望远镜不用的时候要盖好盖子，你也无须经常清洁镜片。我自己用镜头纸和天然棉球（非合成）蘸取乙醇及蒸馏水清洁目镜。实际操作起来简单有效，且不会刮花镜面——在镜片上哈气，然后用衣角擦镜片，可是会刮花镜面的。物镜或主镜若保护得当，经年都不用清洁。若确有必要清洁主镜，就将其浸入清洁剂中，以蒸馏水冲洗，再以吹风机吹干，然后重装并校准。折射镜物镜外侧的表面可用和目镜一样的方法清洁，内侧表面则很少需要维护。长期暴露于露水中可导致镜面污损，所以如果存在结露问题，就用吹风机或加热带使镜片保持干燥。

有转仪钟的赤道装置可抵消地球自转，跟踪天体——当你用100倍目镜观测的时候，这种自转速度看起来要快100倍——简单的地平装置没有或少有跟踪功能，但更轻，价格更便宜。在低倍率下观看星系和星云，用地平装置就可以了。多布森就有着典型的地平装置，但

也可装上驱动装置提供短时间的跟踪；后面如果有必要，你也可以随时置入赤道装置。选择装置，最重要的是要兼顾装置运行顺滑和重量足够在微风中稳固支撑望远镜。帕特里克·摩尔的建议是“估算你的装置所需的最大重量，然后乘以3”。

要对准望远镜，需要先查询星图，用小的低倍率寻星镜在视场中找到一颗亮星，然后在星图的帮助下用“星桥法”找到暗的天体。有了程控望远镜，星桥法就没用了，但它仍旧不失为了解星空的一个好
298 方法。此外还要熟悉你常用的目镜的视野。每个目镜都有自己的焦距和相应的视野。望远镜物镜的焦距除以目镜的焦距就得出了系统的放大倍率：所以，25毫米的目镜装在1 000毫米焦距的望远镜上，放大倍率就是40倍，装在3 000毫米焦距的望远镜上，放大倍率就是120倍。目镜的真实视场就是它的固有视场除以放大倍率：40度固有视场的目镜，在80度倍率下，呈现出的真实视场就是40除以80，即0.5度。同样的目镜装在更长的望远镜上，放大倍率为120度，那么真实视场就是40除以120，即0.33度，1度的三分之一。现代计算机程序可以帮助你做这些计算，同时在显示屏幕上产生视场的叠置图层，这样你就很容易将望远镜中的视野与星图对应起来。

一只眼看向目镜的时候，将另一只眼遮住，或直接忽略它，但不要闭上；这样看东西更放松，也更敏锐。用双目观测镜观测可同时使用两只眼，但好的双目观测镜价格昂贵，需要两副配对的目镜。而且双目观测镜不像真正的双筒望远镜，它并不能增加望远镜的聚光能力：实际上聚光能力还会略微降低，因为光束会被分开并进入一组棱镜。但是双目镜望远镜带来的心理作用很强大，尤其是看行星、球状星团，还有月球的时候。用装在高分辨率望远镜上的双目镜观看月球环形山，感觉就像在太空飞船上绕月飞行。

望远镜就像乐器，你的投入有多少，收获就有多少。目视行家威廉·赫歇尔告诫说，用眼睛观察“在某种程度上是一种你必须了解的艺术”，并提到他是靠“持续不断的练习”而获得敏锐的观察力。要有耐心：长时间地观摩行星或星系，比走马观花更能获得惊人和难忘的景象。观测接近视觉极限的暗弱天体时，试着把目光移开一点：眼睛的余光对光线比直接注视更敏锐，因为视网膜中央凹的感觉细胞比较少。将天体置于你中央视觉的上面一点，或是靠近鼻子处，效果最佳；要避免的是靠近耳朵的一侧，那里会有盲点，因为在这里作为数据端口的光学神经会穿过视网膜，进入内脑。闪视行星状星云(NGC 6826，天鹅座内) 就是适合用“眼角余光法”看的一个典型例子，顾名思义：先直视目标，你会看到一个小小的、毛茸茸的光球；然后将目光移开一点点，这个行星状星云看起来就会突然变大了。

只需一点准备工作，观测活动就能受益良多。事先查阅星图，然后制作观测列表：这样你就能更多地把户外时间放在观测上，而不是
去想下一个目标是什么。月相也要考虑进去：月亮太亮时无法很好地 299
观看星云和星系，你可以集中看行星、双星，还有月球本身。一点点学习就能带来巨大收获；你对自己观看的天体了解越多，就越能从观看中获得深刻的体会。

很多观测者会在观测活动期间做观测日志或观测记录，记下日期和时间，描述观测到的天体，评估大气条件。大气条件的两个指标是视宁度 (大气稳定程度) 和透明度 (清澈的程度)。有些观测者用从1到10的数值范围定级，两者都是分数越高越好。还有些人觉得1到5级就够，至少对于视宁度来说是足够了：他们注意到有时候你很难说视宁度到底是，比如说，7级还是8级，尤其是有时候大气湍流每小时都在变化，在相同的时刻，不同天区的视宁也不一样。有经验的观测

者评估透明度的方法是看极区内肉眼可见的最暗星体的星等——因为那里的星星不会落下，而且在地平线以上的高度差不多。

一些伸展开来的深空天体，例如星系和星云，在高透明度、低视宁度的条件下会比较醒目；而看行星的时候，视宁度比透明度重要。我看火星最好的几次都是在有薄雾的夜晚，透明度很差，但空气稳定，能展现红色行星表面的细节。要记住的是地球大气的畸变效应在天顶附近最小，所以用望远镜观测天体的最佳时间是它过中天的时候，因为那时候它最靠近天顶。

还要记住：不要用未加滤镜的望远镜直接对准太阳。

## 拍 摄

天文摄影一度没那么复杂。你能够选择的无非是底片格式、感光乳剂和一套标准的暗房技术——以及你能弄到多好的望远镜——仅此而已。如今你的选择就多了。传统摄影依旧流行，感光乳剂大大超越从前，市面上有很多适于天文摄影的高质量望远镜。CCD摄影发展迅速，不断有新的机遇，数码摄影和视频摄像也产出可观的成果。天文摄影从未如现在这么繁荣。哎，这也意味着，这个话题放在这里就
300 太大了。

但我还是要说一点：如果你对天文摄影感兴趣，那就用你手头的或你能借到的随便什么装备去试一试。一台普通相机装在三脚架上，就可以用来拍摄彩色长曝光的、地球自转导致的星轨照片，还有流星雨和极光。同样的相机加载于配有转仪钟的望远镜上，曝光出来的星空细节比肉眼看到的多得多——或者就仅仅是把望远镜对准月亮，把相机对准目镜，都能拍出一张不错的快照。如果有液氮制冷的、用作

科学研究的CCD加在大型望远镜后面，或是给一台广播级的摄影机配上比大学学费还贵的稀土玻璃镜头，那自然是再好不过，但是没必要。真正重要的是你的智慧和对摄影的专注，以及你拍摄的环境。不要觉得拍摄月食或月掩金星是没意义的事情，别的摄影师都在用更好的设备拍这些东西呢。就像目视观测一样，你的结果可能会成为全世界独一无二的记录——但你如果不试试就永远不知道。

最后，无论你在观星上投入多少，都要开开心心的。你面对的是整个宇宙，是你生活的地方，不要让它吓到你。你是在回家。 301

附录B

# 著名周期性流星雨

| 流星雨名称 | 时　间 | 极大时间 | 备　注 |
| --- | --- | --- | --- |
| 象限仪流星雨 | 1月1日—6日 | 1月4日 | 流量不定，有时很大 |
| 天琴流星雨 | 4月19日—25日 | 4月21日 | 一般，流量不定 |
| 宝瓶 η流星雨 | 4月24日—5月20日 | 5月5日 | 在南半球比较大 |
| 宝瓶 δ流星雨 | 7月15日—8月20日 | 7月28日 | 有两次高峰 |
| 英仙流星雨 | 7月23日—8月20日 | 8月12日 | 比较大，靠谱的夏季流星雨 |
| 金牛北流星雨 | 10月12日—12月2日 | 11月4日—7日 | 两场重叠的流星雨 |
| 金牛南流星雨 | 9月17日—11月27日 | 10月30日—11月7日 | 量少但时间长 |
| 猎户流星雨 | 10月16日—27日 | 10月22日 | 极大时间不可预测 |
| 狮子流星雨 | 11月15日—20日 | 11月17日 | 有时会非常壮观 |
| 双子流星雨 | 12月7日—16日 | 12月13日 | 经常很可观 |
| 302 小熊流星雨 | 12月17日—25日 | 12月22日 | 通常比较一般 |

附录C

# 有代表性的亮星

| 星　名 | 目视星等 | 绝对星等 | 距　离 |
|---|---|---|---|
| 负星等 | | | |
| 太阳 | –26.8 | +4.8 | 8光分 |
| 天狼星<br>(“狗星”，在大犬座) | –1.4 | +1.5 | 9光年 |
| 0等星 | | | |
| 织女星<br>(天琴座内非常明亮的蓝白色恒星) | +0.0 | +0.6 | 25光年 |
| 1等星 | | | |
| 心宿二<br>(红巨星，“火星的对手”) | 1.1 | –5.8 | 604光年 |
| 2等星 | | | |
| 北极星 | 1.9 | –4.1 (变化的) | 431光年 |
| 3等星 | | | |
| 天玑<br>(大熊座γ，在北斗七星的西南角) | 3.0 | –0.1 | 147光年 |
| 4等星 | | | |
| 造父一<br>(第一颗被发现的造父变星，是一对双星中较亮的那颗伴星) | 4.1 | –4.4 (变化的) | 950光年 |

303

附录D

# 梅西叶天体（按季节排列）

梅西叶星云星团表列出了适合用双筒望远镜和小型望远镜观测的明亮天体，我在这里按照季节将其归类，便于读者夜晚观测时浏览。这个列表包含了每个天体的梅西叶编号、它们所在的星座、天体类型（参见下面的缩写）、它的赤经（以时和分为单位）与赤纬（以度和角分为单位）坐标（历元2000）、它的目视星等，还有它的角距大小（以角分为单位——如果是行星状星云的话则以角秒为单位）。条目中有“!!”的是特别壮观的“样板式”天体。

天体类型缩写：

OC=疏散星团

GC=球状星团

PN=行星状星云

EN=发射星云

RN=反射星云

E/RN=发射星云和反射星云

SNR=超新星遗迹

G=星系（E=椭圆星系，I=不规则星系，SA=正常旋涡星系，SB=

棒旋星系，S0=透镜状星系，pec=特殊星系。椭圆星系以圆度分类：所带的数值比较小的，比如0和1，是近乎圆形的；数值越大越扁。）

## 冬季星空

| 编号 | 星座 | 类型 | 赤经 | | 赤纬 | | 星等 | 角距 | 备注 |
|---|---|---|---|---|---|---|---|---|---|
| | | | 时 | 分 | 度 | 角分 | | 角分 | |
| 1 | 金牛座 | SNR | 5 | 34.5 | +22 | 01 | 8.4 | 6×4 | !! 蟹状星云，超新星遗迹 |
| 45 | 金牛座 | OC | 3 | 47.0 | +24 | 07 | 1.2 | 110 | !! 昴星团 |
| 36 | 御夫座 | OC | 5 | 36.1 | +34 | 08 | 6.0 | 12 | 用低倍率 |
| 37 | 御夫座 | OC | 5 | 52.4 | +32 | 33 | 5.6 | 20 | !! 非常密集 |
| 38 | 御夫座 | OC | 5 | 28.7 | +35 | 50 | 6.4 | 21 | 南方0.5度处搜索小星团NGC 1907 |
| 42 | 猎户座 | E/RN | 5 | 35.4 | −5 | 27 | — | 65×60 | !! 猎户星云 |
| 43 | 猎户座 | E/RN | 5 | 35.6 | −5 | 16 | — | 20×15 | 猎户星云的一部分 |
| 78 | 猎户座 | RN | 5 | 46.7 | +0 | 03 | — | 8×6 | 明亮的反射星云，没什么特征 |
| 79 | 天兔座 | GC | 5 | 24.5 | −24 | 33 | 7.8 | 8.7 | 需要200毫米望远镜才能分辨单个星体 |
| 35 | 双子座 | OC | 6 | 08.9 | +24 | 20 | 5.1 | 28 | !! 南方0.25度处搜索星团NGC 2158 |
| 41 | 大犬座 | OC | 6 | 47.0 | −20 | 44 | 4.5 | 38 | 天狼星以北4度处，明亮但比较粗糙 |
| 50 | 麒麟座 | OC | 7 | 03.2 | −8 | 20 | 5.9 | 16 | 在天狼星和南河三中间 |

304

(续表)

| 编号 | 星座 | 类型 | 赤经 | | 赤纬 | | 星等 | 角距 | 备注 |
|---|---|---|---|---|---|---|---|---|---|
| | | | 时 | 分 | 度 | 角分 | | 角分 | |
| 46 | 船尾座 | OC | 7 | 41.8 | −14 | 49 | 6.1 | 27 | !! 包含行星状星云NGC 2438 |
| 47 | 船尾座 | OC | 7 | 36.6 | −14 | 30 | 4.4 | 29 | 粗糙的星团，在M46以西1.5度处 |
| 93 | 船尾座 | OC | 7 | 44.6 | −23 | 52 | ≈6.2 | 22 | 致密、明亮的星团，比较密集 |
| 48 | 长蛇座 | OC | 8 | 13.8 | −5 | 48 | 5.8 | 54 | 巨大、稀疏的星团 |

## 春季星空

| 编号 | 星座 | 类型 | 赤经 | | 赤纬 | | 星等 | 角距 | 备注 |
|---|---|---|---|---|---|---|---|---|---|
| | | | 时 | 分 | 度 | 角分 | | 角分 | |
| 44 | 巨蟹座 | OC | 8 | 40.1 | +19 | 59 | 3.1 | 95 | !! 蜂巢或鬼星团，用低倍率 |
| 67 | 巨蟹座 | OC | 8 | 50.4 | +11 | 49 | 6.9 | 29 | 已知最古老的星团之一 |
| 40 | 大熊座 | 双星 | 12 | 22.4 | +58 | 05 | 8.0 | — | 双星温内克4，角距50角秒 |
| 81 | 大熊座 | G–SA | 9 | 55.6 | +69 | 04 | 6.9 | 24 × 13 | !! 明亮的旋涡星系，双筒可见 |
| 82 | 大熊座 | G–I0 | 9 | 55.8 | +69 | 41 | 8.4 | 12 × 6 | !! “爆炸”的星系，在M81以南0.5度处 |
| 97 | 大熊座 | PN | 11 | 14.8 | +55 | 01 | 9.9 | 194角秒 | !! 夜枭星云，明显的灰色卵形 |
| 101 | 大熊座 | G–SAB | 14 | 03.2 | +54 | 21 | 7.9 | 26 × 26 | !! 风车星系，正面朝向我们的一个旋涡星系 |

(续表)

| 编号 | 星座 | 类型 | 赤经 | | 赤纬 | | 星等 | 角距 | 备注 |
|---|---|---|---|---|---|---|---|---|---|
| | | | 时 | 分 | 度 | 角分 | | 角分 | |
| 108 | 大熊座 | G–SB | 11 | 11.5 | +55 | 40 | 10.0 | 8.1 × 2.1 | 近乎侧面朝向我们，和东南方向0.75度处的M97是一对 |
| 109 | 大熊座 | G–SB | 11 | 57.6 | +53 | 23 | 9.8 | 7.6 × 4.3 | 棒旋星系 |
| 65 | 狮子座 | G–SAB | 11 | 18.9 | +13 | 05 | 9.3 | 8.7 × 2.2 | !! 明亮的、细长的旋涡星系 |
| 66 | 狮子座 | G–SAB | 11 | 20.2 | +12 | 59 | 8.9 | 8.2 × 3.9 | !! M65和NGC 3628也在同一视场内 |
| 95 | 狮子座 | G–SB | 10 | 44.0 | +11 | 42 | 9.7 | 7.8 × 4.6 | 明亮的棒旋星系 |
| 96 | 狮子座 | G–SAB | 10 | 46.8 | +11 | 49 | 9.2 | 6.9 × 4.6 | M95也在同一视场内 |
| 105 | 狮子座 | G–E1 | 10 | 47.8 | +12 | 35 | 9.3 | 3.9 × 3.9 | 明亮的椭圆星系，靠近M95和M96 |
| 53 | 后发座 | GC | 13 | 12.9 | +18 | 10 | 7.5 | 12.6 | 需得150毫米望远镜方能分辨 |
| 64 | 后发座 | G–SA | 12 | 56.7 | +21 | 41 | 8.5 | 9.2 × 4.6 | !! 黑眼睛星系，需要大望远镜 |
| 85 | 后发座 | G–SA | 12 | 25.4 | +18 | 11 | 9.1 | 7.5 × 5.7 | 明亮的椭圆星系 |
| 88 | 后发座 | G–SA | 12 | 32.0 | +14 | 25 | 9.6 | 6.1 × 2.8 | 明亮的多旋臂旋涡星系 |
| 91 | 后发座 | G–SBb | 12 | 35.4 | +14 | 30 | 10.2 | 5.0 × 4.1 | |
| 98 | 后发座 | G–SAB | 12 | 13.8 | +14 | 54 | 10.1 | 9.1 × 2.1 | 近乎侧面朝向我们的旋涡星系 |
| 99 | 后发座 | G–SA | 12 | 18.8 | +14 | 25 | 9.9 | 4.6 × 4.3 | 近乎正面朝向我们的旋涡星系，靠近M98 |
| 100 | 后发座 | G–SAB | 12 | 22.9 | +15 | 49 | 9.3 | 6.2 × 5.3 | 正面朝向我们的旋涡星系，内核看起来像恒星 |

(续表)

| 编号 | 星座 | 类型 | 赤经 | | 赤纬 | | 星等 | 角距 | 备注 |
|---|---|---|---|---|---|---|---|---|---|
| | | | 时 | 分 | 度 | 角分 | | 角分 | |
| 49 | 室女座 | G–E2 | 12 | 29.8 | +8 | 00 | 8.4 | 8.1 × 7.1 | 非常明亮的椭圆星系 |
| 58 | 室女座 | G–SAB | 12 | 37.7 | +11 | 49 | 9.7 | 5.5 × 4.6 | 明亮的棒旋星系，在M59和M60以东1度处 |
| 59 | 室女座 | G–E5 | 12 | 42.0 | +11 | 39 | 9.6 | 4.6 × 3.6 | 明亮的椭圆星系,与M60成对 |
| 60 | 室女座 | G–E2 | 12 | 43.7 | +11 | 33 | 8.8 | 7.1 × 6.1 | 明亮的椭圆星系，和M59、NGC 4647在一起 |
| 61 | 室女座 | G–SAB | 12 | 21.9 | +4 | 28 | 9.7 | 6.0 × 5.9 | 正面朝向我们的双旋臂旋涡星系 |
| 84 | 室女座 | G–E1 | 12 | 25.1 | +12 | 53 | 9.1 | 5.1 × 4.1 | !! 和M86在一起,属于马卡良星系链 |
| 86 | 室女座 | G–E3 | 12 | 26.2 | +12 | 57 | 8.9 | 12 × 9 | !! 和许多NGC星系在一起,属于马卡良星系链 |
| 87 | 室女座 | G–E0–1 | 12 | 30.8 | +12 | 24 | 8.6 | 7.1 × 7.1 | 拥有非常著名的喷流 |
| 89 | 室女座 | G–E | 12 | 35.7 | +12 | 33 | 9.8 | 3.4 × 3.4 | 椭圆星系；形似M87,但更小一些 |
| 90 | 室女座 | G–SAB | 12 | 36.8 | +13 | 10 | 9.5 | 10 × 4 | 明亮的棒旋星系,靠近M89 |
| 104 | 室女座 | G–SA | 12 | 40.0 | –11 | 37 | 8.0 | 7.1 × 4.4 | !! 草帽星系,要注意它的尘埃带 |
| 3 | 猎犬座 | GC | 13 | 42.2 | +28 | 23 | 5.9 | 16.2 | !! 内有很多变星 |
| 51 | 猎犬座 | G–SA | 13 | 29.9 | +47 | 12 | 8.4 | 8 × 7 | !! 涡状星系,在大型望远镜中非常壮观 |
| 63 | 猎犬座 | G–SA | 13 | 15.8 | +42 | 02 | 8.6 | 14 × 8 | 向日葵星系,明亮、细长 |

(续表)

| 编号 | 星座 | 类型 | 赤经 | | 赤纬 | | 星等 | 角距 | 备注 |
|---|---|---|---|---|---|---|---|---|---|
| | | | 时 | 分 | 度 | 角分 | | 角分 | |
| 94 | 猎犬座 | G–SA | 12 | 50.9 | +41 | 07 | 8.2 | 13×11 | 非常明亮，形似彗星 |
| 106 | 猎犬座 | G–SAB | 12 | 19.0 | +47 | 18 | 8.4 | 20×8 | !! 巨大、明亮的旋涡星系 |
| 68 | 长蛇座 | GC | 12 | 39.5 | –26 | 45 | 7.7 | 12 | 需得150毫米望远镜方能分辨 |
| 83 | 长蛇座 | G–SAB | 13 | 37.0 | –29 | 52 | 7.6 | 16×13 | 巨大且弥散，在极南之地观测效果最佳 |
| 102 | 天龙座 | G–SA0 | 15 | 06.5 | +55 | 46 | 9.9 | 6.6×3.2 | |
| 5 | 巨蛇座 | GC | 15 | 18.6 | +2 | 05 | 5.7 | 17.4 | !! 天空中最精致的球状星团之一 |

305

## 夏季星空

| 编号 | 星座 | 类型 | 赤经 | | 赤纬 | | 星等 | 角距 | 备注 |
|---|---|---|---|---|---|---|---|---|---|
| | | | 时 | 分 | 度 | 角分 | | 角分 | |
| 13 | 武仙座 | GC | 16 | 41.7 | +36 | 28 | 5.7 | 16.6 | 武仙星团，在NGC 6207东北方向0.5度处 |
| 92 | 武仙座 | GC | 17 | 17.1 | +43 | 08 | 6.4 | 11.2 | M13东北方向9度处，精致，但常被忽略 |
| 9 | 蛇夫座 | GC | 17 | 19.2 | –18 | 31 | 7.6 | 9.3 | 蛇夫座内最小的球状星团 |
| 10 | 蛇夫座 | GC | 16 | 57.1 | –4 | 06 | 6.6 | 15.1 | 密集的球状星团，M12在其西北方向3度处 |
| 12 | 蛇夫座 | GC | 16 | 47.2 | –1 | 57 | 6.8 | 14.5 | 松散的球状星团，靠近M10 |
| 14 | 蛇夫座 | GC | 17 | 37.6 | –3 | 15 | 7.6 | 11.7 | 需得200毫米望远镜方能分辨 |

（续表）

| 编号 | 星座 | 类型 | 赤经 | | 赤纬 | | 星等 | 角距 | 备注 |
|---|---|---|---|---|---|---|---|---|---|
| | | | 时 | 分 | 度 | 角分 | | 角分 | |
| 19 | 蛇夫座 | GC | 17 | 02.6 | –26 | 16 | 6.7 | 13.5 | 扁球状星团，在M62以南4度处 |
| 62 | 蛇夫座 | GC | 17 | 01.2 | –30 | 07 | 6.7 | 14.1 | 不对称，周围天体多 |
| 107 | 蛇夫座 | GC | 16 | 32.5 | –13 | 03 | 8.1 | 10.0 | 小而暗弱的球状星团 |
| 4 | 天蝎座 | GC | 16 | 23.6 | –26 | 32 | 5.8 | 26.3 | 明亮的球状星团，靠近心宿二 |
| 6 | 天蝎座 | OC | 17 | 40.1 | –32 | 13 | 4.2 | 33 | !! 蝴蝶星团，低倍率观看最佳 |
| 7 | 天蝎座 | OC | 17 | 53.9 | –34 | 49 | 3.3 | 80 | !! 适合用双筒观看 |
| 80 | 天蝎座 | GC | 16 | 17.0 | –22 | 59 | 7.3 | 8.9 | 非常紧凑的球状星团 |
| 16 | 巨蛇座 | EN+OC | 18 | 18.6 | –13 | 58 | — | 35 × 28 | 老鹰星云，并疏散星团 |
| 8 | 人马座 | EN | 18 | 03.8 | –24 | 23 | — | 45 × 30 | 礁湖星云，并疏散星团 |
| 17 | 人马座 | EN | 18 | 20.8 | –16 | 11 | — | 20 × 15 | 天鹅星云，或叫ω星云 |
| 18 | 人马座 | OC | 18 | 19.9 | –17 | 08 | 6.9 | 10 | 稀疏的疏散星团，M17以南1度处 |
| 20 | 人马座 | E/RN | 18 | 02.3 | –23 | 02 | — | 20 × 20 | !! 三叶星云，要好好看看它的暗带 |
| 21 | 人马座 | OC | 18 | 04.6 | –22 | 30 | 5.9 | 13 | M20东北方向0.7度处，稀疏星团 |
| 22 | 人马座 | GC | 18 | 36.4 | –23 | 54 | 5.1 | 24 | 南纬度地区的壮观景象 |
| 23 | 人马座 | OC | 17 | 56.8 | –19 | 01 | 5.5 | 27 | 明亮、松散的疏散星团 |
| 24 | 人马座 | 恒星云 | 18 | 16.5 | –18 | 50 | 4.6 | 95 × 35 | 富集的恒星云，用大型双筒观看最佳 |

(续表)

| 编号 | 星座 | 类型 | 赤经 | | 赤纬 | | 星等 | 角距 | 备注 |
|---|---|---|---|---|---|---|---|---|---|
| | | | 时 | 分 | 度 | 角分 | | 角分 | |
| 25 | 人马座 | OC | 18 | 31.6 | −19 | 15 | 4.6 | 32 | 明亮却稀疏的疏散星团 |
| 28 | 人马座 | GC | 18 | 24.5 | −24 | 52 | 6.8 | 11.2 | 致密的球状星团，靠近M22 |
| 54 | 人马座 | GC | 18 | 55.1 | −30 | 29 | 7.6 | 9.1 | 不易分辨 |
| 55 | 人马座 | GC | 19 | 40.0 | −30 | 58 | 6.4 | 19.0 | 明亮、松散的球状星团 |
| 69 | 人马座 | GC | 18 | 31.4 | −32 | 21 | 7.6 | 7.1 | 又小又稀松的球状星团 |
| 70 | 人马座 | GC | 18 | 43.2 | −32 | 18 | 8.0 | 7.8 | 小的球状星团，在M69以东2度处 |
| 75 | 人马座 | GC | 20 | 06.1 | −21 | 55 | 8.5 | 6 | 又小又远，59 000光年以外 |
| 11 | 盾牌座 | OC | 18 | 51.1 | −6 | 16 | 5.8 | 13 | !! 野鸭星团，最好看的疏散星团! |
| 26 | 盾牌座 | OC | 18 | 45.2 | −9 | 24 | 8.0 | 14 | 明亮、致密的星团 |
| 56 | 天琴座 | GC | 19 | 16.6 | +30 | 11 | 8.3 | 7.1 | 在一个恒星富集的星场内 |
| 57 | 天琴座 | PN | 18 | 53.6 | +33 | 02 | 8.8 | >71角秒 | !! 指环星云，一个非常漂亮的烟圈 |
| 71 | 天箭座 | GC | 19 | 53.8 | +18 | 47 | 8.0 | 7.2 | 松散的球状星团，看起来像个疏散星团 |
| 27 | 狐狸座 | PN | 19 | 59.6 | +22 | 43 | 7.3 | >348角秒 | !! 哑铃星云，一个非常壮观的天体 |
| 29 | 天鹅座 | OC | 20 | 23.9 | +38 | 32 | 6.6 | 6 | 又小又稀松的疏散星团，天鹅座γ以南2度处 |
| 39 | 天鹅座 | OC | 21 | 32.2 | +48 | 26 | 4.6 | 31 | 非常稀疏的星团，适宜用低倍率观看 |

# 秋季星空

| | 编号 | 星座 | 类型 | 赤经 | | 赤纬 | | 星等 | 角距 | 备注 |
|---|---|---|---|---|---|---|---|---|---|---|
| | | | | 时 | 分 | 度 | 角分 | | 角分 | |
| | 2 | 宝瓶座 | GC | 21 | 33.5 | –0 | 49 | 6.4 | 12.9 | 需得200毫米望远镜方能分辨 |
| | 72 | 宝瓶座 | GC | 20 | 53.5 | –12 | 32 | 9.3 | 5.9 | 靠近土星状星云和NGC 7009 |
| | 73 | 宝瓶座 | OC | 20 | 59.0 | –12 | 38 | 8.9p | 2.8 | 里面只有4颗星，是一个“星群” |
| | 15 | 飞马座 | GC | 21 | 30.0 | +12 | 10 | 6.0 | 12.3 | 一个富集、致密的球状星团 |
| | 30 | 摩羯座 | GC | 21 | 40.4 | –23 | 11 | 7.3 | 11 | |
| | 52 | 仙后座 | OC | 23 | 24.2 | +61 | 35 | 6.9 | 12 | 年轻、富集的星团 |
| | 103 | 仙后座 | OC | 1 | 33.2 | +60 | 42 | 7.4 | 6 | 3个NGC疏散星团在附近 |
| | 31 | 仙女座 | G–SA | 0 | 42.7 | +41 | 16 | 3.4 | 185 × 75 | !! 仙女星系 |
| 306 | 32 | 仙女座 | G–E5 pec | 0 | 42.7 | +40 | 52 | 8.1 | 11 × 7 | M31的紧密伴星系 |
| | 110 | 仙女座 | G–E3 pec | 0 | 40.4 | +41 | 41 | 8.1 | 20 × 12 | M31的一个比较远的伴星系 |
| | 33 | 三角座 | G–SA | 1 | 33.9 | +30 | 39 | 5.7 | 67 × 42 | 大型弥散旋涡星系，需要比较暗的夜空条件才能看清 |
| | 74 | 双鱼座 | G–SA | 1 | 36.7 | +15 | 47 | 9.4 | 11 × 11 | 暗弱不清的旋涡星系，用小型望远镜难以看见 |
| | 77 | 鲸鱼座 | G–SAB | 2 | 42.7 | –0 | 01 | 8.9 | 8.2 × 7.3 | 赛弗特星系，内核形似恒星 |
| | 34 | 英仙座 | OC | 2 | 42.0 | +42 | 47 | 5.2 | 35 | 最宜用低倍率观看 |
| 307 | 76 | 英仙座 | PN | 1 | 42.4 | +51 | 34 | 10.1 | >65 角秒 | 哑铃星云的袖珍版 |

附录E

# 行星及其卫星

## 行星的物理参数

这些表格列出了每颗行星的直径、扁率（它相对于圆球的扁平程度）、质量（地球为1）、整体密度（相较于水而言，以吨/立方米为单位；1立方米水的重量是1吨）、表面重力（与地球相比）、逃逸速度（从赤道处逃离行星重力场所需的速度，以千米/秒计；若要转换成英里/小时，则乘以2 160）、自转周期（以天计）、倾角（就是它的赤道与轨道面的夹角，以度计）。太阳和月亮也列出，便于比较。

| 天体名称 | 赤道直径<br>千米 | 扁率 | 质量<br>地球为1 | 密度<br>吨/立方米 | 重力<br>地球为1 | 逃逸速度<br>千米/秒 | 自转周期<br>天 | 倾角<br>度 |
|---|---|---|---|---|---|---|---|---|
| 太阳 | 1 392 000 | 0* | 332 946 | 1.41 | 27.9 | 617.5 | 25—35† | — |
| 水星 | 4 879 | 0 | 0.055 | 5.43 | 0.38 | 4.2 | 58.646 | 0.0 |
| 金星 | 12 104 | 0 | 0.815 | 5.24 | 0.90 | 10.4 | 243.019 | 177.4 |
| 地球 | 12 756 | 1/298 | 1.00 | 5.52 | 1.00 | 11.2 | 0.997 3 | 23.4 |
| 月球 | 3 475 | 0 | 0.012 | 3.34 | 0.17 | 2.4 | 27.321 7 | 6.7 |
| 火星 | 6 794 | 1/154 | 0.107 | 3.94 | 0.38 | 5. | 1.026 0 | 25.2 |
| 木星 | 142 980‡ | 1/15.4 | 317.833 | 1.33 | 2.53 | 59.5 | 0.410 1§ | 3.1 |
| 七星 | 120 540‡ | 1/10.2 | 95.159 | 0.70 | 1.06 | 35.5 | 0.444 0 | 25.3 |
| 天王星 | 51 120‡ | 1/43.6 | 14.500 | 1.30 | 0.90 | 21.3 | 0.718 3 | 97.9 |

(续表)

| 天体名称 | 赤道直径<br>千米 | 扁率 | 质量<br>地球为1 | 密度<br>吨/立方米 | 重力<br>地球为1 | 逃逸速度<br>千米/秒 | 自转周期<br>天 | 倾角<br>度 |
|---|---|---|---|---|---|---|---|---|
| 海王星 | 49 530‡ | 1/58.5 | 17.204 | 1.76 | 1.14 | 23.5 | 0.671 2 | 28.3 |
| 冥王星 | 2 300 | 0? | 0.003 | 1.1 | 0.08 | 1.3 | 6.387 2 | 123. |

* 太阳扁率非常小——两极只比赤道扁36千米。

† 由纬度决定。

‡ 在1巴大气压下。

308 § 以木星赤道区域自转速度最快的部分计。

## 行星的轨道参数

这个表格列出了每颗行星到太阳的平均距离（以天文单位计。1天文单位是地球到太阳的距离，等于1.5亿千米或9 300万英里）、轨道偏心率（它的轨道相对于整圆的拉长程度，整圆的偏心率为0）、轨道倾角（以度计，与地球轨道相比），以及在轨道上运行一周所需的时间（以地球年计）。

| 行星 | 平均距离<br>天文单位 | 偏心率<br>度 | 倾角<br>度 | 周期<br>年 |
|---|---|---|---|---|
| 水星 | 0.387 | 0.206 | 7.00 | 0.241 |
| 金星 | 0.723 | 0.007 | 3.39 | 0.615 |
| 地球 | 1.000 | 0.017 | 0.00 | 1.000 |
| 火星 | 1.524 | 0.093 | 1.85 | 1.881 |
| 木星 | 5.203 | 0.049 | 1.30 | 11.864 |
| 土星 | 9.586 | 0.058 | 2.49 | 29.675 |
| 天王星 | 19.155 | 0.048 | 0.77 | 83.835 |
| 海王星 | 29.97 | 0.011 | 1.77 | 164.050 |
| 309 冥王星 | 39.28 | 0.246 | 17.17 | 246.177 |

## 行星的卫星

这张表格列出的是截至本书出版时间太阳系内已知的天然卫星。栏中列出了每颗卫星的直径（以千米计）、亮度（在平均冲距从地球上看到的）、反照率（或称反射率）、大冲期间与母行星的平均距离［分别列出了实际距离（以千米计）和天空中的角距（以角秒计）］、轨道周期（以地球日计），以及它们的发现者和发现时间。

| 名称 | 直径<br>千米 | 目视星等 | 反照率 | 与母行星的距离<br>$10^3$千米 | <br>角秒 | 轨道周期<br>天 | 发现记录 |
|---|---|---|---|---|---|---|---|
| 地球的卫星 | | | | | | | |
| 月球* | 3 476. | −12.7 | 0.11 | 384.5 | — | 27.322 | |
| 火星的卫星 | | | | | | | |
| 火卫一* | 21. | 11.6 | 0.07 | 9.4 | 25. | 0.319 | A. 霍尔，1877 |
| 火卫二* | 12. | 12.7 | 0.07 | 23.5 | 63. | 1.263 | 同上 |
| 木星的卫星 | | | | | | | |
| 木卫十六 | 43. | 17.5 | ≈0.05 | 128. | 42. | 0.294 | S. 辛诺特，1979 |
| 木卫十五 | 16. | 18.7 | ≈0.05 | 129. | 42. | 0.297 | D. 朱维特等，1979 |
| 木卫五* | 167. | 14.1 | 0.05 | 180. | 59. | 0.498 | E. 巴纳德，1892 |
| 木卫十四** | 99. | 16. | ≈0.05 | 222. | 73. | 0.674 | S. 辛诺特，1979 |
| 木卫一* | 3 630. | 5. | 0.6 | 422. | 138. | 1.769 | 伽利略，1610 |
| 木卫二* | 3 140. | 5.3 | 0.6 | 671. | 220. | 3.551 | 同上 |
| 木卫三* | 5 260. | 4.6 | 0.4 | 1 070. | 351. | 7.155 | 同上 |
| 木卫四* | 4 800. | 5.6 | 0.2 | 1 885. | 618. | 16.689 | 同上 |
| 1975J1[A] | ≈4. | 20. | — | 7 507. | 2 462. | 130. | C. 科瓦尔，1975[†] |
| 木卫十三 | ≈15. | 20. | — | 11 110. | 3 640. | 240. | C. 科瓦尔，1974 |
| 木卫六*** | 185. | 14.8 | 0.03 | 11 470. | 3 760. | 251. | C. 佩里安，1904 |

(续表)

| 名称 | 直径<br>千米 | 目视星等 | 反照率 | 与母行星的距离<br>$10^3$千米 | <br>角秒 | 轨道周期<br>天 | 发现记录 |
|---|---|---|---|---|---|---|---|
| 木卫十*** | ≈35. | 18.4 | — | 11 710. | 3 840. | 260. | S. 尼克尔森，1938 |
| 木卫七 | 75. | 16.8 | 0.03 | 11 740. | 3 850. | 260. | C. 佩里安，1905 |
| 2000J11[A] | ≈3. | 20.5 | — | 12 557. | 4 119. | 287. | S. 谢泼德等，2000 |
| 2000J3[A] | ≈4. | 20.1 | — | 20 210. | 6 629. | 585. | 同上 |
| 2000J7[A] | ≈5. | 19.8 | — | 20 929. | 6 865. | 616. | 同上 |
| 2000J5[A] | ≈3. | 20.2 | — | 21 132. | 6 931. | 624. | 同上 |
| 木卫十二*** | ≈30. | 18.9 | — | 21 200. | 6 954. | 631. | S. 尼克尔森，1951 |
| 木卫十一 | ≈40. | 18. | — | 22 350. | 7 330. | 692. | S. 尼克尔森，1938 |
| 2000J10[A] | ≈3. | 20.3 | — | 22 988. | 7 540. | 716. | S. 谢泼德等，2000 |
| 2000J6[A] | ≈3. | 20.5 | — | 23 074. | 7 568. | 719. | 同上 |
| 2000J9[A] | ≈4. | 20.1 | — | 23 140. | 7 590. | 723. | 同上 |
| 2000J4[A] | ≈3. | 20.4 | — | 23 169. | 7 599. | 723. | 同上 |
| 木卫八 | ≈50. | 17.1 | — | 23 330. | 7 650. | 735. | P. 梅洛特，1908 |
| 木卫九*** | ≈35. | 18.3 | — | 23 370. | 7 660. | 758. | S. 尼克尔森，1914 |
| 2000J2[A] | ≈4. | 20.1 | — | 23 746. | 7 789. | 751. | S. 谢泼德等，2000 |
| 2000J8[A] | ≈4. | 20. | — | 23 913. | 7 843. | 758. | 同上 |
| 310 1999J1[A] | ≈7. | 19.4 | — | 24 103. | 7 906. | 759. | J. 斯科蒂和T. 斯帕尔，1999 |
| 土星的卫星 | | | | | | | |
| 土卫十八[B] | ≈20. | ≈19. | ≈0.5 | 134. | 22. | 0.577 | M. 舒瓦尔特，1990 |
| 土卫十五 | 30. | ≈18. | 0.4 | 137. | 23. | 0.601 | R. 泰里莱，1980 |
| 土卫十六** | 100. | ≈15. | 0.6 | 139. | 23. | 0.613 | S. 柯林斯、D. 卡尔森，1980 |

(续表)

| 名称 | 直径<br>千米 | 目视星等 | 反照率 | 与母行星的距离<br>$10^3$千米 | <br>角秒 | 轨道周期<br>天 | 发现记录 |
|---|---|---|---|---|---|---|---|
| 土卫十七** | 90. | ≈16. | 0.5 | 142. | 24. | 0.628 | 同上 |
| 土卫十 | 190. | ≈14. | 0.6 | 151. | 25. | 0.695 | A. 多尔菲斯，1966 |
| 土卫十一* | 120. | ≈15. | 0.5 | 151. | 25. | 0.695 | J. 方丹、S. 拉尔森，1966 |
| 土卫一* | 390. | 12.5 | 0.8 | 187. | 30. | 0.942 | W. 赫歇尔，1789 |
| 土卫二* | 500. | 11.8 | 1.0 | 238. | 38. | 1.37 | 同上 |
| 土卫三* | 1 060. | 10.3 | 0.8 | 295. | 48. | 1.888 | G. 卡西尼，1684 |
| 土卫十三 | 25. | ≈18. | 0.7 | 295. | 48. | 1.888 | B. 史密斯等，1980 |
| 土卫十四** | 25. | ≈18. | 1.0 | 295. | 48. | 1.888 | D. 帕斯库等，1980 |
| 土卫四* | 1 120. | 10.4 | 0.6 | 378. | 61. | 2.737 | G. 卡西尼，1684 |
| 土卫十二 | 30. | ≈18. | 0.6 | 378. | 61. | 2.737 | P. 拉克、J. 勒卡舍，1980 |
| 土卫五* | 1 530. | 9.7 | 0.6 | 526. | 85. | 4.517 | G. 卡西尼，1672 |
| 土卫六** | 5 550.[C] | 8.4 | 0.2 | 1 221. | 197. | 15.945 | C. 惠更斯，1655 |
| 土卫七**** | 255. | 14.2 | 0.3 | 1 481. | 239. | 21.276 | W. 邦德、G. 邦德、W.拉塞尔，1848 |
| 土卫八* | 1 460. | 11. | 0.08—0.4 | 3 561. | 575. | 79.331 | G. 卡西尼，1671 |
| 2000S5[A] | 14. | 21.9 | — | 11 300. | 1 827. | 449. | B. 格拉德曼等，2000 |
| 2000S6[A] | 10. | 22.5 | — | 11 400. | 1 843. | 453. | 同上 |
| 土卫九*** | 220. | 16.5 | 0.05 | 12 960. | 2 096. | 550.46 | W. 皮克林，1898 |
| 2000S2[A] | 20. | 21.2 | — | 15 200. | 2 458. | 687. | B. 格拉德曼等，2000 |
| 2000S8[A] | 6. | 23.5 | — | 15 500. | 2 506. | 720. | 同上 |
| 2000S3[A] | 32. | 20. | — | 16 800. | 2 717. | 796. | 同上 |
| 2000S12[A] | 6. | 23.8 | — | 17 600. | 2 846. | 877. | 同上 |
| 2000S11[A] | 26. | 20.4 | — | 17 900. | 2 894. | 888. | M. 霍尔曼等，2000 |

(续表)

| 名称 | 直径<br>千米 | 目视星等 | 反照率 | 与母行星的距离<br>$10^3$千米 | <br>角秒 | 轨道周期<br>天 | 发现记录 |
|---|---|---|---|---|---|---|---|
| 2000S10[A] | 8. | 22.9 | — | 18 200. | 2 943. | 913. | B. 格拉德曼等，2000 |
| 2000S4[A] | 14. | 22. | — | 18 250. | 2 951. | 924. | 同上 |
| 2000S9[A] | 6. | 23.7 | — | 18 400. | 2 975. | 935. | 同上 |
| 2000S7[A] | 6. | 23.8 | — | 20 100. | 3 250. | 1 067. | 同上 |
| 2000S1[A] | 16. | 21.6 | — | 23 100. | 3 735. | 1 311. | 同上 |
| 天王星的卫星 | | | | | | | |
| 天卫六 | 25.[D] | 24.2 | <0.1 | 49.8 | 3.7 | 0.333 | "旅行者2号"，1986 |
| 天卫七 | 30.[D] | 23.9 | <0.1 | 53.8 | 4.0 | 0.375 | 同上 |
| 天卫八 | 45.[D] | 23.1 | <0.1 | 59.2 | 4.4 | 0.433 | 同上 |
| 天卫九 | 65.[D] | 22.3 | <0.1 | 61.8 | 4.6 | 0.463 | 同上 |
| 天卫十 | 60.[D] | 22.5 | <0.1 | 62.6 | 4.7 | 0.475 | 同上 |
| 天卫十一 | 85.[D] | 21.7 | <0.1 | 64.4 | 4.9 | 0.492 | 同上 |
| 天卫十二 | 110.[D] | 21.1 | <0.1 | 66.1 | 5.0 | 0.513 | 同上 |
| 天卫十三 | 60.[D] | 22.5 | <0.1 | 70.0 | 5.2 | 0.558 | 同上 |
| 天卫十四 | 68.[D] | 22.1 | <0.1 | 75.3 | 5.6 | 0.621 | 同上 |
| 1986U10 | 40.[D] | 23.6 | <0.1 | 76.4 | 5.8 | 0.638 | E. 卡尔科施卡，1999[‡] |
| 天卫十五 | 155. | 20.4 | 0.07 | 86.0 | 6.5 | 0.763 | "旅行者2号"，1985 |
| 天卫五 | 485. | 16.5 | 0.34 | 129.9 | 9.7 | 1.413 | G. 柯伊伯，1948 |
| 天卫一* | 1 160. | 14. | 0.4 | 190.9 | 14.3 | 2.521 | W. 拉塞尔，1851 |
| 311 天卫二* | 1 190. | 14.9 | 0.19 | 266.0 | 20.0 | 4.146 | 同上 |
| 天卫三* | 1 610. | 13.9 | 0.28 | 436.3 | 32.7 | 8.704 | W. 赫歇尔，1787 |
| 天卫四* | 1 550. | 14.1 | 0.24 | 583.4 | 43.8 | 13.463 | 同上 |
| 天卫十六 | 60. | ≈22.5 | <0.1 | 7 169. | 538. | 580. | B. 格拉德曼等，1997 |

(续表)

| 名称 | 直径 | 目视星等 | 反照率 | 与母行星的距离 | | 轨道周期 | 发现记录 |
|---|---|---|---|---|---|---|---|
| | 千米 | | | $10^3$千米 | 角秒 | 天 | |
| 天卫二十 | 30. | ≈25. | <0.1 | 7 920. | 584. | 674. | B. 格拉德曼等，1999 |
| 天卫十七 | 120. | ≈21. | <0.1 | 12 214. | 900. | 1 290. | P. 尼克尔森，1997 |
| 天卫十八 | 30. | ≈24. | <0.1 | 16 670. | 1 229. | 2 057. | M. 霍尔曼等，1999 |
| 天卫十九 | 30. | ≈24. | <0.1 | 17 810. | 1 313. | 2 271. | J. 卡维拉斯，2000 |
| 海王星的卫星 | | | | | | | |
| 海卫三 | 60. | 24.6 | ≈0.06 | 48. | 2.3 | 0.3 | "旅行者2号"，1989 |
| 海卫四 | 80. | 23.9 | ≈0.06 | 50. | 2.4 | 0.31 | 同上 |
| 海卫五 | 150. | 22.5 | 0.06 | 52.5 | 2.5 | 0.33 | 同上 |
| 海卫六 | 160. | 22.4 | ≈0.06 | 62. | 2.9 | 0.43 | 同上 |
| 海卫七** | 190. | 22. | 0.06 | 73.6 | 3.5 | 0.55 | 同上 |
| 海卫八** | 420. | 20.3 | 0.06 | 117.6 | 5.5 | 1.12 | 同上 |
| 海卫一* | 2 700. | 13.6 | 0.8 | 354. | 17. | 5.877 | W. 拉塞尔，1846 |
| 海卫二*** | 340. | 19.7 | 0.16 | 5 510. | 260. | 365.21 | G. 柯伊伯，1949 |
| 冥王星的卫星 | | | | | | | |
| 冥卫一* | 1 200. | 17. | — | 19.1 | 0.9 | 6.387 | J. 克里斯蒂，1978 |

≈ 近似值。
* 同步运动。
** 可能同步。
*** 非同步。
**** 不规则运动。若无星号，则自转情况不明。
[A] 直径假定的反照率（反射率）为0.06。
[B] 轨道在恩克环缝内。
[C] 土卫六的云顶直径。固体直径等于5 150千米。
[D] 直径假定的反照率与天卫十五相同（0.07）。
† 1975年被首次探测到，随后消失；2000年被S. 谢泼德和D. 朱维特再次发现。
‡ 在"旅行者2号"拍摄的图像中（1986年1月）。 312

附录F

# 延伸阅读

## 期 刊

比较适合大众口味的美国天文月刊有《天文学》(*Astronomy*, astronomy.com) 和《天空与望远镜》(*Sky & Telescope*, skypub.com)，还有专门针对业余爱好者的《业余天文》(*Amateur Astronomy*, amateurastronoy.com)。有些业余天文组织 (本附录末尾有列表) 也会发行他们自己的期刊。

著名的年刊包括加拿大皇家天文学会的《观测者手册》(*Observer's Handbook*)，这是一本不可或缺的观测指南；还有盖伊·奥特维尔 (Guy Ottewell) 的《天文年历》(*Astronomical Calendar*, Furman University/Astronomical League)，这本书的特别之处在于通过徒手画提供了对天空事件的新看法。

## 介绍星座

H. A. 雷的《观星新解》(*The Stars: A New Way to See Them*, Houghton Mifflin) 是深入浅出的——也许有点古怪的——星座指南。天空

出版社（Sky Publishing）的《夜空指南》（*Night Sky Guide*）包含了每个月的星图。还有些比较受欢迎的介绍性书籍，包括盖伊·康索马格诺（Guy Consolmagno）和丹·M. 戴维斯（Dan M. Davis）的《猎户左转》（*Turn Left at Orion*, Ingram）、劳埃德·莫尔兹（Lloyd Morz）和卡罗尔·内桑森（Carol Nathanson）的《星座：爱好者的夜空导游》（*The Constellations: An Enthusiast's Guide to the Night Sky*, Doubleday）、切特·雷莫（Chet Raymo）的《星空365：每夜天文学》（*365 Starry Nights: An Introduction to Astronomy for Every Night of the Year*, Fireside），还有安东宁·卢克尔（Antonin Rukl）的《星座指南》（*Constellation Guidebook*, Sterling）。

## 星　图

你可以把夜空想成一层一层的，像一颗洋葱。最表面的一层是肉眼可见的星空，用简单的星表和平面天球就可以囊括。双筒和望远镜能探索到更深的层面，这些层面需要用更精细复杂的星图来表现。星图的复杂程度用它包含的最暗的星（及别的天体）的亮度来表示：星 313
等数字越高，星图就越大。

最简单易用的星图是平面天球。平面天球由一个圆盘组成，圆盘代表你所在的半球的夜空，上面有个卵形窗口，你把圆盘转动到某个时间和日期，窗口就能显示当天的星座。平面天球轻巧便携，适合背包出去野营的时候携带，在有风的夜晚也不会被刮跑。比较流行的平面天球有戴维·H. 列维的《戴维·H. 列维的星空指南》（*David H. Levy's Guide to the Stars*），它适合在北纬30度到60度使用，还有戴维·S. 钱德勒（David S. Chandler）的《夜空星图》（*The Night Sky*

*Planisphere*)，它呈现了北半球的三种视角——20度到30度、30度到40度，还有40度到50度。

在装订成书的星图中，阿瑟·诺顿 (Arthur Norton) 和伊恩·里德帕斯 (Ian Ridpath) 的《诺顿星图手册》(*Norton's Star Atlas and Reference Handbook*, Addison-Wesley) 是一部经典之作，历经近一个世纪的重印，最近刚刚更新。它的最暗天体为6等，说明它基本上是一部肉眼星图，但对小型望远镜的观测也非常有用。威尔·提里安 (Wil Tirion) 的《剑桥星图》(*The Cambridge Star Atlas*, Cambridge) 较之于前者略深，最暗天体可达6.5等。提里安和罗杰·W. 辛诺特 (Roger W. Sinnott) 的《星图2000.0》(*Sky Atlas 2000.0*) 包含的恒星可达8.5等，白色背景的版本适用于室内，黑色背景的版本适用于室外的夜空下，是使用小型到中型望远镜的观测者的最爱。

更深的书有威尔·提里安、B. 拉帕波尔 (B. Rappaport) 和G.洛维 (G. Lovi) 的《测天图2000.0》(*Uranometria 2000.0*, Cambridge)，它包含了332 000颗恒星，最暗可达9.5等，还有10 000个星团、星云和星系。这本书分两卷出版，覆盖北天和南天。现代纸上星图中最大、最贵的要数罗杰·W. 辛诺特和迈克尔·A. C. 佩里曼 (Michael A. C. Perryman) 的《千禧星图》(*Millennium Star Atlas*, Cambridge)。它分为三卷，包含了100万颗以上的恒星，亮度达到11等，此外有众多深空天体。

电脑星图软件可用来了解星空，打印出适合自己的星图，还可以用来控制望远镜，至少能展示望远镜指向哪里。我个人用过的主流软件如下：*The Sky* (Software Bisque)，它可以更新，增加更多天体，还能控制望远镜；*Redshift* (Maris)，这是一款面向图形的软件，可以展现信息丰富的静态图片和动态视频，譬如任意一次日全食期间月影穿过地球的太空视角；*Megastar* (Willmann-Bell)，这个软件精巧却不复杂，受很多资深爱好者的喜爱。 314

## 网络星空程序

网络上免费的星图软件是好东西，你可以从中了解到某个夜晚星空中都有些什么，还可以打印出属于你自己的星图。众多受欢迎的网站中，“行星搜寻器”(*Planet Finder*, lightandmatter.com/area2planet.shtml) 可以展示任意时间内你所在位置的行星；“天空咖啡馆”(*Skyview Cafe*, skyview-cafe.com) 采用了易于参考的肉眼视角；“太阳系模拟”(*Solar System Simulator*, space.jpl.nasa.gov) 是NASA的喷气推进实验室的网站，可以呈现在太阳系中任意位置的视角下的任意行星和卫星；“星图”(*StarMap*, mtwilson.edu/Services/StarMap) 是威尔逊山天文台的星图生成软件。

## 观测指南

有些观测指南中包含了星图，但它们主要的意图在于填补空白，告诉读者天空中有什么，以及如何观测它们。比较著名的大众指南有帕特里克·摩尔的《用双筒探索夜空》(*Exploring the Night Sky With Binoculars*, Cambridge) 和《观测者的一年：宇宙的365夜》(*The Observer's Year: 366 Nights of the Universe*, Springer)、特伦斯·迪金森 (Terence Dickinson) 和艾伦·戴尔 (Alan Dyer) 的《后院天文爱好者指南》(*The Backyard Astronomer's Guide*, Camden House)、迪金森的《夜观星空》(*Nightwatch*, Firefly)，还有杰伊·M. 帕萨科夫的《恒

星与行星野外指南》(*A Field Guide to the Stars and Planets*, Houghton Mifflin)。

斯蒂芬·詹姆斯·奥马拉的《深空宝典：梅西叶天体》(*Deep Sky Companion: The Messier Objects*, Sky Publishing) 广受赞誉，这本书的特色是亮星云和星团。以亮星云和星团为主题的还有沃尔特·斯科特·休斯敦的文集《深空漫游》(*Deep-Sky Wonders*, Sky Publishing)。小罗伯特·伯纳姆的《伯纳姆天空手册》(*Burnham's Celestial Handbook*, Dover) 共有三卷，阐述了每个星座的历史和相关的神话，很多地方过时了，但依旧很值得一读。

专注于太阳系天体的书有弗雷德·威廉·普赖斯 (Fred William Price) 的《行星观测者手册》(*The Planet Observer's Handbook*, Cambridge)、杰拉尔德·诺思的《月球观测：当代天文爱好者指南》(*Observing the Moon: The Modern Astronomer's Guide*, Cambridge)，以及托马斯·A. 多宾斯、唐纳德·C. 帕克和查尔斯·F. 卡彭的《太阳系观测与摄影入门》(*Introduction to Observing and Photographing the Solar System*, Willmann-Bell)。杰拉尔德·诺思的《进阶天文爱好者》(*Advanced Amateur Astronomy*, Cambridge) 的主题是针对有经验的业余爱好者的观测技术。

## 天文画册和入门读物

有几本适合大众读者的天文教科书易得且写得不错，其中包括安德鲁·弗劳克诺伊 (Andrew Fraknoi)、戴维·莫里森和西德尼·沃
315 尔夫 (Sidney Wolff) 的《宇宙探索者》(*Voyager Through the Universe*, Harcourt)，还有威廉·J. 考夫曼 (William J. Kaufmann)、弗里德曼·考

夫曼（Freedman Kaufmann）和罗杰·A. 弗里德曼（Roger A. Freedman）的《宇宙》（*Universe*, Freeman）。比较好的几本画册如下：戴维·马林（David Malin）的《隐形宇宙》（*The Invisible Universe*, Bulfinch），它内容丰富，尺寸很大；艾伦·桑德奇的经典之作《哈勃星系图册》（*Hubble Atlas of Galaxies*, Carnegie Institution）；尼尔·德·格拉斯·泰森、查尔斯·刘（Charles Liu）和罗伯特·伊里翁（Robert Irion）的《一个宇宙：星际中的家》（*One Universe: At Home in the Cosmos*, Joseph Henry），这是一部简洁又饱含信息量的大众科普著作。

## 如何制作和使用望远镜

对于时间比较多又有天赋的人来说，最好的了解望远镜的方法——也是最经济地获得一架望远镜的方法——就是自己做一架。相关的书有理查德·贝里的《自制望远镜》（*Build Your Own Telescope*, Scribner）、戴维·克里格和理查德·贝里的《多布森望远镜：大孔径望远镜制作实用手册》（*The Dobsonian Telescope: A Practical Manual for Building Large Aperture Telescopes*, Willmann-Bell）、让·特瑟罗的《如何制作望远镜》（*How to Make a Telescope*, Willmann-Bell），还有阿尔伯特·英戈尔斯编的经典的3卷本《业余望远镜的制作》（*Amateur Telescope Making*, Willmann-Bell）。进阶的标准参考书则有麦克斯·博恩（Max Born）和埃米尔·沃尔夫（Emil Wolf）的《光学原理》（*Principles of Optics*, Cambridge）、哈里·G. J. 吕滕（Harrie G. J. Rutten）和马丁·A. M. 范·文路易（Martin A. M. van Venrooij）的《望远设备：业余爱好者综合手册》（*Telescopic Optics: A Comprehensive Manual for Amateur Astronomers*, Willmann-Bell）。哈罗德·理查德·苏

伊特的《天文望远镜测试》(*Star Testing Astronomical Telescopes*, Willmann-Bell) 阐述了如何分析从望远镜中看到的东西，并以此评估望远镜的优势与不足。

## 业余天文组织

美国国内有一些国家级的组织。要找到附近的本地业余天文俱乐部，可以试着联系你所在地的天文馆或科学中心，或者登录skypub.com/resources/directory/usa/html。

美国天文爱好者协会：corvus.com

美国变星观测者协会：aavso.org

美国流星学会：amsmeteors.org

月球与行星观测者协会：lpl.arizona.edu/alpo

天文联盟：astroleague.org

澳大利亚天文学会：atnf.csiro.au/asa/www

316 太平洋天文学会：astrosociety.org

英国天文协会：ast.cam.ac.uk/~baa

国际超新星监测网：supernovae.net

国家深空观测者学会：cismall.com/deepsky/nebulae.html

皇家天文学会 (英国)：ras.org.uk

加拿大皇家天文学会 ：rasc.ca

317 业余射电天文爱好者协会：bambi.net/sara.hrml

附录G

# 星图

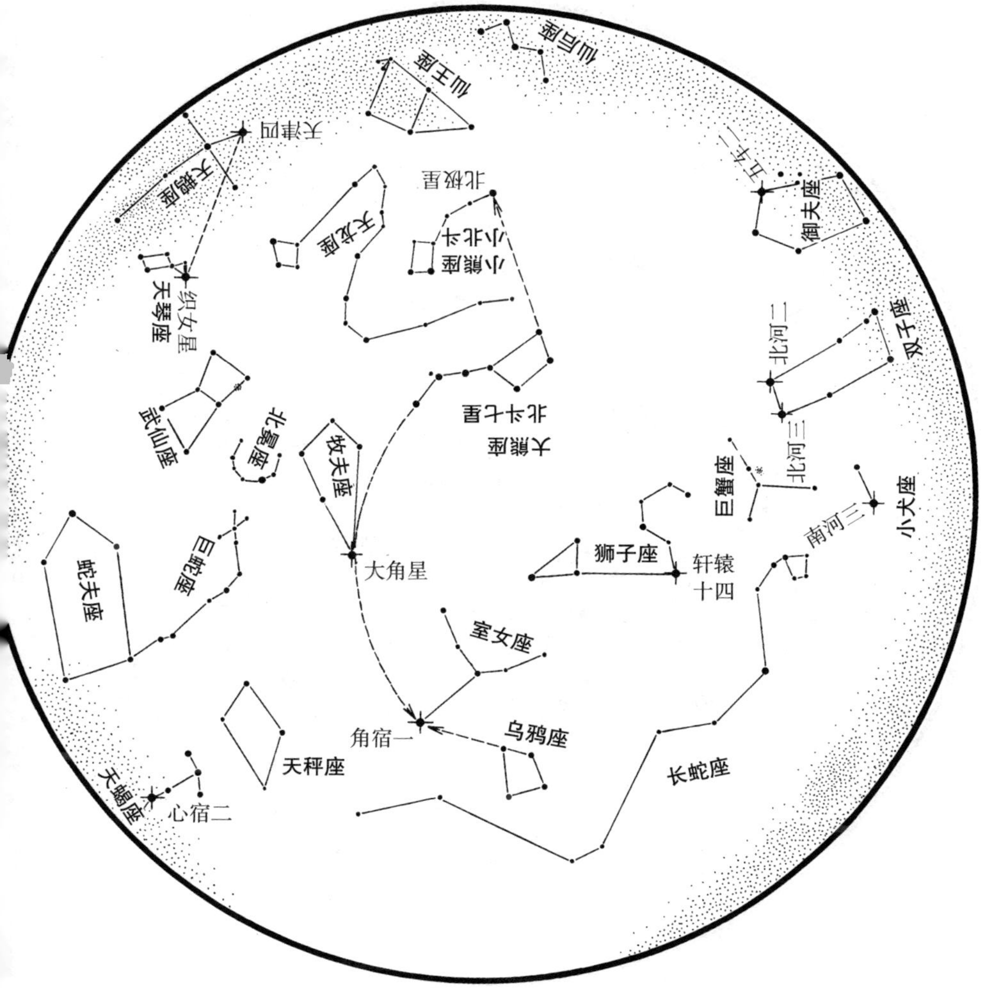


南地平线

**春季**

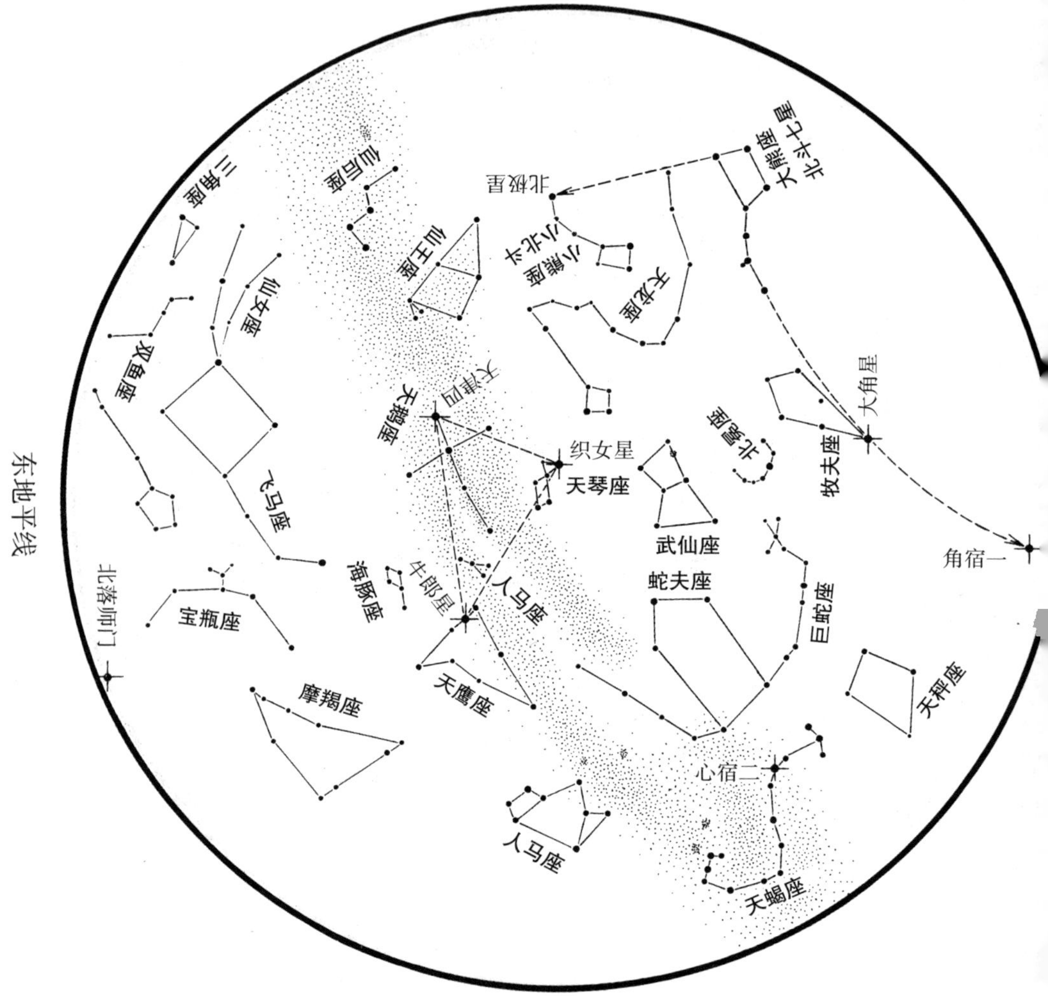
北斗七星
大熊座
北极星
小北斗
小熊座
天龙座
仙后座
仙王座
三角座
仙女座
双鱼座
天鹅座
天津四
织女星
天琴座
北冕座
牧夫座
大角星
武仙座
飞马座
海豚座
牛郎星
人马座
蛇夫座
巨蛇座
角宿一
宝瓶座
北落师门
摩羯座
天鹰座
天秤座
心宿二
人马座
天蝎座
东地平线

南地平线

**夏季**

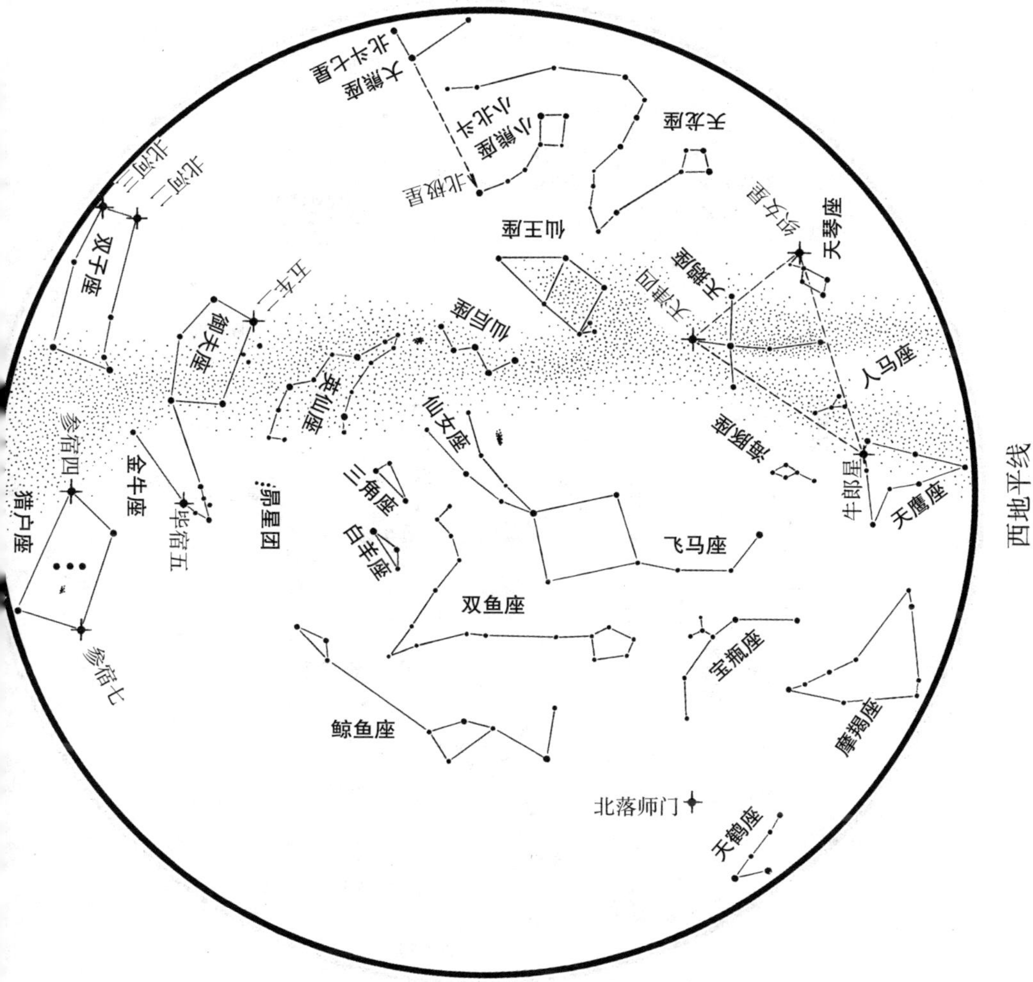
西地平线
飞马座
双鱼座
宝瓶座
摩羯座
鲸鱼座
北落师门
天鹤座
天鹰座
牛郎星
海豚座
人马座
仙女座
三角座
白羊座
昴星团
金牛座
毕宿五
猎户座
参宿四
参宿七
英仙座
御夫座
双子座
天琴座

南地平线

**秋季**

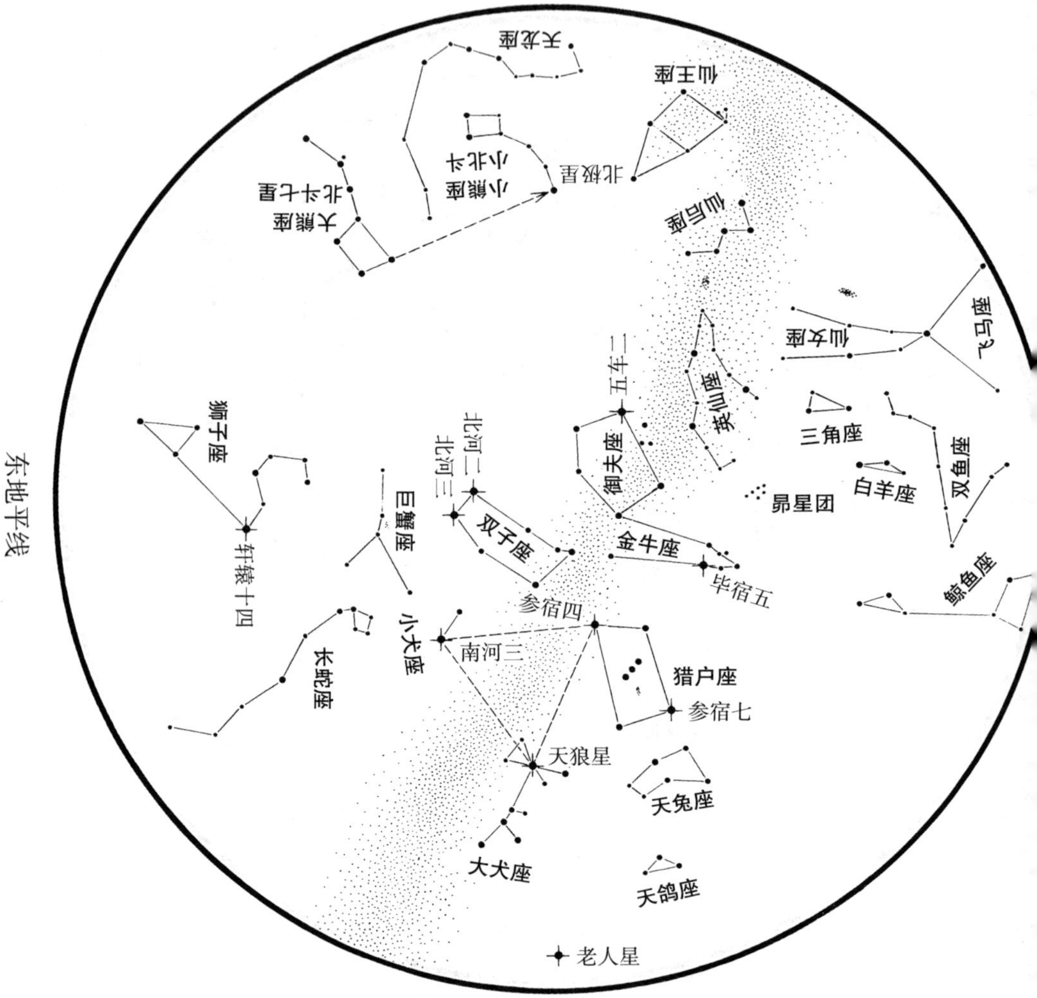
天龙座
仙王座
小熊座
小北斗
北极星
大熊座
北斗七星
仙后座
英仙座
仙女座
五车二
御夫座
三角座
白羊座
双鱼座
昴星团
金牛座
毕宿五
鲸鱼座
狮子座
轩辕十四
北河二
北河三
巨蟹座
双子座
参宿四
小犬座
南河三
猎户座
参宿七
长蛇座
天狼星
天兔座
大犬座
天鸽座
老人星
东地平线

南地平线

**冬季**

# 注 释

## 前 言

1. George E. Hale, "The Work of Sir William Huggins." *Astrophysical Journal*, April 1913, p. 145.
2. 解仁江,私人通信,2001年5月9日。

## 第一章 开始

1. V. M. Hillyer, *A Child's History of the World.* New York: Century, 1924, p. ix.
2. 出处同上,p. 5。
3. 天文学家常说,透过地球大气观测星空,犹如在水下看地面上的景物。这句话听起来有些夸张。新罕布什尔州的天文爱好者凯文·J. 麦卡锡养成一个奇怪的习惯,他在他的游泳池底透过8英尺深的水观星,然后发现看到的景象比预期的要好很多。180度的苍穹在水的折射下被挤到仅有97度宽,而且在水面上能看到的每颗星星,在水底同样能看到。
4. Booker T. Washington White, "Special Streamline."
5. Albert Einstein, *Autobiographical Notes*, in P. A. Schilpp, *Albert Einstein: Philosopher-Scientist*. London: Cambridge University Press, 1969, p. 5.

## 第三章 氧层

1. 冲突由黑人音乐起头,蔓延到南方大部分地区。田纳西州的一个白人至上组织的传单上写着:"停下! 救救美国的年轻人……打电话给播放这种音乐的广播台的广告商,向他们投诉!"但这些音乐被证明是不可抵抗的。
2. R. H. Blythe, *Zen and Zen Classics*. Tokyo: Hokuseido, 1976, vol. 2, p. 170.

3. 截至2001年，这个项目每秒进行10万亿次浮点运算。

4. 1997年，詹姆斯·科尔德、约瑟夫·拉齐奥和卡尔·萨根（“Scintillation-Intermittency in SETI”, astro-ph/9707039）提出星际闪烁“极有可能让我们初步检测到远距离（大于100秒差距）发出的窄频段信号，却不太可能被再次侦测到”。换句话说，从距离地球几百光年远的行星传来的外星信号，是有可能被短暂接收到的，但几分钟后SETI团队重新检查时它又不在了，因为信号在途中受到了像臭氧层一样不稳定的星际气体云的显著衰减。他们建议SETI项目经常重新观测天空中曾收到短暂信号的区域，那些信号一度因为没有再次出现而被认为是误报。“我们不能排除一些类似这样的‘误报’其实可能是真实存在的地外智慧生物讯号。”他们写道。

5. 在这个老故事的一些版本中，询问法拉第的人据说是英国首相。（例如John Simmons, *The Scientific 100*. Secaucus, N. J.: Carol Publishing, 1996, p. 62。）还有些版本摒弃了这个说法，认为它是假的。

6. “Johnny B. Goode,” written and performed by Chuck Berry, from *Chuck Berry's Golden*
323 *Decade*, Chess Records LP 1514D.

## 第四章　业余爱好者

1. 尽管几十年以来，200英寸望远镜被看作专业天文学的象征，然而，它那独特的、有如建筑物般庞大又能以只手之力平滑移动的马蹄形装置，其实是天文爱好者H. 佩奇·贝利的发明。贝利是一名牙医，爱好广泛，有一次，一个患者给了他15英寸的镜面以冲抵看牙的费用，他从此开始陷入望远镜的世界。他于1930年开始构想马蹄形装置——这是个从内到外都非常稳固的设计，可以让望远镜轻易指向天空中的任何方位——并建造了两个，一个他自己用，另一个给了圣贝纳迪诺初级学院。前来学习他的设计的参观者中有个叫罗素·波特的人，是业余望远镜制作者兼插画家，曾在南极探险，还曾被召入帕洛马开发团队。在大型装置中，贝利的马蹄形装置胜过了罗素的叉式设计，但罗素似乎还是因此广受赞誉，他在他的回忆录中含糊地写道：“巧的是，几年前，我见到过类似这样的马蹄形设计！”(Russell Williams Porter, *The Arctic Diary of Russell Williams Porter*. Herman Friis, editor. Charlottesville: University Press of Virginia, 1976, p. 168.) 贝利死于1962年，谁能想到，他死后，他自己的那个装置几经转手，最终流落到加利福尼亚州雷德兰兹的一家机械修理店内堆废品的院子里，锈迹斑斑。另一位天文爱好者艾伦·古特米勒在20世纪90年代将它重新修葺，并与一台20英寸便携式牛顿反射望远镜装在一起，用卡车驮着它们，风吹日晒地到高海拔的观测地去。经过的司机看着它一闪而过，谁会知道他们看到的是伟大的帕洛马望远镜的种子呢。

2. John Lankford, “Astronomy's Enduring Resource.” *Sky & Telescope*, November 1988, p. 482.

3. 弗格森让教徒乐于接受天文学，他宣称，正如他所见到的那样，“凭借着来源于这门科学的知识，我们不仅发现了地球的大小……而且自身的才能也被它所传递的恢宏理念拓宽了，我们的心智超越了庸人卑下的偏见，我们的认知受到信念的感染，深信上帝的存在、智慧、力量、美德、不朽和监督者的地位”。他也是当时科学写作中时新的“万物微不足道”流派的大师，他写道，天文学“向我们揭示了多得令人难以置信的恒星、星系和世界，它们散布在无垠的宇宙中。换言之，我们的太阳及其所有的行星、卫星和彗星都湮灭了，在一只能够容纳整个宇宙的眼睛里，它们不足为道，只是海滩上的沙粒——它们所占的空间相对来说如此之小，在宇宙中几乎算不上是一块可被感知的空白”。(James Ferguson, *Astronomy Explained upon Sir Isaac Newton's Principles*. Philadelphia: Mathew Carey, 1806, pp. 31, 34.)

4. George W. E. Beekman, “The Farmer Astronomer.” *Sky & Telescope*, May 1990, p. 548.
5. Allan Chapman, *The Victorian Amateur Astronomer*. New York: Wiley, 1998, p. 208.
6. Patrick Moore, “The Role of the Amateur.” *Sky & Telescope*, November 1988, p. 545.
7. *Oxford English Dictionary*, second edition.
8. Chapman, *The Victorian Amateur Astronomer*, p. xi.
9. 这是一颗嵌在NGC 2261中的恒星，尽管我们的视线被遮挡，无法直接看到它，但它把邻近的云的影子投在了地球能看到的一片大的扇形云上。随着邻近的云的移动，影子也在变化，改变着星云的亮度。
10. 莱斯大学的T. R.威廉姆斯在他的论文“The Director's Choice: Mellish, Hubble and the Discovery of the Variable Nebula”中重述过这个故事。论文发表于AAS 197, January 7, 2001, Session 1: “Boners of the Century”。威廉姆斯补充说：“梅利什几周后发现了另一颗彗星，而弗罗斯特却推迟了几天才向哈佛报告，以拍照确认这个发现。”乔治·范·别斯布鲁克确认了这一说法，他是一个业余爱好者出身的专业天文学家，在叶凯士天文台从事观测工作。
11. John Lankford, “Astronomy's Enduring Resource.” *Sky & Telescope*, November 1988, p. 483.
12. Leif J. Robinson, “Amateurs: A New Dawning.” *Sky & Telescope*, November 1988, p. 324
453.
13. 概括地说，很多领域的业余爱好因战后工业化革命带来的繁荣而兴起。我童年的那架反射望远镜，在1956年大约价值15天的美国人平均日薪，而在1990年只需要五分之一的价格就能买到了。
14. Don Moser, “A Salesman for the Heavens Wants to Rope You In: Astronomer John Dobson.” *Smithsonian*, April 1989, p. 102.
15. Patrick Moore, *The Astronomy of Birr Castle*. London: Mitchell Beazley, 1971, p. 24.
16. 家用摄像机使用CCD，可以捕捉到湍流空气异常清晰的时刻。摄像机一般每秒可以拍摄60帧图像，由奇数和偶数列交错组成，构成每秒30帧的单个视频。这个特征被少数业余爱好者发现，在记录一些明亮天体，比如行星、月球和人造卫星的时候，他们用它来捕捉“视宁”极佳的一些瞬间。罗恩·丹托维茨巧妙地发展了这个技术，在他教授天文课的波士顿科学博物馆，利用一台跟踪望远镜拍摄视频，然后将每帧最锐利的部分挑出，拼接成了一张高分辨率的照片。他拍摄的轨道上的航天飞机静态照片细节丰富，航天飞机上的货舱门是否打开都能看得清清楚楚。美国国家侦察局的官员找上门来，因为他们担心他的技术会被用来监视间谍卫星。丹托维茨热情地给他们做了个展示。他从自己的数据库中调取了一个机密的"长曲棍球"卫星的轨道参数，然后在几分钟之内就跟踪到了它。"你能看出这就是'长曲棍球'，"他简洁地说，"你看它那清晰的橘红色……可能是隔热层的缘故。"他描述安全官员对于他这个壮举的反应是"隐忍不发"(Ron Dantowitz, "Sharper Images Through Video," *Sky & Telescope*, August 1998, p. 54)。

17. 艾伦·桑德奇，作者的电话采访，2000年1月3日。
18. William Blake, *The Marriage of Heaven and Hell*, 9, 7, in Geoffrey Keynes, ed., *Blake: Complete Writings*. London: Oxford University Press, 1972, p. 152.

## 你能看到多少？拜访斯蒂芬·詹姆斯·奥马拉

1. 由于奥马拉的身份是业余爱好者，很多教科书和科学论文都忽略了他的发现。我浏览网页，看到了很多这样的说法："在地球上并不能测出天王星的自转周期，因为它的行星盘几乎是无任何特征的"(蒙特利尔天文研究所)，"由于地面望远镜的分辨率局限，天王星大气特征的细节观测几乎不可能实现"(空间望远镜研究所)，还有"在'旅行者号'之前……这颗行星的自转速率只能被粗略估算，据信在16到24小时之间"(喷气推进实验室"旅行者号"天王星科学总结)。

## 第五章　专业工作者

1. Joseph Patterson, "Our Cataclysmic-Variable Network." *Sky & Telescope*, October 1998, pp. 77ff.
2. 出处同上。
3. 获得了哈勃时间的业余爱好者还有以下几位：安娜·拉森，搜寻系外行星；詹姆斯·赛考斯基，调查木卫一从木星阴影中出现时的不明亮光；雷蒙德·斯特纳，研究连接星系的光弧。
4. Paul Boltwood, "Experiences With Pro-Am Relations," in John R. Percy and Joseph B. Wilson, eds., *Amateur-Professional Partnerships in Astronomy*. San Francisco: Astronomical Society of the Pacific, 2000, pp. 193–194.
5. 有一项研究将天文爱好者分为五大类，估算在北美约有5 000名专业工作者、500名"资深"业余爱好者、40 000名"有经验的业余爱好者"、10 000名新手，以及200 000名至少"对天文略有兴趣"的人。Andreas Gada, Allan H. Stern, and Thomas R. Williams, "What Motivates Amateur Astronomers?" in Percy and Wilson, eds.,

*Amateur-Professional Partnerships*, p. 15. 325

6. 另一项巡天项目叫TASS——业余爱好者巡天。这个项目将定制的比较简单并配有CCD的望远镜分配给志愿观测者。虽然望远镜没有跟踪装置，只是简单地给地球自转时每晚经过的一小片天空拍摄图像，但二十多架TASS望远镜——这些望远镜仅仅由一个相机镜头和一个装在外壳里的CCD芯片组成——能够在一年里对1万颗恒星中的每一颗都进行200次测量。尽管TASS是由业余爱好者运作的，但被证明极具吸引力，连专业工作者也参与进来。他们计划在未来建造更大的设备。"建好以后，我们会把它们分发给在互联网上与我们保持通信的陌生人，"TASS的创始人汤姆·德勒格写道，"我们希望他们能够编写程序，利用搜集到的数据为科学做出贡献。"

## 绘出宇宙：拜访杰克·牛顿

1. *Amateur Astronomy*, Winter 2000, p. 3.

## 第六章　石山

1. Harold Richard Suiter, *Star Testing Astronomical Telescopes: A Manual for Optical Evaluation and Adjustment.* Richmond, Va.: Willmann-Bell, 1994, p. 3.
2. 出处同上，p. 2。

## 第七章　太阳的疆域

1. Timothy Ferris, *The Red Limit*. New York: Morrow, 1983, p. 95.
2. 可靠的太阳滤镜由聚酯或玻璃制成。不要用烟熏玻璃或别的自制品：它们可能确实会降低太阳的视亮度，看起来好像很安全，但红外波段光会损伤眼睛。要避免将滤镜装在目镜上：聚焦的阳光热量会烧裂滤镜，在观测者有时间做出反应之前，阳光就会进入并损伤眼睛。
3. P. Clay Sherrod, *A Complete Manual of Amateur Astronomy*. Englewood Cliffs, N. J.: Prentice-Hall, 1981, p. 101.
4. Gerald North, *Advanced Amateur Astronomy*. Cambridge, U. K.: Cambridge University Press, 1997, p. 249.
5. 很多主序星、类日恒星都被认为是这种稳定性的典型，但天文学家并不能确认。有一个据我所知还没完成的很有趣的业余天文项目，就是用CCD监测几百颗类日恒星在多年内的亮度，看它们是否如太阳一般稳定。
6. Michael Maunder and Patrick Moore, *The Sun in Eclipse*. New York: Springer, 1998, p. 54.

7. Herbert Friedman, *Sun and Earth.* New York: Scientific American Books, 1986, p. 70.
8. Terence Dickinson and Alan Dyer, *The Backyard Astronomer's Guide.* Camden East, Ont.: Camden House, 1991, p. 146.
9. William Sheehan and Thomas Dobbins, "Mesmerized by Mercury." *Sky & Telescope*, June 2000, p. 109.

## 第八章 晨星与昏星

1. Eugene O'Connor, "Chasing Venus Around the Sun." Undated report on the Web site of the Astronomical Society of New South Wales.
2. Joseph Ashbrook, *The Astronomical Scrapbook.* Cambridge, Mass.: Sky Publishing, 1984, p. 230.
3. David Harry Grinspoon, *Venus Revealed: A New Look Below the Clouds of Our Mysterious Twin Planet.* Reading, Mass.: Addison-Wesley, 1997, p. 48. "黑滴"现象现在被认为是由多种条件结合产生的，包括当地当时的视宁状况和观测的地点。
4. William Sheehan and Thomas Dobbins, "Charles Boyer and the Clouds of Venus." *Sky
326 & Telescope*, June 1999, p. 57.
5. 出处同上，p. 59。
6. 出处同上，p. 60。
7. E. C. Krupp, "The Camera-Shy Planet." *Sky & Telescope*, October 1999, p. 94.
8. Grinspoon, *Venus Revealed*, p. 49.
9. Krupp, "The Camera-Shy Planet," p. 95.
10. Thomas A. Dobbins, Donald C. Parker, and Charles F. Capen, *Introduction to Observing and Photographing the Solar System.* Richmond, Va.: Willmann-Bell, 1992, p. 33.
11. 第一句话：Mikhail Ya. Marov and David Harry Grinspoon, *The Planet Venus*. New Haven: Yale University Press, 1998, p. 384. 第二句话：Mark A. Bullock and David H. Grinspoon, "Global Climate Change on Venus." *Scientific American*, March 1999, p. 57.

## 第九章 月舞

1. Joseph Ashbrook, *The Astronomical Scrapbook.* Cambridge, Mass.: Sky Publishing, 1984, p. 233.
2. 普鲁塔克对日食——可能是公元71年3月20日的那次——的解释是古代唯一提到太阳日冕的，他也是提到日全食期间星星会出现的三个人之一。另外两个分别是修昔底德（他于公元前431年看见了日食）和特拉雷斯的弗莱贡（他观测到的可能是公元29年的那次日食）。

3. Galileo Galilei, *Siderius Nuncius*, trans. A. Van Helden. Chicago: University of Chicago Press, 1989, p. 36.
4. 出处同上，p. 42。
5. Scott L. Montgomery, *The Moon and the Western Imagination*. Tucson: University of Arizona Press, 1999, p. 112.
6. Michael J. Crowe, *The Extraterrestrial Life Debate 1750–1900: The Idea of a Plurality of Worlds from Kant to Lowell*. Cambridge, U. K.: Cambridge University Press, 1986, p. 74.
7. 出处同上，p. 60。
8. 出处同上，p. 63。表示强调的部分为赫歇尔所标注。
9. 出处同上，p. 112。
10. 出处同上，p. 207。
11. 出处同上，p. 393。
12. Edgar Allan Poe, "The Unparalleled Adventure of One Hans Pfaall." In Harold Beaver, ed., *The Science Fiction of Edgar Allan Poe*, New York: Viking Penguin, 1976, p. 55.
13. 坡为了将故事发表在一部文集中而做的备注；见 Beaver, ed., *The Science Fiction of Edgar Allan Poe*, p. 58。
14. 洛克最初的目标应该是托马斯·迪克牧师，后者辩称，多元化宗教的基础在于认为生命存在于宇宙各处。洛克的来信在巴黎科学院被大声读了出来，里面的人听后大笑。
15. Winifred Sawtell Cameron, "Lunar Transient Phenomena." *Sky & Telescope,* March 1991, p. 265.
16. 出处同上。
17. 当然，并非所有LTP报告都能以UFO解释，不代表它就不能和UFO有半点关系。关于这一问题的综述，参见 William Sheehan and Thomas Dobbins, "The TLP Myth: A Brief for the Prosecution." *Sky & Telescope*, September 1999, p. 118 (TLP是LTP的另一种说法)。他们推断LTP的报告集中于月球少数几个地区，是因为观测者对LTP过去报告的细节"所关注的范围极度不均匀"所导致的"反馈"效应。他们评价LTP"是堪比火星运河的时代性错误"。
18. Alan MacRobert, "The Moon Shall Rise Again." *Sky & Telescope*, November 1988, p. 478.
19. 令人困惑的是，这种现象在观测中被称作月球减速。因为月球移动到较高轨道位置的时候，与背景恒星的相对位移速度会慢很多——和飞机在较高位置的时候比近看要慢很多的道理一样。月球的视减速预测速率为每100年28角秒，而观测到的实际 327
情况为23角秒。理论和观测结果不一致的原因尚未被完全弄清楚。
20. Maurice Hershenson, ed., *The Moon Illusion*. Hillside, N. J.: Lawrence Erlbaum, 1989, p. 7.
21. 出处同上，p. 11。

22. 在暗室里用一只灯泡和一张白纸就可以简单重现这个视错觉。对着灯泡看几秒钟，再看向白纸，你会在纸上看到一个灯泡的“后象”，然后将白纸移到远处，就会注意到后象变大了！某种意义上，大脑是在说：“如果看上去有这么大，现在又比我想的要远，那一定比我想的也要大很多。”
23. “Maxims and Reflections, ” in Douglas Miller, ed. and trans., *Goethe: Scientific Studies*. New York: Suhrkamp, 1988, p. 308.
24. Bob Dylan, “License to Kill.” “挑战者号”航天飞机爆炸两周后，1986年2月12日，迪伦在澳大利亚悉尼演唱这首歌前加了一段话，他的声明如下：“这是我不久前写的东西，是关于这个太空项目的。你们都听说了这场悲剧，对吧？……人们没有资格飞上天。地球上需要解决的问题还不够多吗？所以我想把这首歌献给所有被骗上天的可怜人。”我个人很尊重迪伦，无论如何他在他的时代都是声名赫赫的艺术家，但他的逻辑就如同说第一条肺鱼没资格上岸，恐龙不应该飞翔。
25. Christopher Dickey, “Summer of Deliverance.” *The New Yorker*, July 13, 1998, p. 40.

## 第十章　火星

1. William Herschel, “On the Remarkable Appearances at the Polar Regions of the Planet Mars, the Inclination of Its Axis, the Position of Its Poles, and Its Spheroidal Figure, with a Few Hints Relating to Its Real Diameter and Atmosphere.” *Philosophical Transactions of the Royal Society* 81, pt. 1 (1781): 115；quoted in William Sheehan, *The Planet Mars: A History of Observation & Discovery*. Tucson: University of Arizona Press, 1996, p. 34.
2. 这个时间范围是个整数。一个地球年是365.26天，一个火星年是696.98天，两次冲日的平均间隔是779.74天。这就是会合周期，小到764天，大到810天。
3. Vincenzo Cerulli, “Polemica Newcomb-Lowell-fotografie lunari.” *Rivista di astronomia* 2 (1908), p. 13, quoted in Sheehan, *The Planet Mars*, p. 130.
4. Percival Lowell, *Mars and Its Canals*. New York: Macmillan, 1906, p. 376.
5. Donald E. Osterbrock, “To Climb the Highest Mountain: W. W. Campbell’s 1909 Mars Expedition to Mount Whitney.” *Journal for the History of Astronomy* 20 (1989), p. 86.
6. 出处同上，pp. 78–97。
7. E. E. Barnard, unpublished ms. at Vanderbilt University. Quoted in Sheehan, *The Planet Mars*, p. 116.
8. Bruce Murray, *Journey into Space: The First Three Decades of Space Exploration*. New York: Norton, 1989, p. 43.
9. 卡尔·萨根，作者的采访，1972年于纽约州伊萨卡。
10. C. R. Chapman, J. B. Pollack, and C. Sagan, *An Analysis of the Mariner 4 Photographs of Mars*, Smithsonian Astrophysical Observatory Special Report 268. Washington, D.C.:

The Smithsonian Institution, 1968.

11. 数月前,洛厄尔天文台的天文学家查尔斯·卡彭恰好预见了这个发展。他注意到火星快要运行到远日点时,明显发生了一场最大的尘暴,他写道:"一场巨大的大气扰动会干扰……'水手号'轨道飞行器的第一个任务。"事实的确如此。英国天文爱好者艾伦·希思是最先发现这场尘暴的人之一。他用的是一架12英寸反射镜。他的报告和别的报告一起预告了"水手号"最早可能——或可能不会——在火星上看到什么东西。 328
12. Murray, *Journey into Space*, p. 65.
13. 约翰·梅利什是一位天文爱好者,1915年11月,叶凯士天文台允许他使用他们的40英寸克拉克望远镜观测火星,他宣称在这颗红色行星上看到了"很多陨石坑和裂痕",并以之前其朋友兼导师E. E. 巴纳德于1892年到1893年间在利克天文台的绘图作为补充,这个绘图也展现了类似的"山脉和山峰,以及陨石坑"。梅利什自己的绘图并未被公布,后来在他工作室的一场火灾中被损毁,所以他的话并未被采信。科普作家、天文爱好者威廉·希恩在叶凯士的阁楼上发现了巴纳德画的一些火星旧作,它们可能就是梅利什参考的那些。这些画作呈现了类似陨石坑的特征,当中有一些是山,但没有一个是真正的火星陨石坑。参见 William Sheehan, "Did Barnard & Mellish Really See Craters on Mars?" *Sky & Telescope*, July 1992, p. 23。
14. C. F. Capen, *The Mars 1964–65 Apparition*, JPL Technical Report No. 32–990. Pasadena, Calif.: Jet Propulsion Laboratory, 1966, p. 10.
15. 出处同上,pp. 62,66,75–76,78,79。
16. 唐纳德·帕克,私人通信。
17. Stephen James O'Meara, "Observing Planets: A Lasting Legacy." *Sky & Telescope*, November 1988, p. 475.
18. Donald C. Parker and Richard Berry, "Clear Skies on Mars." *Astronomy*, July 1993, pp. 72ff.
19. 凯瑟琳·苏利文,作者的采访,1999年于华盛顿。
20. 测量一颗行星的极轴倾角,是画一条与其轨道平面垂直的线,然后测量极轴与它的夹角。一颗"站得笔直"的行星,也就是赤道面平贴着轨道面,其极轴倾角为0度;如果行星横躺,极轴嵌在轨道面内,那么其倾角就是90度。
21. 火星轨道的偏心率目前是0.093,过去曾达到0.13。地球轨道的偏心率目前是0.017,从未超过0.05。
22. David Morrison, *Exploring Planetary Worlds*. New York: Scientific American Library, 1993, p. 141.
23. 出处同上,p. 143。
24. 卡尔于1996年12月20日去世,享年62岁。为了纪念他,自"海盗号"以来第一个成功登陆火星的探测器——降落在阿瑞斯谷的"探路者"着陆器,被命名为"卡尔·萨根纪念站"。

## 黑暗尽头的光：拜访詹姆斯·特瑞尔

1. 特瑞尔生于1943年5月6日，是在空袭后的第十四个月，所以时间未必吻合；但就像约翰逊博士谈论宝石铭文时所说的那样，讲述精彩的家族故事时，“一个人是不必起誓的”。
2. James Turrell, “Night Curtain.” Internet posting under James Turrell/Roden Crater, adapted from his book *Air Mass*. London: South Bank Centre, 1993.
3. 詹姆斯·特瑞尔，作者的采访，2000年12月20日于亚利桑那州弗拉格斯塔夫。
4. 出处同上。
5. 詹姆斯·特瑞尔在加州大学伯克利分校建筑系的致辞，2000年11月27日。
6. 一个日本电视台在特瑞尔不知情与未同意的情况下，借用了特瑞尔装置里的光脉冲，然后将其加速，放在一个“宠物小精灵”电视节目里，上百名观看者在观看节目之后感到不适并就医。医生对这场疾病暴发的缘由持不同意见，但大部分还是诊断为光敏性癫痫。这种疾病暴发的诱因可能是电视频闪达到了32赫兹，已经非常接近人眼看到一帧帧独立电影画面时不会感到闪烁，而是感知到连续画面的那个点。特瑞尔装置上的电视效果是将孤立的观众置于一个“甘兹菲尔德球体”中，创造出一个无特征的视觉空间，宛如将半个乒乓球罩在眼睛上。不过在这个装置中，光的脉冲速率更慢也更安全。

329 7. 詹姆斯·特瑞尔在伯克利的致辞。
8. Jeffery Hogrefe, “In Pursuit of God’s Light.” *Metropolis*, August 2000.
9. 尽管“standstill”(停变线)用得比较多，但一些考古学论文更喜欢用的天文术语是“lunar and solar stillstand”。

## 第十一章　天外来石

1. 关于陨石伤人的历史报告概述，可参见John S. Lewis, *Rain of Iron and Ice.* Reading, Mass.: Addison-Wesley, 1996, pp. 176–182。
2. “Meteorites Pound Canada.” *Sky & Telescope*, September 1994, p. 11.
3. Dennis Urquhart, Research Communication of the University of Calgary, May 31, 2000.
4. 虽然这个词和惠普尔有点关系，他也经常用这种说法，但1996年我在哈佛的时候问过他这个问题，他回忆说自己一开始用的是“冰聚合物”这个词，后来一个报社记者想出了“脏雪球”。
5. 休斯·帕克，私人通信，1998年秋。
6. Moh’d Odeh, on the Jordanian Astronomical Society Web site, *www.jas.org.jo*.
7. Lewis, *Rain of Iron and Ice*, p. 50. 曾有理论认为——这个理论颇具争议——是这次撞击制造了焦尔达诺·布鲁诺环形山，月球上地质年龄最年轻的大陨石坑之一。我对此并不认同。

8. 狮子流星群冲击月球是在流星雨峰值从欧洲过境的两个半小时之后，因为那一天月球恰好位于地球绕日运行的轨道后方。地球离开狮子星流的富集区之后，月球才进入，因此地球上的焰火刚尽，月球上的烟火才开始。
9. Erik Asphaug, “The Small Planets.” *Scientific American*, May 2000, p. 50.
10. 测定小行星的结构和密度（例如，它们是否大体上是固体，或只是碎石堆），是为了预测一颗小行星撞击地球时，其冲击力更像是炮弹还是猎枪。少数体积小的越地小行星以奇特的形状著称，比如3671狄俄尼索斯和1996 FG3。
11. Dennis di Cicco, “Hunting Asteroids.” *CCD Astronomy*, Spring 1996, p. 8.
12. 出处同上，p. 11。
13. Joseph Ashbrook, *The Astronomical Scrapbook*. Cambridge, Mass.: Sky Publishing, 1984, p. 73.
14. 依照传统，彗星一般以发现者的名字命名，再加上年份和当年的发现顺序。例如IRAS–荒木–阿尔科克彗星（1983d）就是1983年被发现的第四颗彗星，分别被两个观测者和IRAS（红外天文卫星）独立发现。后来国际天文学联合会提出了新的命名规则，日期以半年为界，因此1995年上半年发现的第一颗彗星就被命名为1995 A1；字母前缀表示这颗彗星是周期彗星（P），抑或是其轨道在相当长一段时间内都不会将它带回的非周期彗星（C）、永远不会再回归的已消失彗星（D），或者有可能是一颗小行星（A）。所以P/1996 A1（杰迪克彗星）是一颗周期彗星，也是1996年上半年发现的第一颗彗星。小行星的命名规则是用年份和月份（以半月为界，1982 DB是1982年2月下半月第二颗彗星）加上国际天文学联合会编目，以及发现者选定的一个名字。一些发现过很多小行星的观测者，会以他们的亲戚、朋友、老师，甚至摇滚明星的名字命名：因此我们就有了诸如叫17059埃尔维斯（1999 GX5）、4147列侬（1983 AY）的小行星。国际天文学联合会则提出“不建议以宠物的名字命名”。
15. David Levy, “Star Trails.” *Sky & Telescope*, November 1989, p. 532.
16. Edwin L. Aguirre, “How the Great Comet Was Discovered.” *Sky & Telescope*, July 1996, p. 27.
17. Alan Hale, “The Discovery of Comet Hale-Bopp.” Web posting, http://galileo.ivv.nasa.gov/comet/discovery.html, September 1995.
18. Milton Meltzer, *Mark Twain Himself*. New York: Wings Books, 1993, p. 288.
19. Bradley E. Schaefer, “Meteors That Changed the World.” *Sky & Telescope*, December 1998, p. 70. 330

## 彗尾：拜访戴维·列维

1. David Levy, “Untitled Remarks,” in William Liller, *The Cambridge Guide to Astronomical Discovery*. Cambridge, U. K.: Cambridge University Press, 1992, p. 95.

2. Robert Reeves, "My Field of Dreams: An Interview with David H. Levy." *Astronomy*, April 1994, p. 13.

3. 列维重新装订这本书的灵感可能来自佩尔蒂埃，后者从小就喜爱观星，他最喜欢的观测书是玛莎·埃文斯·马丁的《友好的星辰》。他在当地图书馆里反反复复查阅这本书，最终图书管理员用蓝黑色书皮将其重新装订，然后作为礼物送给了他。(Leslie Peltier, *Starlight Nights: The Adventures of a Star-Gazer*. Cambridge, Mass.: Sky Publishing, 1965, p. 42.)

4. Leslie C. Peltier, *Starlight Nights*, p. 137.

## 第十二章　天上的害虫

1. Edwin Emerson, *Comet Lore*. New York: Schilling Press, 1910, p. 89. 迪格斯并非语无伦次的唯心论者，而是一个数学家、一个实验者——他也是经纬仪的发明者——而且好像还是威廉·莎士比亚的朋友。

2. 在另一个版本中，杰斐逊把他们称作"北佬教授"。并没有什么证据支持这个故事，它首次发表于1874年，距杰斐逊逝世已过去了近半个世纪，此后这个故事被再三转述。参见John F. Fulton and Elizabeth H. Thompson, *Benjamin Silliman: Pathfinder in American Science*. New York: Henry Schuman, 1947, pp. 76–78, 以及Silvio A. Bedini, *Thomas Jefferson: Statesman of Science*. New York: Macmillan, 1990, p. 388。

3. Aristotle, *Meteorology*, Book1, 5ff. 在写下《老水手之歌》里的如下诗行时，塞缪尔·泰勒·柯尔律治仿佛亚里士多德附体，他可能是在对他见过的1797年狮子流星雨做出反应："高空大气迸发出生命！上百道闪电熠熠生辉，它们来来往往，忙忙碌碌！来来往往，时隐时现，暗淡的星辰在其间舞动……"

4. 托马斯·杰斐逊致丹尼尔·萨蒙的信件，1808年2月15日，转引自Bedini, *Thomas Jefferson*, p. 386。

5. 杰斐逊致安德鲁·埃利克特的信件，1805年10月25日，转引自Bedini, *Thomas Jefferson*, p. 388。

6. Roberta J. M. Olson, *Fire and Ice: A History of Comets in Art*. New York: Walker, 1985, p. 78.

7. Donald K. Yeomans, *Comets: A Chronological History of Observation, Science, Myth, and Folklore*. New York: Wiley, 1991, p. 22.

8. A. Dean Larsen, ed., *Comets and the Rise of Modern Science*. Provo, Utah: Friends of the Brigham Young University Library, 1986, p. 3.

9. 当时的天文学家们——哈雷的朋友、格但斯克的酿酒师约翰·赫维留就是其中之一——建立了一种理论，即用测定彗星轨道是双曲线还是抛物线的方法来辨别周期彗星。双曲线轨道的彗星不会回归，抛物线轨道（闭合轨道）的彗星则会。哈雷彗星的双曲线轨道经过冥王星，它的轨道周期会有变化，从74年到79年不等，这主要是由于受到了木星和其他一些巨行星的引力的影响。

10. Yeomans, *Comets*, p. 119.
11. Voltaire, *The Elements of Sir Isaac Newton's Philosophy*, John Hanna, trans. New York: Gryphon, 1995, p. 340.
12. Carl Sagan and Ann Druyan, *Comet*. New York: Ballantine, 1997, p. 279.
13. Carolyn S. Shoemaker and Eugene M. Shoemaker, "A Comet Like No Other." John R. Spencer and Jacqueline Mitton, eds., *The Great Comet Crash: The Impact of Comet Shoemaker-Levy 9 on Jupiter*. Cambridge, U. K.: Cambridge University Press, 1995, p. 7.
14. 彗星解体以前被观测过，但一般是它们靠近太阳时经受了潮汐力的撕扯，以及受热蒸发所致。地球和月球上发现的陨石坑链，都提示它们曾被解体的彗星碎片撞击过。
15. 保罗·乔达斯，作者的采访，1996年10月24日于亚利桑那州图森。 331
16. Timothy Ferris, "Is This the End？" *The New Yorker*, January 27, 1997, p. 49.
17. 戴维·莫里森，作者的采访，1996年10月9日于NASA埃姆斯研究中心。
18. 发布于莱恩·安博吉的网站，http://www.net1plus.com/users/lla/Index.htm。
19. Edwin L. Aguirre, "Sentinel of the Sky." *Sky & Telescope*, March 1999, pp. 76ff.
20. James Woodford, "Outback Amateur Discovers Asteroid Threat to the World." *Sydney Morning Herald*, May 21, 1999.
21. John S. Lewis, *Rain of Iron and Ice*. Reading, Mass.: Addison-Wesley, 1996, p. 222.
22. 我们倾向于认为，行星会吸引住天体，而不是将天体抛到太阳系边缘，但其实行星是非常有力的投石机。假设你在约公元前40亿年的时候骑在一颗柯伊伯带彗星上，从外向内接近木星，你可能不会真正撞到木星上去：尽管木星很大，但在太空中，它仍旧是个很小的目标。实际上，你会加速到一定程度，然后绕着木星转一个弯，再以更快的速度飞向太空。宇航员将其叫作"引力助推"，但更准确的叫法应该是"角动量助推"。当你抵达木星附近时，木星的速度放慢了一点——只有一点点，但它动量巨大——而你则加速很多，犹如一个溜冰者在和一个巨人玩打响鞭。你离开时相对于木星的速度和抵达时是相同的，但你的轨道速度极大地增加了，而且角动量助推发生时，任何正在运行的天体都会爬升到更高的轨道。木星可以轻松将5万亿颗彗星抛到奥尔特云处极高的轨道，而奥尔特云是如何形成的，答案仍旧未知。

## 第十三章　木星

1. José Olivarez, quoted in *Sky & Telescope*, December 1999, p. 120.
2. John H. Rogers, *The Giant Planet Jupiter*. Cambridge, U. K.: Cambridge University Press, 1995, p. 8.
3. 木星不同纬度地区的自转不尽相同，太阳也一样。天体赤道地区自转一周需9小时50.5分钟，极区自转一周需9小时55.7分钟，射电观测显示液体深海地区自转一周需9小时55.5分钟。

4. 结合木星众神之王的寓意为木星卫星起名是个很有趣的事情，最早由约翰内斯·开普勒向西蒙·马里乌斯（1573—1624）提出。赫歇尔用这个方法为土星的卫星命名，后来它成了其他行星卫星命名的惯例。
5. J. B. Murray, “New Observations of Surface Markings on Jupiter’s Satellites.” *Icarus* 23, 1975, pp. 397–404.
6. Rogers, *The Giant Planet Jupiter*, p. 341.
7. S. J. Peale, P. Cassen, and R. T. Reynolds, “Melting of Io by Tidal Dissipation.” *Science*, vol. 203, no. 4383, 1979, pp. 892–894.
8. Stephen James O’Meara, “Hubble’s Amateur Hour.” *Sky & Telescope*, August 1992, p. 155.
9. James Secosky, “$SO_2$ Concentration and Brightening Following Eclipses of Io, ” WFPC1 program 2798, *Icarus* 111, April–June 1992.
10. “Students Receive Unique Science Lesson.” *Genesee Country Express*, December 18, 1997.
11. O’Meara, “Hubble’s Amateur Hour, ” p. 155.
12. 很多文章（还有些见解）对科里奥利力有误解，我们有必要对此做一番挖掘。假设你从纽约市向正南方向发射了一枚弹道导弹，它飞上高空，20分钟后在600英里外落回地球。如果地球不在自转，导弹会掉入大海，不会造成伤害。但地球是自西向东自转的，真实情况是导弹会落在西面5度的地方——地球在导弹下方自转——所以它落入的是佛罗里达州而不是大海（为了避免这样的灾难，对弹道学的研究促进了科里奥利力的论证，1835年，法国数学家加斯帕尔-古斯塔夫·德·科里奥利证明了科里奥利力）。从导弹的角度来说，弹道是直的，但从地面上观察，导弹看起来
332 是弯向西面的一条曲线，就像被神秘力量牵引。

    这个科里奥利“力”使得北半球的风偏向右侧，南半球的风偏向左侧，从而建立起大规模的大气单体（或者叫环流模式），在北方为顺时针旋转，在南方为逆时针旋转。有一种说法很流行，那就是赤道以北地区水槽底部的水流漩涡是顺时针，赤道以南是逆时针，然而这种说法是错的。科里奥利力太弱，无法做到这一点，除非是在严密隔绝的浴缸中做长时间的观测。肯尼亚的纳纽基是赤道上的一个城市，城里的一个骗子靠向游客“展示”两个做过手脚的水槽的效应揽财，但这种骗术很容易被看穿，因为他偶尔会弄混两个水槽，把南边的水槽弄成顺时针，把北边的水槽弄成逆时针。飓风和其他气旋都是在科里奥利风的冲击下旋转的低压区域。和人们想的不一样，它们的自转方向与科里奥利单体本身相反。你可以想象低压区域是旋转木马，科里奥利风都向右旋转，从它的四面八方擦过：它们将使单体逆时针旋转，就像一个顺时针旋转的齿轮与第二个齿轮咬合，令其反方向旋转。然而，高压区域——出于一些原因，我在这里不会深入讨论——顺着科里奥利方向旋转，生成反气旋，在北半球顺时针旋转，在南半球逆时针旋转。

13. Gary Seronik, “Above and Beyond.” *Sky & Telescope*, May 2001, p. 130.

14. 最亮的卫星木卫三是黄色的。第二亮的木卫一通常被描述为白色，而在我的眼睛看来——可能是受后来“旅行者号”传回的关于火山的信息的影响——它有些明显的红色。木卫二和木卫四稍暗，看起来是白色和黄色。这些卫星的亮度估值如下：木卫三为4.6等，木卫一为5等，木卫二为5.3等，木卫四为5.6等。木卫一绕木星一周需1.8天，木卫二需3.6天，木卫三则需7天。由于最内侧两颗卫星的公转周期差不多均匀地分布在7天之内，你每周都能看见这三颗卫星处于几乎相同的位置。木卫四比较远，完成一周运行需16.7天。

15. John D. Bernard, “The Comet Shoemaker-Levy 9 (SL9) Collision: A Project of the Jupiter Space Station, ” jupiterspacestation.org/jup_sl9.html.

## 土星风暴：拜访斯图尔特·威尔伯

1. 雷塔·毕比，作者的电话采访，2000年1月5日。

## 第十四章　外行星

1. Fred W. Price, *The Planet Observer's Handbook*. Cambridge, U. K.: Cambridge University Press, 1994, p. 264.

2. 天体在轨道中的运行速度由其所在位置的引力强度决定。太阳的引力强度随距离的平方而递减，因此外行星的运行速度比内行星慢很多。地球运行速度较快，接近每秒30千米；而土星离太阳比地球远10倍，运行速度则不到每秒10千米；海王星与太阳的距离是地球的30倍，以每秒5.4千米的速度在轨道上爬行。(距离与速度的关系可由开普勒第三定律表达，即$R^3 = P^2$，R指的是行星轨道半径，P指的是周期长度。)

3. 环的厚度可能有个更低的极限，上限估值大约是10千米。

4. 大部分历史学家将C环的发现归功于1850年的威廉·邦德、乔治·邦德和威廉·道斯。不过，我们无所不能的威廉·赫歇尔在其1793年11月11日夜间的观测记录中描述过一条“5倍的带”，意味着他可能也观测到了C环。

5. Albert van Helden, “Saturn Through the Telescope: A Brief Historical Survey, ” in Tom Gehrels and Mildred Shapley Matthews, eds., *Saturn*. Tucson: University of Arizona Press, 1988, p. 32.

6. 1849年，爱德华·洛希论证了洛希极限。对于一颗给定的行星而言，洛希极限是不 333
同的，这取决于所讨论的卫星的结构。一颗质量微乎其微的、密度与母行星一致的液态小卫星，其洛希极限是行星半径的2.44倍，但把它换成拉伸强度更大的固体卫星，洛希极限就会降低。一颗靠近地球的雪球卫星会很快突破洛希极限，但科幻电影对地球城市上方盘旋的巨大外星飞船的刻画，未必违背了洛希极限，前提是它们的构造比较结实。

7. 巨行星会捕捉许多很小的小行星，当中有很多无疑是还未被发现的——而且它们以前的卫星可能已经因撞击而解体成碎片，在轨道上运行——因此也不太可能宣布每颗行星到底有多少经过确认的卫星。当我在一个周一写下这段话的初稿时，土星有24颗已知卫星。到了周末，天文学家宣布他们用夏威夷的3.6米加拿大-法国-夏威夷望远镜又发现了4颗卫星，总数变成了28颗。数周过后，又有2颗卫星被夏威夷和亚利桑那州的惠普尔天文台发现；所以土星有了30颗已知的卫星。在那之后的数月内，又有12颗卫星被发现，大部分天文学家已不再试图去估算有多少颗了。同样地，我写这段话的草稿时，木星有17颗已知卫星，次月中旬上涨到了28颗，再过几个月又变成了39颗。再加一句，截至现在，天王星一共有21颗卫星，海王星有8颗卫星。
8. 天文爱好者唐纳德·帕克及其合作伙伴估算出，土卫六可用任意小型望远镜甚至双筒望远镜观测到，土卫五和土卫八在土星西大距的时候可用3英寸反射镜观测到。土卫四、土卫三和土卫二则需要4英寸望远镜，而土卫七和土卫一至少需要8英寸孔径。Thomas A. Dobbins, Donald C. Parker, and Charles F. Capen, *Introduction to Observing and Photographing the Solar System*. Richmond, Va.: Willmann-Bell, 1992, p. 109.
9. 较小的土星卫星包括比较远的、在逆行轨道上的土卫九，运行在土卫五和土卫四之间的土卫十二，位于土卫四、土卫三之间的土卫十四和土卫十三，还有内侧的土卫十、土卫十一、土卫十七、土卫十六、土卫十五和土卫十八。E环和C环在土卫一的两侧，F环在土卫十七和土卫十六中间，A环（卡西尼环缝也是）在土卫十八的轨道内。
10. A. F. O'D. Alexander, *The Planet Saturn*. New York: Dover, 1962, p. 92.
11. 出处同上，p. 238。
12. "旅行者1号"飞掠土卫六时，我们研究了它衰退的射电讯号，获得了关于土卫六大气透明度的更多数据；1989年7月3日，土卫六掩恒星人马座28，当恒星消失在土卫六表面的云层后面时，业余爱好者和专业天文学家测量了恒星亮度削减的曲线。他们观测到"中心闪光"，是由于恒星在土卫六身后，受大气的透镜效应的影响，星光在恒星周围产生折射，这就动摇了主流的土卫六的朦胧大气模型。业余观测者中，英国南约克郡的凯文·迪克斯还在观测中另有收获，他注意到"我们对土卫六的位置更加了解，这意味着即将到来的卡西尼土星和土卫六任务可以被更加精确地定位"。
13. Christopher Wills and Jeffrey Bada, *The Spark of Life: Darwin and the Primeval Soup*. New York: Perseus, 2000. In Tim Flannery, "In the Primordial Soup, " *New York Review of Books*, November 2, 2000, p. 56.
14. Cassini, in Alexander, *The Planet Saturn*, p. 113.
15. David Morrison, Torrence Johnson, Eugene Shoemaker, Laurence Soderblom, Peter

Thomas, Joseph Veverka, and Bradford Smith, "Satellites of Saturn: Geological Perspective, " in Gehrels and Matthews, eds., *Saturn*, p. 616.

16. "有关天空的构建的知识，永远是我观测的终极目标。"赫歇尔写道。(Michael Hoskin, "William Herschel and the Making of Modern Astronomy." *Scientific American*, February 1986, p. 106.) 他对目标太过执着，还找到了好多目标外的东西。他勤勉的观测已成为传奇，为很多人所目睹，他自己这样描述："我现在将自己完全投入天 334
文观测中，不愿错过星夜的任何一小时。有多少个夜晚，我都做十一二小时的观测，仔细地逐个检查400个以上的天体……有时候我会对一个特别的天体观察半小时之久，用尽我望远镜的所有倍率。"(Michael Hoskin, *William Herschel: Pioneer of Sidereal Astronomy*. London: Sheed Ward, 1959, p. 15.)
17. E. C. Krupp, "Managing Expectations." *Sky & Telescope*, August 2000, p. 84.
18. 出处同上，p. 85。
19. 天王星接近海王星时沿着自己的内侧轨道快速前进，海王星的重力牵引将其加速了。接着，在它们经过对冲点后——就是太阳、天王星、海王星成一条直线——海王星会拖慢天王星的速度。这一效应在海王星即将被发现的时期非常显著，因为1822年发生了对冲。
20. Patrick Moore, *The Discovery of Neptune*. New York: Wiley, 1996, p. 17.
21. 出处同上，p. 20。
22. 出处同上，p. 22。
23. John Herschel, letter on "Le Verrier's Planet, " in Ellis D. Miner, *Uranus: The Planet, Rings, and Satellites*. New York: Ellis Horwood, 1990, p. 25.
24. Moore, *The Discovery of Neptune*, p. 23.
25. 出处同上，p. 24。
26. 转引自帕特里克·摩尔的《海王星图集》，第22页。他发现"海王星本应比更近、更亮的天王星早将近170年被发现，这是很有意思的事情"。伽利略对海王星的观测由S. 德雷克和C. T.科瓦尔在他的日志里发现 (*Scientific American*, 243, 1980, p. 74; *Nature*, 287, 1980, p. 311)，E. 迈尔斯·斯坦迪什和安娜·M. 诺比利对此做了跟进研究 (*Baltic Astronomy*, vol. 6, 1997, pp. 97–104)。后面两人注意到伽利略画的一张关于海王星位置的图中呈现出不规则性，但他对木星卫星——他真正在注意的目标——位置的标注"比例精确……比他用以标注卫星位置的小点宽度更窄！"
27. 用赫歇尔的话来说，"如果我们希望对这繁复的大自然的研究能够更进一步，就应当避免两个极端，我很难说这两个极端中的哪一个更危险。如果我们醉心于构建自己的斑斓想象，构建自己的世界，就不应该对我们偏离了真理和自然的道路而感到惊讶；然而一旦有人提出更好的理论，它们就会像笛卡尔的旋涡说一样烟消云散。反过来说，如果我们除了观测还是观测，不去尝试总结规律并做出演绎，我们就违背了其他观测理应得出的终极结果"。*Philosophical Transactions of the Royal Society*, ci (1785), pp. 213–214.

28. J. L. E. Dreyer, ed., *The Scientific Papers of Sir William Herschel*. London: Royal Society and Royal Astronomical Society, 1912, 1, pp. 312–314.

29. 到底是谁最先发现天卫三轨道内侧的两颗卫星——天卫二和天卫一，一直没有公论。英国业余爱好者威廉·拉塞尔常被作为发现者提起，但也有合情合理的质疑认为俄罗斯天文学家奥托·斯特鲁维是发现者。甚至连威廉·赫歇尔也曾被很多学者认为是第一个发现天卫二的人，他曾标记出天王星的“卫星”，但那些其实只是背景恒星。天卫五是天王星最内侧一颗庄严的卫星，1948年，杰拉德·柯伊伯在得克萨斯州的麦克唐纳天文台用一台82英寸反射望远镜拍摄到了它，它才被发现。海王星有两颗很明亮的卫星靠在外侧：拉塞尔于1846年发现了其中较大的海卫一，柯伊伯于1949年发现了其中较小的海卫二。

30. 它那极端的方向造成了奇异的后果：尽管天王星每18小时自转一次，它的每个半球都会经历长达40年的白昼，然后再经历长达40年的黑夜。

31. 金星也是倾斜的，倾角为178度。和天王星一样，金星也是逆行旋转——我们由此
335 得知它被撞歪了90度以上——但天王星每18小时自转一周，而金星上的一天是243个地球日，这表明撞击金星的这颗天体的运行方向和金星自转方向相反，将其速度降到几乎静止的程度。月球也是一次大撞击的产物，这些强有力的证据显示，在太阳系早期，尚未成形的行星体彼此相撞得非常频繁。

32. Clyde W. Tombaugh and Patrick Moore, *Out of the Darkness: The Planet Pluto*. New York: Signet, 1980, pp. 116–117.

33. Alan Stern and Jacqueline Mitton, *Pluto and Charon: Ice Worlds on the Ragged Edge of the Solar System*. New York: Wiley, 1998, p. 19.

34. David Levy, *Clyde Tombaugh: Discoverer of Planet Pluto*. Tucson: University of Arizona Press, 1991, pp. 69–70.

35. 曾有一位法国天文学家于1919年提议给行星X起名为“冥王星”，但行星被发现的时候没人记得这件事——伯尼小姐显然也不会记得，那一年她才刚出生。

36. 在得知冥王星不符合要求之后，汤博又花费13年的时间寻找行星X，在这个过程中他检查了9 000万张图片，其中包含3 000万颗恒星。如果柯伊伯带确实存在的话，这项工作有力地缩小了柯伊伯带天体的位置和体积的范围。当“旅行者号”飞掠天王星和海王星，获得了关于它们质量的更精确数据，这桩公案就结束了：人们用新获得的数据重新计算了二者的轨道，曾一度被认为是行星X导致的摄动不见了。

37. “缺席令人困惑甚至悲伤”：Kenneth Chang, “Pluto’s Not a Planet? Only in New York.” *The New York Times*, January 22, 2001。“从行星中移除”：Ira Flatow, *Talk of the Nation/Science Friday*, NPR, February 11, 2000。“海登天文馆把冥王星剔出了行星序列”：Charles Osgood, CBS News *Sunday Morning*, February 18, 2001。“冥王星没能晋级”：“Museum Explains Why Pluto Is Out of Its Orbit, ” *The Santa Fe New Mexican*, March 3, 2001。“这样你才能了解到”：NBC News *Saturday Today*, January 27, 2001。“不要数行星，数家族吧”“我们与冥王星站在一起”：Chang, “Pluto’s Not

a Planet?” “In a different universe” : “Is Pluto Really a Planet?” *The News of the World*, January 28, 2001。

38. Clyde Tombaugh, interviewed by David Levy, March 23, 1987, in Levy, *Clyde Tombaugh*, p. 182.

## 第十五章　夜空

1. David J. Eicher, “Warning: Globular Clusters Can Change Your Life.” *Astronomy*, April 1988, p. 82.
2. Robert Henri, *The Art Spirit.* Boulder, Colo.: Westview Press, 1984, p. 79.
3. 本书主要讲北半球星座——而且是概述——和最适宜观测的春季星空。
4. 天枢是个例外，这颗星在勺底，最靠近北极星，而摇光在勺柄最远端。
5. 大部分亮星的名字都是古代阿拉伯天文学家起的，不过有些星星（比如天狼星）的名字来自希腊人，还有一些（比如轩辕十四）来自罗马人。按照约翰·拜耳在1603年出版的《测天图》中采用的体例，星座中的亮星以希腊字母表命名排序。因此大犬座的最亮星——天狼星，就是大犬座α。还有几个别的命名系统被人们使用，它们以不同的星表为基础。例如天狼星在不同的命名系统中可以叫作SAO 151881、GCS 5949:2767、HIP 32349、HD 48915、B–16 1591，以及弗拉姆斯蒂德–拜耳大犬座9–α。88个星座都有希腊和拉丁名。国际天文学联合会是负责为恒星命名的权威机构，联合会告诫消费者，一些商业机构向他们收取费用，以他们自己或者他们朋友的名字为恒星“命名”，是无效的。“这和真爱以及生命中其他许多美好的事情一样，”国际天文学联合会使用对科学组织而言罕见的动情散文，这样声明道，“夜空之美是无价的，但人人都可以享受它。”
6. Robert Burnham Jr., *Burnham's Celestial Handbook*. New York: Dover, 1978, p. 1940.
7. 这些归类是由特殊的光谱线定义的，例如，O型星在光谱中会展现电离氦的谱线，B 336
型星有中性氢的谱线，M型星则有氧化钛的谱线。这个分类可以再用数字精确细分：一颗F5型星是介于F和G之间的。在20世纪20年代和30年代，人们又加了一个二级参数，按照恒星的光度给它们做了从I（热超巨星）到V（冷的矮星）的划分。太阳的光谱类型是G2V，意思是这是一颗G型矮星。不过在天体物理学术语中，大部分中等大小的主序星都叫矮星；这个术语并不意味着它们都非常小。
8. Burnham, *Burnham's Celestial Handbook*, p. 1285.
9. 将普林斯顿物理学家理查德·高特在其他背景下的调查延伸开来，我们会发现自己身处一个比较典型的大型星系之中，这毫不令人意外，因为概率摆在这里。典型的星系，顾名思义，就是最常见的类型。由于大型星系所包含的恒星比小星系多，一位观测者通常会发现自己是在一个较大的星系里，就如同大城市出生的人比小城市多。相对来说，观测者不太会发现自己在一个特别大的星系里，因为它们比较少；观测者也不太会在矮星系里，因为它们的恒星较少。

10. 银河系和其他星系都有很多所谓的暗物质，它们的存在可以从星系的引力动力学中推断出来，但并不能被观测到。暗物质的结构目前尚不得知，但可能涉及奇异的亚原子粒子。本章中我们讨论的暗云并不是这种神秘的“暗物质”，而是由气体和尘埃构成，我们对它的结构有一定的了解。
11. William Sheehan, *The Immortal Fire Within: The Life and Work of Edward Emerson Barnard*. New York: Cambridge University Press, 1995, p. 3.
12. Gerrit L. Verschuur, “Barnard's ‘Dark’ Dilemma.” *Astronomy*, February 1989, p. 32.
13. Sheehan, *Immortal Fire Within*, pp. 9–10.
14. 出处同上，p. 12。
15. Verschuur, “Barnard's ‘Dark’ Dilemma, ” p. 33, and Sheehan, *Immortal Fire Within*, p. 13.
16. Burnham, *Burnham's Celestial Handbook*, p. 1635.

## 第十六章　银河

1. 公平地说，银河附近亮星的数量也并非那么惊人，在全天173颗亮度超过3等的恒星中，这些亮星只占了15%到20%，具体比例取决于我们如何给它们归类。但从理论上讲，这可以从数据中推断出来。(数据来自 D. Hoffleit and W. H. Warren Jr., *The Bright Star Catalogue*, 5th revised edition, Astronomical Data Center, NSSDC/ADC, 1991。完全按亮度为恒星归类，可能不够精确，因为还有变星等天体，但从统计的角度来说对结果不会有太大影响。)
2. Auguste Comte, *Cours de Philosophie Positive*, 1835.
3. 在我的 *Coming of Age in the Milky Way* (New York: Morrow, 1988) 的第九章中可以看到对这项工作的完整阐述。
4. Stephen James O'Meara, “The Outer Limits.” *Sky & Telescope*, August 1998, p. 87.
5. Walter Scott Houston, *Deep-Sky Wonders*. Selections and commentary by Stephen James O'Meara. Cambridge, Mass.: Sky Publishing, 1999, p. 2.
6. 猎户星云的典型密度大约是每立方厘米1 000颗原子，比星际空间的密度大多了，但依旧非常稀薄。星云中尘埃粒子的大小有如香烟烟雾的粒子，质量却仅有后者的1%，大致以150米的间距分布。
7. Houston, *Deep Sky Wonders*, p. 4.
8. 博克在1918年荷兰的一次童子军野营活动中被夜空深深吸引，并如他所说“爱上银河”，然后在哈洛·沙普利的影响下转向职业天文研究，后者对球状星团距离的测量揭示了太阳系在银河系中的位置。博克是个非常正派的君子，他毕生忠实于沙普
337 利，为后者工作。1983年，就在博克去世前一个月，我对沙普利的银河系模型的一些部分提出了批评性的意见，因而受到了博克的诘问，他从观众席中站起，为他的良师益友做辩护，如今离他去世已过去了10年。不止我一个人发现，与睿智温和的博

克争论，远比附和其他一些科学家来得愉快。

9. 在梅西叶的时代，M42和M43都比较知名，在天空中远比任何彗星显眼，学者们曾经纳闷梅西叶为何把这些天体囊括在他旨在帮助彗星搜索者排除干扰的天体表里。除此以外，他还把M44、蜂巢星团、M45、昴星团列了进去，这些天体都不太会被误认为彗星，只有最糟糕的观测者才会搞错。有人推断，他之所以列出这些天体，是为了在他的1774年星表中将天体的数量增加到45个，因此可以超过他的竞争对手尼古拉·路易·德·拉卡伊的1755年南天星云星表。
10. "蓝离散星"让简单的事情变得很复杂。这些蓝色恒星显然很年轻，但人们在球状星团里发现了成千颗这样的恒星，而球状星团里本应该都是老年恒星。试图解释球状星团内年轻恒星成因的理论有十多种，涵盖了从近距离双星的交互作用到星团中央附近的恒星撞击的种种设想，这些都导致星际物质混合，产生类似新星的东西。
11. Leos Ondra, "Andromeda's Brightest Globular Cluster." *Sky & Telescope*, November 1995, p. 69.

## 蓝调乐谱：拜访约翰·亨利之魂

1. 约翰·亨利是一名奴隶，在美国重建时期参与修建铁路。哈迪·莱德贝特告诉人种音乐学家艾伦·洛马克斯，约翰·亨利来自弗吉尼亚州的纽波特纽斯，他从那里修建铁路，一直修到辛辛那提。
2. Mississippi John Hurt, "Spike Driver Blues, " 1928. 赫特的机师不愿冒死亡的风险，选择辞职或逃离。他小心地避免和老板产生冲突（"带上这把铁锤，把它交给队长吧，告诉他我走了"），他援引约翰·亨利的事例，以表达他想用自己的人生做些别的事：

   约翰·亨利丢下铁锤，
   锤子上面鲜血淋淋。
   这就是我离开的原因。
   约翰·亨利机师年纪轻轻，
   却丢掉了他的性命。

3. 作者对保罗·戴维斯和史蒂文·韦恩伯格的采访，2000年5月30日于加利福尼亚州旧金山。
4. Ludwig Wittgenstein, *Tractatus Logico-Philosophicus*. C. K. Ogden, trans. London: Routledge, 1988, 1.1.

## 第十七章　星系

1. 仙女星系的整个星系盘直径约为16 500到20 000光年，但我这里说的是在望远镜中明显可见的中间部分。

2. Ronald Buta, “Galaxies: Classification, ” in Paul Murdin, ed., *Encyclopedia of Astronomy and Astrophysics*. London: Nature Publishing Group, 2001, vol. 1, p. 861.
3. 以星座为其附近的星系命名不是个好习惯,容易导致混淆。例如六分仪矮椭圆星系,就很容易与六分仪A—— 一个更大更远的不规则星系混淆;人们说的“玉夫”,常常又可以指NGC 253—— 一个远在1 000万光年之外的大型旋涡星系。
4. E. J. Schreier, “NGC 5128/Centaurus A: 150 Years of Wonder.” *Encyclopedia of Astronomy and Astrophysics*, p. 1831.
5. 有证据显示M84其实是一个S0星系,就是说它是个没有旋臂的旋涡星系,但基于它
338 的外形,我依旧遵循传统,将其归入椭圆星系。
6. Alan Goldstein, “Explore the Virgo Cluster.” *Astronomy*, March 1991, p. 73.
7. 它们分别是烟尘一样的、被潮汐力打散的旋涡星系NGC 4438,旋涡星系NGC 4435、NGC 4479和NGC 4477,S0星系NGC 4461,以及椭圆星系NGC 4458和NGC 4473。
8. Alan M. MacRobert, “Mastering the Virgo Cluster.” *Sky & Telescope*, May 1994, p. 42. 科普兰在《天空与望远镜》发表多篇关于深空的文章,于1949年提出“镜头和镜面并非越大越好。投入与耐心都和对光的把握一样重要”。

## 第十八章　黑暗世纪

1. Harold G. Corwin Jr., “The NGC/IC Project: An Historical Perspective.” NGC/IC Project Web site, updated October 12, 1999.
2. Ken Hewitt-White, “Two Galaxy Clusters in Hercules: Observing Abell 2197 and 2199 from the Cascade Mountains.” *Sky & Telescope*, June 2000, p. 115.
3. Steve Gottlieb, “On the Edge: The Corona Borealis Galaxy Cluster.” *Sky & Telescope*, May 2000, p. 130.
4. Robert Roy Britt, “‘Brane-Storm’ Challenges Part of Big Bang Theory.” Space.com Web site, April 13, 2001.
5. Robert Burnham Jr., *Burnham's Celestial Handbook*. New York: Dover, 1978, vol. 1, p. 505.
6. Kepler, “On the New Star” (*De stella nova*). Prague: KGW, 1606, chapter 22, p. 257, line 23.
7. Reverend Robert Evans, “Visual Supernova Searching with the 40-inch Telescope at Siding Spring Observatory.” *Electronic Publications of the Astronomical Society of Australia*, vol. 14, no. 2, February 1997.
8. 出处同上。
9. 蒂姆・帕克特,作者的采访,2001年3月16日。
10. 出处同上。

11. 毫无疑问，1680年以来我们自己星系内部从未有超新星被发现，主要原因就是它们被遮蔽了。银河系这种尺度的旋涡星系每个世纪会产生两三颗超新星，但几乎所有的超新星都是在星系盘里面或附近的，因为那里的恒星最多。过去的两个世纪里应该有若干次超新星爆发，但都潜藏在云后。
12. 卡尔·彭尼帕克，作者的采访，1994年5月5日于加利福尼亚州伯克利。
13. 1993年3月28日（星期日），弗朗西斯科·加西亚·迪亚斯发现超新星，紧随其后的一系列事件都证明了作为业余天文社团成员的优势和求助于职业天文工作者带来的裨益。加西亚·迪亚斯找了马德里天文协会的成员何塞·卡瓦哈尔·马丁内斯，他用一个名为“小行星撞击”的电脑程序验证了它并不是一颗小行星。弗朗西斯科重新回到星系观测，卡瓦哈尔·马丁内斯又召集另一个成员——迭戈·罗德里格斯，后者拍摄了星系的CCD图像，确认超新星确实存在。罗德里格斯用了两张数字星图检查出这个位置上原先并没有恒星，然后联系了一位叫恩里克·佩雷斯的专业天文工作者，当晚后者就用加那利群岛上的2.5米牛顿望远镜做了观测。佩雷斯很快就获得了超新星的光谱，这是决定恒星类型的重要一步。黎明时分，西班牙业余爱好者已经联系了美国变星观测者协会的珍妮特·马泰，珍妮特那里还是黑夜，而澳大利亚的业余观测者罗伯特·埃文斯那里的太阳很快就要落下。数小时之内，业余爱好者和专业天文工作者横贯地球暗面，将他们的望远镜瞄准那颗超新星，获取宝贵的数据。
14. A. Dressler, “The Evolution of Galaxies in Clusters.” *Annual Review of Astronomy and Astrophysics*, 1984, 22:212.
15. Barbara Wilson, in “Who’s Afraid of Einstein’s Cross, ” Web site posting under “Adventures in Deep Space: Challenging Observing Projects for Amateur Astronomers.”
16. John Archibald Wheeler, *At Home in the Universe*. Woodbury, N. Y.: American Institute of Physics, 1994, p. 128. 对这个故事来源的拓展讨论，请参见惠勒的尾注。 339

## 天文台日志：黎明的密涅瓦

1. Hegel, *Philosophy of Right*, Preface.
2. Northrop Frye, *Fearful Symmetry: A Study of William Blake*. Princeton: Princeton University Press, 1969, p. 123.
3. Blake, *Jerusalem: The Emanation of the Giant Albion*. London: W. Blake, St. Molton St., 1804, p. 152.
4. Ray Monk, *Ludwig Wittgenstein: The Duty of Genius*. New York: Macmillan, 1990, pp. 140–141.
5. 出处同上，p. 572。
6. 出处同上，p. 143。 340

# 术语表

言语，别怪我借来庄重的字眼，

又劳心费神地使它们显得轻盈。

——维斯拉瓦·辛波斯卡，《在一颗小星星下》

Abell cluster　**阿贝尔星系团**　由美国天文学家乔治·阿贝尔编目的一个星系团。

Aberration　**像差**　会使像质变差的一种光学缺陷。元凶是像散、彗差、球差、色差——假色的介入。这些都导致光无法聚到焦点。

Absolute magnitude　**绝对星等**　参见magnitude。

Absorption　**吸收**　太空中的气体尘埃云或地球上的大气隔绝、减弱光线或别的辐射。吸收是间歇性的，呈现无规则性的闪烁。

Absorption nebula　**吸光星云**　参见nebula。

Accretion　**吸积**　一个天体和另一个较小的天体发生碰撞后，质量增加。

Accretion disk　**吸积盘**　旋转的盘状物质结构，其中绝大多数物质终将被它所环绕的天体（如黑洞）捕获。

Achromatic (or apochromatic) lens　**消色差（或复消色差）镜头**　由两块或多块镜片组成的镜头，每块镜片都有不同的折射率，组合后可将所有色彩的光聚向同一个焦点。目的是为了消除色差。

Adaptive optics　**自适应光学**　一种系统，可以监测视宁度，并调整望远镜焦距，补偿大气的变化，产出分辨率更高的图像。

Airglow　**气辉**　大气中原子与太阳发出的粒子发生作用而产生的微弱的光。

Airy disk　**艾里斑**　光学系统中恒星呈现出盘状，即便是制作精良的设备也不能将恒星展现成没有维度的点，而是会将16%的光发散到一系列同心圆上。

Albedo　**反照率**　行星或卫星的反射能力。反照率为0的物体对投向它的光不做任何反射，反照率为1的物体反射投向它的所有光。

ALPO　月球与行星观测者协会。

Altazimuth mounting **地平装置** 一种望远镜装置，两根轴分别指向地平线和天顶。一个普通的地平装置可以指向天空中任何位置，但不能很好地跟踪天体，装有转仪钟的赤道装置则可以。有些装在多布森望远镜上的地平装置也可以，但装载的马达跟踪能力有限；还有些大型天文台望远镜采用马达驱动的地平装置，配备电脑控制 341
的相机转子，能实现长时间曝光拍摄。

Altitude **高度角** 天体到地平线的角距离。天体位于天顶时高度角为90度，位于地平线时高度角为0度。可对比方位角。

Angstrom **埃** 光的波长的测量单位。1埃等于1厘米的一亿分之一。

Aphelion **远日点** 太阳系内天体距离太阳最远的点。可比较近日点。

Apogee **远地点** 卫星距离地球最远的点。可比较近地点。

Apparent magnitude **视星等** 参见magnitude。

Apparition **可见期** 某个天体可以被很好地观测到的时期。例如，火星的可见期约有8到10个月，冲在这段时间的中间。

Appulse **合** 天空中一个天体在视觉上靠近另一个天体，例如一颗小行星靠近一颗恒星。

Arc minute **角分（符号为′）** 1度的六十分之一。

Arc second **角秒（符号为″）** 1角秒是1角分的六十分之一，1角分是1度的六十分之一。“亚角秒”分辨率，是指在望远镜中可观测到小于1角秒的天体，表示视宁度极佳。

Asterism **星群** 一个星座内肉眼可辨识的、聚集在一起的一团恒星（如大熊座内的北斗七星），也有跨星座的（如夏夜大三角，它由亮星织女星、河鼓二和天津四组成，分别在天琴座、天鹰座和天鹅座内）。

Asteroid **小行星** 绕日公转的小天体，名字就是体积较小的行星的意思。大多数小行星来自小行星带。小行星一般都是岩石而非冰块，但也有一小部分包含冰，类似一颗袖珍的彗星。

Asteroid belt **小行星带** 大多数小行星的聚居带，位于火星和木星轨道之间。

Astronomical unit (A. U.) **天文单位** 太阳与地球之间的平均距离，界定为1.5亿千米（9 300万英里，或是500光秒）。

Aten **阿登型小行星** 指的是轨道完全在地球内侧的一类小行星。

Atom **原子** 化学元素的基本单位，由一个原子核和电子云（一颗或多颗电子）组成。

A. U. 参见astronomical unit。

Aurora **极光** 太阳耀斑发射出的粒子被地球磁场锁住，并与大气层中的原子和分子相互作用，产生高空发光的现象。极光在北极叫作北极光，在南极就叫南极光。

Autoguider, autoguiding mechanism **自动导星装置，自动导星系统** 望远镜进行长曝光拍摄的时候，可以矫正望远镜细微错误的一种系统。CCD自动导星装置可将单 342
独的天体锁在视场内，一旦影像偏离位置，滑动到邻近的像素，系统可自动校正跟踪。

Autumn equinox **秋分点** 参见equinox。

Averted vision **眼角余光** 看一个暗弱天体的时候，试着避免直视，稍稍移开一点目光，天体的光即可落在眼睛对光线最敏感的部分。

**Azimuth 方位角** 一个天体的方位，以角度表示，在方位圈上正北为0度，正东为90度，正南为180度，正西为270度。天空中任意天体在某个时间点上的位置都能以方位角和高度角定义。由于地球自转，天体的方位角和高度角一直在变化，所以天文学家倾向使用以赤经和赤纬为坐标的天球标绘系统。

**Baily's beads 贝利珠** 日全食期间，日光从月面边缘处的山谷缝隙中穿过，在月球边缘附近产生的亮斑。

**Bar 巴** 大气压单位。地球海平面上的大气压一般约为1巴，又叫"一个标准大气压"，等于每平方英寸14.5磅。

**Barge 驳船** 一种大气涡旋，见于纬度范围较窄的类木行星。*

**Big bang 大爆炸** 宇宙在膨胀开端的时候高密度、高能量的状态。

**Big bang theory 大爆炸理论** 与膨胀中的宇宙的结构、起源和演化相关的一系列理论——比如解释随着源初物质冷却，质子和中子并和后释放出光子，产生宇宙微波背景，同时产生了原子的理论。

**Binary star 双星** 参见multiple star。

**Binoculars 双筒望远镜** 成对的望远镜，一般较小，连在一起，用于双眼同时观看。

**Black hole 黑洞** 一种天体——一般是一颗坍缩的恒星——引力场非常强，连光都无法逃逸出去。

**Blazar 耀变体** 明亮的星系核，亮度会有变化。

**Bolide 火流星** 一种极度明亮的流星，尤其是指会在天空中爆开的。

**Brown dwarf 褐矮星** 一种亚恒星天体，比行星大，但质量不足以产生热核聚变，以维持其内核稳定。

**Cannibal galaxy 吞食星系** 一种会从一个或多个星系中吸收恒星、尘埃和气体的星系。

**Cassegrain 卡塞格林望远镜** 参见telescope, Cassegrain。

**Cataclysmic variable star 激变变星** 一种会突然无预兆地变得比平时亮很多的变星。新星和耀星都属于激变变星的不同变种。

**CCD** "电荷耦合装置器件"，一种感光芯片，天文学家用以拍摄图像。亦可指装有
343 CCD芯片的相机。

**Celestial equator 天赤道** 地球赤道在天球上的投影。天赤道被规定为赤纬0度，与其垂直的线为赤经。

**Celestial pole 天极** 天球的两个极点，位于北赤纬90度和南赤纬90度，是地球自转轴延长线在太空中与天球的交点。

**Celestial sphere 天球** 被假想为球体内壁的夜空。天球上的坐标是通过赤经和赤纬来绘制的。

---

* 类木行星上椭圆形的暗斑。——译注

Chromatic aberration **色差** 光学上不同颜色的光折射出不同焦距而产生的谬差。参见aberration。

Chromoshere **色球** 太阳大气层，在光球以上，日冕以下。

Circumpolar **拱极** 终年夜晚可见，因为距离天极非常近，在一定纬度内，永不落下地平线。

Clock drive **转仪钟** 一种机械装置，可以移动望远镜或相机，抵消地球自转。

Cloud of galaxies **星系云** 参见cluster of galaxies。

Cluster of galaxies **星系团** 因引力聚集在一起的星系，一般直径可达几千万光年。较稀疏的星系团（例如本星系群）至多有100多个星系；较富集的星系团（例如后发星系团）有上千个星系。“星系群”和“星系云”都被用于描述星系团，非常容易混淆。亦可参见supercluster。

Cluster, star **恒星星团** 参见star cluster。

Collimate **校准** 将望远镜光学部件对齐，使光线可抵达焦点。望远镜光学部件校准之后，光路即可按照望远镜的设计路径通过。最简单的案例就是校准折射镜，即调整物镜，使之垂直于从物镜中心到目镜中心的一条线——这条线就是望远镜的光轴。

Collimation **准直** 参见collimate。

Coma **彗差/彗发/后发座** 1. 光学上的一种像差，会在图像中的光点周围形成一圈光晕。2. 彗核周围的一圈气体和尘埃的光晕。3. 后发座的简称，后发座是一个星座，内有后发星系团。

Comet **彗星** 太阳系天体的一种，由岩石和冰块构成，一般轨道偏心率比行星和小行星大。

Conjunction **合** 从地球上看，行星或其他天体靠近太阳或别的行星。内行星——运行轨道在地球内侧的水星和金星——从地球角度看位于太阳另一侧，三点成一线时，叫作“上合”；这两颗行星在地球和太阳中间成一线时，叫作“下合”。水星或金星下合时，有时候可在太阳圆面上见到它们的剪影，这叫作凌日。

Constellation **星座** 天文学上将天空划分为88个天区，其中任意一个天区都是一个星座。从更广泛的角度来说，星座就是将某天区中的恒星连接起来想象而成的一定形状。 344

Contact binary **相接双星** 一种聚星，其中的一颗恒星从另一颗恒星中吸收大气物质。

Coriolis force, Coriolis acceleration **科里奥利力，科里奥利加速度** 行星自转时对表面大气气体流动的影响力。科里奥利效应令北半球的大气“组织”顺时针旋转，南半球的逆时针旋转。

Corona **日冕** 太阳大气的最外层部分。

Cosmic microwave background **宇宙微波背景** 充斥在宇宙中的一种射电能，被认为是大爆炸期间原始物质挥发冷却后，光在后继的空间膨胀中被拉成低频波段而产生的微波辐射。

**Cosmic ray 宇宙射线** 一种高能粒子，如原子核，在太空中以接近光的速度穿行，撞击到地球大气。

**Cosmology 宇宙学** 对宇宙的整体进行研究的一种科学，也可指一种宇宙学理论。

**Culmination 中天** 一颗恒星或其他天体经过子午圈。

**Dark adaption 暗适应** 双眼在暗夜环境下度过一段时间后——一般是20到90分钟——会对光变得非常敏感，这期间除了星光外不能有别的亮光。

**Dawes's limit 道斯极限** 望远镜分辨率的理论极限，以角秒为单位，等于4.56/d；d是指望远镜的孔径，以英寸为单位。例如，一架10英寸望远镜的理论分辨极限是能够分辨相隔0.46角秒的两个天体，20英寸望远镜的分辨极限则是0.29角秒。在实际情况中，大气湍流也会限制望远镜的表现，使其并不能完全达到理论极限。

**Declination 赤纬** 天体在天球上与天赤道之间的距离，以度为单位。北赤纬以加号为标记（北天极就是+90度），南赤纬以减号为标记（南天极就是−90度）。

**Degree 度** 天文学中测量天空角度的最主要单位。绕天球一周是360度，从地平线到天顶是90度。1度可以划分成60角分，1角分可以划分成60角秒。

**Dobsonian 多布森望远镜** 参见telescope, Dobsonian。

**Double star 双星** 两颗恒星绕同一重心运行。参见multiple star。

**Dwarf 矮星** 天体物理学中质量超过太阳20倍的主序星。通俗地说，这是一种又小又暗弱的恒星，例如白矮星，是一颗主序星耗尽燃料坍缩之后剩下的遗迹。

**Eccentricity 偏心率** 椭圆轨道与正圆的差距。一个正圆轨道只有一个焦点——就是它的中心——偏心率为0。将这个正圆压扁，中心就会分裂成两个焦点。压得越扁，两个焦点相距越远，轨道偏心率就越高。

**Eclipse, lunar 月食** 月球经过地球的影子。如果阴影黑暗部分（本影）完全吞没月球，就是全食；否则就是偏食。

345 **Eclipse, solar 日食** 月球的影子落在地球的观测者上时，观测者所看到的一种现象。位于影子中间部位（本影）的观测者，看到的是月球将日面完全遮住，即日全食。在周围的半影部位的观测者，看到的是日偏食。

**Eclipsing binary 食双星** 一种双星或聚星，从地球上看，当中的一颗恒星会从别的恒星面前经过，改变整个系统的视星等。

**Ecliptic 黄道** 地球轨道在天球上的投影。又叫黄道带。

**Electromagnetic spectrum 电磁波谱** 电磁能的波谱（波谱是按照波长排列的能量图谱）。这个波谱的一部分由可见光构成。在长波段有红外光和射电，在短波段有紫外光、X射线和γ射线。

**Electromagnetism 电磁性** 带电粒子加速时产生的能量。电磁能具有波粒二象性。传输这种能量的粒子叫光子（以"光"来命名，而光是能够被眼睛观察到的电磁波），波长决定了它的属性——例如是光，还是射电。参见electromagnetic spectrum。

**Electron 电子** 带负电荷的粒子，围绕原子核运转，形成原子。

Emission nebula **发射星云** 参见nebula。

Epoch **历元** 星图上约定俗成的一个适用性时间段，一般半个世纪会更改一次（历元1950、历元2000等）。历元需要被指定，是因为春秋分点的岁差在天球坐标——赤经和赤纬上的位置，是相对于背景恒星变化的。

Equation of time **时差** 日晷测得的时间（真太阳时）与时钟测得的时间（平太阳时）之差。

Equator, celestial **天赤道** 参见celestial equator。

Equatorial mounting **赤道装置** 一种望远镜装置，它的极轴与地球自转轴平行，它的赤纬轴与极轴垂直，只需两个天体坐标即可使其方便地将望远镜瞄准天体。参见setting circle。

Equinox **分点** 黄道与天赤道相交的点。春分点被定为赤经（R. A.）0时，秋分点被定为赤经12时。可与至点对照。

Escape velocity **逃逸速度** 物体要从某个行星或别的天体的重力场中逃离所需的速度。逃逸速度是天体质量和大小的函数，前者决定了其整体引力场的强度，后者决定了在天体表面感受到的场强（即天体的"表面重力"）。地球上的逃逸速度是每秒11.2千米，木星上的逃逸速度是每秒60千米，太阳上的逃逸速度是每秒618千米。

Extinction **消光** 恒星或行星在地平线附近，与在天顶相比，光线需要穿过更多的大气，因而导致光减弱的现象。折射也是影响因素。

Eyepiece **目镜** 置放在望远镜焦点处以放大图像的一种光学装置。望远镜的放大倍率是望远镜焦距除以目镜焦距，因此目镜焦距越短，望远镜放大倍率越高。 346

Filament **暗条** 参见prominence。

Finder telescope **寻星镜** 装配在大型望远镜上的一个较小的、倍率较低的望远镜，作用是将天体置于视场中。

Fireball **火流星** 极亮（亮度在−10等或以上）的流星。

Flare **耀斑** 太阳或别的恒星表面大气的一种瞬间爆发。

Flare star **耀星** 一种小的主序星，会突然（一般在数小时之内）增加亮度，然后又降回到原来的水平，这个过程被认为是表面大型耀斑喷发造成的。

Focal length **焦距** 望远镜物镜或主镜与光线汇聚的焦点之间的距离。

Focal point **焦点** 参见focal length。

Focal ratio **焦比** 望远镜或相机镜头等别的光学系统的焦距，除以主镜（起到聚光作用）或镜头的直径。一架6英寸孔径、60英寸焦距的望远镜，焦比为10，表达式为F/10。

Force **力** 粒子之间相互作用的媒介。已知的长程力有两大类——只吸引物体的引力，以及双向的（正电和负电）电磁力。还有两种短程力，叫作强作用力和弱作用力，它们作用于亚原子尺度。

FRAS （大不列颠）皇家天文学会成员。

Galactic latitude **银纬** 与银道面（我们所居住的旋涡星系的星系盘在天球上的投影）的南北距离。银道面与地球赤道面的夹角为63度。

Galactic longitude **银经** 从银河系中心人马座的一点出发，沿着银道面向东的距离。

Galactic plane **银道面** 银河系星系盘在天球上的投影。参见galactic latitude和galactic longitude。

Galactic pole **银极** 银河系自转轴在天球上所指的两个位置之一。

Galaxy **星系** 一个大的恒星聚合体，比球状星团更大。宇宙中几乎所有恒星都有自己所属的星系。

Galaxy cluster **星系团** 参见cluster of galaxies。

Gamma ray **γ射线** 电磁能的一种短波形式。参见electromagnetic spectrum。

Gamma-ray burst **γ射线暴** 太空深处某个地点在某个瞬间发射出的高能γ射线和X射线。

Gibbous **凸月** 月球（或别的卫星、行星）的一个相位，发光部位比半圆大，比满月小。

Globular star cluster **球状星团** 参见star cluster。

Gravitation **引力** 天体之间的互相作用，与它们的质量成正比，与它们之间距离的平
347 方成反比。参见force。

Gravity **重力** 参见gravitation。

Greenwich mean time (GMT) **格林威治平时** 参见Universal time。

Group **星系群** 小的星系团，一般只包含几十个星系。

Heliacal rising **偕日升** 严格来说是一颗恒星或行星与太阳同时升起。传统意义上是指一个天体在日出前初现。

Hertzsprung-Russell (H-R) diagram **赫罗图** 恒星分类图，其中一轴代表颜色，另一轴代表固有亮度（也叫光度，或绝对星等）。一颗普通恒星一生中大部分时间都待在赫罗图的主序上，然后会移动到红巨星分支，再跌到白矮星的领域。

Horizon **地平线** 从观测者角度来看，天空接触地球的部分。球面天文学中，理想的地平线是自天顶以下90度的一个正圆，就如在海面上。因为大气折射和山峦等物体障眼，大部分陆地上的地平线并非完美的正圆。数字星图软件可设置真实地平线，将这些效果都展现出来。

Hour, hour angle **时，时角** 在天文学中是赤经的重要测量参数。天球一周圈为24时，每时可分为60分，每分可分为60秒。

Hubble constant **哈勃常数** 参见Hubble law。

Hubble law **哈勃定律** 星系间的距离增加，增加的速率与它们的距离直接相关——星系间的距离越远，它们的退行速度越快。比较主流的宇宙学理论认为，这是星际空间大尺度膨胀所致。膨胀的精确速度叫作哈勃常数，大约是每秒每百万秒差距60千米，也就是说，两个遥远的星系之间每增加1百万秒差距（326万光年），每秒退行速度增加60千米。

IAU 国际天文学联合会，一个为天文术语命名的官方机构。

IC 星云星团新总表续编中的天体，于1895年和1908年公布，作为星云星团新总表的增补。

Index Catalog **星云星团新总表续编** 参见IC。

Inferior conjunction **下合** 参见conjunction。

Inferior planet **内行星** 轨道位于地球轨道内侧的行星。

Infrared light **红外光** 波长比可见光略长的一种电磁能。参见electromagnetic spectrum。

Interferometer **干涉仪** 连接两个相隔一定距离的望远镜的一种设备，可以使两个镜子（对于射电望远镜而言就是反射面）组成一面巨型望远镜，获得高分辨率的图像。

Interstellar **星际** 恒星之间的区域。

Interstellar medium **星际介质** 星际空间中飘游着的尘埃、分子和原子。

Ion **离子** 一种原子，电子数量比普通原子要少或多，使其带正电或负电。电离气体易受到磁场作用。 348

Ionosphere **电离层** 地球大气的一层，高度为60到500千米，富含离子，可反射射电波。

Jet **喷流** 从原恒星的两极和黑洞吸积盘喷射出的长而细的等离子束。

Jovian **类木行星** 与木星类似的一种行星，质量较大，拥有深厚、不透明的大气。

Jupiter **木星** 从太阳向外数的第五大行星，太阳系中最大的一颗行星。

Kilometer **千米** 等于1 000米或0.621 4英里。

Kiloparsec **千秒差距** 1 000秒差距，3 260光年。

Kuiper belt **柯伊伯带** 位于黄道上的一片由含冰的天体组成的区域，其内侧远在海王星轨道之外，外侧边缘在哪里至今尚不得知。

Laminar flow **片流** 流动的气体平滑层，有利于观测，因为没有湍流，可产生稳定的视宁度。

Late star **年老恒星** 温度比太阳低的一种恒星。

Latitude **纬度** 地球坐标系中，与赤道的南北距离，以度为单位；相当于天球赤纬。在银河系层面，参见galactic latitude。

LED 发光二极管，一种半导体，电流通过时可发光。观星者用它作为夜间设备电源指示灯，因为它不会炫目。

Libration **天平动** 任何导致地月朝向产生改变，且使得地球上的观测者可以看到二分之一以上月面的运动。物理天平动由月球自转速率的自然改变产生。周日天平动则因月球在略扁的轨道上运行的速度不同而造成。

Light bucket **光斗** 一种短焦距望远镜（一般是大孔径的牛顿望远镜），在聚光能力上可弥补光学精度造成的不足。光斗的制作者常开玩笑地将其深曲面的镜面称作“沙拉碗”。

Light curve **光变曲线** 天体（例如变星）亮度随时间发生变化的图形。

Light-second **光秒** 光在太空中1秒钟内穿行的距离——186 000英里，或300 000千米。

Light-year **光年** 光在太空中穿行1年的距离，约6万亿英里。

**Limb 边缘** 太阳、月球、行星或卫星的圆面的视觉边缘。

**Limb darkening 临边昏暗** 日面（或行星圆面）亮度从中间向边缘递减的现象，这是因为靠近圆面边缘处的光线需穿过更多上层大气才能抵达我们的眼睛。

**Local Group 本星系群** 银河系和仙女星系所在的星系群。

**Longitude 经度** 地球坐标系中，从英国格林威治向西的距离；相当于天球赤经。在银河系层面，参见galactic longitude。

349 **Lookback time 回溯时间** 抵达我们的光从遥远天体出发时的时间。例如我们在观测30亿光年远的一颗类星体时，由于回溯时间的缘故，我们现在看到的类星体是它30亿年前的样子。

**LTP** 月球瞬变现象。

**Luminosity 光度** 恒星的固有亮度，也是它的绝对星等。恒星光度迥异，太阳比矮星亮1万倍，大质量年轻恒星又比太阳亮100万倍。

**Lunar 月** 与地球的卫星月亮相关。

**Lunar month 太阴月** 连续两次新月中间的间隔时间（29天12时44分，或29.53天），又叫朔望月。因为太阳的相对位置在地球运行的时候也在变化，而太阳是月球的光源，所以太阴月也并不完全等于月球的公转周期（27.32天）。月球永远面朝我们，所以它的自转周期（一个月球"日"）和它的公转周期是相等的。

**Lunar Transient Phenomenon (LTP) 月球瞬变现象** 月球上的瞬时活动迹象，例如闪光、薄雾或别的亮度或色彩上的变化。又叫瞬变月球现象（TLP）。

**M** 梅西叶星云星团表中天体的符号。

**Magellanic Cloud 麦哲伦云** 银河系的两大伴星系之一。

**Magnetopause 磁层顶** 位于地球磁场表面，与太阳风的压力形成均衡之势。

**Magnetosphere 磁层** 行星磁层顶内的一个球状带。

**Magnitude 星等** 天文亮度单位，最亮的恒星大约是1等，肉眼可见的最暗弱的恒星大约是6等，数字每增减一个整数，代表亮度增减2.5倍。因此3等星的亮度是4等星的2.5倍。极亮的天体可以用负数表示：满月亮度为–13等，木星最亮时可达–2.9等。配备可长曝光CCD的大型望远镜能侦测到25等到26等的天体。但这些参数都是视星等，即我们从地球上看到的天体亮度。绝对星等指的是在10秒差距（32.6光年）的距离看到的天体视星等。恒星的视星等由绝对星等和距离（还有一些星际物质的遮蔽的因素）决定。太阳因为距离地球非常近，视星等为–27等，而它的绝对星等只有4.8等。

**Main sequence 主序** 赫罗图上大部分普通恒星集中分布的一条带，赫罗图是以颜色和光度（或相关属性）给恒星归类的一张图表。

**Maksutov telescope 马克苏托夫望远镜** 参见telescope, Maksutov。

**Mare 月海** 月球表面巨大阴暗的熔岩平原，复数为"maria"。

**Maria 月海** 参见mare。

**Mars 火星** 太阳系从内往外数的第四颗大行星。火星和地球很像，拥有极地冰盖、四季变换和大气层，但比地球小且温度更低，大气层也更薄。

**Mass　质量**　天体拥有的物质的量。在一定距离内，质量与天体引力强度直接相关，例如，行星的质量可从绕其运转的卫星的速度推算出来。 350

**Megaparsec　百万秒差距**　100万秒差距，等于326万光年。

**Mercury　水星**　最靠近太阳的一颗大行星。水星小而温度高，布满陨石坑。

**Meridian　子午圈**　以任意地点的观测者的视角，从北向南经过天顶画一条直线，这条直线就是子午圈。恒星或别的天体经过子午圈时在当地天空中达到最高高度，叫作中天。

**Messier Catalog　梅西叶星云星团表**　17世纪法国彗星猎人查尔斯·梅西叶编制的星表，罗列了相对明亮的、易与彗星混淆的星云状天体（包括星云、星团和星系）。

**Meteor　流星**　参见meteoroid。

**Meteorite　陨石**　击中地球的流星体。

**Meteoroid　流星体**　一个涵盖性术语，指从太空进入地球大气层的块状尘埃、石头或冰。划过天空的叫流星，落在地面或大海上的叫陨石。

**Micrometeorite　微陨星**　小型的陨石，大小一般如沙粒或尘粒。

**Milky Way　银河**　太阳及其行星与超过千亿的其他恒星所处的旋涡星系。也指天空中银河系星系盘内的恒星和星云构成的发光的河。

**Minor planet　小行星**　参见asteroid。

**Minute of arc　角分**　参见arc minute。

**Molecule　分子**　化学基本单位，由两个或两个以上原子构成。

**Mounting, mount　装置**　支撑望远镜的机械系统，可以使望远镜指向天空中的不同方位。

**Multiple star　聚星**　由引力绑定在一起的两颗或两颗以上恒星，它们围绕共同的中心运行。如果只有两颗，一般叫双星。

**Nadir　天底**　处于任意地点的观测者脚下朝向地心的方向。天底距离天顶是180度。

**Near Earth Asteroid (NEA)　近地小行星**　参见Near Earth Object。

**Near Earth Object (NEO)　近地天体**　轨道距离地球很近的小行星或彗星。

**Nebula　星云**　来自拉丁语的“云”，是一团弥散的星际气体和尘埃。发射星云又叫“亮”星云，是像霓虹灯一样发光的星云，可吸收身边恒星的能量并释放出来。吸收星云，又叫“暗”星云，是不发光的星云，只能看到轮廓。许多亮星云也会部分呈现暗星云的特征，因为前景处冷却的气体会吸收背后亮星云发射出的一定波段。反射星云是暗星云，它们反射星光，而非吸收、释放星光。参见planetary nebula。

**NEO**　参见Near Earth Object。

**Neptune　海王星**　太阳系从内向外数的第八大行星，类木行星结构。冥王星被归为柯伊伯带天体后，海王星成为太阳系最外侧的行星。 351

**Neutron　中子**　原子核内的不带电粒子。

**Neutron star　中子星**　参见star。

**New General Catalog 星云星团新总表** 参见NGC。

**Newtonian telescope 牛顿望远镜** 参见telescope, Newtonian。

**NGC** 星云星团新总表中列出的天体，最早发布于1888年，在威廉·赫歇尔和约翰·赫歇尔的成果的基础上制成。

**Node 交点** 天体（如月球或行星）轨道与*黄道*面相交的两个点。天体自黄道面南运行至黄道面北，叫作升交点；自北至南叫作降交点。

**Northern lights 北极光** 参见aurora。

**Nova 新星** 骤然变亮的恒星，往往是之前一直暗弱，用望远镜才能看见，然后突然亮到肉眼可见，因此被命名为"新"的恒星。可与*超新星*做比较。

**Nuclear fusion 核聚变** 原子核熔合在一起的一种作用，会产生新的原子核并释放能量。参见star。

**Nucleus 核** 在原子的概念里，指由质子（对氢而言）或者质子和中子（对于更重的元素而言）构成的结构，外部环绕着原子周围的*电子*。在*彗星*上，是指彗星的固体部分，可以喷发出气体和尘埃，形成彗星的*彗发*和*彗尾*。在*星系*上，是指星系中发光的中央区域。

**Objective lens 物镜** 折射望远镜或双筒望远镜的聚光大镜片。

**Oblateness 扁率** 行星赤道和极地半径的比率。自转速度快的流体行星的扁率比自转速度较慢的固体行星（比如地球）要高。

**Obliquity 交角** 行星自转轴与行星轨道面垂直线的夹角，亦即行星轨道面与行星赤道的夹角。地球有四季变换，正是因为有这样的夹角，而非起因于距离太阳的远近。

**Observable universe 可观测宇宙** 参见universe。

**Occultation 掩** 一些看起来较大的天体（例如月球），从一些看起来较小、较远的天体（例如恒星）的面前经过。

**Oort Cloud 奥尔特云** *彗星*聚集而成的大型球体，太阳在球体的中心。

**Open star cluster 疏散星团** 参见star cluster。

**Opposition 冲** 行星或其他太阳系天体在天空中处于与太阳呈180度角的位置。

**Orbit 轨道** 天体围绕另一个质量更大的天体运行的周期性路径。地球绕日运行，太阳绕银河系中心运行，银河系绕*本星系群*星系团的引力中心运行。

**Parallax 视差** 从两个或多个地点观察天空中的一颗星时，它所呈现的位置变化。这是通过三角测量法测量恒星距离的一种方法。从地球两端观察邻近的恒星，可测得它们的距离；在地球公转轨道相反的两端做间隔期为6个月的两次观察，可测得更遥远的恒星距离。

352 **Parsec 秒差距** 用于深空研究的一种距离单位，等于3.26*光年*。1个千秒差距等于1 000个秒差距（3 260光年）；1个百万秒差距等于100万个秒差距（326万光年）。

**Penumbra 半影** 日食期间，月影外层较淡的阴影部分。被半影遮盖的观测者看到的是日偏食。也指太阳*耀斑*外层较淡的部分。

**Penumbral　半影状**　参见penumbra。

**Perigee　近地点**　卫星在轨道上距离地球最近的点。

**Perihelion　近日点**　行星或其他太阳系天体在轨道上距离太阳最近的点。

**Perturbation　摄动**　太阳系天体绕日运行时，受到除太阳之外的其他天体的影响而偏离轨道。彗星近距离经过一颗大质量行星时，轨道会有非常明显的摄动。行星受其他行星引力影响产生的较小的摄动，可以通过轨道计算出来。

**Phase　相位**　在某个时间从地球视角看到的行星或卫星发光的部分。我们平时经常说的“半”月，用天文话语来说其实是“弦月”。月亮的相位有新月、蛾眉月、上弦月、盈凸月、满月、亏凸月、下弦月、残月。

**Photometer　光度计**　用以测光的一种设备。

**Photometry　测光**　测定恒星或其他天体的视亮度。

**Photon　光子**　传导光和其他形式电磁能的亚原子粒子。

**Photosphere　光球**　太阳的可见表面。

**Pixel　像素**　CCD相机的感光点，数量在数千到数百万之间。

**Planet　行星**　围绕恒星运行的天体，质量比恒星小，比小行星、彗星和柯伊伯带天体大。

**Planetarium　天象仪**　可模拟夜空视觉效果的一种设备。装载这种设备的建筑或圆顶剧场叫作天象厅。

**Planetarium program　星图软件**　一种可以展现天文天象的电脑软件。

**Planetary nebula　行星状星云**　不稳定的恒星喷射出的发光气体外壳（可以有多重的壳）。它拥有盘状外形，从望远镜中看上去像行星的圆面，因此得名行星状星云。

**Planetesimal　星子**　原始太阳系星云中直径小于10千米的天体。行星被认为是由星子生长而成的。

**Plasma　等离子**　一种物质状态，没有原子，只有自由的原子核和电子——离子。等离子是恒星和电离的星云的一种特征，等离子体可与电磁场发生强烈的反应。

**Plate tectonics　板块构造**　行星表面地质活动活跃，地壳部分（板块）随时间推移而移动的一种现象。地球板块构造产生了大陆漂移。

**Pluto　冥王星**　绕日运行的一颗冰冷的天体，轨道与海王星相交。冥王星最初被认定为一颗行星，但归为柯伊伯带天体或海外天体更合适。

**Position angle　方位角**　天体在天空中相对于其他天体的位置，测量方法是自北天极 353
画一条线，依次穿过两个天体。角度以方位圈计算。因此如果一个天体在另一个天体的正东方，那么它的方位角是90度；如果在正西方，那么它的方位角是270度。方位角可帮助观测者给双星系统中的恒星和新发现的超新星定位。

**Power　倍率**　目镜放大图像的程度。从人的角度来说，倍率太高并不一定是好事：用不同的望远镜看不同的天体，在不同的大气条件下，都有不同的理想倍率范围。最好用几个目镜做测试，最佳的目镜一般都不会是最高倍的。

**Precession　岁差**　行星自转轴缓慢的圆锥形摆荡。地球的岁差使分点位置逐渐变化，这个现象有时候也被称作“分点岁差”。

**Primary mirror 主镜** 反射望远镜中用以聚光的大镜面。

**Prominence 日珥** 太阳表面喷发的炽热气体和等离子体。日珥在日面边缘，在太空背景的映衬下可显示出轮廓。日面内可见的日珥叫作暗条。

**Proper motion 自行** 恒星在天空中位置的移动，由其自身在太空中的实际运动和相对于太阳系的运动引发。

**Proton 质子** 原子核中发现的带正电荷的粒子。

**Protostar 原恒星** 处于形成阶段的恒星。

**Pulsar 脉冲星** 能发出射电能脉冲的中子星。

**Quantum 量子** 能量的基本单位。

**Quantum flux 磁流量子** 亚原子层次的能级的随机变化，等价于仿佛从真空中暂时出现的“虚粒子”。

**Quasar 类星体** 星系中央的明亮天体，可能是由盘旋进入黑洞附近的物质释放出的能量产生的。类星体在现今的宇宙中比较罕见，但在宇宙早期是非常普遍的。参见lookback time。

**Radio astronomy 射电天文学** 用射电波研究宇宙现象 (如太空中氢原子放射出21厘米波长的噪声) 的学科。参见electromagnetic spectrum。

**Rayleigh scattering 瑞利散射** 大气层中微小粒子造成的光的散射。瑞利散射与光波长的四次方成反比。因此地球大气反射的波长较短的蓝光比红光多——这就是天空是蓝色的原因。

**Red giant 红巨星** 一种演化到晚期的恒星，外层大气膨胀冷却 (因此变红)，形成了巨大的外壳。

**Reddening 红化** 星际尘埃作用于星光的一种效应，它使恒星的视星等变低，而蓝光的散射比红光更多，所以使星光看起来更红。注意不可与红移混淆。

**Redshift 红移** 遥远星系的光谱线向光谱末端低频的红色移动的一种现象，被认为是由星际空间膨胀所致。

354 **Reflecting telescope 反射望远镜** 参见telescope, reflecting。

**Reflection nebula 反射星云** 参见nebula。

**Reflector 反射望远镜** 参见telescope, reflecting。

**Refracting telescope 折射望远镜** 参见telescope, refracting。

**Refraction 折射** 光通过透镜时的弯曲现象。

**Refractor 折射望远镜** 参见telescope, refracting。

**Resolution 分辨率** 望远镜获得的细节数量。

**Retrograde 逆行** 天体自转或公转的方向与一般情况相反。太阳系大部分卫星绕行星的公转方向是一致的，那些与之相反的卫星拥有逆行轨道。多数行星的自转方向是一致的，与之相反的行星为逆行自转。逆行还有一种意思，是指行星在天空中运行的路径看起来是后退的，但并非真正在退行：由于地球的轨道运动，行星有时候看起来像在黄道上逡巡回退——就是逆行——但不久之后又会恢复正常。

Right ascension **赤经** 天空中天体从春分点向东的距离，以时为单位，天球一周为24时。

Ritchey-Chretien telescope **RC望远镜** 参见telescope, Ritchey-Chretien。

Roche limit **洛希极限** 卫星绕行星运行而不会被不同的引力撕碎的最近距离。

Roll-off roof **滑动屋顶** 天文台的一种设计，屋顶可以靠轮子滑动打开，将望远镜暴露在天空下。

Saturn **土星** 从太阳向外数的第六颗大行星。比木星温度低，也较小，有非常壮观的环。

Schmidt-Cassegrain telescope **施密特-卡塞格林望远镜** 参见telescope, Schmidt-Cassegrain。

Scintillation **闪烁** 图像（可见光或别的波段的电磁辐射，例如射电波）视亮度的变化，由地球大气或太空中的气体尘埃云导致。可与吸收做比较。

Season **季节** 行星——例如地球或火星——的某个半球上盛行气候的周期性变化，主要由行星自转轴的倾斜造成。参见solstice。

Second of arc **角秒** 参见arc second。

Secondary mirror **副镜** 反射望远镜中，光路中除了主镜以外的其他镜面。在牛顿望远镜中，副镜将光反射到镜身一侧；在卡塞格林望远镜中，光由副镜反射回去，通过主镜中央的一个小孔。参见telescope。

Seeing **视宁度** 观测所在地空气的稳定程度，一般以分辨率来描述——例如，可以分清的相距最近的双星。对于一个给定的光学系统来说，在一个给定的夜晚，其成像质量很大程度上仰赖于大气视宁度和透明度。 355

Setting circle **定位度盘** 以表示天球坐标赤经和赤纬的方式指示望远镜瞄准方位的两个度盘之一（也可以是电脑读数，在这种情况下叫“电子定位度盘”）。

Shooting star **陨星** 参见meteor。

Solar flare **太阳耀斑** 参见flare。

Solar nebula **太阳系星云** 45亿年前太阳及其行星初步形成时的气体尘埃云。

Solar prominence **太阳日珥** 参见prominence。

Solar system **太阳系** 太阳及因其引力而绑定在周围的所有天体，包括行星、小行星、柯伊伯带天体和彗星。

Solar telescope **太阳望远镜** 只为观测太阳而设计的望远镜。

Solar wind **太阳风** 太阳向外喷出的电离氢和电离氦气体。

Solstice **至点** 黄道上春分点和秋分点之间的两个中点。太阳运行到夏至点的时候，在天赤道以北最远的地方，因此日光直射地球北半球，产生了北半球的夏季。冬至的时候，太阳在天赤道以南最远处，日光相对不直射北半球，造成了北半球的冬季。参见equinox。

Southern lights **南极光** 参见aurora。

Spectra **光谱**　参见 spectrum。

Spectral line　**光谱线**　参见 spectrum。

Spectrogram　**光谱图**　参见 spectroscope。

Spectrograph　**摄谱仪**　参见 spectroscope。

Spectroheliogram　**太阳单色像**　参见 spectrohelioscope。

Spectroheliograph　**太阳单色光照相仪**　参见 spectrohelioscope。

Spectrohelioscope　**太阳单色光观测镜**　一种光学系统，可以阻挡所有光线，只让光谱的窄频带通过，使得太阳观测成为可能，否则就只能在日全食期间进行观测。记录这种观测的系统叫作太阳单色光照相仪，记录下的结果叫作太阳单色像。

Spectroscope　**分光镜**　可以观测天体光谱的设备。记录光谱的设备叫作摄谱仪，所做的记录叫作光谱图。

Spectroscopic binary　**分光双星**　望远镜中不可分辨（“分离”）的双星，但研究其光谱线即可发现端倪。光谱线可揭示两颗恒星不同的构成，以及它们的运行——因为它们围绕共同的中心运行。

Spectroscopy　**光谱学**　对光谱的研究。参见 spectrum。

Spectrum　**光谱**　将一个物体的光分解成频率的图像，就像钢琴键将音乐分解成一个个音符。在原子中转换的光谱线独一无二，因此对光谱线的研究能够帮助我们了解天体的构成。

356 Spherical aberration　**球差**　参见 aberration。

Spherical astronomy　**球面天文学**　将星空当作一个球体，以在球体内部的视角为其测绘和做分析，以天球坐标系为望远镜做瞄准或为船只导航。参见 celestial sphere。

Spring equinox　**春分点**　参见 equinox。

Standard candle　**标准烛光**　一个亮度已知的天体，它的距离可通过对比其绝对星等和视星等而得到精确的计算。用来测量星系距离的标准烛光包括造父变星和超新星。

Star　**恒星**　一个因引力聚集成球形的等离子体，质量大到足以维持内心的核聚变。中子星是例外，它们是被极度压缩的天体，像巨大的原子核；还有压缩程度较小的白矮星和褐矮星，它们的质量非常小——大约相当于十来个木星——只能进行少量间歇的核聚变。

Star cluster　**星团**　恒星因引力聚集而成的团。球状星团的体积和质量都较大，年龄较老。疏散星团较小，恒星数量也少，密度较低，相对来说较年轻。

Star, variable　**变星**　亮度呈周期性变化的恒星。任何一颗普通的恒星都会在某种程度上有脉动，在亮度上会有变化，但变星指这种变化比较明显的恒星。

Substellar　**亚恒星**　质量不足以维持内核的热核反应。

Summer solstice　**夏至点**　参见 solstice。

Sun　**太阳**　地球绕之运行的天体。

Sunspot　**太阳黑子**　太阳的发光表面（或光球）上相对较暗、温度较低的斑块，由所在位置的磁暴所致。用小型望远镜或肉眼在合适的滤镜下观察，都可清晰地看到黑子。

Supercluster **超星系团** 上千星系的聚合，直径一般为1.5亿到3亿光年，包含上百个星系团。

Supergiant **超巨星** 光度极高的恒星，绝对星等一般在−5等到−8等。

Superior conjunction **上合** 参见conjunction。

Superior planet **外行星** 参见conjunction。

Supernova **超新星** 爆发的恒星。超新星的光度是新星的100倍，而且和新星不一样，它不会重复。

Synchronous rotation, synchronous motion **同步绕转，同步运动** 卫星（如地球的月亮）自转与公转周期相同，所以一直是同一面朝向行星。这种现象又叫引力锁定或受俘自转。

Synodic period **会合周期** synodic来自希腊语“会合”，指两次行星合之间的时间。

Tail **彗尾** 彗星的彗核部分喷出的尘埃和气体被日光和太阳风扫出的流状结构。

Telescope **望远镜** 可以将光线（或别的形式的电磁能）聚集到一个焦点的设备。 357

Telescope, Cassegrain **卡塞格林望远镜** 一种望远镜设计，光线经由主镜反射后，再由副镜弹回，通过主镜中央的洞，然后到达焦点。据说是法国雕刻家纪尧姆·卡塞格林发明的。

Telescope, Dobsonian **多布森望远镜** 牛顿望远镜的经济版，发明者是约翰·多布森。

Telescope, Maksutov **马克苏托夫望远镜** 一种望远镜设计，光线经过一面球面改正镜，然后再经由球面镜反射。大多数马克苏托夫望远镜会在改正板背面放一个反射点，光由此反射，然后穿过主镜的洞，类似于卡塞格林系统。这种折叠式的设计将长焦距折叠成紧凑的外形，适合便携望远镜。

Telescope, Newtonian **牛顿望远镜** 一种望远镜设计，主镜弹回的光线可通过一面副镜抵达镜身一侧。由艾萨克·牛顿发明。

Telescope, reflecting **反射望远镜** 以主镜聚光的望远镜。

Telescope, refracting **折射望远镜** 以单面或多面物镜将光线聚集到一个焦点的望远镜。

Telescope, Ritchey-Chretien **RC望远镜** 一种可照相的反射镜，近年多用于CCD摄影，采用的是卡塞格林式设计，但有独特的镜面，角度广且图像锐利。由美国光学仪器制作师乔治·威利斯·里奇和法国光学设计师亨利·克雷蒂安设计。

Telescope, Schmidt-Cassegrain **施密特–卡塞格林望远镜** 一种望远镜设计，将纪尧姆·卡塞格林和天文学家伯恩哈德·施密特的发明结合而成，在卡塞格林光路设计的基础上，在镜身的星光接收端加上一面改正镜。施密特–卡塞格林和马克苏托夫望远镜最大的区别在于改正板的形状，马克苏托夫的改正板更简单。

Terminator **明暗界线** 行星或卫星被日光照亮的部分和阴暗部分的界线。

**Terrestrial 地球的** 地球上的或和地球相关的。

**Theodolite 经纬仪** 测绘师的一种工具，一般可与小型望远镜搭配，用以测量水平角和高度角。

**Tide 潮汐** 地球上海面高度的一种变化（陆地也会有一点），由月球和太阳（后者影响比较小）的引力拖拽导致。

**TLP** 参见 Lunar Transient Phenomenon (LTP)。

**TNO** 参见 Trans-Neptunian Object。

**Transient Lunar Phenomena (TLP) 瞬变月球现象** 参见 Lunar Transient Phenomenon (LTP)。

**Transit 凌** 小型天体在天空中的运行路径从较大天体圆面前穿过，例如水星或金星从太阳前面穿过，或者卫星从木星或土星前面穿过。参见 conjunction。

**Trans-Neptunian Object (TNO) 海外天体** 主要由冰构成的一类太阳系天体，一般在海王星轨道以外。

**Transparency 透明度** 观测时空气的清澈程度，例如是否有云、尘埃、水蒸气。某时
358 某地的空气质量可以用透明度和视宁度来描述。

**Ultraviolet 紫外线** 波长比可见光短，比X射线长。参见 electromagnetic spectrum。

**Umbra 本影** 日食期间，月影最暗的中间部分；位于本影中的地面观测者看到的是日全食。也指太阳黑子中间的黑暗部分，其周围围绕着较淡（温度更高）的半影。

**Umbral 本影的** 参见 umbra。

**Universal Time (UT) 世界时** 本初子午线上的时间，本初子午线经过英国的格林威治，经度为0度。天文学家使用世界时，以避免总得在不同地区换算当地时间的麻烦。

**Universe 宇宙** 过去、现在和未来从地球上可观测到的一切现象。可观测宇宙是一切过去和现在的现象的一个子集。

**Uranus 天王星** 从太阳向外数的第七颗行星。是一颗类木行星，相对缺乏上层大气结构。

**Variable star 变星** 参见 star, variable。

**Venus 金星** 从太阳向外数的第二颗行星。金星在大小和质量上都像地球的孪生兄弟，但温度更高，大气密度更大。

**White dwarf 白矮星** 炽热但暗弱的恒星，质量大约和太阳差不多，但密度更大。

**Winter solstice 冬至点** 参见 solstice。

**X ray X射线** 波长介于紫外线和γ射线之间的一种电磁能。参见 electromagnetic spectrum。

**Year 年** 地球围绕太阳完成一圈公转的时间（365.256天）。

**Zenith 天顶** 任何一位观测者头顶的那一点。与天底相反。

**Zodiac 黄道带** 行星在地球的天空中所走的一条带，亦即黄道。传统上（例如占星学）将其分为12个星座，不过现代星图的黄道上有13个星座（多出的那个是蛇夫

座)。"Zodiac"是希腊语"动物的巡回"的意思,因为大部分黄道星座都是动物的形态。它们分别是摩羯座、双鱼座、白羊座、金牛座、巨蟹座、狮子座、天蝎座——如果你喜欢的话,也可以加上半人半马的人马座。

Zodiacal light **黄道光** 由日光散射尘埃颗粒产生,在夜晚天空中可见,沿着黄道呈现为锥状或带状的光。 359

# 索引

（条目后的数字为原文页码，见本书边码）